高等学校计算机专业系列教材

新编数据结构及算法教程
（第2版）

林碧英 石敏 焦润海 编著

U0215261

清华大学出版社

北 京

内 容 简 介

  数据结构是计算机及相关专业的核心基础课程。特别是近年来快速发展的人工智能技术,推动了一大批前沿交叉学科的产生及发展,数据结构也被列为这些学科的重要课程,备受广大学生和专业人员的青睐。此外,数据结构还是各大高等院校招收计算机专业研究生的必考科目之一,其重要性不言而喻。

  本书以提高计算机编程能力为宗旨,围绕常用数据结构的分析、设计和基本算法实现,分为数据结构、应用算法以及附录三部分进行介绍。其中,数据结构部分包括绪论、线性表、栈与队列、数组与广义表、树与二叉树、图;应用部分包括查找和排序;附录部分包括从科研项目中提炼出来的与数据结构紧密相关的一些实际问题。本书每章都有来自实际问题的数据结构应用的案例分析、设计与实现,每章后面还配有一定量的习题,便于学生自检自测。

  本书不仅可作为高等学校的数据结构教学用书和考研复习用书,也适合作为计算机相关专业人员的参考用书。

本书封面贴有清华大学出版社防伪标签,无标签者不得销售。

版权所有,侵权必究。举报:010-62782989,beiqinquan@tup.tsinghua.edu.cn。

图书在版编目(CIP)数据

  新编数据结构及算法教程/林碧英,石敏,焦润海编著. —2 版. —北京:清华大学出版社,2021.5(2023.7重印)
  高等学校计算机专业系列教材
  ISBN 978-7-302-57838-3

  Ⅰ.①新… Ⅱ.①林… ②石… ③焦… Ⅲ.①数据结构—高等学校—教材 ②算法分析—高等学校—教材 Ⅳ.①TP311.12

  中国版本图书馆 CIP 数据核字(2021)第 056119 号

责任编辑:龙启铭
封面设计:何凤霞
责任校对:焦丽丽
责任印制:宋 林

出版发行:清华大学出版社
  网 址:http://www.tup.com.cn,http://www.wqbook.com
  地 址:北京清华大学学研大厦 A 座 邮 编:100084
  社 总 机:010-83470000 邮 购:010-62786544
  投稿与读者服务:010-62776969,c-service@tup.tsinghua.edu.cn
  质量反馈:010-62772015,zhiliang@tup.tsinghua.edu.cn
  课件下载:http://www.tup.com.cn,010-83470236
印 装 者:三河市铭诚印务有限公司
经 销:全国新华书店
开 本:185mm×260mm 印 张:28.25 字 数:652 千字
版 次:2012 年 9 月第 1 版 2021 年 7 月第 2 版 印 次:2023 年 7 月第 2 次印刷
定 价:69.00 元

产品编号:089390-01

前言

人才培养,德育为先,德智双育,不可偏废。大学教育要培养专业化的人才以及可适应智能工业时代的新工科人才,但立德树人的宗旨丝毫不可偏离。只有这样,才能培养具有爱国情怀的新时代学生,才能以德报国,以智强国。

"数据结构与算法"是计算机及相关专业的一门核心专业基础课,是云计算、大数据处理和人工智能技术不可或缺的必备知识。在计算机课程的教学计划中,它起着核心主导、承上启下的作用,是培养学生程序设计能力的一门重要课程,也是大学生应聘和考研必修课程。我们在此新版中,以"讲做人做事的道理,树立社会主义核心价值观,培养担当民族复兴大业的时代新人"为旨,以"四大类数据结构、查找与排序两大类算法"为纲,根据学习内容的特点,引入了课程相关的科学家故事、中国历史知识以及新工业问题等素材。

此外,随着近年来计算机技术、移动互联技术、大数据分析以及智能技术的快速发展,计算机相关专业人才的就业形势空前严峻,用人单位对所招聘人员所具有的数据结构知识要求也越来越高。传统基础的数据结构设计与问题解决能力已经远不能满足行业需求,创造性思维是新时代计算机专业人才的必备素养。为此,我们在附录中给出了一些扩展阅读材料。这些材料中描述的问题都来源于实际科研问题,与正文中的案例相比,其涉及的数据对象和数据关系都更为复杂,需要设计更为有效的数据存储结构,才便于操作,并保证算法的性能。这些素材的提供可以加强学生分析数据以及组织数据的思维扩展能力,通过不断探索新问题激发其内在自生的潜力,提高其解决真实问题的能力。

与上一版教材相比,此版教材做了以下修改:

(1)增加了中国历史知识图谱、计算机超算发展史和一带一路等教学素材,以期培养学生的文化自信、科技自信以及大国包容精神,助其成长为有担当与爱国情怀的社会主义时代新人。

(2)引入了马克思主义矛盾论与辩证法进行算法分析,培养学生的马克思主义哲学观,使其在科学研究中敢于打破固有既定的思维模式,进而培养其良好的专业素养与创新能力的自我生长。

(3)对部分算法进行了优化,力求使复杂问题简单化,最大限度地提高算法的时空效率，让学生能够真正理解并掌握算法，并达到熟练应用的程度。

（4）增加了一个附录，其中的算法或是实例均有一定的难度，一些是教师科研项目中的实例，另一些是有一定难度的系统设计，以期扩展学生的思维，提高学生解决实际问题的能力。

我们也在以上完善教材举措的基础之上，开始录制慕课，进行习题解答等辅助教材的编著等。同时，我们进行了全方位教学改革，拟采用线上线下混合式课堂、机房和智慧教室等多种教学方式，真正做到以学生为中心，教师做减法，学生做加法，充分挖掘学生自我学习的潜力。

本书第1版教材已经用了8年，收到了较好的效果，我校的计算机相关专业的本科生与研究生在程序设计方面有了长足的进步，保研的本科生被多所名校录取，培养的硕士研究生以其扎实的编程能力和算法设计能力被多家互联网公司和科研单位录用。为了适应教育部全面提升本科教学质量的号召，我们边教学边总结，准备启用全新的教学模式，以过程考核代替期终考核，希望第2版教材更便于学生自学，将更多的时间用于加强师生间的研讨和互动，切实使学生的程序设计能力有大幅度提升。本书还具有以下特点：

（1）加强对基本操作实现的函数形参的分析。每个基本操作都配以示意图，显示存放于内存中的数据对象在操作完成前后的变化，分析操作的对象、需要的输入和输出，以及操作是否引起数据对象的变化，帮助读者熟练掌握典型数据结构的基本操作的设计与实现。

（2）针对初学者很难理解的递归算法执行过程，我们对较难理解的递归算法配以图表，揭示每一步的变化，将抽象的内容变为可以看到的具体过程，提升读者对递归算法的设计能力。

（3）对于复杂的算法，采用图表结合的方式，将逻辑结构的变化和存储结构的变化同步展现，加强读者对算法的理解，使读者进一步掌握复杂算法的设计与实现。

（4）本书作者就各章内容均与授课对象进行过多次交流，广泛听取学生的意见，并在第2版反映内容的更新和修改。

全书共8章，由林碧英统稿、审核。第1章、第7章和第8章由石敏编写；第2章和第3章由焦润海编写；第4～6章由林碧英编写。全书的课程思政内容均由石敏撰写。近期还将出版与教材配套的习题及解答。在教材的编写中可能还有很多不尽如人意的地方，恳请广大读者多提宝贵意见。

编写组

2021年3月于北京

目录

绪　论

在计算机技术迅猛发展的今天,迎来了大数据、区块链和人工智能等新技术的广泛应用。大数据是结构多样、分布广泛的数据总称,区块链是分布式数据存储、点对点传输、共识机制和加密算法等技术的新型应用模式,而人工智能则是用机器模拟实现人类智能的多学科交叉融合的产物。这些新技术的快速发展,有赖于高性能的计算机硬件,算法与计算机软件更当属主角。软件设计离不开算法与数据结构。然而,数据结构具有抽象性与动态性,在学习过程中经常会遇到困难。那么在面临困难时该怎么办? 是正视它,还是直接放弃?

在计算机应用早期,操作系统和应用软件都是英文的,不易推广,我国著名科学家王选院士带领他的团队进行了计算机汉字处理系统的研究。夜以继日地投入,加上全身心忘我地工作,研究团队最终突破了各种技术难题,获得了计算机汉字激光排版等重大成果,填补了计算机科学与技术领域的空白。2020 年初,在武汉爆发新型冠状病毒肺炎之后,在医务人员积极救治病人的同时,疫情数据实时播报平台、基于 AI 的医学影像的快速 CT 筛查以及基于华为 5G 技术的火神山和雷神山医院建设,对疫情控制起到了有效的辅助作用。无论是汉字激光排版系统,还是疫情中大数据和智能化技术的应用,都离不开高效的数据结构与算法的设计。而王选院士团队的工作精神和庚子年初疫情的有效控制也给了我们很好的启示:信心、毅力与专业精通是通往成功之路必不可少的条件。只有持续不断地积累知识,才可能对问题产生深刻的理解,进而实现专业技能的量变到质变,为国之复兴贡献绵薄之力。

事实上,数据结构与算法总是不可分割的。一个高效的算法往往依赖于有效的数据结构设计,而设计一个精妙的数据结构,其目的就是进行高效的数据访问与算法设计。另外,衡量算法的优劣性,需要同时考虑时间性能和空间性能,两者往往是相互制约的。不过,矛盾论已经告诉我们:任何事物都是矛盾的统一体。算法性能的两个方面也不例外,两者在相互对立中,通过不断平衡而达到统一。

本章将通过实例引导,阐述数据结构的主要研究内容,并介绍算法的概念以及算法的时间复杂度和空间复杂度。本章的内容是全书的基础和概貌,对后续章节的学习具有引导作用。

1.1　数据结构的起源与发展

计算机科学是一门研究信息的计算机表示以及处理的科学,与数学和逻辑学密切相关。而信息的表示与组织方法直接关系信息处理的效率。

20世纪40年代，第一台电子计算机问世。由于其产生的最初动力是人们想发明一种能进行科学计算的机器，因此在发展早期，其应用范围几乎只局限于科学和工程计算，处理的对象则是纯数值型的信息，人们把这类问题称为数值计算问题。

　　近三十年，计算机的发展异常迅猛，硬件运算速度不断提高，信息存储量日益扩大，价格也逐步下降。更重要的是，计算机的应用范围已远远超出了科学计算的范畴，信息检索、企业管理、系统控制和虚拟现实等多种应用几乎渗透到人类社会活动的一切领域。与此相应，计算机的处理对象由早期纯粹的数值信息发展到文字、声音、多媒体和图像等多样化的非数值信息。这类问题通常称为非数值计算问题。与数值计算问题相比，非数值计算问题需要处理的数据对象及其相关关系更为复杂，加工数据的程序规模也更加庞大。单凭程序设计人员的经验和技巧已经难以设计出效率高、可靠性强的程序。由于系统中数据的表示方法和组织形式直接影响系统运行的效率，因此，为了设计出高效的程序，需要对计算机程序加工的数据对象进行系统的研究，即研究数据的特性以及数据之间存在的关系，此即数据结构（Date Structure）。

　　数据结构开始于20世纪60年代初，早期主要是融合于"操作系统""编译原理"等计算机的其他课程中，没有独立的体系。20世纪60年代末出现了大型程序，软件也相对独立，结构化程序设计成为程序设计方法学的主要内容。人们越来越重视数据结构，认为程序设计的实质是对确定的问题选择一种好的结构，并设计一种好的算法。数据结构在程序设计中的重要地位也日益凸显。1968年，图灵奖得主唐纳德·克努特（Donald E. Knuth）教授所著的《计算机程序设计艺术》（*The Art of Computer Programming*）第一卷《基本算法》较系统地阐述了数据的逻辑结构和存储结构及其操作，开创了数据结构的最初体系。同年，"数据结构"作为一门独立的课程在国外正式开始设立。

　　如今，"数据结构"作为计算机科学中的一门重要的专业基础课，综合了数学、计算机硬件和计算机软件等多学科的研究。它不仅是一般程序设计（特别是非数值性程序设计）的基础，而且是设计和实现编译程序、操作系统、数据库系统及其他系统程序的重要基础。同时，数据结构技术也广泛应用于信息科学、系统工程、应用数学以及各行业、各工程技术领域。

　　值得注意的是，虽然通过系统的分析与研究，目前已经总结得到了几种基本类型的数据结构，但数据结构的发展并未终结。特别是随着近年来大数据、深度学习以及人工智能等技术的迅猛发展，计算机技术与其他学科的交叉应用已经成为主流，比如，基于司法大数据的案件裁判预测、基于地质大数据的矿产资源预测、基于电力大数据的电能质量监测以及基于海洋大数据的环境监测等。由此，计算机需要处理的数据体量越来越庞大，数据之间的关系也越来越复杂，相关的软件或应用程序结构也愈来愈复杂。据有关统计资料表明，现在计算机用于数据处理的时间比例达到80%以上，随着时间的推移和计算机应用的进一步普及，计算机用于数据处理的时间比例必将进一步增大。因此，针对各专业领域中的特殊问题和特定数据，有必要研究并构建高效的数据结构，如高维图形数据的数据结构、空间数据的数据结构以及面向大数据的数据结构等，以促使进行快速、有效数据分析与实时的数据处理。

1.2 基本概念和术语

我们先来看几个基本概念和术语。

- 数据

数据是能被输入到计算机中且能被计算机识别并进行加工处理的符号集合,是计算机操作对象的总称。按现代计算机科学的观点,数据不仅包括数值信息,如整型、实型数值等,还包括非数值的信息,如图像、声音和文字等。

比如我们在打游戏,游戏中的三维人物角色就是图形数据,而其中播出的声音就是声音数据。换句话说,所谓的数据,就是对客观事物的符号表示。这些符号具备两个条件:①能输入到计算机中;②计算机程序能够处理它们。

对于数值型数据,可以直接进行处理。而对于非数值的数据,可以通过编码将其变成数值型数据,再进行处理。

- 数据元素

数据元素是数据的一个基本单位,在计算机中通常作为一个整体进行考虑和处理。如整数 5 是整型数据中的一个数据元素。字符'N'是字符型数据中的一个数据元素。如果数据元素被组织成表结构,也将其称为数据记录。例如,描述一个学生的数据元素可能包含学号、姓名、性别和出生日期等多个属性,则一条具体的学生信息"10001 王小亘 女 2001/01/02"即是一条数据记录,见表 1-1。

表 1-1 学生信息表

学　　号	姓　　名	性　　别	出 生 日 期
120191080101	常　乐	男	2001/01/02
120191080102	杜小亘	女	2002/10/23
120191080103	申文慧	女	2001/11/07
120191080104	智煜辉	男	2004/10/05
120191080105	张通源	男	2003/04/23

- 数据项

数据元素可以由若干项构成,这些项是构成数据元素的单位,即为数据项。数据项可以是原子项,也可以是组合项。如学生数据元素中包含多个数据项。其中,姓名、学号和性别都是原子项,不能再进行分割;而出生日期可看作是由年、月、日构成的组合项,它可以分割为更小的数据项。

- 数据对象

数据对象是性质相同的数据元素的集合,是数据的一个子集。例如,集合 N＝{0,1,−1,2,−2,…}是整型数据对象,C＝{'A','B','C',…'Z'}是字符型数据对象。

• 数据结构

结构即指关系。通常，实际应用问题中的数据元素之间并不是孤立存在的，而是存在一定的关系，数据元素之间的关系就称为结构。所谓数据结构，简单地说是指相互之间存在着某种逻辑关系的数据元素的集合。

综上所述，不难看出：数据包含数据对象，数据对象包含数据元素，数据元素包含数据项。

1.3 理解数据结构

数据结构是计算机程序设计中必不可少的部分。为了更好地理解数据结构，我们首先了解一下计算机求解实际问题的过程。对于一个具体问题的计算机求解（或者程序设计），大致需要经过下列几个步骤：首先要从具体问题中抽取出一个适当的数学模型；其次分析需要完成的功能，设计一个或者一组对应功能的算法，并对算法进行分析优化；最后编出程序，进行测试和调整，直至得到最终解答。寻求数学模型的实质是分析问题，从中提取操作的数据对象，并找出数据对象中的数据元素之间蕴含的关系，并加以描述。这实际上是对数据结构进行分析与描述。

我们举一个简单的例子来说明。

比如，求解一元二次方程 $ax^2+bx+c=0$ 的根，其中 a、b、c 作为已知输入。这是一个典型的数值计算问题。需要处理的数据对象是 {a，b，c}，数据对象里包含的数据元素之间的关系可用给定的方程来表示，即 a、b、c 之间的关系隐含在一元二次方程中。

下面，我们再看几个例子。

例 1-1：对 10 个整数进行排序。

例 1-2：对一个班级的学生基本信息进行管理。

例 1-3：对一个单位的组织机构进行管理。

例 1-4：对一个行政区域的地图进行着色。要求：最多用四种颜色，相邻区域不可以用相同的颜色。

很显然，上述四个问题都不是数值计算问题，要操作的数据对象中包含的数据元素之间的关系也不可能用简单的数学方程表示。那么，在这类非数值计算问题中，数据对象包含的数据元素之间的关系如何描述？这便是数据结构要研究的问题。

下面进行更为详细的分析。

例 1-1 中，要排序的 10 个数构成的集合是需要操作的数据对象。这 10 个数除了属于一个数集外，相互之间没有其他特定关系。或者说，这 10 个数之间具有比较松散的关系。这种类型称为集合结构。

例 1-2 中，学生基本信息构成的集合是该问题需要处理的数据对象，如表 1-1 所示。在表中，每一条学生记录即是一个数据元素。数据元素之间依次线性排列，具有一对一的线性关系。这些学生信息构成的数据对象和记录之间的前后次序关系称为线性结构。

例 1-3 中，需要操作的数据对象是单位中所有的组织机构名称构成的集合。比如，一个高校的组织机构如图 1-1 所示。

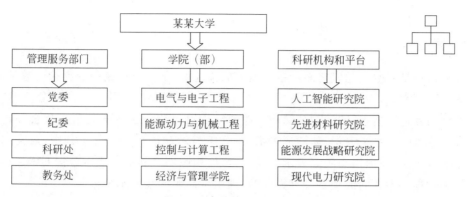

图 1-1 高校的组织机构图

这些组织机构之间具有更加复杂的层级关系。最高一级只有一个数据元素,即大学名称。它的下一级单位包含管理服务部门、学院(部)以及科研机构与平台等多个类别的单位,这些类别可看作是第二层。第二层各自又分别包含了更低一级的单位,如管理服务部门,包括党委、纪委、科研处等多个单位名。以上组织机构之间是一种一对多的关系。这些组织机构名称构成的数据对象以及它们之间的层次关系即为树形结构。

例 1-4 中,某市各行政区域图如图 1-2 所示。若采用四种颜色对该市各区域进行染色,要求相邻的区域不能使用相同的颜色。

图 1-2 行政区域图

该问题需要操作的数据对象是这些行政区域构成的集合。显然,这些区域之间的邻接关系是一种多对多的关系。此例中的行政区域以及它们之间的邻接关系称为图形结构。

从上述示例可知,数据结构主要研究的内容是程序设计问题中计算机的操作对象和操作对象包含的数据元素之间的关系,以及在此基础之上进行的数据对象上的操作。

1.4 数据的逻辑结构和存储结构

一般认为,一个数据结构是由数据元素依据某种逻辑关系组织起来的。对数据元素间逻辑关系的描述称为数据的逻辑结构。数据必须在计算机内存储,数据的存储结构是数据结构的实现形式，是其在计算机内的表示。此外，讨论一种数据结构，必须同时讨论在该类数据上执行的运算。

1.4.1 逻辑结构

逻辑结构是对数据元素之间的逻辑关系的描述，是从具体问题抽象出来的数学模型，与数据的存储无关。我们通常所说的数据结构即指逻辑结构。由 1.3 节的分析可知，有四种类型的数据结构，即四种逻辑结构。逻辑结构可以用一个数据元素的集合和定义在此集合上的若干关系来表示，如图形表示、二元组表示和语言描述等。其中，最常用的方法是图形表示法，习惯用小圆圈表示数据元素，而用圆圈之间的线表示数据元素之间的关系。如果数据元素之间的关系是有方向的，则用带箭头的线表示关系。

基本的逻辑结构有以下四种。

（1）集合结构。数据对象中的数据元素之间除了同属于一个集合之外，没有任何其他的关系。这种结构类似于数学中的集合，如图 1-3 所示。

（2）线性结构。数据对象中的数据元素之间存在一对一的线性关系，如图 1-4 所示，其中线段隐含了从左到右的关系，通常省略标注方向的箭头。

（3）树形结构。数据对象中的数据元素之间存在一对多的层次关系，如图 1-5 所示。线段隐含了从上到下的层次关系，通常省略标注方向的箭头。

（4）图形结构，也称作**网状结构**。指数据对象中的数据元素之间存在多对多的任意关系，如图 1-6 所示。如果图中线段表示的关系是双向的，通常省略方向的标注。如果线段表示的关系是单向的，则必须标注方向。

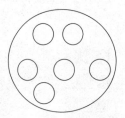

图 1-3　集合结构图

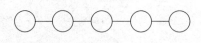

图 1-4　线性结构关系图

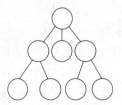

图 1-5　树形结构关系

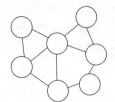

图 1-6　图形结构关系

在上述四种数据结构中，集合是数据元素之间关系极为松散的一种结构，因此在实际应用中往往用其他结构来表示。集合结构、树形结构和图形结构属于非线性结构。

数据的逻辑结构除用图形法表示之外，也可用二元组进行形式化描述，如下所示。

$$Data\_structure = (D,S) 或 (D,R)$$

其中,D 是数据元素的集合,S 或 R 是 D 上关系的集合。下面举例说明。

例 1-5:给出表 1-1 中数据结构的二元组形式描述。

$$StudentList = (D, S)$$

其中,

$$D = \{a_i | i=1,2,\cdots,5\}$$
$$S = \{< a_i, a_{i+1} > | i=1,2,\cdots,4\}$$

其中,$< a_i, a_{i+1} >$ 是一对序偶,表示 a_i 是 a_{i+1} 的直接前驱,a_{i+1} 则是 a_i 的直接后继。

例 1-6:给出图 1-7 所示树形结构的二元组形式描述。

$$Tree = (D, S)$$

其中,

$$D = \{A,B,C,D,E,F,G,H\}$$
$$S = \{<A,B>,<A,C>,<A,D>,<B,E>,<B,F>,<D,G>,<D,H>\}$$

例 1-7:给出图 1-8 所示图形结构的二元组形式描述。

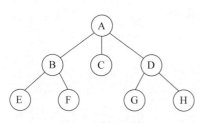
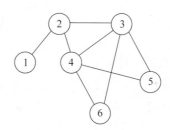

图 1-7　树形结构　　　　　　图 1-8　图形结构

该结构为一个图形结构,其对应的二元组形式可描述为:

$$G = (D,S)$$

其中,

$$D = \{i | i=1,2,\cdots,6\}$$
$$S = \{(1,2),(2,3),(2,4),(3,4),(3,5),(3,6),(4,5),(4,6)\}$$

其中,(1,2)表示序偶 $<1,2>$ 和序偶 $<2,1>$ 同时存在。

1.4.2　存储结构

分析和研究数据结构的最终目的是为了使计算机能够对其进行处理。为此,仅有数据的逻辑结构是不够的,还必须研究这些结构在计算机内的存储方式,即**存储结构**,也称为**物理结构**。需要注意的是,数据的存储结构应能正确反映数据元素之间的逻辑关系。换句话说,需要存储的内容包含两部分:"数据对象"的存储以及"数据元素之间关系"的存储。

数据的存储结构的常用形式有四种:顺序存储、链式存储、索引存储和哈希存储。这里重点介绍顺序存储和链式存储,索引存储和哈希存储将在后面章节中介绍。

1. 顺序存储结构

把逻辑上相邻的数据元素存储在物理位置相邻的存储单元中，数据元素之间的逻辑关系由存储单元的邻接关系来体现。顺序存储结构是一种最基本的存储表示方法，借助数组便可以实现。以表 1-1 的存储为例，该表是一个线性结构，当对其进行顺序存储时，需要建立一个合适大小的数组。与之对应，计算机就在内存中找到了一段连续的空闲空间。然后，即可以将表中的第一个数据元素存放到数组的第一个元素中，将表中的第二个数据元素存放到数组的第二个数据元素中，依此类推。表 1-1 对应的顺序存储结构示意图如图 1-9 所示。

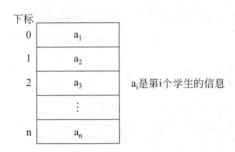

图 1-9　顺序存储结构

2. 链式存储结构

把数据元素放在任意的存储单元中，逻辑上相邻的元素其物理位置可能相邻，也可能不相邻，而元素间逻辑上的邻接关系在物理存储上通过附设的指针字段来表示。链式存储结构通常借助于程序设计语言中的指针类型来实现。仍以表 1-1 为例，其链式存储示意图如图 1-10 所示。其中，数据元素存放在任意内存单元中，而对于每一个数据元素，除存储本身的值之外，还相应存储了逻辑上的下一个相邻元素的地址。也可以说，数据元素在内存中映像为一个包含数据和地址的结点。

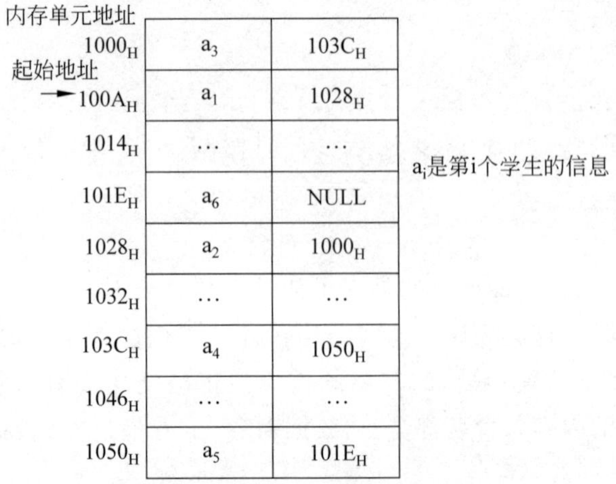

图 1-10　链式存储结构

为了更形象地理解链式存储结构,通常用图 1-11 表示图 1-10 中的链式存储结构。

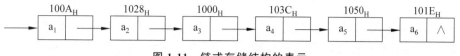

图 1-11　链式存储结构的表示

对每一个数据对象,除考虑其逻辑结构和存储结构之外,还需要考虑数据集上可进行的操作。即使数据的逻辑结构相同,若数据集上定义的操作不同,则其作用也不同。

1.5　数据类型和抽象数据类型

在 1.3 节中,已经描述了计算机求解问题的主要步骤,大体分为四个阶段。首先需要进行系统分析,即明确系统应该具有的功能和各个功能所操作的数据对象。完成系统分析之后,进入系统设计阶段,对系统的数据结构进行分析与设计,即抽象出数据对象、数据元素之间的关系以及在数据对象上需要定义的操作。之后进入系统实现阶段,此阶段需要根据软件系统的规模和应用环境,选用一种程序设计语言,将抽象数据类型描述转换成该程序设计语言支持的数据类型描述,并进行软件系统包含的各功能模块的编码实现。在系统实现之后,进行软件系统的测试。之后软件系统就可以投入使用了。过程如图 1-12 所示。

图 1-12　软件系统开发阶段

在系统设计阶段,为了更加清楚地表述数据结构,可以采用一种统一的形式将数据对象、数据元素之间的关系以及在数据对象上的操作表示出来,即采用**抽象数据类型**进行描述。

1.5.1　数据类型

数据类型(Data Type)是一个值的集合和定义在这个值集上的一组操作的总称。在 C 语言中,按照取值的不同,数据类型可以分为两类:原子类型和结构类型。原子类型是不可以再分解的基本类型,包括整型、实型、字符型、枚举类型和指针类型;结构类型是由若干个类型组合而成的类型,如数组和文件等。

在程序设计语言中,每一个数据都属于某种数据类型。类型显式或隐式规定了数据的取值范围、存储方式以及允许进行的运算。可以认为,数据类型是在程序设计中已经实现了的数据结构。

另外,在程序设计过程中,当需要引入某种新的数据结构时,总是借助程序设计语言所提供的已有数据类型来描述数据的存储结构。比如,在 C 语言中,一旦定义了两个整型变量 a 和 b,就意味着 a 和 b 只能赋值为 int 规定的取值范围,并且只能进行 int 类型所允许的运算。

各种高级程序设计语言中都拥有"整数"类型，尽管它们在不同处理器上的表示和实现方法有所不同，但它们的数学特性是相同的，因此对程序员而言是"相同"的。因为程序员并不关心整数在计算机内是如何表示的，也无需了解实现 a＋b 具体需要进行什么操作，他们只需直接使用已经定义的功能即可。从"数学抽象"的角度看，可称它是一个已经用某种语言实现了的"抽象数据类型"，它强调的是其本质的特征、它所能完成的功能以及它与外部用户的接口（即外界使用它的方法）。

1.5.2　抽象数据类型

抽象数据类型（Abstract Data Type，ADT），指一个数学模型以及定义在该模型上的一组操作。抽象数据类型的定义仅取决于它的一组逻辑特性，而与其在计算机内部如何表示和实现无关。

抽象数据类型有两个重要特性：一个是数据抽象，用 ADT 描述程序处理的实体时，强调的是其本质的特征、它所能完成的功能以及它与外部用户的接口；另一个是数据封装，将实体的外部特性和其内部实现细节分离，并且对外部用户隐藏其内部实现细节。

抽象数据类型定义了一个数据集的逻辑结构以及在此结构上的一组操作算法，它实际上就是对数据结构的定义。

抽象数据类型可用以下三元组表示：

(D, S, P)

其中，D 是数据对象，S 是 D 上的关系集，P 是对 D 的基本操作集。基本操作集通常包括初始化、插入、删除、查找和遍历等。

在本书中，采用的 ADT 定义形式为：

ADT 抽象数据类型名
{ 　**数据对象**：数据元素的集合
　　数据关系：数据关系的集合
　　基本操作：操作函数的列表
}**ADT** 抽象数据类型名

下面，定义"复数"的抽象数据类型。

ADT Complex {
数据对象：
　D={e1,e2|e1,e2∈RealSet}
数据关系：
　R={<e1,e2>| e1 是复数的实部,e2 是复数的虚部}
基本操作：
　InitComplex(&z, v1, v2)
　初始条件：复数 z 不存在。
　操作结果：构造复数 z,其实部和虚部分别被赋予参数 v1 和 v2 的值。
　DestroyComplex(&z)
　初始条件：复数 z 已存在。

操作结果:复数 z 被销毁,销毁后 z 不存在。

GetReal(z, &real)

初始条件:复数 z 已存在。

操作结果:用 real 返回复数 z 的实部。

GetImag(z, &imag)

初始条件:复数 z 已存在。

操作结果:用 imag 返回复数 z 的虚部。

Add(z1, z2, &sum)

初始条件:z1、z2 是复数。

操作结果:用 sum 返回两个复数 z1、z2 的和。

Multiply(z1, z2, &product)

初始条件:z1、z2 是复数。

操作结果:用 product 返回两个复数 z1、z2 的积。

Division(z1, z2, &result)

初始条件:z1、z2 是复数,并且商存在。

操作结果:用 result 返回两个复数 z1、z2 的商。

} ADT Complex

抽象数据类型定义完成后,在构建软件系统前,必须用程序设计语言实现之。以复数类型为例进行说明。这里只实现其中的 InitComplex() 和 Add() 操作,对于其他操作的具体实现方法,读者可自己完成。

用 C 语言实现的复数类型如下:

```
typedef struct complex
{   float realpart;float imagpart;
}ComPlex;
void InitComplex(ComPlex * z, float v1, float v2)
{   z->realpart = v1;
    z->imagpart=v2;
}
void Add(ComPlex z1,ComPlex z2, ComPlex * sum)
{   sum->realpart = z1.realpart + z2.realpart;
    sum->imagpart = z1.imagpart + z2.imagpart;
}
```

1.6 算法与算法效率分析

1.6.1 数据结构与算法的关系

学习数据结构的目的是,能够分析实际问题中所涉及的数据对象的特性,并将其在计算机中表示出来,然后设计合适的算法对它们进行加工操作,以完成各种功能。许多大型系统的构造经验表明,系统实现的困难程度和系统构造的质量都严重依赖于所设计的数据结构的优劣程度。很多时候,一旦确定了数据结构,算法就容易得到了。当然,有些时候也会反过来，需要根据特定算法来选择有效的数据结构与之相适应。因此，数据的运算是数据结构的一个重要方面，而讨论实现各种运算的算法则是数据结构课程的重要内容之一。

那么，当利用计算机解决具体问题时，什么时候需要进行算法设计呢？由于算法的设计仅取决于数据的逻辑结构，而与物理存储方式无关，因此在构建数学模型之后，便可以进行相应操作的算法设计，而算法的具体实现则依赖于数据采用的存储结构。

1.6.2　算法的定义

算法即解决问题的一系列步骤或方法。中国古代将算法称为"术"，最早出现在《周髀算经》和《九章算术》中。英文名称"Algorithm"则来自于 9 世纪波斯数学家阿勒·霍瓦里松（al-Khwarizmi）。如今，比较普遍使用的算法定义如下：

算法（Algorithm）是指问题求解所需要的具体步骤和方法，它是规定的一个有限长的操作序列。也就是说，给定初始状态或输入数据，能够在有限时间内得出所要求或期望的终止状态或输出数据。

对于给定的问题，可以采用不同的算法进行解决。每一种算法的时间效率和空间效率都可能不同。如果一个算法有缺陷，或者不适合于某个问题，则执行这个算法将不能解决该问题。

例 1-8：求解 $1\sim100$ 的和。可以提供以下两种算法。

算法 1：

```
for( int i=1,sum=0,n=100; i<=n; i++)
    sum += i;
```

算法 2：

```
int i=1, sum=0, n=100;
sum = (1+n) * n /2;
```

比较两个算法，显而易见，算法 2 的效率远高于算法 1。

1.6.3　算法的 5 大特性

Donald E. Knuth 在他的著作《计算机程序设计艺术》里，清楚地描述了算法具有的 5 大特性。

（1）**输入**。一个算法必须有零个或多个输入。

（2）**输出**。一个算法应有一个或多个输出，输出是算法进行信息加工后得到的结果。

（3）**有穷性**。算法必须在有限步骤内完成任务，如果在描述算法的指令序列中出现了死循环，则不满足有限性。

（4）**确定性**。算法的描述必须无歧义，通常要求实际运行结果是确定的，以保证算法的实际执行结果完全符合问题需求。即在一定的条件下，只有一条执行路径，相同的输入只能有唯一的输出结果。

（5）**可行性**。又称有效性，即算法中描述的操作都可以通过把已经实现的基本运算执行有限次来实现。一个有效的算法是指能够通过程序运行并获得正确结果的算法。如果一个特定算法的理论很成熟，可是复杂度太高，难以实现；或者即使勉强实现了它，程序运行也需要几十年甚至几百年的时间开销，那么，这个算法就很难说是一个有效的算法。

1.6.4 算法设计的要求

既然对于一个确定的问题算法并不一定唯一，那么设计一种好的算法就非常必要了。一个优秀的算法通常应考虑达到以下目标。

（1）**正确性**。正确的算法应当能够满足问题的需求，并能够得到问题的正确答案。对"正确性"的理解，可分为以下四个层次。

① 程序中不含语法错误。

② 程序对于几组输入数据能够得出满足要求的输出结果。

③ 程序对于精心选择的典型、苛刻甚至带有刁难性的几组输入数据能够得出满足要求的结果。

④ 程序对于一切合法的输入数据都能得出满足要求的结果。

其中，层次①要求最低，但是仅仅不含语法错误，很难说程序的输出结果也正确；而层次④的要求最高。实际上，我们根本不可能把所有合法的输入都进行逐一验证，这压根就是不可行的操作。因此，通常将层次③作为一个算法是否正确的标准。

（2）**可读性**。算法设计的目的不仅是为了计算机执行，同时也为了人的阅读与交流。因此，算法应该便于人理解。

可读性强的算法更加便于调试，易于发现并修改错误，而晦涩难读的程序易于隐藏较多错误而难以调试。此外，现实中的软件系统通常较为庞大，很难独自完成，而是需要多人合作。如果一个算法的设计让人难以理解，绝大多数人都看不懂，则很难将其有效利用，最终也是"一潭死水"。

（3）**健壮性**。当输入数据不合法时，算法应当能够恰当地作出反应或进行相应处理，而不是产生莫名其妙的输出结果。同时，处理出错的方法不应是中断程序的执行，而应是返回一个表示错误或错误性质的值，以便在更高的抽象层次上进行处理。比如，输入的分式中的分母不应该是 0，一旦出现了 0，就应该马上做出相应的提示操作，而不是异常中断。

（4）**高效率和低存储量需求**。"效率"通常指的是算法执行时间，而"存储量"指的是算法执行过程中所需的最大存储空间，两者都与问题的规模（一般情况下问题的规模与数据量成正比）有关。设计算法时，应尽可能使其具有较低的时间成本，并且具有较少的空间开销。

设计算法时，通常需要借助于算法描述工具。常用的算法描述工具有自然语言、流程图、N-S 结构图、伪代码和程序设计语言。本书采用 C 语言的描述方法，基本上遵循 C 函数的规范。对有格式的输入输出函数，如 scanf() 和 printf()，在没有明确数据类型时，通常省略格式字符串，只给出输入地址表列或输出项。

1.6.5　算法效率分析

算法的效率主要指算法的执行时间。同一问题可用不同算法解决，而每个算法的质量优劣不同，其执行效率也相应不同。算法分析的目的在于选择合适的算法，并改进已有的算法，从而提高系统整体性能。

通常，衡量算法效率的方法有两种：事后统计法和事前分析估算法。

1. 事后统计法

事后统计法即对每一个算法编制出相应的程序，并在计算机上运行，利用机器时钟计算出程序执行的时间，从而确定算法的效率。

这种方法的缺陷是显而易见的。主要有以下几点。

① 对于每一个算法，都要编制好相应的程序并执行，这通常需要花费大量的时间和精力，造成不必要的成本浪费。

② 一些其他的因素容易掩盖算法本身的优劣。比如：运行程序所选择的计算机、操作系统、编译器等不同，都会导致同一个算法的运行时间具有差异。

③ 运行程序时，选择合适的输入数据集非常困难。通常，不同的输入数据集将导致程序产生不同的执行时间，而且程序的运行效率也将随着数据规模的变化而发生相应变化。因此，如果选择的测试数据不够全面、准确，往往很难正确评价算法本身的优劣性。

事后统计法较少被用于进行算法分析，多被用于算法实现后的实验验证中。

2. 事前分析估算法

事前分析估算法即在算法设计完成后，并不需要编制程序，而只需采用统计方法进行算法效率的大致估算。

分析发现，程序的运行时间取决于以下几个因素。

① 算法选用的策略。

② 问题的规模。

③ 编写程序的语言。

④ 编译程序产生的机器代码质量。

⑤ 计算机执行指令的速度。

如果抛开计算机硬件和软件相关的因素，只考虑算法本身，则前两条 a 和 b 是影响程序运行时间的主要因素。对于某一个特定算法，其"运行时间"的大小只依赖于问题的规模（问题处理数据量的大小，通常用整数 n 表示），或者说它是问题规模的函数。

1.6.6　算法的时间复杂度

1. 算法的时间耗费

算法的执行时间是由构成算法的所有语句的执行时间决定的，因此，可以进行如下估算。

算法所耗费的时间＝算法中每条语句的执行时间之和

每条语句的执行时间＝语句的频度×语句执行一次所需的时间

其中,语句的频度(Frequency Count)即指语句的执行次数。

上述估算中,为了确定语句执行一次的具体时间,必须上机运行测试算法才能知道。但不同机器的指令性能、速度以及编译所产生的代码质量等因素,使得语句具体的执行时间难以确定。另外,很多时候没有必要对每个算法都上机测试,只需知道哪个算法花费的时间多、哪个算法花费的时间少就可以了。因此,进行算法分析时,只需将每条语句的执行时间看作单位时间。这样,算法花费的时间与算法中语句的执行次数成正比,语句执行次数多,算法花费时间就多。

例 1-9:累加求和。

```
for(int i=1,s=0;i<=n;i++) s+= i;
```

算法中,i＝1 和 s＝0 各执行了 1 次,i<＝n 执行了 n+1 次,i++和 s+＝i 各执行了 n 次,总的执行次数 $T(n)=3n+3$ 次,此即算法的时间耗费。

上面的 n 称为问题的规模,当 n 不断变化时,时间耗费也会不断变化。下面引入时间复杂度的概念。

2. 时间复杂度(Time Complexity,也称时间复杂性)

首先了解一下什么是函数的渐近增长。设给定两个函数 f(n)和 g(n),如果存在一个整数 N,使得对于所有的 n>N,f(n)总是比 g(n)大,那么 f(n)的增长渐近快于 g(n)。

一个特定算法的"运行工作量"依赖于问题规模 n,它是问题规模的函数,用 T(n)表示。若存在常量 C>0,n_0>0,当 n>＝n_0 时,$T(n) \leqslant C * f(n)$,则算法 A 为 f(n)阶,记为 $T(n)=O(f(n))$,T(n)即为算法的(渐近)时间复杂度。

我们常用大 O 表示法表示时间复杂度。根据定义,如果 $f(n)=O(n)$,那么 $f(n)=O(n^2)$ 也成立。可知,大 O 表示给出的是一个上界,但并不一定是上确界。不过在描述时间复杂度时,通常采用前者进行表示,即最小上界。

渐近时间复杂度描述的是算法时间复杂度的数量级,所以也可以这样理解:若有某个辅助函数 f(n),使得当 n 趋近于无穷大时,T(n)/f(n)的极限值为非零的常数,则称 f(n)是 T(n)的同数量级函数,即 T(n)的增长率与 f(n)的增长率相同。记作 $T(n)=O(f(n))$,称 O(f(n))为算法的时间复杂度,如图 1-13 所示。

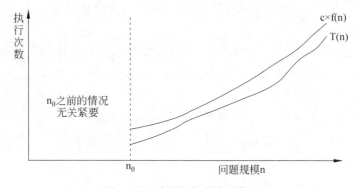

图 1-13　时间复杂度的示意图

在算法中,语句执行次数不相同时,渐近时间复杂度也有可能相同,如 $T(n)=n^2+3$ 与 $T(n)=4n^2+3n$,渐近时间复杂度都为 $O(n^2)$。

在算法分析时,往往对算法的时间复杂度和渐近时间复杂度不予区分,而经常是将渐近时间复杂度 $T(n)=O(f(n))$ 简称为时间复杂度。利用算法的渐近时间复杂度,来评价一个算法的时间性能。

例 1-10：求解同一问题的两个算法 A1 和 A2,时间复杂度分别是 $T_1(n)=1000n^2$, $T_2(n)=50n^3$。分析两个算法的有效性。

分析：

(1) 当问题规模 n<20 时,有 $T_1(n)>T_2(n)$,后者花费的时间较少。

(2) 随着问题规模 n 的增大,两个算法的时间开销之比 $T_2(n)/T_1(n)=n/20$,即随着问题规模 n 增大,算法 A1 比算法 A2 要有效得多。两个算法 A1 和 A2 的渐近时间复杂度分别为 $O(n^2)$ 和 $O(n^3)$,从宏观上评价了这两个算法在时间方面的性能。

3. 时间复杂度的计算

通常,从算法中选取一种对于所研究的问题来说是"基本操作"的原操作,以该"基本操作"在算法中重复执行的次数作为算法运行时间的衡量准则,并计算其时间复杂度。下面给出时间复杂度的一般计算方法。

步骤 1：先求出所有代码的运行次数,通常是一个关于问题规模的表达式。

步骤 2：用常数 1 取代运行次数中的所有常数和。

步骤 3：在修改后的运行次数中,保留最高阶项。

步骤 4：如果最高阶项存在且不是 1,则去除与这个项相乘的常数。

(1) 常数阶

```
int sum = 0,n=100;              /*执行一次*/
sum = (1+n) * n/2;             /*执行一次*/
printf("%d",sum);              /*执行一次*/
```

这个程序段的运行次数 $f(n)=1+1+1=3$,根据推导大 O 阶的方法,第一步是将 3 改为 1,再保留最高阶项。由于它没有最高阶项,因此这个算法的时间复杂度为 $O(1)$。对于这种与问题的大小无关并且执行时间恒定的算法,时间复杂度为 $T(n)=O(1)$,称为常数阶。

对于分支结构而言,无论条件真假,执行的次数都不会随着 n 的变化而发生变化,所以单纯的分支结构(不包含在循环结构中),时间复杂度为 $T(n)=O(1)$。

(2) 线性阶

如果程序中含有循环结构,则在分析算法的时间复杂度时,关键是要分析循环结构的运行情况,即需要确定特定语句或某个语句段(从循环体中选取)运行的次数。

对于以下程序段：

```
for(i = 0 ; i < n; i++)
{ /*时间复杂度为 O(1)的程序段*/ }
```

循环体执行次数取决于 n，所以这段代码的时间复杂度为 T(n)＝O(n)，称为线性阶。

（3）对数阶

程序段如下：

```
count = 1;
while(count <= n)
{   count = count * 2;              /* 时间复杂度为 O(1) 的程序段 * /   }
```

上述程序段每执行一次循环体后，都会把 count 的值乘以 2；设循环了 f(n) 次后，循环条件 count ＜＝ n 不再满足，则有 $2^{f(n)} <= n$，求出 $f(n) <= \log_2 n$。上述程序段的时间复杂度为 $T(n)＝O(\log_2 n)$，称为对数阶。

（4）平方阶

以下程序段：

```
for(i = 0 ; i < n ; i++)
    for(j = 0 ; j < n ; j++)
    {   /* 时间复杂度为 O(1) 的程序段 * /   }
```

上面的程序段出现循环嵌套，对于内层循环，它的时间复杂度为 O(n)，但是它包含在外层循环中，再循环 n 次，因此这段代码的时间复杂度为 $T(n)＝O(n^2)$，称为平方阶。

如果程序段改为：

```
for(i = 0 ; i < n ; i++)
  for(j = 0 ; j < m ; j++)
      { /* 时间复杂度为 O(1) 的程序段 * /   }
```

内层循环改成了 m 次，时间复杂度为 $T(n,m)＝O(n*m)$。

如果程序段改为：

```
for(i = 0 ; i < n ; i++)
    for(j = i ; j < n ; j++)
        { /* 时间复杂度为 O(1) 的程序段 * /   }
```

内层循环 j 不是从 0 开始，而是从 i 开始。i＝0 时，内层循环执行了 n 次，当 i＝1 时，执行了 n－1 次，……，当 i＝n－1 时，执行了 1 次，所以总的执行次数为 $n+(n-1)+(n-2)+\cdots+1=n(n+1)/2=n^2/2+n/2$。根据大 O 阶推导方法，保留最高阶项 $n^2/2$，然后去掉这个项的常数 1/2，因此，这段代码的时间复杂度为 $T(n)＝O(n^2)$。

再来看一个比较复杂的程序段：

```
n++;                        /* 执行次数为 1 * /
function(n);                /* 执行次数为 n * /
for(i = 0 ; i < n ; i++)    /* 执行次数为 n×n * /
function(i);
for(i = 0 ; i < n ; i++)    /* 执行次数为 n * /
  for(j = 0 ; j < n ; j++)  /* 执行次数为 n×n * /
```

```
for(k=0；k<m；k++)        //执行次数为 n×n×m
    { /＊时间复杂度为 O(1)的程序段＊/ }
```

它的总执行次数 $f(n,m)=1+n+n^2+n+n^2+n^2m$，根据推导大 O 阶的方法，它的时间复杂度为 $T(n,m)=O(n^2m)$。

从以上例子可以看出，对一个含有多重循环结构的程序段，通常只需要讨论最深层循环体内语句的执行次数。

常见的时间复杂度按数量级递增排列依次为：常数阶 $O(1)$、对数阶 $O(\log n)$、线性阶 $O(n)$、线性对数阶 $O(n\log n)$、平方阶 $O(n^2)$、立方阶 $O(n^3)$、……、k 次方阶 $O(n^k)$、指数阶 $O(2^n)$ 和阶乘阶 $O(n!)$。

如图 1-14 给出了常用时间复杂度的增长率，其中对数阶时间复杂度的算法性能最好，而指数阶和阶乘阶时间复杂度的算法性能很差。

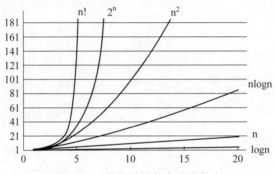

图 1-14　常见时间复杂度增长率

表 1-2 给出了更具体的数据，可以很明显看出时间复杂度为指数阶和阶乘阶的算法效率极低，当 n 值稍大时就无法应用。

表 1-2　常用的时间复杂度随问题规模 n 的变化

函数	输 入 规 模 n					
	1	2	4	8	16	32
1	1	1	1	1	1	1
$\log n$	0	1	2	3	4	5
n	1	2	4	8	16	32
$n\log n$	0	2	8	24	64	160
n^2	1	4	16	64	256	1 024
n^3	1	8	64	512	4 096	32 768
2^n	2	4	16	256	65 536	4 294 967 296
$n!$	1	2	24	40 326	2 092 278 988 000	$26\ 313×10^{33}$

若两段算法分别有复杂度 $O(f(n))$ 和 $O(g(n))$，则：

$$O(f(n))+O(g(n))=\max(O(f(n)),O(g(n)))$$
$$O(f(n))\times O(g(n))=O(f(n)\times g(n))$$

分析算法的复杂度,目的是希望不断改进已有算法的性能。只有不断打破已有算法复杂度的边界,才能不断趋近于算法的最优复杂度。只要算法的发展不停止,这种突破就没有终点。

1.6.7　算法存储空间需求

类似于时间复杂度的讨论,算法的空间复杂度(Space Complexity)定义为 $S(n)=O(g(n))$。它也是问题规模 n 的函数,表示随着问题规模 n 增大,算法运行所需存储量的增长率与 g(n)的增长率相同。

算法在计算机存储器上所占用的存储空间包括三个方面:存储算法本身所占用的存储空间,算法的输入输出数据所占用的存储空间,以及算法在运行过程中临时占用的存储空间。空间复杂度是对算法在运行过程中临时占用存储空间大小的量度。

算法的输入输出数据所占用的存储空间是由要解决的问题决定的,它是通过参数表由调用函数传递而来的,不会因算法的不同而改变。存储算法本身所占用的存储空间与算法书写的长短成正比,要压缩这方面的存储空间,就必须编写出较短的算法。算法在运行过程中临时占用的存储空间随算法的不同而异,有的算法只需要占用少量的临时工作单元,而且不随问题规模的大小而改变,我们称这种算法是“就地”进行的,是节省存储的算法。有的算法需要占用的临时工作单元数与解决问题的规模 n 有关,它随着 n 的增大而增大,当 n 较大时,将占用较多的存储单元,比如递归算法。

比如,要对数组进行逆序存储,设数组中存储的数据元素有 n 个,则有以下两种方法。

方法 1:

```
for(i=0, j=n-1; i<j; i++,j--)
{  t = a[i];   a[i] = a[j];   a[j] = t;  }
```

方法 2:

```
for(i=0,j=n-1; i<n; i++,j--)   b[j]=a[i];
for(i=0; i<n; i++)   a[i]=b[i];
```

很显然,方法 2 需要分配额外的存储单元即 b 数组,空间复杂度为 O(n);而方法 1 只需要一个临时单元 t,空间复杂度为 O(1)。

对于一个算法,其时间效率和空间效率往往是相互影响的。当追求较高的时间性能时,可能会导致更高的空间复杂度,即可能导致占用较多的存储空间。反之,当追求较好的空间性能时,可能会使时间性能变差,即可能导致占用较长的运行时间。因此,当设计一个算法时,需要在综合考虑两方面性能的前提下进行平衡。当然,在时空性能都考虑充分的前提下,还应考虑算法的使用频率、算法处理的数据量大小、算法描述语言的特性以及算法运行的机器系统环境等各方面因素,进而设计出比较好的算法。

1.7 预 备 知 识

1.7.1 C 函数

本书所有算法均采用 C 函数描述,下面给出有关 C 函数的主要知识点。

C 函数的定义是由函数首部加上函数体构成。C 函数的首部形参列表是描述函数实现指定功能所需的已知条件,函数的形参只能是变量,一个变量表示一个已知条件。C 函数形参的个数与函数实现指定功能的充分与必要条件相对应,如果少一个形参,C 函数就实现不了指定的功能或者出现运行错误;如果多一个形参,就会浪费系统存储资源。C 函数的函数体是描述函数如何实现所指定的功能,即算法描述。函数体内定义的变量通常用来辅助形参实现函数的功能,因算法不同,所需变量的类型和个数也不同。调用函数是完成函数的功能,调用函数时的实参可以是常量、有确定值的变量或可以求值的表达式,这些实参与定义函数时的形参所要求的类型和顺序应完全一致,并在调用函数时执行赋值操作:形参=实参。

在 C 程序中,主函数可以调用其他函数,而其他函数可以调用另一个函数,也可以自己调用自身。当函数 1 被函数 2 调用时,函数 1 称为被动调用函数,简称被调函数,函数 2 称为主动调用函数,简称主调函数。被调函数不允许直接对主调函数中定义的变量进行存取操作,但被调函数可以通过两种方式与主调函数进行数据传递。

一种是被调函数将某个值以返回值的形式返回给主调函数,一个 C 函数只能有一个返回值。主调函数可以直接使用被调函数的返回值,也可以用一个变量存储被调函数的返回值。

另一种是通过函数的参数进行传递,一般分为以下两种情况。

(1) 如果被调函数只是接受主调函数中的某个值,则将被调函数的形参定义为与这个值相同类型的变量。函数调用时,被调函数接受的实参是主调函数中的某个值,这个值可以是常量、有确定值的变量,也可以是表达式。形参与实参完全独立,形参的任何变化都不影响实参。

如:

```
int  add(int x,int y){return x+y;}
void main(){ int a=3,b=4; printf("%d+%d=%d\n",a,b,add(a,b));
                                                    /* 直接使用返回值 */}
```

或:

```
void main(){ int a=3,b=4,c=add(a,b); printf("%d+%d=%d\n",a,b,c);
                                                    /* 将返回值赋给变量 c */ }
```

(2) 如果被调函数希望对主调函数中的某个变量进行修改操作,即被调函数既可以得到主调函数中这个变量的值,又可以将新的值存回到主调函数的这个变量中,则将被调函数的形参定义为存放这种类型变量地址的指针变量。调用时,被调函数的形参接受的实参是主调函数提供的变量地址,在被调函数中用"＊形参"的形式间接访问主调函数中提供的这个变量,而在被调函数中对"＊形参"所做的任何操作实质上就是对主调函数提供的变量做同样的操作。

如:

```
void   add(int x,int y,int * z )              //调用时, * z 就是主调函数提供的存储空间
{ return * z=x+y; }
void main()
{   /* 函数 add() 通过指针变量 z 可以修改 c 的值, * z 就是变量 c */
    int a=3,b=4,c;
    add(a,b,&c);                              //对应指针变量 z 的实参是变量 c 的地址
    printf("%d+%d=%d\n",a,b,c);
}
```

在 C 函数中,不论是形参还是函数内定义的变量,都是局部变量,只有调用函数时系统才会为这些局部变量分配存储空间。一旦调用结束,系统会自动释放局部变量的存储空间。但是在数据结构的存储结构上进行某种操作时,有些变量或数组的存储空间无法事先确定,必须是即用即申请。C 语言提供了动态申请存储空间函数 malloc(),可根据需要进行存储空间的申请,并返回存储空间的起始地址。这个地址是"void ＊",必须将该地址强制转换成所需要的地址类型并赋给指针变量才能使用。一旦申请成功,变量的生命周期就相当于全局变量,直到调用函数 free() 或者程序结束,方可释放其占用的存储空间。

1.7.2　自定义数据类型名

C 语言允许用户使用 typedef 关键字来定义自己习惯的数据类型名称,以替代系统默认的基本类型名称、数组类型名称、指针类型名称以及用户自定义的结构型名称、共用型名称和枚举型名称等。

一旦用户在程序中定义了自己的数据类型名称,就可以在该程序中用自己的数据类型名称来定义变量、数组和指针变量等的类型。

C 语言提供了自定义数据类型名的语句,即 typedef 语句,格式为:

typedef 已有数据类型名　新数据类型名;

1. 为基本数据类型定义新的类型名

如:

```
typedef  int   INTEGER;
```

为 int 定义一个新的类型名 INTEGER,则:

```
int a;
```

等价于:

```
INTEGER a;
```

2. 为数组定义新的类型名称

如：

```
typedef char char_ARRAY_20[20];
```

为大小为 20 的字符型数组定义一个新的类型名 char_ARRAY_20。其中：char[20]为已有类型，char_ARRAY_20 为新的类型名。

```
char_ARRAY_20 x;
```

等价于

```
char x[20];
```

在函数的参数传递中，char_ARRAY_20 相当于一个指向大小为 20 的字符数组的指针类型。

如：

```
void function(char_ARRAY_20 x,int n)      //将 x 指向的字符数组中的 n 个字符逆序存放
{   int i,j; char t;
    for(i=0,j=n-1;i<j;i++,j--){t=x[i];x[i]=x[j];x[j]=t;}
}
```

等价于：

```
void function(char x[],int n)             //将 x 指向的字符数组中的 n 个字符逆序存放
{   int i,j; char t;
    for(i=0,j=n-1;i<j;i++,j--){t=x[i];x[i]=x[j];x[j]=t;}
}
```

3. 为指针定义新的类型名称

如：

```
typedef char * PCHAR;
```

为 char * 定义一个新的类型名 PCHAR，PCHAR s；等价于 char * s；。

4. 为结构体类型和结构体类型的指针类型定义新的类型名

如：

```
typedef struct student
{   char stunum[20];                      //学号
    char name[15];                        //姓名
    int age;                              //年龄
}STU, * PtrStu;
```

其中的 STU 等价于结构体类型 struct student，PtrStu 等价于结构体类型的指针类型 struct student * 。

如：

```
STU s,x[100];
```

s 是 struct student 类型的变量,可以存放一个学生的学号、姓名和年龄。x 是一个 struct student 类型的数组,有 100 个变量,可以存放 100 个学生的学号、姓名和年龄。

如:

```
PtrStu p=x;
```

p 是指向 STU 类型数组的指针变量,由于 p 存放了数组 x 的第一个数组元素的地址,则 p[i]等价于 x[i],i=0,1,…,99。

1.8 本 章 小 结

本章首先介绍了数据结构的起源与发展,及其在计算机科学中的地位和作用,详细阐述了数据结构研究的内容,并给出了数据结构的基本概念和术语。

数据结构的研究内容包括数据的逻辑结构、数据的存储结构以及对数据的基本操作。常见的逻辑结构有四种,即集合结构、线性结构、树形结构和图形结构,其中的树形结构和图形结构是非线性结构。数据的逻辑结构面向问题,独立于计算机,而存储结构则面向计算机。前者在系统分析阶段使用,后者在系统实现阶段使用。数据的存储结构有顺序存储、链式存储、索引存储和哈希存储四种,本章重点讲述了前两种。所谓顺序存储,即把逻辑上相邻的数据元素存储在物理位置相邻的存储单元中,数据元素之间的逻辑关系由存储单元的邻接关系来体现。而链式存储则是把数据元素放在任意的存储单元中,逻辑上相邻的元素其物理位置可能相邻,也可能不相邻,而元素间逻辑上的邻接关系在物理存储上通过附设的指针字段来表示。

此外,本章还阐述了算法的五大特性和算法性能评估的时间复杂度和空间复杂度以及大 O 表示法。学习算法首先需要分析复杂度,然后改进算法的复杂度,最后寻求算法的最优复杂度。本章重点讲述了如何进行算法(渐近)时间复杂度的求解,并对不同阶的时间复杂度的效率进行了对比。

本章还补充说明了 C 函数的定义方法以及利用 typedef 进行数据类型定义,以便读者能够更好地学习后续章节的内容。

1.9 习题与实验

一、填空题

1. 数据结构是一门研究非数值计算问题中的_____以及它们之间的_____和运算等的学科。

2. 数据结构被形式化地定义为(D,R),其中 D 是_____的有限集合,R 是 D 上的_____有限集合。

3. 数据结构包括数据的_____、数据的_____和数据的_____这三个方面的内容。

4. 线性结构中元素之间存在_____关系,树形结构中元素之间存在_____关系,图形结构中元素之间存在_____关系。

5. 在线性结构中,第1个结点_____前驱结点,其余每个结点有且只有一个前驱结点;最后一个结点_____后继结点,其余每个结点有且只有一个后继结点。

6. 在树形结构中,树根结点没有_____结点,其余每个结点有且只有_____个前驱结点;叶子结点没有_____结点,其余每个结点的后继结点数可以_____。

7. 在图形结构中,每个结点的前驱结点数和后继结点数可以_____。

8. 一个算法的效率可分为_____效率和_____效率。

二、单项选择题

1. 线性结构是指数据元素之间存在一种(　　)。
   (A) 一对多关系　　(B) 多对多关系　　(C) 多对一关系　　(D) 一对一关系

2. 数据结构中,与所使用的计算机无关的是数据的(　　)结构。
   (A) 存储　　　　(B) 物理　　　　(C) 逻辑　　　　(D) 物理和存储

3. 算法分析的目的是(　　)。
   (A) 找出数据结构的合理性　　　　(B) 研究算法中的输入和输出的关系
   (C) 分析算法的效率以求改进　　　(D) 分析算法的易懂性和文档性

4. 算法分析的两个主要方面是(　　)。
   (A) 空间复杂性和时间复杂性　　　(B) 正确性和简明性
   (C) 可读性和文档性　　　　　　　(D) 数据复杂性和程序复杂性

5. 计算机算法指的是(　　)。
   (A) 计算方法　　　　　　　　　　(B) 排序方法
   (C) 解决问题的有限运算序列　　　(D) 调度方法

6. 计算机算法必须具备输入、输出以及(　　)等5个特性。
   (A) 可行性、可移植性和可扩充性　(B) 可行性、确定性和有穷性
   (C) 确定性、有穷性和稳定性　　　(D) 易读性、稳定性和安全性

三、简答题

1. 说明抽象数据类型和数据类型两个概念的区别。

2. 简述线性结构与非线性结构的不同点。

四、分析下面各程序段的时间复杂度

```
1. for (i=0; i<n; i++)
     for (j=0; j<m; j++)
       for (k=0; k<p; k++)
             a[i][j][k]=0;

2. s=0;
   for (i=0; i<n; i++)
     for(j=0; j<n; j++)
```

```
                    s+=b[i][j];
        sum=s;
```

3.
```
x=0;
for(i=1; i<n; i++)
    for (j=1; j<=n-i; j++)
                x++;
```

4.
```
i=1;
    while(i<=n)
        i=i*3;
```

五、应用题

设有数据逻辑结构 $S=(D,R)$，试按各小题所给条件画出这些逻辑结构的结点连线图示，并确定相对于关系 R，哪些结点是开始结点，哪些结点是终端结点。

1. $D=\{d1,d2,d3,d4\}$

$R=\{<d1,d2>,<d2,d3>,<d3,d4>\}$

2. $D=\{d1,d2,\cdots,d9\}$

$R=\{<d1,d2>,<d1,d3>,<d3,d4>,<d3,d6>,<d6,d8>,<d4,d5>,<d6,d7>,<d2,d9>\}$

3. $D=\{d1,d2,\cdots,d9\}$

$R=\{(d1,d3),(d1,d8),(d2,d3),(d2,d4),(d2,d5),(d3,d9),(d5,d6),(d8,d9),(d9,d7),(d4,d7),(d4,d6)\}$

第2章

线 性 表

超级计算机可以说是计算机家族中的"神算子"。当下时代,它无所不在。从"天宫一号"回家路线的计算到精准的天气预报,从石油勘探到大飞机研制,从基因测序到新药筛选,从破解密码到宇宙演化模拟,都离不开超算平台的支撑。超级计算机在维护国家安全,推动科技、经济和社会发展,以及造福民生等方面,具有举足轻重的地位。"寄蜉蝣于天地,渺沧海之一粟",超级计算机可谓名副其实的"大国重器"。

2020年6月,超级计算机TOP500榜单更新,我国研制的"神威太湖之光"与"天河2A"分列第四位和第五位,我国也以部署226台超级计算机位列第一。虽然在性能上暂时落后于美国,但整体算力上与美国进一步缩小差距。超算的"下一项皇冠"是每秒可进行百亿亿次运算的E级超算。谁先成功,谁就能不仰人鼻息、受制于人,也将掌握未来世界发展的方向。

那么,我国超算的前世今生如何?下面给出了近20年的大致发展历程。

2004年	曙光4000A	国内首台每秒运算超过10万亿次的超级计算机,并代表中国首次进入全球超级计算机TOP500排行榜
2008年	曙光5000	超百万亿次高性能计算机
2009年	天河1号	第一台国产千万亿次超级计算机
2010年	曙光6000	国内首台过千万亿次的超级计算机系统,2010年第35届全球超级计算机500强排名中名列第二
2010年	天河1A	当时世界上最快的超级计算机
2012年	神威蓝光	首次实现了超算CPU和操作系统的全部国产化
2013年	天河2号	六度蝉联TOP500排行榜首位
2016年	神威太湖之光	实现了核心软硬件的全面国产化
2017年	天河2A	使用国产加速器Matrix 2000

这是一张典型的线性表,也是数据结构学习的开端。线性表虽然简单却应用广泛,能否找到数据结构有效的学习方法,很大程度上取决于线性表的实践能力与掌握程度,包括对顺序表、单链表、循环单链表、双向链表等存储及相关算法的分析与编程。编程的确就像在石头上雕刻一样,需要精雕细琢、精益求精的大国工匠精神,如此才可以将自己编制的程序打造成精美的艺术品,并经得起时空效率的考量。

2.1　问题的提出

线性表是线性结构中的一种最基本的结构,数据元素之间的关系是"前后"的次序关系,在实际应用中比比皆是。本章主要介绍线性表的逻辑结构、存储结构和基本操作的实现,并针对涉及线性表的实际问题,给出解决问题的方案,提高用线性表解决实际问题的能力。

目前计算机技术已经渗透到各个应用领域,不论是大学、中学和小学,都已经将学生的成绩采用计算机进行管理。下面是某学校的有关新生入学成绩的数据,如表 2-1 所示。

表 2-1　新生的成绩列表

学　号	姓　名	班　级	英语	数学	总分
1051250101	陈俊俊	软件 1903	82	110	576
1051250102	陈小龙	软件 1903	90	112	580
⋮	⋮	⋮	⋮	⋮	⋮
1051250133	刘静静	计算 1901	97	120	590

通常,学校为了给新生提供一个更好的分级学习平台,会根据新生的外语和数学成绩分班教学。这时需要对表 2-1 的数据进行相关的操作,即需要编写一个新生入学成绩管理系统,该系统具有如下基本功能。

- 创建新生表。
- 插入新生数据。
- 删除新生数据。
- 修改新生数据。
- 查询英语成绩。
- 查询数学成绩。
- 查询总成绩。
- 显示新生表。

通过这个系统可以创建新生的成绩表,插入和删除新生数据,并根据自定的英语、数学和总成绩的阈值,查找需要的新生信息。

在表 2-1 的表格数据中,每一行是一个新生的数据,包括学号、姓名、班级、英语成绩、数学成绩和总分。一个学生的数据是一个结构体类型的数据,即数据元素,又称为记录。多个学生的数据是一个具有相同结构体类型数据的集合体,即数据对象。这些记录之间存在如下关系。

(1) 第一个新生数据的前面没有其他新生的数据。

(2) 最后一个新生数据的后面没有其他新生的数据。

(3) 中间的每一个新生的数据前面有一个紧邻他的另一个新生的数据,后面也有一个紧邻他的另一个新生的数据。

根据要求，系统完成的所有功能就是对上述的新生数据对象做如下的处理。

（1）创建新生信息表：将新生的数据存放到具有相同结构体类型的一组结构体变量中。对应的操作是，根据输入顺序，依次从键盘上输入数据或从文件中导入数据并存放在定义好的结构体变量中。

（2）插入新生数据：根据条件，确定插入位置，将某个新生数据插入到指定的结构体变量中。对应的操作是，在已经存在的一组新生数据中，找到要插入的位置，再将待插入的新生数据存放到对应的结构体变量中。

（3）删除新生数据：根据条件，确定删除位置，将某个新生数据删除。对应的操作是，在已经存在的一组新生数据中，找到要删除的位置，并将该位置上的新生数据删除。

（4）修改新生数据：根据条件，确定需要修改新生数据的位置，用新的数据覆盖原来的数据。对应的操作是，在已经存在的一组新生数据中，找到要更新数据的位置，并将该位置上的新生数据用新的数据替换。

（5）查询英语成绩：从已经存放的新生数据中，根据指定的英语成绩范围，提取满足条件的新生。对应的操作是，在已经存在的一组新生数据中，根据给定的英语成绩阈值，逐个判断哪些新生数据是满足条件的。

（6）查询数学成绩：从已经存放的新生数据中，根据指定的数学成绩范围，提取满足条件的新生。对应的操作是，在已经存在的一组新生数据中，根据给定的数学成绩阈值，逐个判断哪些新生数据是满足条件的。

（7）查询总成绩：从已经存放的新生数据中，根据指定的总成绩范围，提取满足条件的新生。对应的操作是，在已经存在的一组新生数据中，根据给定的总成绩阈值，逐个判断哪些新生数据是满足条件的。

（8）显示：用列表的方式，显示符合条件的新生数据。对应的操作是，对筛选出来的一组新生数据，逐个输出。

经过上面的分析不难看出，新生成绩管理系统中有关新生的数据表是一组具有相同数据类型的数据元素，数据元素之间的关系是一对一的线性关系，即 1∶1。系统的功能是对这个数据对象进行不同的操作。

2.2 线 性 表

在日常生活中，会遇到很多类似上述例子中的数据问题。例如，26 个英文字母、火车的车次和飞机的航班信息，以及学生的基本信息和选课信息等。这些实际问题中涉及的数据之间的关系是相同的，即 1∶1 的线性关系。我们把具有这种关系的数据对象称为线性表。

2.2.1 线性表的定义

线性表是最简单的一种线性结构，具有如下特征。

（1）线性表中必存在唯一的一个"第一元素"。

（2）线性表中必存在唯一的一个"最后元素"。

（3）除最后元素之外，其余元素均有唯一的直接后继。

（4）除第一元素之外，其余元素均有唯一的直接前驱。

线性表可以表示为 List＝(D, R)，其中，D 是数据元素的集合，D＝{a_i|$a_i \in D_0$，i 是元素的位序，i＝1,2,…,n,n≥0}，D_0 是具有某种性质的数据元素的集合。

R 是数据元素关系的集合，R＝{＜a_i,a_{i+1}＞|$a_i \in D_0$，i＝1,2,…,n,n≥0}，其中＜a_i,a_{i+1}＞表示一对具有直接前驱和直接后继关系的数据元素，a_i 是 a_{i+1} 的直接前驱，a_{i+1} 是 a_i 的直接后继。

对于线性表，可以对其中的数据元素进行各种各样的操作。对于每一个实际问题，虽然需要完成的操作不尽相同，但是有一些操作是最基本的，其他操作可以用这些基本操作的组合得到，或者在基本操作的基础上根据需求修改即可。因此，对每一种数据结构，本书重点讨论其上的基本操作。

由于计算机程序设计语言种类繁多，有结构化的，也有面向对象的。讨论数据的逻辑结构时，将不涉及具体的编程语言，为了更好地揭示数据元素彼此之间的关系及其上的基本操作，通常采用抽象数据类型描述。

线性表的抽象数据类型定义形式：

```
ADT  List
{ 数据对象：
       D={ a_i | a_i ∈ ElemSet, i=1,2,…,n, n≥0 }
       {  n 为线性表的表长，即数据元素的个数；n=0 时的线性表为空表。}
  数据关系：
       R={ <a_{i-1},a_i>|a_{i-1},a_i∈D,  i=2,3,…,n }
       { 设线性表为 (a_1,a_2,…,a_i,…,a_n)，称 i 为 a_i 在线性表中的位序。}
  基本操作：
       初始化操作
       销毁操作
       访问型操作
       加工型操作
} ADT List
```

假设线性表为 L，在对线性表 L 的基本操作中，有的操作会引起线性表的变化，约定用 &L 表示；有的操作不会引起线性表的变化，约定用 L 表示。

下面分别介绍线性表的各个基本操作的初始条件和实现的功能。

1. 访问型操作

这类操作只是访问线性表中的元素，并没有改变线性表。

（1）判断线性表是否为空：ListEmpty(L)。

初始条件：线性表 L 存在。

操作结果：若 L 为空表，则返回 TRUE，否则返回 FALSE。

（2）求线性表的长度：ListLength(L)。

初始条件：线性表 L 存在。

操作结果：返回 L 中的数据元素的个数。

（3）得到线性表中某个位置上的元素：GetElem(L, i, &e)。

初始条件：线性表 L 已存在,且 $1 \leqslant i \leqslant$ LengthList(L)。

操作结果：用 e 返回 L 中第 i 个元素的值。

（4）通过比较,寻找位置：LocateElem(L, e, compare( ))。

初始条件：线性表 L 已存在,e 为给定值,compare( ) 是元素比较函数。

操作结果：返回 L 中第 1 个与 e 满足关系 compare( ) 的元素的位序。若这样的元素不存在,则返回值为 0。

（5）遍历线性表：ListTraverse(L)。

初始条件：线性表 L 已存在。

操作结果：依次访问 L 中的每个元素。

2. 加工型操作

这类操作改变了原有的线性表。

（1）初始化操作：InitList(&L)。

操作结果：构造一个空的线性表 L。

（2）销毁操作：DestroyList(&L)。

初始条件：线性表 L 已存在。

操作结果：销毁线性表 L。

（3）线性表置空：ClearList(&L)。

初始条件：线性表 L 已存在。

操作结果：将 L 重置为空表,L 由非空变为空。

（4）修改线性表中某个位置上的元素值：PutElem(&L, i, e)。

初始条件：线性表 L 已存在,且 $1 \leqslant i \leqslant$ LengthList(L)。

操作结果：给 L 中第 i 个元素赋值 e。L 中的第 i 个元素的值发生了改变。

（5）在第 i 个位置上插入数据元素：ListInsert(&L, i, e)。

初始条件：线性表 L 已存在,且 $1 \leqslant i \leqslant$ LengthList(L)+1。

操作结果：在 L 的第 i 个元素之前插入新的元素 e,并将 L 的长度增 1。

（6）将线性表的第 i 个元素删除：ListDelete(&L, i, &e)。

初始条件：线性表 L 已存在,且 $1 \leqslant i \leqslant$ LengthList(L)。

操作结果：删除 L 的第 i 个元素,并用 e 返回其值,同时将 L 的长度减 1。

在这些基本操作中,最重要的两个基本操作是插入与删除。下面重点分析插入与删除操作会引起线性表的哪些变化。

已知线性表 $L=(a_1, a_2, \cdots, a_{i-1}, a_i, a_{i+1}, \cdots, a_n)$,n 为线性表的长度,也就是线性表中数据元素的个数。

3. 线性表的插入操作

将 x 插入到线性表 L 的第 i 个位置上,实际上是将 L 中的一个序偶对 $<a_{i-1}, a_i>$ 变成了两个连续的序偶对 $<a_{i-1}, x>$ 和 $<x, a_i>$,其中 $(a_1, a_2, \cdots, a_{i-1})$ 的位置不变,x 的位置是 i,原 $(a_i, a_{i+1}, \cdots, a_n)$ 中的所有数据元素位置都加 1,并且数据元素个数 n 也增加 1。插入 x 后 L 变为:$L = (a_1, a_2, \cdots, a_{i-1}, x, a_{i+1}, \cdots, a_n)$。

4. 线性表的删除操作

将线性表 L 的第 i 个位置上的 a_i 删除,实际上是将 L 中原来两个连续的序偶对 $<a_{i-1}, a_i>$ 和 $<a_i, a_{i+1}>$ 变成了一个序偶对 $<a_{i-1}, a_{i+1}>$,其中 $(a_1, a_2, \cdots, a_{i-1})$ 的位置不变,原 $(a_{i+1}, a_{i+2}, \cdots, a_n)$ 中的所有数据元素位置都减 1,并且数据元素个数 n 也减少 1。删除 a_i 后 L 变为:$L = (a_1, a_2, \cdots, a_{i-1}, a_{i+1}, \cdots, a_n)$。

2.2.2　线性表的顺序存储结构

计算机求解问题主要有以下几个阶段。

(1) 确定数据模型:对问题中的数据进行分析,得到相应的数据模型,即数据的逻辑结构和对数据的操作。

(2) 设计求解数据模型的算法,即设计合理的存储结构和一组操作的实现。

(3) 编写程序调试验证问题解的正确性。

数据的存储结构不仅要考虑数据元素的存储,还要考虑数据元素之间关系的存储。当数据模型是线性表时,线性表中数据元素的关系是前后的次序关系,通常采用顺序存储或链式存储。

线性表的顺序存储结构是用一组连续的存储空间存放线性表中的各个数据元素,并用位置相邻的存储空间关系表示线性表中数据元素的直接前驱和直接后继的次序关系,称为顺序表。

在顺序存储中,如果只定义存放数据元素的数组,而不提供数组的容量和已经存放的数据元素个数,那么对线性表做操作是很不方便的。比如执行插入时,要考虑空间够不够;执行删除时,要考虑有无数据等。因此,为了方便有效地管理线性表的存储空间,可以用两种方式自定义顺序表的数据类型,分别如下。

1. 定义顺序表数据类型方法一

包括以下数据成员:

(1) 一片连续的存储空间(数组用于存放数据元素)。

(2) 线性表的容量(数组的大小,防止溢出)。

(3) 线性表的长度(已存入到数组中的数据元素个数)。

第一种形式的顺序存储数据类型的 C 语言描述为:

```
#define  MAXSIZE  100
typedef struct
{  ElemType data[MAXSIZE];              //存放数据元素的数组
   int listSize;                        //存放数组容量
```

```
    int length;                          //存放实际的数据元素个数
}SqList;
```

SqList 是一个结构体类型，称为顺序表类型。其中：ElemType 表示数据元素的抽象类型，针对具体的实际问题，再赋予 ElemType 代表的实际数据类型。

例如：

```
SqList  L, * p=&L;
```

上述程序段定义了一个顺序表 L 和一个指针变量 p，其中 p 存放了顺序表 L 的地址，并指向 L。我们既可以用"L.成员变量"的形式直接访问 L 的成员变量，又可以用"p->成员变量"的形式间接访问它们，还可以用"（*p）.成员变量"的形式间接访问。其中"p->"与"（*p）."的运算结果都是"L."，但是"p->成员变量"比"（*p）.成员变量"的表示形式简单形象，建议大家使用前者。

顺序表 L 的存储空间以及 L 的成员变量的三种访问形式如图 2-1 所示。

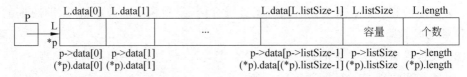

图 2-1 用第一种顺序表类型定义的变量 L 的内存分配和成员变量的三种访问形式

或许大家会有一个疑问，当需要操作某个顺序表 L 的成员变量时，是采用直接访问形式还是间接访问形式呢？当一个函数 A 在函数体内定义了顺序表 L 时，在函数 A 的函数体内，直接用"L.成员变量"的形式操作 L 的成员；当一个函数 A 操作的顺序表 L 不是函数 A 定义时，函数 A 只能通过形参中定义的指针变量 p 在函数 A 的函数体内用间接访问形式操作顺序表 L 的成员。这个顺序表 L 由主调函数定义，在调用函数 A 的实参列表中，主调函数提供顺序表 L 的地址。

上述定义的数据类型 SqList 包含的一个数据成员是数组，数组的大小是由符号常量 MAXSIZE 决定的。如果需要改变数组的大小，只需修改编译预处理命令 ♯ define 即可。

2. 定义顺序表数据类型方法二

包括以下数据成员。

（1）一片连续存储空间的起始地址（存放数组的起始地址）。

（2）线性表的容量（数组的大小，防止溢出）。

（3）线性表的长度（已存入到数组中的数据元素个数）。

第二种形式的顺序存储数据类型的 C 语言描述为：

```
typedef struct
{  ElemType  * data;                     //定义存放数组起始地址的指针变量
   int listSize;                         //存放数组容量
   int length;                           //存放实际的数据元素个数
}SqList;
```

例如：

SqList L;

L 的存储空间示意图如图 2-2 所示。

	L.data	L.listSize	L.length
L	数组首地址	容量	个数

图 2-2　第二种顺序表类型定义的变量 L 存储空间分配示意图

上述定义的顺序表 L 没有存放数据元素的空间，在使用前必须动态申请一片连续的存储空间，将空间的起始地址赋给第一个指针成员，将空间的容量赋给第二个成员，并将线性表的长度初值 0 赋给第三个成员。

例如：

```
SqList L, * p=&L; L.data=(ElemType * )malloc(sizeof(50 * ElemType));
L.listSize=50;  L.length=0;
```

上述程序段定义了一个顺序表 L 和指针变量 p，并且 p 指向了 L。对 L 的三个成员变量赋初值，顺序表 L 的空间分配以及 L 的成员变量的三种访问形式如图 2-3 所示。

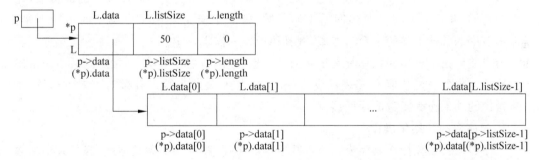

图 2-3　第二种顺序表类型定义的变量 L 初始化后的内存分配和成员变量的三种访问形式

顺序存储结构中的任意数据元素的地址计算公式是：首地址＋下标×数据元素占用的空间大小。

对比两种存储结构的不同描述。第一种容易理解，使用相对简单，但是数组是顺序表的成员，大小固定，因此缺乏灵活性。第二种理解起来有一定的难度，数组不是顺序表的成员，可根据实际问题的需要，在初始化操作中自定义数组的大小，因此具有较好的灵活性。

2.2.3　顺序表的基本操作实现

下面采用顺序表的第二种数据类型描述，讲述顺序表的基本操作实现。为了清楚起见，假设有一组学生数据（姓名和总分），用顺序表存放它们。

由于学生数据本身是一个结构体类型，因此顺序表类型的定义分两步完成。

（1）先定义学生数据的数据类型：

```
typedef  struct
{  char name[20];    //存放学生姓名
   float score;        //存放学生的分数
}STD;
```

（2）再定义顺序表数据类型：

```
typedef  struct
{  STD * data;        //data是一个指向STD类型的指针变量,用于存放STD类型数组的地址
   int  listSize;
   int  length;
}SqList;
```

思考：上述两个结构体类型的定义顺序可以颠倒吗？

下面介绍基于顺序表的一组操作。由于所有操作都是基于顺序表完成的,顺序表是一个必不可少的已知条件,所以在与操作对应的函数形参列表中,通常有一个形参用于接受顺序表或其地址。为了突出顺序表是主要操作对象,建议将与顺序表有关的变量置为函数的第一个形参。如果操作仅仅是使用顺序表中的成员值,并不改变顺序表的成员值,则将形参定义为 SqList 类型的指针变量即可。如果操作不仅使用顺序表中的成员值,还会改变它们,并且需要将修改传回给主调函数,则形参定义为 SqList 类型的指针变量。至于函数中的其他形参的个数与类型,视具体操作的需求而定。

为了使数据结构中的操作具有很好的健壮性,在函数的定义中,通常用函数值表示操作的成功与失败。函数值为 1,表示成功;函数值为 0,表示失败。有时为了方便起见,也可将操作的结果作为函数的返回值。

1. 顺序表的初始化操作

顺序表的初始化操作是完成一片连续空间的申请,将空间的起始地址、容量大小和数据个数 0 依次存放到顺序表的三个对应成员中,如图 2-4 所示。

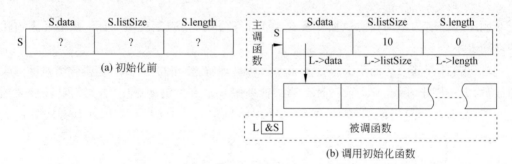

图 2-4 顺序表初始化操作示意图

分析：初始化之前,主调函数中的顺序表 S 中的 3 个成员变量的值是随机值。初始化操作是申请一片连续的存储空间,分别给顺序表 S 中的 3 个成员变量赋予初值。顺序

表 S 的成员变量值发生了改变,所以对应的初始化函数应该有两个形参:一个是顺序表类型指针变量 L,用于接受主调函数提供的顺序表 S 的地址,在定义的函数中用"L->成员名"的形式间接对主调函数提供的顺序表 S 的成员执行操作;另一个是接受数组大小的整型变量。用返回值表示初始化操作成功与否,算法如下。

【算法 2.1】

```
int initSqList(SqList * L,int max)
{   L->data=( STD *)malloc(max * sizeof(STD));   //申请一片连续的存储空间
    //初始化操作失败,结束程序的运行
    if(L->data==NULL){printf("空间申请失败!\n"); exit(0);}
    L->listSize=max;   L->length = 0;
    return 1;                                    //初始化操作成功
}
```

函数 exit(0)的功能是结束程序的执行。为什么当动态申请存储空间失败时不用"return 0;",而是调用函数 exit(0)?原因是既然顺序表的初始化失败了,其他的有关对顺序表的操作都不可能正确执行,因此退出程序,并返回到系统。

【算法分析】

该算法不涉及基本操作的循环执行,算法的时间复杂度为 $T(n)=O(1)$。

说明:函数首部的形参 L 前面的"SqList *"中的" * "是指针类型的一个组成部分,用来说明 L 是指针变量;(STD *)中的" * "也是指针类型的一个组成部分,在这里用来将函数 malloc( )返回的地址强制转换为 STD 类型的地址;"max * sizeof(STD)"中的" * "是算术运算符乘号。

例如:

```
SqList S;
if(initSqList(&S,10))printf("创建成功!\n");
else  printf("创建不成功!\n");
```

2. 顺序表的插入操作

顺序表的插入操作是将某个学生数据插入到顺序表中指针成员指向数组的给定位置,并将顺序表的长度成员加 1,如图 2-5 所示。

分析:插入操作除了在尾部插入之外,在其他位置上的插入都需要将一组数据元素向后移动,由于数组不在顺序表 S 中,移动改变的是数组,因此不会改变 S 的指针成员 S.data 的值。但是插入后 S 中的长度成员 S.length 的值将增加 1,使得 S 发生了改变。插入必须知道插入数据元素的位置和插入的数据元素值,所以对应的插入函数应该有 3 个形参。第 1 个形参是顺序表类型的指针变量 L,用于接受主调函数提供的顺序表 S 的地址,在定义的函数中用"L->成员名"的形式间接对主调函数提供的顺序表 S 的成员执行操作。第 2 个形参是接受插入数据元素位置的整型变量,第 3 个形参是接受待插入的数据元素值的变量。用返回值表示插入操作成功与否,算法如下。

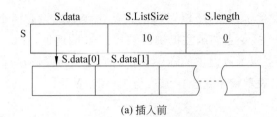

(a) 插入前

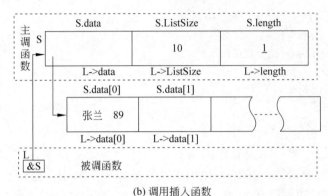

(b) 调用插入函数

图 2-5   在顺序表 S 中的第一个位置插入数据操作的示意图

【算法 2.2】

```
int insertSqList(SqList * L, int i, STD x)        //i 是插入位置,对应的下标是 i-1
{   if(i<1||i>L->length+1) {printf("插入位置异常!\n"); return 0;}   //插入失败
    if(L->length>=L->listSize) {printf("容量不够!\n"); return 0;}   //插入失败
    //将区间[i-1,L->length-1]内的一组数据元素向后移动一个位置
    for(k=L->length-1; k>=i-1; k--)L->data[k+1]=L->data[k];
    L->data[i-1]=x;                       //将待插入数据放入指定位置 i,即下标 i-1 上
    L->length=L->length+1;                //长度加 1
    return 1;                             //插入成功
}
```

例如：

```
STD x;   strcpy(x.name,"张兰");   x.score=89;
if(insertSqList(&S, 1, x))printf("插入成功!\n");
else printf("插入失败!\n");
```

【算法分析】

寻找插入位置,将数据插进来,需移动数据元素。

最好情况($i=n+1$)：基本语句执行 0 次,时间复杂度为 O(1)。

最坏情况($i=1$)：基本语句执行 n 次,时间复杂度为 O(n)。

平均情况($1 \leqslant i \leqslant n+1$)：等概率 $p_i=1/(n+1)$。

$$\sum_{i=1}^{n+1} p_i(n-i+1) = \frac{1}{n+1}\sum_{i=1}^{n+1}(n-i+1) = \frac{n}{2}$$

算法的时间复杂度为 $T(n)=O(n)$。

对于上述操作,如果不用顺序表存放学生数据,而直接用一维结构体数组存放,那么对应的插入函数所需的已知条件是指向一维结构体数组的指针变量、数组的容量、存放学生数据个数的变量的地址(插入成功,数据个数增加 1)、插入的位置和待插入的学生数据。前三个形参没有任何关系,彼此独立,可读性和可操作性大大降低,对应的插入函数如下。

```
int insertSqList(STD * L, int size ,int * length, int i, STD x)
{   if(i<1||i> * length+1) {printf("插入位置异常!\n"); return 0;}   //插入失败
    if(* length>=size){printf("容量不够!\n"); return 0;}          //插入失败
    for(k= * length; k>=i; k--)L[k]=L[k-1];        //向后移动一组数据元素
        L[i-1]=x;                              //将待插入数据放入指定位置
     * length= * length+1;                      //长度加 1
    return 1;                                 //插入成功
}
```

通过对比不难看出,顺序表类型将数组的三大要素(存储空间、空间容量和实际存放的数据元素个数)封装为一个整体,使用方便,操作简单,从而可以减少出错。

3. 顺序表的删除操作

顺序表的删除操作是将顺序表中指针成员指向数组的给定位置的数组元素删除,并将数据个数减 1,如图 2-6 所示。

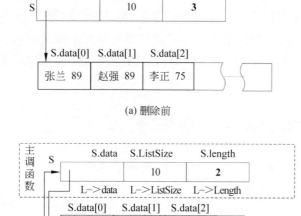

(a) 删除前

(b) 删除后

图 2-6　在顺序表 S 中删除第二个位置上数据的操作示意图

分析:除了删除最后一个数据元素外,在其他位置做删除操作都会引起数据元素的向前移动,这种移动不会改变顺序表 S 的指针成员 S.data 的值,但是删除后 S 的长度成员 S.length 的值将减小 1,S 发生了改变。删除必须知道要删除的数据元素的位置,有时还需要返回被删除的数据元素,所以对应的删除函数应该有 3 个形参。第 1 个形参是顺序表类型的指针变量 L,用于接受主调函数提供的顺序表 S 的地址,在定义的函数中用"L->成员名"的形式间接对主调函数提供的顺序表 S 的成员执行操作。第 2 个形参是接受删除数据元素位置的整型变量,第 3 个形参是将被删除的数据元素存回到主调函数中某个变量的指针变量。用返回值表示删除操作成功与否,算法如下。

【算法 2.3】

```
int deleteSqList(SqList * L, int i, STD * x)      //i是位序,下标=i-1
{   if(L->length==0) {printf("没有数据,不能删除!\n");return 0;}        //删除失败
    if(i<=0||i>L->length){printf("位置异常,不能删除!\n"); return 0; } //删除失败
    * x=L->data[i-1];             //将被删除的数据元素存放到 * x 中
    //将区间[i, L->length-1]内的一组数据元素向前移动一个位置
    for(k=i; k<L->length; k++)L->data[k-1]=L->data[k];
    L->length=L->length-1;        //长度-1
    return 1;                     //删除成功
}
```

例如：

```
STD x;
if(deleteSqList(&S, 2, &x)) printf("删除的数据是:%s,%7.2f\n",x.name,x.score);
else printf("删除失败!\n");
```

说明：上述算法中出现三处"*",前两个"*"均是指针数据类型的一个组成部分,用于说明形参 L 和 x 是指针变量,第三个"*"是取指针指向对象运算符。*x 是指针 x 所指向的对象,这个对象在函数定义时无法确定,只有等到调用函数时,由函数的实参唯一确定。

【算法分析】

寻找删除位置,将数据删除,需移动数据元素。

最好情况(i=n)：基本语句执行 0 次,时间复杂度为 O(1)。

最坏情况(i=1)：基本语句执行 n-1 次,时间复杂度为 O(n)。

平均情况(1≤i≤n)：等概率 $p_i=1/n$。

$$\sum_{i=1}^{n} p_i(n-i) = \frac{1}{n}\sum_{i=1}^{n}(n-i) = \frac{n-1}{2}$$

算法的时间复杂度为 T(n)=O(n)。

在有的实际问题中,只需将指定位置上的数据删除,不需返回,因此删除函数的第 3 个形参可以不要。

对应的算法如下。

【算法 2.4】

```
int deleteSqList(SqList * L, int i)
```

```
{   if(L->length==0) {printf("没有数据,不能删除!\n");return 0;}
    if(i<=0 || i>L->length){printf("位置异常!\n"); return 0;}
    for(k=i; k<L->length; k++)L->data[k-1]=L->data[k];
    L->length=L->length-1;  return 1;
}
```

4. 顺序表的更新操作

顺序表的更新操作是用新数据替换指定位置的数据,如图 2-7 所示。

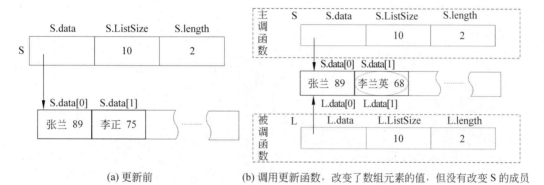

(a) 更新前   (b) 调用更新函数,改变了数组元素的值,但没有改变 S 的成员

(1) 顺序表类型变量 S 中的第一个成员是指向数组的指针变量,数组不属于 S

(c) 更新前

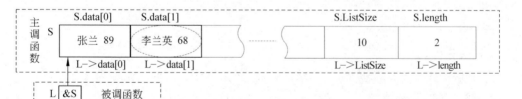

(d) 调用更新函数,S 的数组成员的第 2 个数组元素的值发生了改变

(2) 顺序表类型变量 S 中的第一个成员是数组

图 2-7 在两种顺序表类型的变量 S 中更新第二个位置的数据操作示意图

分析:图 2-7(a)和图 2-7(b)对应的更新操作使数组中第 2 个数组元素值发生了改变,但不会改变顺序表 S 中的成员值;图 2-7(c)和图 2-7(d)对应的更新操作使数组中第 2 个数组元素值发生了改变,并使顺序表 S 中的数组成员也发生了改变。更新必须提供需要更新的数据位置和数据值,所以对应的更新函数应该有 3 个形参,用返回值表示更新操作成功与否,算法如下。

【算法 2.5】

(1) 顺序表类型中的第一个成员是指向数组的指针变量。

```
int updateSqList1(SqList L, int i, STD x)                      //L是顺序表类型变量
{   if(L.length==0){printf("没有数据,不能更新!\n");return 0;}   //更新失败
    if(i<1||i>L.length) {printf("位置不合理!\n");return 0;}      //更新失败
    L.data[i-1]=x;
    return 1;                                                  //更新成功
}
```

例如:

```
STD x;   strcpy(x.name,"李兰英");   x.score=68;
if(updateSqList1(S, 2, x)) printf("更新成功\n");
else printf("更新失败!\n");
```

(2) 顺序表类型中的第一个成员是数组。

```
int updateSqList2(SqList * L, int i, STD x)               //L是顺序表类型的指针变量
{   if(L->length==0){printf("没有数据,不能更新!\n");return 0;} //更新失败
    if(i<1||i>L->length) {printf("位置不合理!\n");return 0;}    //更新失败
    L->data[i-1]=x;
    return 1;                                                  //更新成功
}
```

例如:

```
STD x;   strcpy(x.name,"李兰英");   x.score=68;
if(updateSqList2(&S, 2, x)) printf("更新成功\n");
else printf("更新失败!\n");
```

【算法分析】

该算法的操作不涉及循环,均为顺序执行,所以算法的时间复杂度为 $T(n)=O(1)$。

5. 顺序表的定位操作

顺序表的定位操作是根据给定的条件得到某个数据元素的位置。定位操作又称为查找操作。

分析:定位操作不会引起顺序表的变化,但是必须要提供查找数据元素的条件,通常查找条件是唯一能确定数据元素的某个数据项,所以定位函数应该有 2 个形参。函数的返回值是找到的数据元素位置。如果为 0,表示没有找到。

假设查找条件为学生的学号,算法如下。

【算法 2.6】

```
int locationSqList(SqList L, char * newid)
{   int i;
    if(L.length==0){printf("没有数据!");return 0;}            //查找失败
    for(i=0; i<L.length; i++)
```

```
        if(strcmp(L.data[i].id, newid)==0) return i+1;        //查找成功
    return 0;                                                 //查找失败
}
```

例如:

```
STD x={"王小明",78}; int n;
n=locationSqList(L, x.name);
if(n!=0)printf("在第%d个位置上找到!\n",n);
else printf("没有找到!\n");
```

说明:查找条件可根据实际问题确定。如果要求顺序表中存放的数据元素不能相同,则可以在执行顺序表的插入操作之前,先调用定位函数。如果定位函数返回 0,说明顺序表中无待插入的数据元素,再调用插入函数;否则顺序表中已经存在待插入的数据元素,则不允许插入。

【算法分析】

按照给定的条件,查找相应的数据元素,需逐个判断。最好的情况是 $O(1)$;最坏的情况是 $O(n)$;等概率加权平均是 $O(n)$。

6. 顺序表的遍历操作

顺序表的遍历操作是输出顺序表中存放的所有数据元素。

分析:遍历操作不会引起顺序表的变化,遍历函数只需一个形参,算法如下。

【算法 2.7】

```
int dispSqList(SqList L)
{   if(L.length==0){printf("没有数据!\n");return 0;}
    for(int i=0; i<L.length; i++)
        printf("%10s%7.2f\n",L.data[i].name, L.data[i].score);
    return 1;
}
```

思考:将上述算法中的形参改为 SqList * L 时,对比两种类型的形参在函数调用时分配内存的区别,用哪种形参更节省存储空间?

例如:

```
dispSqList(L);
```

【算法分析】

显示所有的数据,必须逐个依序显示,时间复杂度为 $T(n)=O(n)$。

7. 顺序表的创建操作

顺序表的创建操作是将数据依序存入顺序表中。

定义了基本操作之后,其他的操作可以用它们的组合或修改得到。例如,创建学生数据对应的函数 createSqList() 可调用初始化函数和插入函数来实现,也可以直接读取数据并存放到相应的数组元素中,两种算法如下。

【算法 2.8】

（1）调用初始化函数和插入函数创建顺序表。

```
void createSqList1(SqList * L,int maxsize)
{   int n=0; STD x; char yn;
    initSqList(L, maxsize);                                      //调用初始化函数,创建空表
    do{   printf("请输入第%d个学生的姓名和分数,用空格隔开:",n+1);
          scanf("%s%f",x.name,&x.score); getchar();   //空读回车,以便下次正确读入数据
          insertSqList(L, ++n, x);                      //调用插入函数,将数据插入到尾部
          printf("继续输入吗?Y/N:"); scanf("%c",&yn);
    } while(yn=='Y'||yn=='y');
}
```

（2）直接读取数据创建顺序表。

```
void createSqList2(SqList * L,int maxsize)
{   int n=0; STD x; char yn;
    //初始化
    L->data=( STD * )malloc(maxsize * sizeof(STD));      //申请一片连续的存储空间
    if(L->data==NULL){printf("空间申请失败!\n"); return 0;}
    L->listSize=maxsize; L->length =0;
    do{   //读取数据并插入
        printf("请输入第%d个学生的姓名和分数,用空格隔开:",n+1);
        scanf("%s%f",x.name,&x.score);
        getchar();                                //空读回车,以便下一次正确读取数据
        L->data[n]=x;                             //将数据插入在尾部
        if(n>=L->listsize-1)break;
        else n++;
        printf("继续输入吗?Y/N:"); scanf("%c",&yn);
    }while(yn=='Y'||yn=='y');
}
```

例如：

```
SqList S; createSqList1(&S,10);
```

或：

```
createSqList2(&S,10);
```

2.2.4　线性表的链式存储结构

　　线性表的链式存储结构是指用一组数据类型相同的结点串接成一个单向链表,每一个结点是一个结构体类型的变量,由数据域和指针域组成,其中数据域用于存放数据元素,指针域用于存放直接后继结点的地址。

　　单向链表分为带头结点和不带头结点,下面给出两种单向链表的示意图。

1. 不带头结点的单向链表

不带头结点的单向链表示意图如图 2-8 所示。

图 2-8 中的变量 L 是一个指针变量,用于存放第一个结点的地址,通常称为头指针。

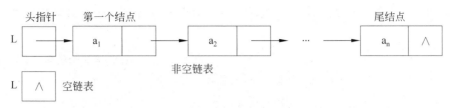

图 2-8　不带头结点的单向链表存储示意图

链表结点的数据类型是一个结构体类型,并且有一个数据成员是存放直接后继结点地址的指针变量。数据元素 a_1 所在结点为第一个结点,数据元素 a_n 所在结点为尾结点,指针域为 NULL。要判断链表是否为空,只要看 L 中存放的地址值即可,当 L 中的值为 NULL 时,L 是一个空链表,否则是一个非空链表。

对不带头结点的单向链表做插入或删除操作时,对于第一个结点或其他位置上的结点,对应的操作是不同的。

如果插入或删除的结点是第一个结点,则因第一个结点的前驱邻接的是一个指针变量,后继邻接的是一个结点,插入和删除会改变头指针的值。如果插入或删除的结点是其他位置上的结点,则该结点的前驱和后继邻接的都是相同类型的结点,插入和删除不会改变头指针的值。显然两种情况实现的代码是不相同的,因此编写代码时需要区分插入或删除的结点是第一个结点还是其他位置上的结点,相对比较复杂。

2. 带头结点的单向链表

带头结点的单向链表示意图如图 2-9 所示。

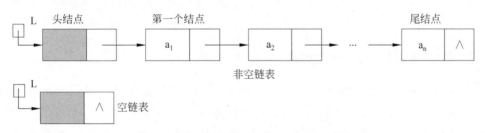

图 2-9　带头结点的单向链表存储示意图

头指针 L 指向的结点称为头结点(通常数据域为空,不存放数据),头结点的直接后继结点是第一个结点。链表是否为空取决于头结点的指针域是否为空。如果头结点的指针域 L->next 为 NULL,则为空链表,否则链表不为空。

在带头结点的单向链表中进行插入和删除时,由于第一个结点和其他结点的前驱邻接结点和后继邻接结点都是相同类型的结点,因此对带头结点的单向链表所做的插入和删除操作不会改变头指针的值,实现的代码比不带头结点的单向链表相对简单。

下面在没有特殊说明的情况下,均采用带头结点的单向链表。

单向链表是由头指针和若干个结点组成的,结点的存储空间是动态申请的。除了头指针外,链表上的结点不属于函数,一旦申请成功,所有函数只要能够得到头指针,均可对链表上的结点执行操作。在操作单向链表时,需要用到结点的数据类型和指向结点的指针类型,因此单向链表的数据类型描述通常给出结点和指向结点的数据类型。即：

```
typedef struct node
{   ElemType data;                              //ElemType 表示数据元素类型
    struct node * next;
}LNode, * LinkList;
```

其中,LNode 为结点的数据类型,等价于 struct node；LinkList 为指向结点的指针类型,等价于 struct node * 。

如在某个函数内有如下定义：

```
LinkList L1, L2;   LNode x;
//申请一个新结点的存储空间,并将起始地址赋给指针变量 L1
L1=(LinkList)malloc(sizeof(LNode)); ...; free(L1);
//将变量 x 的地址赋给指针变量 L2
L2=&x;
```

指针变量 L1 和 L2 指向的都是相同类型的结构体变量。L1 指向的结构体变量是一个匿名变量,其数据成员只能用"L1->成员名"的形式,它的生命周期等同于全局变量,只能用 free(L1)回收申请的存储空间或直到程序结束。L2 指向的结构体变量 x 是一个显式自定义的局部变量,函数调用时系统为 x 分配存储空间；函数调用结束时,系统自动回收 x 的存储空间。在对链表执行任何操作时,必须用动态分配存储空间函数 malloc()为结点分配存储空间,否则一旦函数调用结束,结点就不存在了。

free(L1)释放的是 L1 指向结点的存储空间。在函数调用结束后,系统会自动释放 L1 自身的存储空间。

2.2.5 单向链表的基本操作实现

凡是操作单向链表,都必须记住链表的头指针,其余结点通过结点的指针域均可依序得到。基于链表的基本操作大致分为两类。一类是以查找为基础的算法设计,比如定位以及根据条件找到相应位置后的插入和删除等；另一类是以建表为基础的算法设计,比如将存放在链表中的一组数据逆序存放,对存放在链表中的一组数据进行排序等。

假设有一组学生数据(姓名和总分),用带头结点的单向链表存放。单向链表的类型定义如下。

由于学生数据本身是一个结构体类型,单向链表的类型定义分两步完成。

(1) 先定义学生数据的结构体类型。

```
typedef  struct
{   char name[20];                             //存放学生姓名
    float score;                               //存放学生的分数
}STD;
```

（2）再定义单向链表的结构体类型。

```
typedef  struct  Lnode
{  STD  data;                              //data 是一个 STD 类型的变量
   struct Lnode * next;
}LNode, * LinkList;
```

其中 LNode 为结点数据类型，LinkList 为指向结点的指针类型。

在对链表的操作中，经常需要将指针变量 p 移到指定的结点上，对链表上结点的数据域或指针域执行操作。由于链表上结点的存储空间不一定连续，移动指针的操作不能用 p++，只能用 p=p->next。当一个指针变量 p 存放了结点 s 的地址时，p 就指向了结点 s，p、p->、p->data 和 p->next 的意义如图 2-10 所示。

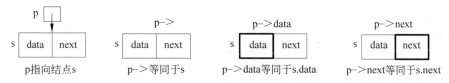

图 2-10　当 p 指向结点 s 时 p、p->、p->data 和 p->next 的意义

下面介绍基于单向链表的一组操作。由于所有操作都是基于单向链表完成的，所以单向链表的头指针是必不可少的一个已知条件。因此在与操作对应的函数形参列表中，通常有一个形参用于接受单向链表的头指针或其地址。为了突出链表是主要操作对象，建议将与链表头指针有关的变量置为函数的第一个形参。如果操作只是使用头指针的值，则将形参定义为 LinkList 类型变量即可；如果操作不仅会使用头指针的值，还会改变它，并且需要将头指针的变化传回给主调函数，则将形参定义为 LinkList 类型的指针变量，调用时函数的实参是主调函数中用于存放头指针变量的地址。至于函数中的其他形参的个数与类型，视操作的需求而定。

1. 单向链表的初始化操作

单向链表的初始化操作是建立一个空链表，如图 2-11 所示。

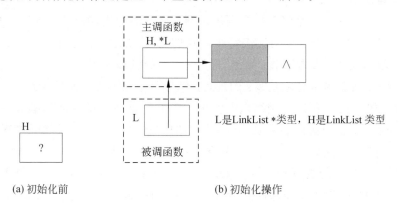

(a) 初始化前　　　　　　　　　　(b) 初始化操作

图 2-11　带头结点的单向链表的初始化操作示意图

分析：由于初始化操作要申请头结点空间，并且将头结点的地址赋给头指针，而头指针是一个 LinkList 类型的变量 H，为了将头指针的变化传回给主调函数，对应的形参是 LinkList 类型的指针变量 L。调用函数时，实参是主调函数提供的头指针 H 的地址。函数体内对头指针的操作为（＊L），算法如下。

【算法 2.9】

方法一：将建立的带头结点的头指针存回到主调函数的某个头指针变量 H。调用时主调函数提供存放头指针变量 H 的地址作为被调函数的实参。

```
int initLinkList1(LinkList * L)
{  //L是指向头指针的指针变量,( * L)是头指针,申请头结点空间,将头结点地址赋给头指针
   * L=( LinkList)malloc(sizeof(LNode));      //调用时 * L是图 2-11 中的 H
   if( * L==NULL) return 0; ( * L)->next=NULL; return 1;
}
```

例如：

```
LinkList H;
if(initLinkList1(&H)) printf("创建成功!\n");
else   printf("创建不成功!\n");
```

方法二：将建立的带头结点的头指针用返回值返回给主调函数。调用时主调函数用赋值语句接受被调函数返回的头指针。

```
LinkList initLinkList2( )
{  LinkList L;
   L=( LinkList)malloc(sizeof(LNode));   //申请头结点空间,将头结点地址赋给头指针
   if(L==NULL) return NULL; L->next=NULL; return L;   //返回头指针
}
```

例如：

```
LinkList H; H=initLinkList2( );
```

2. 单向链表的插入操作

单向链表的插入操作是将学生数据插入到单向链表的指定位置 i，如图 2-12 所示。

从图 2-12 中可见，由于单向链表每个结点的指针域记的是直接后继结点，所以要想使插进来的新结点 ＊s 成为第 i 个结点，即让 ＊s 的指针域记原来 a_i 所在结点的地址，并让原来 a_{i-1} 所在结点的指针域记 ＊s 的地址，实现这些操作的前提是找到 a_{i-1} 所在的第 i－1 个结点。如何找到第 i－1 个结点呢？用一个工作指针变量 p 向后继方向移动，在移动的过程中用一个整型变量 pos 记 p 指向结点的位置。由于链表只能顺序查找，让 p 从头结点开始，p＝L，pos＝0，当 p 不为空且 p 未到达第 i－1 个结点时，条件 p!＝NULL＆＆pos＜i－1 为真，则 p＝p->next；pos＋＋；直至条件不成立。由于插入位置 i 是给定值，因此插入应考虑 i 取值的正确性，即如果 i＜1，则结束操作；如果 i＞n＋1，则 p 为空，结束操作；如果 1≤i≤n＋1，则 p 指向第 i－1 个结点，pos＝i－1，插入新结点 ＊s。插入的主要代码为：①s->next＝p->next；②p->next＝s。

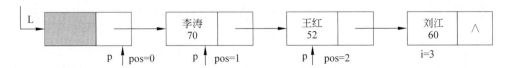

(a) 插入前找插入位置i=3的前驱位置2，p指向第2个结点，在p指向结点的后面插入新结点

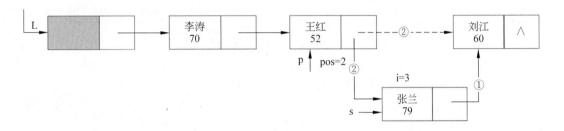

(b) 插入后

(1) 非空链表，在i=3(1≤i≤n)的位置插入，n为数据结点的个数

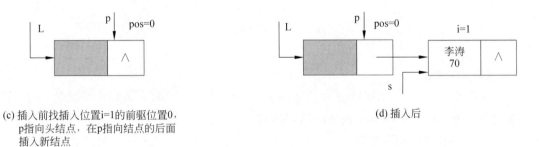

(c) 插入前找插入位置i=1的前驱位置0，p指向头结点，在p指向结点的后面插入新结点

(d) 插入后

(2) 空链表，在i=1的位置插入

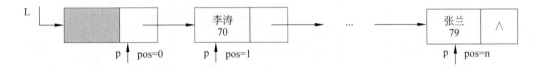

(e) 插入前找插入位置i=n+1的前驱位置n，p指向尾结点，在p指向结点的后面插入新结点

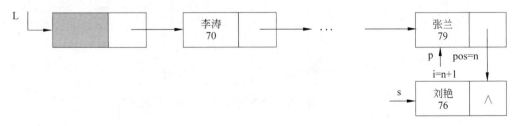

(f) 插入后

(3) 非空链表，在i=n+1的位置插入，n为数据结点的个数

图 2-12 带头结点的单向链表插入结点的示意图

分析：因为插入的结点总是在头结点之后，所以插入操作不会引起头指针 L 的改变。由于插入操作必须知道插入的位置和插入的数据元素，所以对应的插入函数应该有 3 个形参，算法如下。

【算法 2.10】

```
int insertLinkList(LinkList L, int i, STD x)
{   LinkList p,s; int pos; p=L;pos=0          //p的初值为头指针,pos 记头结点的位置 0
    if(i<1){ printf("插入位置越下界,插入失败\n"); return 0; }
    //让 p 记住第 i-1 个结点, pos 记住 p 指向结点的位置
    while(p!=NULL && pos<i-1){p=p->next; pos=pos+1;}
    if(p==NULL){printf("插入位置越上界,插入失败\n"); return 0;}
    if((s=(LinkList) malloc (sizeof (LNode)))==NULL)) return 0;   //生成新结点
    s->data=x;   s->next=p->next;   p->next=s; //将 s 指向的新结点在指定位置插入
    return 1;
}
```

例如：

```
STD x; strcpy(x.name,"张兰");   x.score=89;
if(insertLinkList(H, 3, x))printf("插入成功!\n");
else printf("插入失败!\n");
```

【算法分析】

寻找插入位置，将数据插进来，需要从第一个结点开始比较。最好的情况是 O(1)；最坏的情况是 O(n)；等概率加权平均是 O(n)。

3. 单向链表的删除操作

单向链表的删除操作是将指定位置的学生数据删除，如图 2-13 所示。

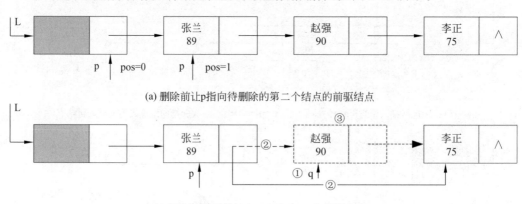

(a) 删除前让p指向待删除的第二个结点的前驱结点

(b) 删除位置i=2的结点，1≤i≤n, n为数据个数

图 2-13　带头结点的单向链表删除第二个结点的示意图

从图 2-13 中可见，由于单向链表每个结点的指针域记的是直接后继结点，要想删除第 i 个结点，即让原来 a_{i-1} 所在结点的指针域记原来 a_{i+1} 所在结点的地址，并使 a_i 不再属

于原链表,并删除 a_i 所在结点的存储空间,实现这些操作的前提是找到 a_{i-1} 所在的结点。如何找到第 $i-1$ 个结点?用一个工作指针变量 p 向后继方向移动,在移动的过程中用一个整型变量 pos 记 p 指向结点的位置。由于链表只能顺序查找,为了确保要删除的数据元素存在,必须同时满足 p 和 p->next 不为空,当 p->next 不为空时,p 一定不为空。设 p 从头结点开始,p=L,pos=0,当 p->next 不为空且 p 未到达第 $i-1$ 个结点时,条件 p->next!=NULL&&pos<i-1 为真,p=p->next;pos++;直至条件不成立。由于删除位置 i 是给定值,因此删除应考虑链表为空和 i 取值的正确性,即如果链表为空,则结束操作;如果 i<1,则结束操作;如果 i>n,则 p->next 为空,结束操作;如果 $1 \leqslant i \leqslant n$,则 p 指向第 $i-1$ 个结点,pos=i-1,删除 p->next 指向的第 i 个结点。删除结点的主要代码为:①q=p->next;②p->next=q->next;③free(q)。

分析: 因为要删除的结点总是在头结点之后,所以删除操作不会引起头指针 H 的改变。删除操作必须知道删除数据元素的位置。如果还需要将删除的数据元素通过参数返回给主调函数,对应的删除函数应该有 3 个形参,算法如下。

【算法 2.11】

```
int deleteLinkList(LinkList L, int i, STD * x)
{   LinkList p=L,q; int pos=0;              //p 的初值为头指针,pos 记录头结点的位置 0
    if(L->next==NULL){ printf("链表为空,删除失败!\n"); retuen 0; }
    if(i<1){ printf("删除位置越下界,删除失败!\n"); return 0;}
    //让 p 记住第 i-1 个结点,pos 记住 p 指向结点的位置
    while(p->next!=NULL && pos<i-1){p=p->next; pos=pos+1;}
    if(p->next==NULL ){ printf("删除位置越上界,删除失败\n"); return 0;}
    q=p->next; p->next=q->next; * x=q->data; free(q); return 1;
}
```

例如:

```
STD x;
if(deleteLinkList(H,2,&x))printf("删除的数据是:%s,%7.2f\n",x.name,x.score);
else   printf("删除失败!\n");
```

【算法分析】

寻找删除位置,将数据删除,需要从第一个结点开始比较。最好的情况是 $O(1)$;最坏的情况是 $O(n)$;等概率加权平均是 $O(n)$。

4. 单向链表的更新操作

单向链表的更新操作是用新数据元素替换指定位置 i 处的数据元素,如图 2-14 所示。

分析: 更新操作不会引起头指针 L 的改变,它必须提供需要更新数据的位置和新的值,所以对应的更新函数应该有 3 个形参,算法如下。

【算法 2.12】

```
int updateLinkList(LinkList L, int i, STD x)
{   LinkList p; int pos;
```

```
    if(L->next==NULL){printf("链表为空,不能更新!\n"); return 0;}
    if(i<1){printf("更新位置越下界,不能更新!\n"); return 0;}
    p=L->next; pos=1;                      //p指向第一个结点,pos记p指向结点的位置
    while(p!=NULL && pos<i){p=p->next; pos++;}
    if(p==NULL){printf("更新位置越上界,不能更新!\n"); return 0;}
    p->data=x;   return 1;                 //更新成功
}
```

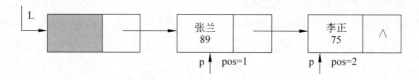

(a) 查找更新位置i=2

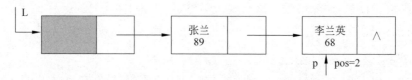

(b) 更新后，第二个结点的数据域发生了改变

图 2-14   带头结点的单向链表更新第二个结点的示意图

例如：

```
STD x={"张兰英",68};
if(updateLinkList(L, 2, x))printf("更新成功\n");
else printf("更新失败!\n");
```

【算法分析】

寻找更新数据的位置,需要从第一个结点开始比较。最好的情况是 O(1)；最坏的情况是 O(n)；等概率加权平均是 O(n)。

5. 单向链表的求长度操作

单向链表的求长度操作是计算单向链表中的数据元素个数。

分析：求长度的操作不会引起头指针的变化,对应的函数只需一个形参,算法如下。

【算法 2.13】

```
int linkListLength(LinkList L)
{   LinkList p=L->next; int n=0;
    while(p){n++; p=p->next;}
    return n;
}
```

例如：

```
printf("共有%d个学生\n", linkListLength(H));
```

6. 单向链表的定位操作

单向链表的定位操作是根据条件得到某个数据元素的地址。定位操作又称为查找操作。

分析：定位操作不会引起头指针的变化，但是必须提供查找的条件，所以定位函数应该有 2 个形参。如果查找成功，返回结点所在地址；否则返回空。算法如下。

【算法 2.14】

```
LinkList locationLinkList(LinkList L, char * name)    //根据姓名查找
{   LinkList p=L->next;                                //p 指向第一个数据结点
    while(p)
    {   if (strcmp(p->data.name, name )!=0)p=p->next;
        else return p;
    }
    return NULL;
}
```

例如：

```
STD x={"王红",99}; LinkList p;p=locationLinkList (H,x.name);
if(p)printf("找到的是%10s%7.2f\n",p->name,p->score);
else printf("找不到!\n");
```

7. 单向链表的遍历操作

单向链表的遍历操作是输出单链表中存放的所有数据元素。

分析：遍历操作不会引起头指针的变化，遍历函数只需一个形参，算法如下。

【算法 2.15】

```
void dispLinkList(LinkList L)
{   LinkList p=L->next;                                //p 指向第一个数据结点
    while(p)
    {   printf("%10s%7.2f\n",p->data.name, p->data.score);
        p=p->next;
    }
    return;
}
```

例如：

```
dispLinkList(H);
```

算法 2.15 中的指针变量 p 可以不定义，直接用形参 L 代替 p。但是为了提高算法的可读性，约定这里的 L 在调用时指向链表的头结点，在后序的操作中不要改变 L 的值。如需寻找链表上的其他结点，建议用另外的工作指针（如算法 2.15 的 p）去完成相应的操作。

8. 单向链表的创建操作

单向链表的创建操作是创建一个空链表，并依序插入新结点。

常见的创建单向链表的算法有三种，分别如下。

（1）用初始化函数和插入函数组合得到，算法如下。

【算法 2.16】

```
void createLinkList(LinkList * L)
{   int n=1; STD x; char yn;
    initLinkList(L);                                //调用初始化函数,创建空表
    do
    {   printf("请输入第%d个学生的姓名和分数,用空格隔开:",n);
        scanf("%s%f",x.name,&x.score);  getchar();   //空读回车
        insertLinkList(* L, n++, x);                //调用插入函数,将新结点插入在尾部
        printf("继续输入吗?Y/N:");  scanf("%c",&yn);
    }while(yn=='Y'||yn=='y');
}
```

例如：

```
LinkList H;  createLinkList(&H);
```

思考：创建函数 createLinkList（）调用了初始化函数 initLinkList（）和插入函数 insertLinkList（），这两个函数都是操作链表，但是这两个函数的实参不同，一个是 L，另一个是 * L，为什么？

（2）头插法：将新结点插入到头结点之后和原来的第一个结点之前。

分析：为了使新结点是第一个结点，必须用新结点的指针域记原来的第 1 个结点，头结点的指针域记新结点。插入过程如图 2-15 所示。

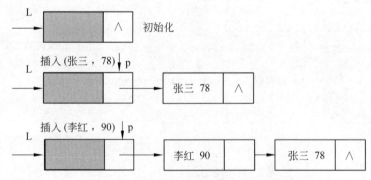

图 2-15　带头结点的单向链表头插法示意图

头插法算法如下。

【算法 2.17】

```
int frontCreateLinkList (LinkList * L)
{   STD x; LinkList p; char yn; int n=0;
    initLinkList(L);                                    //创建空表
    do {   printf("请输入第%d个学生的姓名和分数,用空格隔开:",++n);
        scanf("%s%f",x.name,&x.score); getchar();       //空读回车
```

```
        if((p=( LinkList)malloc(sizeof(LNode)))==NULL) return 0;
        //将新结点 p 插入到头结点之后和原来的第一个结点之前
        p->next=( * L)->next;  ( * L)->next=p;
        printf("继续输入吗?Y/N:");  scanf("%c",&yn);
    }while(yn=='Y'||yn=='y');
    return 1;
}
```

（3）尾插法：将新结点插入到原来的尾结点之后。

分析：原来的单向链表只有头指针，现在进行尾插，必须已知尾结点。因此尾插算法需要一个工作指针记住当前的尾结点（称尾指针）。用原尾结点的指针域记新插入的结点，尾指针记新的尾结点，使新结点成为新的尾结点。尾插法的示意图如图 2-16 所示。

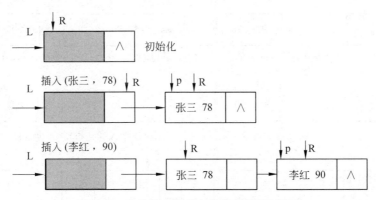

图 2-16　带头结点的单向链表尾插法示意图

尾插法算法如下。

【算法 2.18】

```
int rearCreateLinkList (LinkList * L)
{  STD x; LinkList p,R; char yn; int n=0;
   if(( * L=( LinkList)malloc(sizeof(LNode)))==NULL) return 0;   //创建空表
   ( * L)->next=NULL;
   R= * L;                                                      //R是尾指针
   do {  printf("请输入第%d个学生的姓名和分数,用空格隔开:",++n);
         scanf("%s%f",x.name,&x.score);
         getchar();                                             //空读回车
         if((p=( LinkList)malloc(sizeof(LNode)))==NULL) return 0; //创建新结点
         p->data=x;  p->next=NULL;
         //将新结点 p 插入到原来的尾结点之后,R记录新的尾结点 p
         R->next=p;  R=p;
         printf("继续输入吗?Y/N:");  scanf("%c",&yn);
       }while(yn=='Y'||yn=='y');
    return 1;
}
```

　　创建链表的三种算法的比较如下：由于调用函数需要花费系统开销，因此多次调用插入函数 insertLinkList() 创建链表的效率较低；头插法创建链表的数据元素顺序与输入数据元素的顺序相反；尾插法创建链表与输入数据元素的顺序相同。

9. 基于建表算法的就地逆置操作

　　所谓就地逆置指的是，原来的一组数据已经存放在一个带头结点的单向链表中，现在将这组数据逆序存放，结点的存储空间是原来的，只是改变了结点的指向。这相当于重新做一次创建链表的头插法。

　　分析：首先将原链表置成空链表，再将原链表的每个数据结点依次做头插即可。需要注意的是要用两个辅助指针变量 p 和 q 协助完成，其中 p 记每次待插入的第一个结点，q 记 p 的直接后继结点，直至所有结点插入完成，逆置过程见图 2-17。

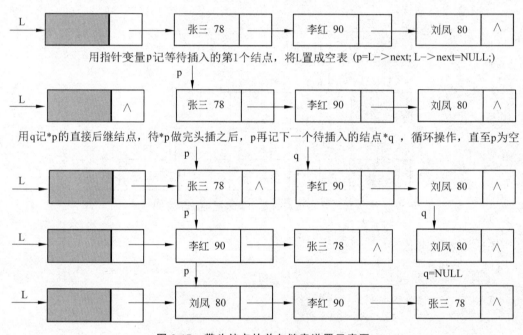

图 2-17　带头结点的单向链表逆置示意图

就地逆置算法如下。

【算法 2.19】

```
void inverLink(LinkList L)
{   LinkList p, q;
    if(L->next==NULL) return;
    p=L->next;                          //p 记链表的第一个结点
    L->next=NULL;                       //置 L 为空链表
    while(p!=NULL)
    {   q=p->next;                      //q 记 p 的直接后继结点
        p->next=L->next;  L->next=p;    //对 *p 做头插
```

```
        p=q;                              //p 记下一个待插入的结点
    }
}
```

对已知链表进行排序,与就地逆置的算法思想相似,只不过对每一个待排序的结点不是做头插,而是根据排序的要求先找插入位置,重新做一次插入的创建链表过程。请读者自行完成,并上机调试。

2.2.6　线性表的两种存储结构的区别

顺序存储的特点是,数据元素的存储空间是连续的,只要知道首地址,任意一个数据元素的地址都可以根据下标直接计算得到,即顺序存储,随机存取。

链式存储的特点是,数据元素所在的结点是动态申请的,任意一个数据元素都要通过头指针开始查找,即随机存储,顺序存取。

通常用存储密度衡量存储结构占用空间的情况,存储密度的计算如下。

$$存储密度 = \frac{按数据元素类型分配空间大小}{数据元素所在结点的分配空间大小}$$

链式存储中的结点除了存放数据元素的空间以外,还有一个指针变量。顺序存储中的每个数据元素的空间是按实际类型分配的,没有额外的空间,即顺序存储密度＝1,而链式存储密度＜1。

在实际应用中,应根据具体问题的要求来选择合理的存储结构。一般情况下,从以下两个方面来考虑。

(1)基于空间的考虑。如果线性表的长度事先可以确定,宜采用顺序表;如果线性表的长度变化较大,宜采用链表。

(2)基于时间的考虑。如果经常对线性表做插入和删除操作,宜采用链表;反之采用顺序表。

基于单向链表和顺序表的主要基本操作对比如表 2-2 所示。

表 2-2　单向链表和顺序表的主要基本操作的对比

存储结构	特　征	改变链表头指针或顺序表的操作	不改变链表头指针或顺序表的操作
单向链表	带头结点的单向链表	**初始化**:申请头结点,将地址赋给头指针 **销毁**:回收所有结点的存储空间,置头指针为空。	**清空**:保留头结点,回收其余结点的存储空间,将头结点的指针域置为空 **插入**:在指定位置插入新结点 **删除**:将指定位置的结点删除 **更新**:将指定位置的结点数据更新 **查找**:根据条件确定结点的位置 **遍历**:依序遍历每一个结点

存储结构	特 征	改变链表头指针或顺序表的操作	不改变链表头指针或顺序表的操作
单向链表	不带头结点的单向链表	**初始化**：将头指针置空 **销毁与清空**：回收所有结点的存储空间，置头指针为空 **插入**：插入的结点是第一个结点，头指针记插进来的第一个结点的地址 **删除**：删除第一个结点，头指针记原来的第二个结点的地址	更新、查找和遍历与带头结点相同
顺序表	第一个成员是指向数组的指针变量，数组元素值的变化不会改变顺序表；第二个成员是顺序表的容量；第三个成员是顺序表的长度	**初始化**：申请一片连续空间，将起始地址赋给顺序表的指针成员，将数组的大小赋给顺序表的容量成员，并将 0 赋给顺序表的长度成员 **清空**：将顺序表的长度成员置0 **插入**：在指定位置插入数据元素，并将顺序表的长度成员＋1 **删除**：将指定位置数据元素删除，并将顺序表的长度成员－1	**更新**：改变的是数组元素值，不改变顺序表的三个成员值 **查找与遍历**：不改变顺序表的三个成员值
	第一个成员是数组，数组元素的任何变化都会改变顺序表；第二个成员是顺序表的容量；第三个成员是顺序表的长度	**初始化**：将数组的大小赋给顺序表的容量成员，将 0 赋给顺序表的长度成员 **清空**：将顺序表的长度成员置0 **插入**：在指定位置插入数据元素，会引起多个数组元素值发生改变，顺序表的长度成员＋1 **删除**：将指定位置的数据元素删除，会引起多个数组元素值发生改变，顺序表的长度成员－1 **更新**：将指定位置的数组元素更新，该位置的数组元素值发生了改变	**查找与遍历**：不改变顺序表的成员值

2.3　案　例　实　现

2.3.1　基于顺序表的新生成绩管理系统

对于本章提出的新生成绩管理系统，采用顺序表存放学生数据。

顺序表的类型描述如下。

```
typedef struct
{   char xh[15];                      //存放学生学号
    char xm[20];                      //存放学生姓名
```

```
    char bj[20];                           //存放班级
    float score1;                          //存放英语分数
    float score2;                          //存放数学分数
    float score3;                          //存放总分
}STD;
typedef  struct
{  STD * data;                             //data 是一个指向 STD 类型的指针变量
   int  listSize;
   int  length;
}SqList;
```

各个功能对应以下函数：

（1）创建新生数据——createSqList()。

（2）插入新生数据——insertSqList()。

（3）删除新生数据——deleteSqList()。

（4）修改新生数据——updateSqList()。

（5）根据学号查询——locationSqList()。

（6）查询英语成绩——findEnglishSqList()。

（7）查询数学成绩——findMathSqList()。

（8）查询总成绩——findTotalSqList()。

（9）显示新生数据——dispSqList()。

这里除了查询函数需要在定位函数的基础上做一定的改动之外，其余函数稍做修改即可。以查询英语成绩高于某分数的学生为例。

```
void findEnglishSqList(SqList L, float x)
{   for(i=0;i<L.length;i++)
    if(L.data[i].score1>=x)printf("%15s%10s%20s%7.2f\n",L.data[i].xh,
                   L.data[i].xm,L.data[i].bj, L.data[i].score1);
}
```

其余函数的修改请读者自行完成。

为了使上述各个功能能够多次调用，还应该编写一个菜单函数 menu()，代码如下。

```
int menu()
{   int n;
    while(1)
    {   system("cls");                     //清屏,将光标重置到屏幕左上角的(0,0)位置
        printf("****欢迎使用新生成绩管理系统****\n");
        printf("\t1.创建新生数据表\t2.插入新生数据\n");
        printf("\t3.删除新生数据表\t4.修改新生数据\n");
        printf("\t5.根据学号查询\t6.查询英语成绩\n");
        printf("\t7.查询数学成绩\t8、查询总成绩\n");
        printf("\t9、显示新生数据\t0、退出\n");
        printf("******************************* * \n");
```

```
        printf("请选择功能编号(0-9):");
        scanf("%d",&n);
        if(n<0 || n>9)
        {   printf("输入有误,重新选择,按任意键继续!\n");
            getch();                        //getch()函数起一个等待的作用
        }
        else return n;
    }
}
```

为了使程序结构清晰,建议按照如下的顺序书写。

(1) 编译预处理命令。

(2) 自定义数据类型(typedef)。

(3) 函数声明。

(4) 主函数。

(5) 各个函数的定义。

源程序如下。

```
#include <stdio.h>
#include <stdlib.h>
#include <string,h>
#include <conio.h>
//自定义数据类型
typedef  struct
{   char xh[15]:                        //存放学生学号
    char xm[20];                        //存放学生姓名
    char bj[20];                        //存放班级
    float score1;                       //存放英语分数
    float score2;                       //存放数学分数
    float score3;                       //存放总分
}STD;
typedef  struct
{   STD * data;                         //data是一个指向STD类型的指针变量
    int  listSize;  int  length;
}SqList;
//各个函数的声明
int createSqList(SqList * L,int maxSize);
int insertSqList(SqList * L,int i,STD x);
int deleteSqList(SqList * L,int i,STD * x);
int updateSqList(SqList L,int i,STD x);
int locationSqList(SqList L,char * xh);
void findEnglishSqList(SqList L,float x);
void findMathSqList(SqList L,float x);
void findTotalSqList(SqList L,float x);
```

```
void dispSqList(SqList L);
int menu();
//主函数
void main()
{   int n, maxSize; float fs; char xh;
    SqList L;STD s;
    while(1)
    {   n=menu();                              //显示主菜单
        switch(n)
        {   case 1: //创建新生成绩表
                    printf("请输入需要创建的新生人数:");
                    scanf("%d",&maxSize);
                    createSqList(&L, maxSize);
                    printf("按任意键继续!\n"); getch(); break;
            case 2: //插入新生数据
                    printf("请输入需要插入的新生学号、姓名、班级、英语、数学、
                        总成绩,用空格隔开:\n");
                    scanf("%s%s%s%f%f%f",s.xh,s.xm,s.bj,&s.score1,
                        &s.score2,&s.score3);
                    insertSqList(&L,L.length+1,s);
                    printf("按任意键继续!\n"); getch(); break;
            case 3: //删除新生数据
                    printf("请输入需要删除新生的学号:");
                    scanf("%s",s.xh);
                    n=locationSqList(L,s.xh);
                    deleteSqList(&L,n,&s);
                    printf("删除的学生数据为:%15s%10s%15s%7.2f%7.2f%7.2f\n",
                    s.xh,s.xm,s.bj,s.score1,s.score2,s.score3);
                    printf("按任意键继续!\n"); getch(); break;
            case 4: //修改新生数据
                    printf("请输入需要修改的新生学号、姓名、班级、英语、
                        数学、总成绩,用空格隔开:\n");
                    scanf("%s%s%s%f%f%f",s.xh,s.xm,s.bj,&s.score1,
                        &s.score2,&s.score3);
                    n=locationSqList(L,s.xh);
                    updateSqList(L,n,s);
                    printf("按任意键继续!\n"); getch(); break;
            case 5: //根据学号查询
                    printf("请输入需要查询的新生学号:");
                    scanf("%s",xh);
                    n=locationSqList(L,xh);
                    if(n)printf("%15s%10s%15s%7.2f%7.2f%7.2f\n",
                        L.data[n-1].xh, L.data[n-1].xm,
                        L.data[n-1].bj, L.data[n-1].score1,
```

```
                            L.data[n-1].score2, L.data[n-1].score3);
                        else  printf("数据不存在!\n");
                        printf("按任意键继续!\n"); getch(); break;
            case 6: //查询英语成绩
                        printf("请输入需要查询的英语成绩的下限:");
                        scanf("%f",&fs);
                        printf("满足英语分数≥%7.2f 的新生如下。\n",fs);
                        findEnglishSqList(L,fs);
                        printf("按任意键继续!\n"); getch(); break;
            case 7: //查询数学成绩
                        printf("请输入需要查询的数学成绩的下限:");
                        scanf("%f",&fs);
                        printf("满足数学分数≥%7.2f 的新生如下。\n",fs);
                        findMathSqList(L,fs);
                        printf("按任意键继续!\n"); getch(); break;
            case 8: //查询总成绩
                        printf("请输入需要查询的总成绩的下限:");
                        scanf("%f",&fs);
                        printf("满足总成绩≥%7.2f 的新生如下。\n",fs);
                        findTotalSqList(L,fs);
                        printf("按任意键继续!\n"); getch(); break;
            case 9: //显示新生数据
                        printf("新生成绩如下。\n");
                        dispSqList(L);
                        printf("按任意键继续!\n"); getch(); break;
            case 0: //退出
                        exit(0);
        }//end_switch
    }//end_while
}
```

各个函数的定义省略。

说明：本程序用到了函数 getch()，用于实现等待，便于用户观察在它之前的运行结果。该函数不从键盘缓冲区读取数据，直接从键盘读取任意一个字符，这个字符不显示在屏幕上。该函数在头文件 conio.h 中。

2.3.2　基于单向链表的新生成绩管理系统

对于本章提出的新生成绩管理系统，采用带头结点的单向链表存放学生数据。单向链表的类型描述如下。

```
typedef  struct
{   char xh[15]:                        //存放学生学号
    char xm[20];                        //存放学生姓名
    char bj[20];                        //存放班级
```

```
    float score1;                    //存放英语分数
    float score2;                    //存放数学分数
    float score3;                    //存放总分
}STD;
typedef  struct  LNode
{  STD data;
    struct  LNode * next;
} LNode, * LinkList;
```

各个功能对应以下函数。

（1）创建新生数据——createLinkList()。

（2）插入新生数据——insertLinkList()。

（3）删除新生数据——deleteLinkList()。

（4）修改新生数据——updateLinkList()。

（5）根据学号查询——locationLinkList()。

（6）查询英语成绩——findEnglishLinkList()。

（7）查询数学成绩——findMathLinkList()。

（8）查询总成绩——findTotalLinkList()。

（9）显示新生数据——dispLinkList()。

这里除了查询函数需要在定位函数的基础上做一定的改动之外，其余函数稍做修改即可。以查询英语成绩为例。

```
void findEnglishLinkList(LinkList L, float x)
{   LinkList p=L->next;
    while(p)
    {   if(p->data.score1>=x)
            printf("%15s%10s%15s%7.2f\n", p->data.xh,p->data.xm,
            p->data.bj, p->data.score1);
        p=p->next;
    }
}
```

其余函数的修改请读者自行完成。

2.4 其他形式的链表

2.4.1 单向循环链表的定义

单向链表中的最后一个结点的指针域为空，如要查找当前位置的前驱结点，必须回到链表头，重新扫描。如果用最后一个结点的指针域记住头结点，则链表上的结点可以循环使用，这种链表称为单向循环链表。

常用的单向循环链表有两种：一种是带头指针的单向循环链表，如图 2-18 所示；另一种是带尾指针的单向循环链表,如图 2-19 所示。

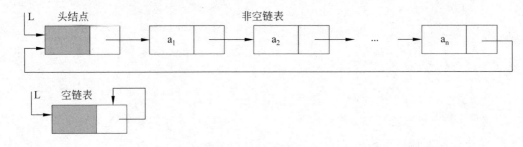

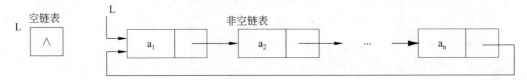

(a) 带头指针和头结点的单向循环链表

(b) 带头指针无头结点的单向循环链表

图 2-18　带头指针的单向循环链表示意图

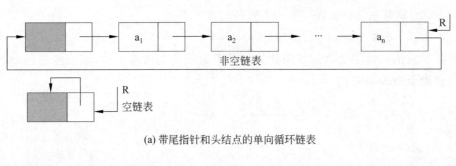

(a) 带尾指针和头结点的单向循环链表

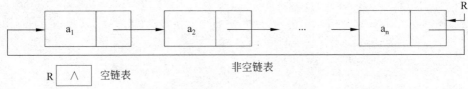

(b) 带尾指针无头结点的单向循环链表

图 2-19　带尾指针的单向循环链表示意图

　　带头指针和头结点的单向循环链表中的 L 记的是头结点,尾结点的指针域记的也是头结点,尾结点必须通过循环才能找到。判断链表是否为空的条件是 L->next==L 为真。

　　带头指针无头结点的单向循环链表中的 L 记的是第 1 个结点,尾结点的指针域记的也是第 1 个结点,尾结点必须通过循环才能找到。判断链表是否为空的条件是 L==NULL 为真。

　　带尾指针和头结点的单向循环链表中没有头指针,用尾指针 R 记尾结点,R->next 记头结点,R->next->next 是第一个结点。判断链表是否为空的条件是 R->next==R 为真。

带尾指针无头结点的单向循环链表中没有头指针,用尾指针 R 记尾结点,R->next 是第一个结点。判断链表是否为空的条件是 R==NULL 为真。

将两个带尾指针和头结点的单向循环链表进行链接,如图 2-20 所示。其中 R1 是第一个链表的尾指针,R2 是第二个链表的尾指针。链接只需做四步运算即可。

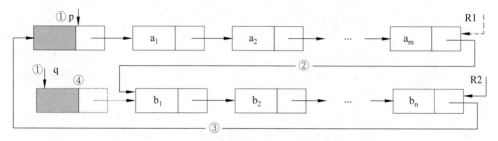

图 2-20　两个带尾指针的单向循环链表链接示意图

(1) 让 p 记第一个链表的头结点,q 记第二个链表的头结点,即

p=R1->next;q=R2->next;

(2) 让第一个链表的尾结点的指针域记住第二个链表的第一个结点,即

R1->next=q->next;

(3) 让第二个链表的尾结点的指针域记第一个链表的第一个头结点,即

R2->next=p;

(4) 释放第二个链表头结点的存储空间,即

free(q);

2.4.2　单向循环链表的基本操作实现

基于单向循环链表的基本操作与一般单向链表的操作基本相同,唯一区别在于判断链表是否为空的条件。下面介绍带头指针和头结点的单向循环链表的初始化、插入和删除操作的实现。

1. 单向循环链表的初始化操作

单向循环链表的初始化操作是创建带有头结点的单向循环空链表,如图 2-18 所示。

分析:让头结点的指针域记住头结点,算法如下。

【算法 2.20】

```
int initCirLink(LinkList * L)
{   * L=( LinkList)malloc(sizeof(LNode));
    if( * L==NULL)exit(0);
    ( * L)->next= * L;   return 1;
}
```

2. 单向循环链表的插入操作

单向循环链表的插入操作是,根据插入位置 i,将数据元素插入到原来的第 i−1 个结点和第 i 个结点之间,如图 2-21 所示。

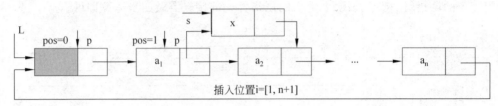

插入位置i=[1, n+1]

图 2-21　在单向循环链表中插入第 2 个结点的示意图

分析：让工作指针 p 记第 i−1 个结点,整型变量 pos 记 p 的位置,即 pos＝i−1。移动工作指针 p 的条件是 p−>next!＝L & & pos<i−1 为真。当 i 过大时,条件 pos<i−1 为真;当 i 过小时,条件 pos>i−1 为真,插入算法如下。

【算法 2.21】

```
int insertCirLink (LinkList L, int i, int x)
{   /* 让 p 指向第 i−1 个结点 */
    LinkList p=L,s;   int pos=0;
    while(p->next!=L && pos<i-1) { p=p->next; pos++; }
    if(pos>i-1) { printf( "插入位置<下限!\n"); return 0; }
    if(pos<i-1) { printf( "插入位置>上限!\n"); return 0; }
    if((s=( LinkList)malloc(sizeof(LNode)))==NULL) return 0;     //申请新结点
    s->data=x;   s->next=p->next;   p->next=s;
    return 1;
}
```

3. 单向循环链表的删除操作

单向循环链表的删除操作是,根据删除位置 i,将第 i−1 个结点的直接后继结点置为删除前的第 i+1 个结点,并释放第 i 个结点的空间,如图 2-22 所示。

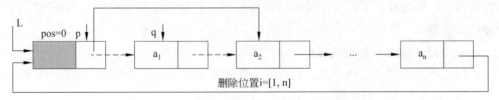

删除位置i=[1, n]

图 2-22　在单向循环链表中删除第 1 个结点的示意图

分析：让工作指针 p 记第 i−1 个结点,整型变量 pos 记 p 的位置,即 pos＝i−1,q 记被删除的结点。移动工作指针 p 的条件是 p−>next!＝L & & pos<i−1 为真。当 i 过大时,条件 pos<=i−1 为真;当 i 过小时,条件 pos>i−1 为真;当链表为空时,条件 L−>next==L 为真,删除算法如下。

【算法 2.22】

```
int delCirLink (LinkList L, int i)
{   LinkList p=L,q;   int pos=0;
    if(L->next==L) { printf( "链表为空!\n"); return 0; }
    while(p->next!=L && pos<i-1) { p=p->next; pos++; }   //让 p 指向第 i-1 个结点
    if(pos>i-1) { printf( "删除位置<下限!\n"); return 0; }
    if(pos>i-1) { printf( "删除位置>上限!\n"); return 0; }
    q=p->next;   p->next=q->next;
    free(q);   return 1;
}
```

2.4.3　双向循环链表的定义

　　单向链表便于查询后继结点,不便于查询前驱结点。为了方便两个方向的查询,可以在结点中设两个指针域,一个存放直接前驱结点的地址,另一个存放直接后继结点的地址。不带头结点的双向链表和带头结点的双向循环链表分别如图 2-23(a)和(b)所示。

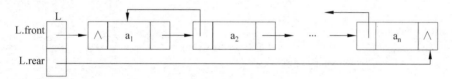

(a) 不带头结点的双向链表

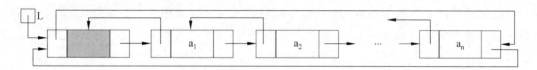

(b) 带头结点的双向循环链表

图 2-23　不带头结点的双向链表和带头结点的双向循环链表示意图

　　图 2-23(a)中按后继方向的第一个结点是 L.front 指向的结点,按前驱方向的第一个结点是 L.rear 指向的结点。图 2-23(b)中按后继方向的第一个结点是 L->next 指向的结点,按前驱方向的第一个结点是 L->pre 指向的结点。

　　双向循环链表的数据类型描述如下。

```
typedef struct dnode
{   ElemType data;
    struct dnode * pre;                    //存放前驱结点的地址
    struct dnode * next;                   //存放后继结点的地址
}DNode, * DLinkList;
```

2.4.4 双向循环链表的基本操作实现

下面给出几个有关双向循环链表的操作实现。

1. 双向循环链表的初始化操作

双向循环链表的初始化操作是创建一个带有头结点的空链表，如图 2-24 所示。

分析：初始化操作需要将申请的头结点地址分别赋给头指针以及头结点的两个指针域，双向循环链表为空的条件是 L->next==L && L->pre==L 为真，算法如下。

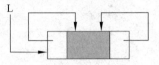

图 2-24　双向循环链表的初始化操作示意图

【算法 2.23】

```
int initDLinkList(DLinkList * L)
{    * L=(DLinkList)malloc(sizeof(DNode));
     if( * L==NULL)exit(0);
     ( * L)->pre=( * L)->next= * L;
     return 1;
}
```

例如：

```
DLinkList L;
if(initDLinkList(&L))printf("创建成功!\n");
else printf("创建失败!\n");
```

思考：当条件 L->next==L->pre 为真时，能否判断双向链表为空？

2. 双向循环链表的插入操作

双向循环链表有两个方向，其后继方向与单向循环链表相同。简单起见，本书约定双向循环链表的插入操作是按后继方向根据指定位置插入结点。插入操作如图 2-25 所示。

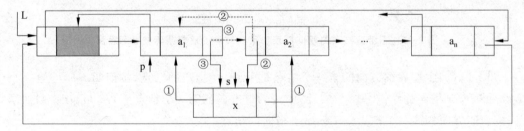

图 2-25　双向循环链表的插入操作示意图

分析：插入新结点必须考虑前驱和后继方向的链接，插入位置按后继方向查找。由于新结点的两个指针域是无确定指向的，因此将按以下顺序完成。

（1）确定新结点的直接前驱和直接后继。

```
s->pre=p; s->next=p->next;
```

（2）确定 p->next 的直接前驱。

p->next->pre=s;

（3）确定 p 的后继。

p->next=s;

算法如下。

【算法 2.24】

```
int insertDLinkList(DLinkList L,int i,ElemType x)
{   DLinkList p=L,s;   int pos=0;
    /* 让 p 指向第 i-1 个结点,pos 记录结点的位置 */
    while(p->next!=L && pos<i-1) { p=p->next; pos++; }
    if(pos<i-1 || pos>i-1)
    {  printf("插入位置不合理!\n");return 0; }
    s=(DLinkList)malloc(sizeof(DNode));
    s->data=x;
    s->pre=p;
    s->next=p->next;
    p->next->pre=s;
    p->next=s;
    return 1;
}
```

3. 双向循环链表的删除操作

双向循环链表有两个方向,其后继方向与单向循环链表相同。简单起见,本书约定双向循环链表的删除操作是按后继方向根据指定位置删除结点。删除操作如图 2-26 所示。

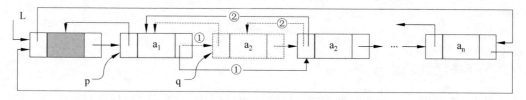

图 2-26　双向循环链表的删除操作示意图

分析：被删除结点必须从前驱和后继两个方向断链。即：

(1) q=p->next; p->next=q->next;
(2) p->next->pre=p; free(q);

算法如下。

【算法 2.25】

```
int deleteDLinkList(DLinkList L,int i)
{   DLinkList p=L,q;   int pos=0;
```

```
    if(L->next==L && L->pre==L){printf("链表为空!\n");return 0;}
    /*让 p 指向第 i-1 个结点,pos 记结点的位置*/
    while(p->next!=L && pos<i-1){ p-p->next; pos++;}
    if(pos<i-1 || pos>i-1){printf("删除位置不合理!\n");return 0;}
    q=p->next;  p->next=q->next;  p->next->pre=p;  free (q);
    return 1;
}
```

4. 双向循环链表的遍历操作

双向循环链表的遍历操作是指定遍历方向,输出所有数据元素。算法如下。

【算法 2.26】

```
void dispDLinkList(DLinkList L,int n)
{   //n=1,按后继方向;n=2,按前驱方向
    DLinkList p=L;
    if(L->next==L && L->pre==L) return;
    if(n==1)
    {   p=p->next;
        while(p!=L){ printf(p->data); p=p->next;}
        printf("\n");
    }
    if(n==2)
    {   p=p->pre;
        while(p!=L){ printf(p->data); p=p->pre;}
        printf("\n");
    }
}
```

2.5　线性表的应用

2.5.1　两个线性表的合并

假设每个线性表的存储结构为带头结点的单向链表,存放的数据是递增的。现在需要将这两个链表合并成一个链表,并且依然保持递增。

方法一:假设合并的链表上的结点空间是原来的空间,其算法设计的主要思想是将其中一个链表上的结点逐个插入到另一个链表中。合并前如图 2-27 所示,合并过程如图 2-28 所示。

分析:将 Lb 的所有结点按递增的顺序插入到 La 中。当 La 和 Lb 均不为空时,Lb 中每个结点的插入位置需要与 La 中的结点比较大小,方可确定。为了在 La 中寻找插入位置,需设两个工作指针 pa 和 qa,它们指向的结点关系满足< *qa, *pa>,将需插进来的结点 *pb 与 *pa 进行比较,如果满足 pb->data<=pa->data,则将 *pb 插入到 *qa 与 *pa 之间;否则,移动 qa 和 pa 再进行 *pb 与 *pa 的比较,直至 *pb 插进来。对于链

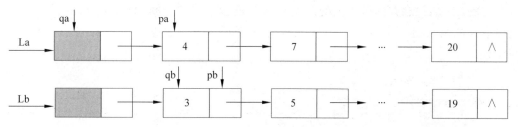

图 2-27　两个有序链表的存储示意图

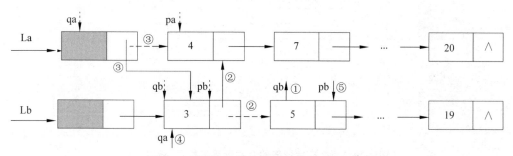

图 2-28　两个有序链表的合并过程示意图(原结点)

表 Lb,为了防止断链,用 pb 记要插入的结点,qb 记 pb 的直接后继。当 pa 为空并且 pb 不为空时,表示 pb 之后的所有结点不再需要比较,可一次链接,即 qa->next＝pb,算法如下。

【算法 2.27】

```
void twoLinkList1(LinkList La, LinkList Lb)
{   LinkList pa,pb,qa,qb;
    qa=La; pa=La->next;     //初始时,qa 指向 La 的头结点,pa 指向 La 的第 1 个数据结点
    pb=qb=Lb->next;         //初始时,qb 和 pb 指向 Lb 的第 1 个数据结点
    while(pb && pa)
    {   if(pb->data<=pa->data)  //将 * pb 插入到 La 的< * qa, * pa>之间
        {   qb=qb->next;    //①在没有插入之前,让 qb 指向 Lb 的下一个待插结点,防止
                            //断链
            pb->next=pa;    //②建立关系< * pb, * pa>
            qa->next=pb;    //③建立关系< * qa, * pb>
            qa=pb;          //④插入之后,qa 指向新插到 La 中的结点 * pb
            pb=qb;          //⑤插入之后,pb 指向 Lb 中待插入的结点 * qb
        }
        else                //在 La 中继续查找 * pb 的插入位置
        {   qa=pa; pa=pa->next; }
    }
    if(pb)qa->next=pb;      /* 将 Lb 中的剩余结点插入 * /
    free( Lb) ;
}
```

方法二：假设合并的链表上的结点空间是重新申请的空间，其算法设计的主要思想是将原来的两个链表上的结点依次比较并逐个插入到新链表中。合并过程如图 2-29 所示。

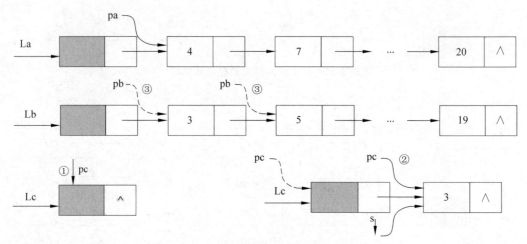

图 2-29　两个有序链表的合并过程示意图（新结点）

分析：当 pa 和 pb 均不为空时，比较两个结点值 pa->data 与 pb->data 的大小，如果 pa->data<=pb->data，则生成新结点，存放 pa->data，在 Lc 中进行尾插，pa = pa->next；如果 pa->data>pb->data，则生成新结点，存放 pb->data，在 Lc 中进行尾插，pb = pb->next。当 pa 为空时，表示 Lb 有剩余结点，可依序在 Lc 中进行尾插；当 pb 为空时，表示 La 有剩余结点，可依序在 Lc 中进行尾插。算法如下。

【算法 2.28】

```
int twoLinkList2(LinkList La, LinkList Lb, LinkList * Lc)
{   LinkList pa,pb,pc,s;
    pa=La->next; pb=Lb->next; initLinkList(Lc);      //生成空链表 Lc
    pc= * Lc;                                          //①
    while(pa && pb)
    {   if(pb->data<=pa->data)
        {   s=( LinkList)malloc(sizeof(LNode));       //申请新结点
            s->data=pb->data;                         //将 pb 指向的结点数据存放到新结点中
            s->next=NULL; pc->next=s; pc=s;           //②将新结点插入到 Lc 的尾部
            pb=pb->next;                              //③
        }
        else
        {   s=( LinkList)malloc(sizeof(LNode));       //申请新结点
            s->data=pa->data;                         //将 pa 指向的结点数据存放到新结点中
            s->next=NULL; pc->next=s; pc=s;           //将新结点插入到 Lc 的尾部
            pa=pa->next;
        }
    }                                                 //end_while(pa && pb)
```

```
    while(pb)                                    //将 pb 指向的剩余结点插入到 Lc 的尾部
    {   s=( LinkList)malloc(sizeof(LNode));
        s->data=pb->data;
        s->next=NULL;pc->next=s;pc=s;
        pb=pb->next;
    }
    while(pa)                                    //将 pa 指向的剩余结点插入到 Lc 的尾部
    {   s=( LinkList)malloc(sizeof(LNode));
        s->data=pa->data;
        s->next=NULL; pc->next=s; pc=s;
        pa=pa->next;
    }
    return 1;
}
```

2.5.2　一元多项式的应用

数学上的一元多项式为 $p(x)=p_0+p_1x^1+p_2x^2+\cdots+p_nx^n$。其中每一项对应一个数据对(系数,指数),所有的数据对组成一个线性表。实际中的一元多项式并不是每个指数对应的项都存在,为了减少存储空间,对系数不为 0 的项,按指数递增排列数据对。

例如:$p(x)=2.1-4.3x^5+7x^{10}$,对应的线性表为 $(2.1,0),(-4.3,5),(7,10)$。

用带头结点的单向链表按指数递增存放,如图 2-30 所示。

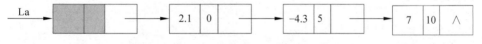

图 2-30　一元多项式的链式存储示意图

一元多项式对应的单向递增链表的数据类型描述如下。

```
typedef struct
{   float coef;                                  //存放系数
    int exp;                                     //存放指数
}Term;
typedef struct Pnode
{   Term data;
    struct Pnode * next;
}PNode, * PLink;
```

一元多项式的常用运算是两个一元多项式的和以及两个一元多项式的积。完成这两种运算涉及的主要操作如下所述。

1. 一元多项式的插入

一元多项式的插入是按指数的递增顺序插入,并将指数相同的项进行合并。如果系数为零,则删除对应的项。算法如下。

【算法 2.29】

```
void  insertPolyn(PLink L,Term x)
{   PLink p=L,q=L->next,s;                      //p 和 q 记住相邻的两个结点
    //根据指数找插入位置
    while(q!=NULL && x.exp > q->data.exp) { p=q; q=q->next; }
    if(q!=NULL && x.exp==q->data.exp)           //合并同类项
    {   if(fabs(q->data.coef+x.coef)<1.0E-6)    //指数相等,系数符号相反,绝对值
                                                //相等
        {   p->next=q->next;  free(q); }        //删除 q 指向的结点
        else                                    //指数相等,系数不同,则进行合并
        {   q->data.coef=x.coef+q->data.coef; }
    }                                           //结束合并同类项
    else //如果 q 为空,生成新结点,插在尾部;如果 q 不为空,生成新结点,插在 * p 和 * q
        //之间
    {   s=(PLink)malloc(sizeof(PNode));   s->data=x;
        s->next=q; p->next=s;
    }
    return;
}
```

2. 一元多项式的创建

一元多项式的创建是指调用插入函数,按插入的指数大小有序插入,算法如下。

【算法 2.30】

```
int createPolyn(PLink * L)
{   Term x;
    if((* L=(PLink)malloc(sizeof(PNode)))==NULL) return 0;
    (* L)->next=NULL;
    do
    {   printf("请输入系数和指数,用空格隔开,系数为 0 表示结束:");
        scanf("%f%d",&x.coef,&x.exp);
        if(fabs(x.coef)<=1.0e-6)break;
        insertPolyn(* L,x);                      //调用插入函数
    }while(1);
    return 1;
}
```

3. 两个一元多项式的加法

两个一元多项式的加法是指将两个一元多项式对应的单向有序链表有序插入到另一个新的单向有序链表中。求和过程见图 2-31。

求和算法如下。

【算法 2.31】

```
int addPolyn(PLink La, PLink Lb, PLink * Lc)
```

```
{ PLink s,pa,pb,pc,qc;
  if((* Lc=( PLink)malloc(sizeof(PNode)))==NULL) return 0;
  (* Lc)->next=NULL;
  pa=La->next; pb=Lb->next;
  while(pa && pb)                              //当 La 和 Lb 同时不为空时
  { if(pa->data.exp<pb->data.exp)
      { insertPolyn(* Lc,pa->data); pa=pa->next; }
                                               //调用插入函数插入 pa->data
      else
      { insertPolyn(* Lc,pb->data); pb=pb->next; }
                                               //调用插入函数插入 pb->data
  }                                            //end_while(pa && pb)
  pc= * Lc;  qc=pc->next;
  while(qc!=NULL)                              //将 Lc 的指针 pc 移到最后
  { pc=qc; qc=qc->next; }
  while(pa)                                    //将 La 的剩余结点依次放入 Lc 中
  { if((s=(PLink)malloc(sizeof(PNode)))==NULL) return 0;  //申请新结点
    s->data=pa->data;  s->next=NULL;
    pc->next=s; pc=s; pa=pa->next;
  }                                            //end_while(pa)
  while(pb)                                    //将 Lb 的剩余结点依次放入 Lc 中
  { if((s=(PLink)malloc(sizeof(PNode)))==NULL) return 0;  //申请新结点
    s->data=pb->data;  s->next=NULL;
    pc->next=s; pc=s; pb=pb->next;
  }                                            //end_while(pb)
  return 1;
}
```

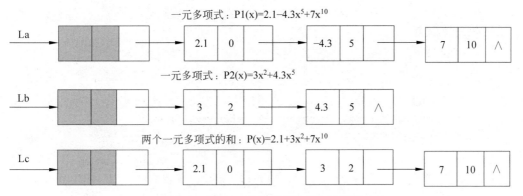

图 2-31　两个一元多项的求和示意图

4. 两个一元多项式的乘法

两个一元多项式的乘法是指将第 1 个一元多项式对应的单向有序链表的每一项与第 2 个一元多项式对应的单向有序链表的各项相乘，再有序插入到新的一元多项式对应的单向有序链表中。两个一元多项式的求积过程见图 2-32。

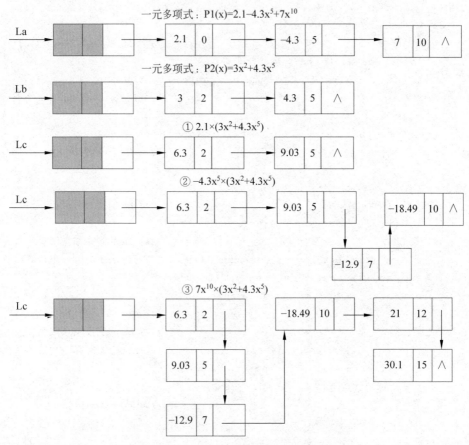

图 2-32　两个一元多项式的求积示意图

求积算法如下。

【算法 2.32】

```
int mulPolyn(PLink La, PLink Lb, PLink * Lc)
{   PLink pa,pb;Term x;
    if((* Lc=( PLink)malloc(sizeof(PNode)))==NULL) return 0;
    (* Lc)->next=NULL;
    pa=La->next;
    while(pa)
    {   pb=Lb->next;
        while(pb)
        {   x.coef=pa->data.coef * pb->data.coef;
            x.exp=pa->data.exp+pb->data.exp;
            insertPolyn(* Lc,x);
            pb=pb->next;
        }                                       //end_while(pb)
```

```
        pa=pa->next;
    }                                                    //end_while(pa)
    return 1;
}
```

5. 一元多项式的显示

一元多项式的显示按指数从小到大依序输出。

显示算法如下。

【算法 2.33】

```
void dispPolyn(PLink L)
{   PLink p=L->next;
    while(p)
    {   if(p->data.coef<0)printf("%0.2fX^%d", p->data.coef, p->data.exp);
        else printf("+%0.2fX^%d", p->data.coef, p->data.exp);
        p=p->next;
    }
    printf("\n");
}
```

2.6　字符串匹配算法

　　字符串是文档操作最主要的文字对象。目前所有的文档处理软件都提供了强大的字符串处理功能,特别是查找功能,它是插入、删除、复制、粘贴以及替换等操作的先行操作,因此是文档处理效率的关键。本节重点讲述字符串匹配算法,即在一个字符串中查找另一个字符串首次出现的位置。由于字符串中的字符序列具有线性结构的特点,因此字符串本质是一个线性表,而字符串匹配算法可以看作是基于线性表的查找操作。简单起见,以下涉及的操作均在顺序表存储的字符串上完成。

2.6.1　串的基本概念

　　串(字符串):由 n 个字符组成的有限序列($n \geq 0$)。记作 $s = $ "$a_1 a_2 \cdots a_n$"($n \geq 0$)。

　　串长:串中字符的个数 n。

　　子串和主串:串中任意个连续的字符组成的子序列称为该串的子串,包含子串的串称为主串。

　　串相等:两个串长度相等,且对应位置的字符都相等。

　　空串:空串不包含任何字符,表示为""。

　　空白串:空白串由一个或多个空格组成,如"　"。

2.6.2　串的模式匹配算法

　　模式匹配是指在一个字符串中查找另一个字符串首次出现的位置。前者称为主串,后者称为模式串。在模式匹配中，比如主串 S 为 "Beijing"，模式串 P 为 "jin"，则匹配结果等于 4。常见的串的模式匹配算法有穷举模式匹配和 KMP 算法。

1. 穷举模式匹配算法

算法思想是对于主串 S 和模式串 P，将 S 中的第一个字符与 P 中的第一个字符进行比较，若不同，就将 S 中的第二个字符与 P 中的第一个字符进行比较……，直到 S 的某一个字符和 P 的第一个字符相同，然后继续比较它们之后的字符。如果模式串 P 的所有字符都被比较并相等，则匹配成功，操作结束。当 S 的某一个字符 S_i 与 P 的某一个字符 P_j 不同时，匹配失败，S 中的 i 和 P 中的 j 回退，即将 S 中的第 $i-j+2$ 个字符和 P 的第一个字符再进行比较，重复上述过程，直至主串 S_{i-j+2} 之后的子串长度小于模式串 P 的长度，操作结束。

其缺点是，只要匹配失败，主串 S 必须回到上一次开始的下一个位置，模式串 P 只能从头开始，重复回溯太多。

设主串为"ababcabcacba"，子串为"abcac"，给出穷举模式匹配的过程，如表 2-3 所示。

表 2-3　穷举模式匹配的过程

第一趟	i＝1	i＝2	i＝3									
	↓	↓	↓									
主串	a	b	a	b	c	a	b	c	a	c	b	a
模式串	a	b	c	a	c							
	j＝1	j＝2	j＝3	i＝3，j＝3 失败								
第二趟		i＝2										
		↓	↓									
主串	a	b	a	b	c	a	b	c	a	c	b	a
模式串		a	b	c	a	c						
		j＝1	i＝2，j＝1，失败									
第三趟			i＝3	i＝4	i＝5	i＝6	i＝7					
			↓	↓	↓	↓	↓					
主串	a	b	a	b	c	a	b	c	a	c	b	a
模式串			a	b	c	a	c					
			j＝1	j＝2	j＝3	j＝4	j＝5	i＝7，j＝5 失败				
第四趟				i＝4								
				↓								
主串	a	b	a	b	c	a	b	c	a	c	b	a
模式串				a	b	c	a	c				
				j＝1	i＝4，j＝1 失败							

续表

				i=5							
第五趟				i=5							
				↓							
主串	a	b	a	b	c	a	b	c	a	c	b	a
模式串					a	b	c	a	c			
			j=1	i=5,j=1 失败							
第六趟					i=6	i=7	i=8	i=9	i=10	i=11	
					↓	↓	↓	↓	↓		
主串	a	b	a	b	c	a	b	c	a	c	b	a
模式串						a	b	c	a	c	
					j=1	j=2	j=3	j=4	j=5	i=11,j=6 成功	

字符串的顺序表数据类型如下。

```
#define MAXSIZE 255
typedef  unsigned char  SString [MAXSIZE+1];
```

例如：

```
SString S,T;
```

穷举模式匹配算法又称简单匹配算法,具体实现如下。

【算法 2.34】

```
int Index(SString S, SString T, int pos)
{   //返回模式串 T 在主串 S 中第 pos 个字符之后的位置。若不存在,则函数值为 0
    //其中,T 非空,1≤pos≤strlen(S+1)。
    i=pos;j=1;                      //i 指向 S 中字符的位置,j 指向 T 中字符的位置
    T[0]=strlen(T+1); S[0]=strlen(S+1);  //S[0]和 T[0]存放的是字符串的长度
    while (i <= (S[0]-T[0]+1))
    {   while(S[i] == T[j] && j <= T[0]) { ++i; ++j; }     //继续比较后继字符
        if (j > T[0]) return i-T[0];
        else { i = i-j+2; j = 1; }          //指针后退重新开始匹配
    }
    return 0;
}
```

算法的时间复杂度:最坏为 O(m＊n),其中 m 和 n 分别为 S 串和 P 串的长度;最好为 O(n)。

2. KMP 算法

模式匹配的一种改进算法是由 D. E. Knuth、J. H. Morris 和 V. R. Pratt 于 1977 年联合发表提出的,简称 KMP 算法。该算法常用于在一个文本串 S 内查找一个模式串 P

的首次出现位置,它相对于穷举模式匹配算法有比较大的改进,主要是消除了主串指针的回溯,从而使算法效率有了某种程度的提高。

改进:每一趟匹配过程中出现字符比较不等时,不需回溯主串的 i 指针,而是利用已经得到的"部分匹配"结果,将模式串向右"滑动"尽可能远的一段距离后,再继续进行比较,以减少匹配次数。

问题:当匹配失败时,下一趟匹配主串中的 i 是向后移动一位(即 i＝i+1)呢,还是 i 原地开始? 是否有可能让模式串尽可能向右滑动,而主串指针 i 不回溯? 如果可以,那么当匹配失败后,下一趟比较应该从模式串的第几个字符开始与主串指针 i 所指字符进行比较? 这些问题的解决取决于模式串的自匹配。

• 模式串的自匹配

假设主串为"$s_1 s_2 \cdots s_n$",模式串为"$p_1 p_2 \cdots p_m$",如在匹配过程中产生"失配"($s_i \neq p_j$),模式串应向右滑动多远,即 s_i 应与模式串的 p_j 前面第几个字符再进行比较?

假设 s_i 应与第 $k(k<j)$ 个字符 p_k 继续比较,则模式中前 $k-1$ 个字符必须满足如图 2-33 所示的关系。

$s_1 s_2$		...		$s_{i-k+1}s_{i-k+2}\ldots\ s_{i-1}$	s_i	$s_i \neq p_j$
$p_1 p_2 \ldots p_{k-1}$	$p_k \ldots$		$p_{j-k+1}p_{j-k+2}\ldots p_{j-1}$	p_j		
		$p_1 p_2$ ... p_{k-1}	p_k	$\ldots p_{j-k+1}p_{j-k+2}\ldots p_{j-1}p_j$		
		3 个子串相等		长度为 k-1 的最长相同前缀和后缀		

图 2-33　字符 P_k 相等的最长前缀和后缀

从图 2-33 可以得到:

(1) 已知 "$p_1 p_2 \cdots p_{k-1}$" = "$s_{i-k+1} s_{i-k+2} \cdots s_{i-1}$"。

(2) 已知得到的部分匹配结果是 $s_i \neq p_j$,但"$p_{j-k+1}\ p_{j-k+2} \cdots p_{j-1}$" = "$s_{i-k+1}\ s_{i-k+2} \cdots s_{i-1}$"。

(3) 由(1)、(2)得到"$p_1 p_2 \cdots p_{k-1}$" = "$p_{j-k+1}p_{j-k+2} \cdots p_{j-1}$"。

以上说明,对于模式串中的任一位置 j,从 j 前面的子串"$p_1 p_2 \cdots p_{j-1}$"中,找出所有从左端 p_1 开始正向截取的子串与从右端 p_{j-1} 开始逆向截取的所有相等子串中,求出子串长度的最大值,计为 $k-1$。同时,为了清楚起见,令 next[j]＝k,表示模式串 j 位置比较失败后需要回溯到位置 k。如果在某趟匹配中失败,只要根据事先求出的模式串每个位置的 next[j],即可知道在下一趟的匹配中,主串的 i 和模式串的 j 如何变化。

下面给出两种求解 next[j]的方法。

• 求解 next[j]的最长子串长度方法。

若令 next[j] = k,则模式串的 next 函数定义如下:

$$next[j] = \begin{cases} 0, & j=1 \\ \max, & \{k|1<k<j 且 "p_1\ p_2 \cdots p_{k-1}" = "p_{j-k+1}\ p_{j-k+2} \cdots p_{j-1}"\} \\ 1, & 其他 \end{cases}$$

其中:"$p_1 p_2 \ldots p_{k-1}$"是 p_k 的前缀,"$p_{j-k+1}p_{j-k+2}\ldots p_{j-1}$"是 p_k 的后缀。前缀和后缀允

许有重叠,但不能完全重叠。max 是已经匹配的子串长度最大值加 1。该方法也称为最大子串长度法。

以模式串"abaabcac"为例,用上述公式求 next[j],j=1,2,3,4,5,6,7,8,结果如表 2-4 所示。

表 2-4　模式串"abaabcac"的 next[j]计算结果

j（字符位置）	1	2	3	4	5	6	7	8
模式串	a	b	a	a	b	c	a	c
next[j]	0	1	1	2	2	3	1	2

next[j]的求解过程如下。

(1) 当 j=1 时,next[1]=0。

(2) 当 j=2 时,next[2]=1。

(3) 当 j=3 时,部分匹配成功的子串为"ab",其中没有相等的子串,则 next[3]=1。

(4) 当 j=4 时,部分匹配成功的子串为"aba",其中最长的相等前缀和后缀为"a",k=2,则 next[4]=2。

(5) 当 j=5 时,部分匹配成功的子串为"abaa",其中最长的相等前缀和后缀为"a",k=2,则 next[5]=2。

(6) 当 j=6 时,部分匹配成功的子串为"abaab",其中最长的相等前缀和后缀为"ab",k=3,则 next[6]=3

(7) 当 j=7 时,部分匹配成功的子串为"abaabc",其中没有相等的子串,则 next[7]=1。

(8) 当 j=8 时,部分匹配成功的子串为"abaabca",其中最长的相等前缀和后缀为"a",k=2,则 next[8]=2。

next 数组值的含义:next[j]代表当前第 j 个字符之前的字符串中,有多大长度的相同前缀和后缀。例如 next [j] = k,代表第 j 个字符之前的字符串中有最大长度为 k−1 的相同前缀和后缀。当模式串在第 j 个字符失配时,该位置对应的 next[j]值是下一次匹配时模式串向右滑动的字符个数。如果 next[j]等于 0,则下次匹配时,主串从 i=i+1 开始,模式串中的 j 从第 1 个字符开始;若 next[j]=k 且 k>0,则下次匹配时,主串从 i 开始;模式串中的 j 从第 k 个字符开始。

设主串为"ababcabcacba",子串为"abcac",给出 KMP 算法的匹配过程,如表 2-5 所示。

表 2-5　KMP 算法的匹配过程

第一趟	i=1	i=2	i=3								
	↓	↓	↓								
主串	a	b	a	b	c	a	b	c	a	c	b	a
模式串	a	b	c	a	c							
	j=1	j=2	j=3	i=3,j=3 失败							

next[3]=1。第二趟从 i=3,j=1 开始。

第二趟			i=3	i=4	i=5	i=6	i=7					
			↓									
主串	a	b	a	b	c	a	b	c	a	c	b	a
模式串			a	b	c	a	c					
			j=1				j=5	i=7,j=5 失败				

next[5]=2。第三趟从 i=7,j=2 开始。

第三趟						i=7			i=10	i=11		
						↓	↓	↓	↓			
主串	a	b	a	b	c	a	b	c	a	c	b	a
模式串						a	b	c	a	c		
						j=2			j=5	i=11,j=6 成功		

模式串首次出现的位置是 6

与传统的匹配算法比较,KMP 算法只用了三趟,效率显著提高。从上面的匹配过程来看,趟数的减少和每一趟中比较次数的减少取决于模式串的自匹配。

KMP 算法如下。

【算法 2.35】

```
int Index_KMP(SString S, SString T, int pos,int next[])
{   //利用模式串 T 的 next 函数求 T 在主串 S 中第 pos 个字符之后位置的 KMP 算法
    //其中,T 非空,1≤pos≤strlen(S+1)
    i = pos;   j = 1;
    T[0]=strlen(T+1); S[0]=strlen(S+1);          //S[0]和 T[0]存放的是字符串的长度
    while (i <= (S[0]-T[0]+1))
    {   while(j==0 || j<=T[0] && S[i] == T[j]){ ++i; ++j; }     //继续比较后继字符
        if (j >T[0]) return i-T[0];              //匹配成功
        else   j = next[j];                      //模式串向右移动
    }
    return 0;
}
```

- 求解 next[j]的递归方法。

用计算公式求 next[j],涉及多次查找相等子串的问题,显然效率不高。而每一个 next[j]的值与 j 前面字符的 next[k]有一定的关联,因此 next[j]的求解可以用递归方法。分析如下。

(1) 由定义得知 next[1]=0。

(2) 已知 next[j]=k,如何求 next[j+1]?

由于 next[j]＝k,因此在模式串中有下面的等式成立："$p_1 p_2 \cdots p_{k-1}$"＝"$p_{j-k+1} p_{j-k+2} \cdots p_{j-1}$"。

（1）若 p_k＝＝p_j,则有 "$p_1 p_2 \cdots p_{k-1} \boxed{p_k}$"＝"$p_{j-k+1} p_{j-k+2} \cdots p_{j-1} \boxed{p_j}$",那么 next[j＋1]＝next[j]＋1＝k＋1;如表 2-6 所示。

表 2-6　next 函数求解示例一

已知 next[6]＝3,求 next[7]＝?

1	2	↓ 3	4	5	↓ 6	7
A	B	C	A	B	C	D

因为 p[6]＝＝p[3],所以 next[7]＝3＋1＝4

1	2	3	4	5	6	7
A	B	C	A	B	C	D

（2）若 $p_k \neq p_j$,则将求函数 next 的问题看成是一个模式匹配的过程。

由于已有 "$p_1 p_2 \cdots p_{k-1}$"＝"$p_{j-k+1} p_{j-k+2} \cdots p_{j-1}$",因此当 $p_j \neq p_k$ 时,将模式串向右滑动,使模式串的第 next[k]个字符和模式串中的第 j 个字符相比较,令 k'＝next[k],即比较 p_j 和 $p_{k'}$。

- 若 p_j＝＝$p_{k'}$,则 next[j＋1]＝k'＋1。
- 若 $p_j \neq p_{k'}$,则模式串的第 next[k']个字符和模式串中的第 j 个字符相比较,以此类推。如表 2-7 所示。

表 2-7　next 函数求解示例二

已知 next[9]＝4,求 next[10]＝?

1	2	3	↓ 4	5	6	7	8	↓ 9	10
A	B	A	C	D	A	B	A	B	C

因为 p[9]≠p[4],令 k＝next[4]＝2

1	↓ 2	3	4	5	6	7	8	↓ 9	10
A	B	A	C	D	A	B	A	B	C

因为 p[9]＝＝p[2],所以 next[10]＝2＋1＝3

1	2	3	4	5	6	7	8	9	10
A	B	A	C	D	A	B	A	B	C

next[j]函数的实现如下。

【算法 2.36】

```
void get_next(SString T, int next[])
{   //求模式串 T 的 next 函数值并存入数组 next
    i = 1; j = 0; next[1] = 0;
```

```
        T[0]=strlen(T+1);
        while (i < T[0])
        {   if (j ==0 || T[i] ==T[j]) { ++i; ++j; next[i] - j; }
            else   j = next[j];
        }
    }
```

当模式串中出现多个相同字符时，往往会出现一些不必要的比较。下面是当主串 s="abcabcaxabcabcac"，并且模式串 p="abcabcabbac"时的前三次比较，具体如下。

```
        i=1                              ↓i=8
    s=  a   b   c   a   b   c   a   x   a   b   c   a   b   c   a   c
    p=  a   b   c   a   b   c   a       b              失败 next[8]=5
        j=1                          ↑j=8
                a   b   c   a       b                  失败 next[5]=2
                j=1              ↑j=5
                        a       b                      失败 next[2]=1
                        j=1  ↑j=2
```

由于 p[8]=p[5]=p[2]，因此，当 s[8]≠p[8]时，s[8]与 p[5]和 p[2]的比较是多余的。为了避免多余的比较，就需要对 next 函数进行改进。

对 next 函数做如下改进，设改进后为 nextval 函数。

改进前：当"$p_1 p_2 \cdots p_{k-1}$"="$p_{j-k+1} p_{j-k+2} \cdots p_{j-1}$"时，如果 $p_k == p_j$，则有"$p_1 p_2 \cdots p_{k-1} p_k$"="$p_{j-k+1} p_{j-k+2} \cdots p_{j-1} p_j$"，令 next[j+1]=k+1。如果又有 $p_{k+1} == p_{j+1}$，当 p_{i+1} 比较失败时，模式串向右滑动到位置 k+1，从 p_{k+1} 开始的比较必定失败。

改进后：当"$p_1 p_2 \cdots p_{k-1}$"="$p_{j-k+1} p_{j-k+2} \cdots p_{j-1}$"时，如果 $p_k == p_j$，则有"$p_1 p_2 \cdots p_{k-1} p_k$"="$p_{j-k+1} p_{j-k+2} \cdots p_{j-1} p_j$"，如果又有 $p_{k+1} == p_{j+1}$，令 nextval[j+1]=nextval[k+1]。当 p_{i+1} 比较失败时，模式串向右滑动到位置 nextval[k+1]，从 $p_{nextval[k+1]}$ 开始比较，从而避免了从 p_{k+1} 开始的比较。

对于给定的模式串 p="abcabcabbac"，求对应的 nextval 函数。

模式串 p="abcabcabbac"的 next 函数和 nextval 函数的计算结果如表 2-8 所示。

表 2-8　模式串 p="abcabcabbac"的 next 函数和 nextval 函数的计算结果

位置 j	1	2	3	4	5	6	7	8	9	10	11
模式串 T	a	b	c	a	b	c	a	b	b	a	c
next	0	1	1	1	2	3	4	5	6	1	2
nextval	0	1	1	0	1	1	0	1	6	0	2

nextval 函数的实现如下。

【算法 2.37】

```
void get_nextval(SString T, int nextval[])
```

```
{   //求模式串 T 的 next 函数修正值并存入数组 nextval
    i = 1; j = 0;   nextval[1] = 0;
    T[0]=strlen(T+1);
    while (i < T[0])
    {   if (j ==0 || T[i] ==T[j])
        {   ++i; ++j;
            if (T[i] !=T[j]) nextval[i] = j;
            else nextval[i] = nextval[j];
        }
        else   j = nextval[j];
    }
}
```

思考：文档处理软件中的查找与替换是如何实现的？

（1）给定任一模式串和替换的字符串，在已知文档中将找到的第一个模式串替换成另一字符串。

（2）给定任一模式串和替换的字符串，在已知文档中将出现的所有模式串替换成另一字符串。

2.7　本章小结

线性表是线性结构的基本形式，用于描述一组同类型而且具有 1∶1 线性关系的数据对象。将此类数据对象存放在计算机的内存中时，必须考虑数据元素的存放和数据元素之间关系的存放。常用的存储结构有顺序存储和链式存储。

顺序表存储的特点是用一维数组存放线性表中的数据元素，用下标的相邻关系表示数据元素的直接前驱和直接后继的关系。为了方便使用，经常需要用到表中数据元素的个数以及是否存在剩余空间，能够满足上述要求的变量类型是结构体类型。由于 C 语言没有给出此种结构体类型的定义，因此必须自定义该类型，即顺序表类型。本书给出了两种顺序表类型的定义，并进行了对比分析。第一种容易掌握，但是由于在类型中直接给出了数组的大小，因此通用性和灵活性较差。第二种在类型中给出的是存放一维数组首地址的指针成员，数组的大小由初始化操作完成，大大提高了该类型的实用性。

如果数据元素的类型是简单类型，则顺序表类型的自定义只需一步，直接定义顺序表结构体类型即可。如果数据元素的类型是结构体类型，则顺序表类型的自定义可分两步完成。

（1）先定义数据元素对应的结构体类型。

（2）再定义顺序表结构体类型。

链式存储的特点是用一个带头结点的单向链表存放线性表的数据元素。其存储空间遵循"按需分配"，根据需要动态申请结点空间，不需要时可释放结点的存储空间。线性表中数据元素的关系用结点中存放后继结点地址的指针变量表示。链表对内存空间的连续性要求较低,每个数据元素占用的存储空间比在顺序表中占用的空间要大。

如果数据元素的类型是简单类型,链表类型的自定义只需一步,直接定义结点类型和指向结点的指针类型即可。如果数据元素的类型是结构体类型,链表类型的自定义可分两步完成。

（1）先定义数据元素对应的结构体类型。

（2）再定义链表的结点类型和指向结点的指针类型。

链表有多种形式,除了单向链表之外,还有单向循环链表和双向链表。

基于这两种存储结构的基本操作的实现,需根据每个基本操作是否改变了存储结构中的成员值以及需要的其他条件,正确定义函数的形参。熟练掌握基本操作之后,对于其他复杂的操作,只需对基本操作进行组合或修改某些基本操作即可。

字符串是多个字符的一种顺序存储结构,本章给出了字符串的两种模式匹配算法。

在涉及线性表的实际应用中,到底选用哪一种存储结构,需根据这两种结构的特点进行正确选择。

本章给出了基于顺序表存储和单向链表存储的新生成绩管理系统的设计与实现。

2.8　习题与实验

一、判断题

1. 线性表的逻辑顺序与存储顺序总是一致的。　　　　　　　　　　　　（　　）

2. 顺序存储的线性表可以按序号随机存取。　　　　　　　　　　　　　（　　）

3. 线性表中的元素可以是各种各样的,但同一线性表中的数据元素具有相同的特性,因此属于同一数据对象。　　　　　　　　　　　　　　　　　　　（　　）

4. 在线性表的顺序存储结构中,逻辑上相邻的两个元素在物理位置上并不一定相邻。　　　　　　　　　　　　　　　　　　　　　　　　　　　　　（　　）

5. 在线性表的链式存储结构中,逻辑上相邻的两个元素在物理位置上并不一定相邻。　　　　　　　　　　　　　　　　　　　　　　　　　　　　　（　　）

6. 线性表的链式存储结构优于顺序存储结构。　　　　　　　　　　　　（　　）

7. 在线性表的顺序存储结构中,执行插入和删除时,移动元素的个数与该元素的位置有关。　　　　　　　　　　　　　　　　　　　　　　　　　　　（　　）

8. 线性表的链式存储结构是用一组任意的存储单元来存储线性表中的数据元素的。　　　　　　　　　　　　　　　　　　　　　　　　　　　　　（　　）

9. 在单链表中,要取得某个元素,只要知道该元素的指针即可,因此单链表是随机存取的存储结构。　　　　　　　　　　　　　　　　　　　　　　　（　　）

二、单项选择题

1. 线性表是（　　）。

　　（A）一个有限序列,可以为空　　　　　（B）一个有限序列,不能为空

　　（C）一个无限序列,可以为空　　　　　（D）一个无限序列,不能为空

2.对于顺序存储的线性表,设其长度为 n,在任何位置上执行插入或删除操作都是等概率的。插入一个元素时平均要移动表中的(　　)个元素。

    (A) n/2   (B) (n+1)/2   (C) (n−1)/2   (D) n

3.线性表采用链式存储时,其地址(　　)。

    (A) 必须是连续的   (B) 部分地址必须是连续的

    (C) 一定是不连续的   (D) 连续与否均可以

4.用链表表示线性表的优点是(　　)。

    (A) 便于随机存取

    (B) 花费的存储空间较顺序存储少

    (C) 便于插入和删除

    (D) 数据元素的物理顺序与逻辑顺序相同

5.某链表中最常用的操作是在最后一个元素之后插入一个元素和删除最后一个元素,则采用(　　)存储方式最节省运算时间。

    (A) 单链表   (B) 双链表

    (C) 单循环链表   (D) 带头结点的双循环链表

6.循环链表的主要优点是(　　)。

    (A) 不再需要头指针

    (B) 已知某个结点的位置后,容易找到它的直接前趋

    (C) 在进行插入、删除运算时,能更好地保证链表不会断开

    (D) 从表中的任意结点出发都能扫描到整个链表

7.下面关于线性表的叙述中错误的是(　　)。

    (A) 线性表采用顺序存储,必须占用一片地址连续的单元

    (B) 线性表采用顺序存储,便于进行插入和删除操作

    (C) 线性表采用链式存储,不必占用一片地址连续的单元

    (D) 线性表采用链式存储,便于进行插入和删除操作

8.单链表中,增加一个头结点的目的是为了(　　)。

    (A) 使单链表至少有一个结点   (B) 标识表结点中首结点的位置

    (C) 提高插入和删除运算的效率   (D) 说明单链表是线性表的链式存储

9.若某线性表中最常用的操作是在最后一个元素之后插入一个元素和删除第一个元素,则采用(　　)存储方式最节省运算时间。

    (A) 单链表   (B) 仅有头指针的单循环链表

    (C) 双链表   (D) 仅有尾指针的单循环链表

10.若某线性表中最常用的操作是取第 i 个元素和查找第 i 个元素的前驱元素,则采用(　　)存储方式最节省运算时间。

    (A) 单链表   (B) 顺序表   (C) 双链表   (D) 单循环链表

三、填空题

1.带头结点的单链表 H 为空的条件是_____。

2. 非空单循环链表 L 中 * p 是尾结点的条件是_____。

3. 在一个单链表中的 p 所指结点之后插入一个由指针 s 所指结点，应执行 s-> next=_____；和 p->next=_____的操作。

4. 在一个单链表中的 p 所指结点之前插入一个由指针 s 所指结点，可执行以下操作：

```
s->next=_____;   p->next=s;
t=p->data;   p->data=_____;   s->data=_____;
```

5. 在顺序表中做插入操作时首先检查_____。

四、算法设计题

1. 已知一顺序表 A，其元素值非递减有序排列，编写一个函数以删除顺序表中值相同的多余元素。

2. 编写一个函数，从一给定的顺序表 A 中删除值在 x～y(x<=y)之间的所有元素，要求以较高的效率来实现。

提示：可以先将顺序表中所有值在 x～y 之间的元素置成一个特殊的值，并不立即删除它们。然后从最后向前依次扫描，发现具有特殊值的元素后，移动其后面的元素以将其删除掉。

3. 线性表中有 n 个元素，每个元素是一个字符，现存于数组 R[n]中。试编写一算法，使 R 中的字符按字母字符、数字字符和其他字符的顺序排列。要求利用原来的存储空间，并使元素移动次数最少。

4. 线性表用顺序存储，设计一个算法，用尽可能少的辅助存储空间将顺序表中前 m 个元素和后 n 个元素进行整体互换，即将线性表$(a_1, a_2, \cdots, a_m, b_1, b_2, \cdots, b_n)$改变为$(b_1, b_2, \cdots, b_n, a_1, a_2, \cdots, a_m)$。

5. 写出将线性表就地逆转的算法，即在原表的存储空间中将线性表$(a_1, a_2, \cdots, a_n)$逆转为$(a_n, a_{n-1}, \cdots, a_1)$。要求：分别用顺序表和带头结点的单链表来实现。

6. 已知带头结点的单链表 L 中的结点是按整数值递增排列的，试编写一算法，将值为 x 的结点插入到表 L 中，使得 L 仍然有序，并且分析算法的时间复杂度。

7. 假设有两个已排序的单链表 A 和 B，编写一个函数将它们合并成一个链表 C，并且不改变其有序性。

8. 假设有两个已排序的顺序表 A 和 B，编写一个函数将它们合并成一个顺序表 C，并且不改变其有序性。

9. 假设在长度大于 1 的循环单链表中，既无头结点也无头指针，p 为指向该链表中某一结点的指针，编写一个函数以删除该结点的前趋结点。

10. 已知两个单链表 A 和 B 分别表示两个集合，其元素递增排列，编写一个函数，求出 A 和 B 的交集 C，要求 C 同样以元素递增的单链表形式存储。

11. 试编写一个算法，将一个用带头结点的单向链表表示的多项式分解成两个多项式，使这两个多项式分别仅含奇次指数项或偶次指数项。要求利用原链表的结点存储空间。

12. 已知 p 指向双向循环链表中的一个结点，其结点结构为 data、llink 和 rlink 三个域，写出算法 change(p)，交换 p 所指向的结点和它的前驱结点的顺序。

13. 已知不带头结点的线性链表 list,链表中结点构造为(data、link),其中 data 为数据域,link 为指针域。请编写一算法,将该链表按结点数据域值的大小从小到大重新链接。要求链接过程中不得使用除该链表以外的任何链结点空间。

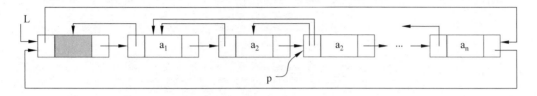

14. 从键盘上输入 n 个英语单词,输入格式为 n,w1,w2,…,wn,其中 n 表示随后输入的英语单词个数,试编一程序,建立一个单向链表,实现:

(1) 如果单词重复出现,则只在链表上保留一个。

(2) 除满足(1)的要求外,链表结点还应有一个计数域,记录该单词重复出现的次数,然后输出出现次数最多的前 k(k≤n)个单词

提示:在结点上增加一个存放个数的整型成员。

五、上机实习题目

1. 约瑟夫问题:设编号为 1,2,…,n 的 n 个人围坐一圈,约定编号为 k(1≤k≤n)的人从 1 开始报数,数到 m 的那个人出列。他的下一位又从 1 开始报数,数到 m 的那个人又出列。依此类推,直到所有人都出列为止,由此产生一个出队编号的序列。

提示:用一个不带头结点的循环链表来处理约瑟夫问题:先构成一个有 n 个结点的单循环链表,然后由 k 结点起从 1 开始计数,计到 m 时,从链表中删除对应结点。然后再从被删除结点的下一个结点起又从 1 开始计数,直到从链表中删除最后一个结点,算法结束。

2. 一元多项式的相加和相乘。

提示:

(1) 一元多项式的表示问题。对于任意一元多项式 $P_n(x) = P_0 + P_1 X^1 + P_2 X^2 + \cdots + P_i X^i + \cdots + P_n X^n$,可以抽象为一个由"系数-指数"对构成的线性表,且线性表中各元素的指数项是递增的,即 $P = ((P_0,0),(P_1,1),(P_2,2),\cdots,(P_n,n))$。

(2) 用一个单链表表示上述线性表,结点结构为:

```
typedef  sturct  node
{  float  coef;                    /*系数域*/
   int    exp;                     /*指数域*/
   struct node  *next;            /*指针域*/
} Ploy Node;
```

3. 分别用顺序表和单向链表完成通讯录管理系统。系统具有如下功能:创建、插入、删除、查询、分组和显示。

其中:查询分为按姓名查询和按分组查询。分组的类型有亲人、大学同学、中学同学、其他。

通讯录中的每个记录都包括姓名、性别、邮箱、手机号、联系地址和分组类型。

第 3 章

栈 与 队 列

现代计算机编译器领域最杰出的女科学家、图灵奖历史上第一位女性获奖者 Frances E. Allen，作为编译程序组织（compiler organization）和优化算法（optimization algorithms）的先驱，对计算世界做出了开创性的贡献。她说："编程如登山一样充满挑战。"

的确如此。算法设计与编程本身就是一块充满挑战的神奇之地。如果说具有既定方案的编程需要的是经验、理论和技术能力，那当身处一个全新领域并且面向没有任何既定解决方案的问题时，寻找解决思路与在迷宫中寻找出路无异。需要依靠既有的技能、直觉、经验与规则，在充满障碍与未知的时空中，一步一步地探索走向出口的路。每行进一步，都需要明白自己当下的位置和方向；每一次选择交叉路口，都需要规则与经验；而每一次走到山穷水尽时，都不要忘记，退即是进，予即是得。

无论是现在的学习之路，还是我们之前以及未来的人生之旅，某些时候与迷宫寻路都异曲同工。只要不忘初衷，树立正确的人生观，明白自己当下所走的每一步路，终将寻到一条解决问题的路径。这大概也是探索一些新的未知领域和人生的共同的迷人和奇妙之处。

在计算机领域，迷宫求解离不开栈。本章将对栈以及队列展开阐述，包括它们的逻辑描述、存储实现以及应用。栈和队列作为两种操作受限的线性表，可以分别用于表达式求值、递归问题求解以及银行排队模拟等多个问题中。

3.1 问题的提出

无论是栈还是队列，它们本身具备线性表的逻辑特征。但是对于某些基本操作，如插入和删除，并不像线性表那样，只要位置合法就允许操作，栈和队列会对插入和删除的位置施加一定的限制。本章详细阐述操作受限的线性表即栈和队列的逻辑结构、存储结构和基本操作的实现，并分别讨论如何用栈和队列解决实际问题。

首先，通过下面两个问题进行分析。

问题 1：在高级程序设计 C 语言中，有多种表达式的计算。为了改变表达式中的运算顺序，往往需要添加圆括号，另外数组元素的表示中含有方括号。C 语言的编译器在对表达式进行编译时，一项重要的工作就是检查表达式中的括号是否匹配，例如：（［］（））或［（［］［］）］等为正确的格式，［（］）或（（）（）均为不正确的格式。

编译器是如何检测表达式中括号是否匹配的呢？通常是从左向右对表达式逐个扫描，并对出现的每一个括号进行如下判断：

(1) 如果当前是左括号，则直接保存到左括号序列中。

(2) 如果当前是右括号，则与左括号序列中的最后一个左括号进行比较。即：

① 如果左括号序列中的最后一个左括号是与它不同类型的左括号，则匹配失败，例如：［（）。

② 如果左括号序列中的最后一个左括号是与它同类型的左括号，则这一对括号匹配成功，并将左括号序列中的最后一个左括号删除。

(3) 如果最后一个括号匹配成功，并且左括号序列中没有剩余的左括号，即括号匹配成功，例如：［（［］［］）］。

(4) 如果最后一个括号匹配成功，但左括号序列中还有剩余的左括号，则匹配失败，如［）］。

从上述的括号匹配过程中，不难看出，需要对括号组成的序列做如下操作：

(1) 凡是左括号则插入到左括号序列的最后一个左括号之后，简称"进"。

(2) 凡是右括号则查看左括号序列的最后一个左括号，简称"看"。

(3) 凡是右括号与左括号序列的最后一个左括号类型相同则删除，简称"出"。

问题 2：现在各个医院为了更好地满足病人的就医服务，对医院的挂号、分诊、看病、交钱和取药等各个环节实行计算机管理。病人挂完号之后，到对应的科室分诊受理台扫描二维码，即可在滚动的显示屏上显示就诊信息，各个诊室正在看病的排序号以及目前等候的人数。

在病人排队看病过程中，每个病人的挂号数据包括病人的就诊卡号、病人的姓名、专家的姓名和顺序号等，是一个结构体类型的数据元素。

为了让已经挂号的病人及时了解所挂的号在哪个诊室，目前已经看到了第几号，需对挂号候诊的病人做如下处理：

(1) 将已经挂号的病人按选择的专家分别排队。

(2) 正在看病的病人是每个队的队头，简称"看"。

(3) 病人看完病之后走出诊室，简称"出"。

(4) 新挂号的病人排在对应的队尾，简称"进"。

上述问题中的左括号组成的序列和排队就诊的病人组成的序列同属线性结构，都是线性表。与第 2 章的线性表进行对比，不同之处在于：括号匹配中对左括号的插入（进）、对左括号的删除（出）以及查看左括号序列的最后一个括号（看）都限定在左括号序列的同一端进行。医院的挂号分诊处理对候诊病人的插入（进）限定在候诊病人序列的尾部进行；对候诊病人的删除（出）以及查看正在看病的病人（看）则限定在候诊病人序列的首部进行。我们把插入与删除操作只能在一端进行的线性表称为栈，而把插入操作在一端进行、删除操作在另一端进行的线性表称为队列。它们与第 2 章阐述的线性表的插入与删除操作的对比如表 3-1 所示。

表 3-1　插入与删除的对比

操　作	数 据 结 构		
	线 性 表	栈	队 列
插入	Insert(L，i，x)，1≤i≤n+1	Insert(S，n+1，x)	Insert(Q，n+1，x)
删除	Delete(L，i)，1≤i≤n	Delete(S，n)	Delete(Q，1)

其中 n 为线性表的长度。

3.2　栈

3.2.1　栈的定义

栈是一种特殊的线性表，限定插入和删除操作只能在一端进行，具有后进先出（Last In First Out，LIFO）的特点。其中栈顶（top）是允许插入和删除的一端；栈底（bottom）则是不允许插入和删除的一端。

栈结构的示意图如图 3-1 所示。

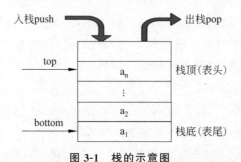

图 3-1　栈的示意图

栈的抽象数据类型描述如下。

```
ADT Stack
{ 数据对象：D={ a_i | a_i∈ElemSet, i=1,2,…,n,  n≥0 }
  数据关系：R={ < a_{i-1}, a_i > | a_{i-1}, a_i∈D, i=2,…,n },约定 a_n 端为栈顶,a_1 端为栈底
  基本操作：
    InitStack(&S);
    DestroyStack(&S);
    StackEmpty(S);
    GetTop(S, &e);
    ClearStack(&S);
    StackLength(S);
    Push(&S, e);
    Pop(&S, &e);
    StackTravers(S, visit());
}ADT Stack
```

（1）初始化操作：InitStack(&S)；

操作结果：构造一个空栈 S。

（2）销毁栈结构：DestroyStack(&S)；

已知条件：栈存在。

操作结果：栈 S 被销毁。

（3）判断栈是否为空：StackEmpty(S)；

已知条件：栈存在。

操作结果：若栈 S 为空栈,则返回 TRUE,否则返回 FALSE。

（4）获取栈顶：GetTop(S, &e)；

已知条件：栈存在并且非空。

操作结果：用 e 返回 S 的栈顶元素。

（5）清空栈：ClearStack(&S)；

已知条件：栈存在。

操作结果：将 S 清为空栈。

（6）求栈的长度：StackLength(S)；

已知条件：栈存在。

操作结果：返回 S 的元素个数,即栈的长度。

（7）进栈：Push(&S, e)；

初始条件：栈 S 已存在。

操作结果：插入元素 e 为新的栈顶元素。

（8）出栈：Pop(&S, &e)；

初始条件：栈存在并且非空。

操作结果：用 e 返回删除的栈顶元素。

（9）遍历：StackTravers(S)；

初始条件：栈存在。

操作结果：访问栈中的全部元素。

3.2.2　栈的顺序存储结构

栈的存储结构主要有顺序栈和链栈两种。栈的顺序存储是指用一片连续的空间存放栈的数据元素,称为顺序栈。

由于对顺序栈的操作限制在栈顶,因此需要已知栈顶的位置。为了防止溢出,需要已知栈的容量。存储数据元素需要一片连续的空间,因此顺序栈是一个结构体类型的变量,用 C 语言描述顺序栈类型有两种方法。

1. 定义顺序栈数据类型方法一

```
#define  MAX  100
typedef struct stack
{   SElemType data[MAX];          //SElemType 是数据元素类型,data 是一维数组
```

```
    int top;                    //指示栈顶的位置
    int stackSize;              //栈的容量
}SqStack;
```

例如：

```
SqStack S;
```

顺序栈 S 的内存分配示意图如图 3-2 所示。

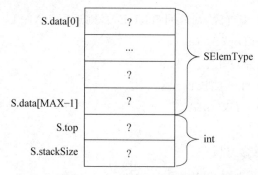

图 3-2　方法一对应的顺序栈内存分配示意图

其中 SqStack 是一个顺序栈类型，用它可以定义顺序栈类型的变量 S，用于存放栈中的数据元素、栈顶的位置和栈的容量。约定栈空时 $S.top=-1$。

2. 定义顺序栈数据类型方法二

```
typedef struct stack
{   SElemType * data;          //data 是一个指针变量,存放一片连续空间的首地址
    int top;
    int stackSize;
}SqStack;
```

例如：

```
SqStack S;
```

顺序栈 S 的内存分配示意图如图 3-3 所示。

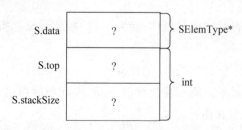

图 3-3　方法二对应的顺序栈内存分配示意图

这两种数据类型的区别在于：前者本身包含一个数据成员是数组；后者包含的是一个指针变量，用于指向一片连续的存储空间。连续空间的申请由初始化操作完成。

3.2.3 顺序栈的基本操作实现

下面以顺序栈的第二种说明为例,讲述其基本操作的实现。清楚起见,不妨设栈中的数据元素为整型数据。

1. 顺序栈的初始化操作

分析:初始化操作是给顺序栈类型变量 S 的三个成员赋初值。第一个成员的值是动态申请得到的一片连续空间的首地址;第二个成员的值为 -1(表示栈空);第三个成员的值是申请空间的容量,如图 3-4 所示。

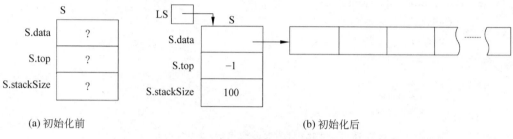

(a) 初始化前　　　　　　　　　　　　　　(b) 初始化后

图 3-4　顺序栈的初始化

初始化操作使得 S 的成员值被改变,申请一片连续的空间需要知道空间的大小。对应的函数应该有两个形参,算法如下。

【算法 3.1】

```
int initSqStack(SqStack * LS,int max)
{   LS->data=( SElemType * )malloc(max * sizeof(SElemType));
    if(LS->data ==NULL){printf("空间申请失败!\n");exit(0);}
    LS->top=-1;   LS->stackSize=max;
    return 1;
}
```

例如:

```
SqStack  S; if(initSqStack(&S,100))printf("初始化成功!\n");
```

2. 顺序栈的判断栈空操作

分析:判断栈是否为空,只要判断 S.top 是否为 -1 即可,对应的算法如下。

【算法 3.2】

```
int EmptySqStack(SqStack S)
{   if(S.top==-1) return 1;        //栈空
    else return 0;
}
```

例如:

```
if(EmptySqStack(S))printf("栈空!\n");
```

等价于：

```
if(S.top==-1)printf("栈空!\n");
```

3. 顺序栈的获取栈顶元素操作

分析：如果栈为空，不存在栈顶元素；否则栈顶元素的下标是 S.top，栈顶元素是 S.data[S.top]。对应的算法如下。

【算法 3.3】

```
int GetTopSqStack(SqStack S, int * e)
{   if(S.top==-1) return 0;          //栈空
     * e=S.data[S.top];
     return 1;
}
```

例如：

```
int x;
if(GetTopSqStack(S,&x))printf("当前的栈顶是%d\n",x);
else printf("栈空\n");
```

请读者思考，能否直接写成：

```
printf("%d",S.data[S.top]);
```

4. 顺序栈的求长度操作

分析：如果栈为空，将不存在栈顶元素；否则当前栈顶元素的下标是 S.top，S.top＋1 即是栈的长度。对应的算法如下。

【算法 3.4】

```
int LengthSqStack(SqStack S)
{   if(S.top==-1)return 0;
     return S.top+1;
}
```

例如：

```
printf("栈的长度为%d\n", LengthSqStack(S));
```

5. 顺序栈的进栈操作

分析：进栈需要考虑栈满的情况。如果栈不满，则把进栈的元素 e 存放到 S.data[＋＋S.top]中。进栈操作使 S.top 的值加 1，栈 S 发生了变化，如图 3-5 所示。对应的算法如下。

【算法 3.5】

```
int PushSqStack(SqStack * LS,int e)
{   if(LS->stackSize ==LS->top+1) return 0;
```

```
    LS->data[++LS->top]=e;
    return 1;
}
```

例如:

```
int x=10; if(PushSqStack(&S,x)==0)printf("栈满!\n");
```

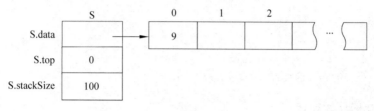

(a) 进栈前

(b) 进栈后

图 3-5　顺序栈的进栈示意图

6. 顺序栈的出栈操作

分析: 出栈需要考虑栈为空的情况。如果栈不为空,则将栈顶元素删除并返回。出栈操作使 S.top 的值减 1,栈 S 发生了变化,如图 3-6 所示。对应的算法如下。

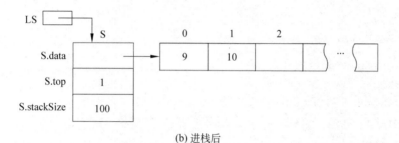

(a) 出栈前

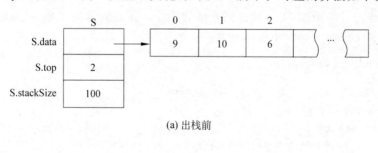

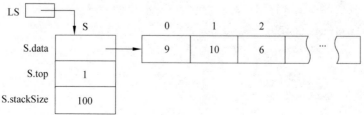

(b) 出栈后

图 3-6　顺序栈的出栈示意图

【算法 3.6】

```
int PopSqStack(SqStack * LS,int * e)
{   if(LS->top==-1)return 0;        //栈空
    * e=LS->data[LS->top--];   return 1;
}
```

例如：

```
int x;
if(PopSqStack(&S,&x)==0)printf("栈空!\n");
else   printf("删除的栈顶元素是%d\n",x);
```

7. 顺序栈的遍历操作

分析：遍历需要考虑栈是否为空。如果不为空，则依次从栈顶到栈底访问每个元素。对应的算法如下。

【算法 3.7】

```
int TraversSqStack(SqStack S)
{   int k;
    if(S.top==-1){printf("栈空!\n");return 0;}
    for(k=S.top; k>=0; k--)printf("%5d",S.data[k]);
    printf("\n");
    return 1;
}
```

例如：

```
TraversSqStack(S);
```

有了上述的基本操作，很容易得到其他的操作。如要创建顺序栈，可通过调用初始化操作和进栈操作实现。对应的算法如下。

【算法 3.8】

```
void createSqStack(SqStack * LS,int max)
{   int x,yn;
    initSqStack(LS, max);
    do{   printf("请输入进栈的数据:");   scanf("%d",&x);
          PushSqStack(LS,x);
          printf("继续吗? yes=1,no=0:");
          scanf("%d",&yn);
    } while(yn==1);
}
```

例如：

```
SqStack S; createSqStack(&S,50);
```

3.2.4　栈的链式存储结构

由于栈的操作限定在栈顶,通常采用不带头结点的单向链表存储栈中的数据元素,称为链栈。链栈的存储结构示意图如图 3-7 所示。

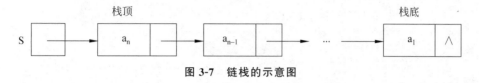

图 3-7　链栈的示意图

链栈的数据类型与线性链表的数据类型描述相同。即:

```
typedef struct snode
{   SElemType data;
    struct snode * next;
}SNode, * LinkStack;
```

3.2.5　链栈的基本操作实现

假定 SElemType 表示整型,有关链栈的基本操作实现如下。

1. 链栈的初始化操作

分析:初始化操作是创建一个不带头结点的空链栈,如图 3-8 所示。

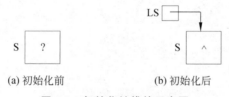

(a) 初始化前　　　　　(b) 初始化后

图 3-8　初始化链栈的示意图

对应的算法如下。

【算法 3.9】

```
void InitLinkStack(LinkStack * LS)
{ * LS=NULL; }
```

例如:

```
LinkStack S;  initLinkStack(&S);
```

等价于:

```
LinkStack S=NULL;
```

说明:在实际编程中,对一些只用一条语句即可完成的操作,如判断栈是否为空以及链栈的初始化等,可以不用编写函数,直接写相应的语句即可。

2. 链栈的判断栈空操作

分析：要确定栈是否为空，只要判断 S 是否为 NULL 即可。对应的算法如下。

【算法 3.10】

```
int EmptyLinkStack(LinkStack S)
{   if(S==NULL) return 1;
    else return 0;
}
```

例如：

```
if(EmptyLinkStack(S))printf("栈空!\n");
```

等价于：

```
if(S==NULL)printf("栈空!\n");
```

3. 链栈的获取栈顶元素操作

分析：因为链栈的头指针指向栈顶，所以栈顶元素是 S->data。如果栈为空，则不存在栈顶元素。对应的算法如下。

【算法 3.11】

```
int GetTopLinkStack(LinkStack S, int * e)
{   if(S==NULL) return 0;            //栈空
    * e=S->data;   return 1;
}
```

例如：

```
int x;
if(GetTopLinkStack (S,&x)==0)printf("栈空!\n");
else printf("当前的栈顶是%d\n",x);
```

4. 链栈的求长度操作

分析：当栈不为空时，依次寻找后继结点，并用累加器求和，得到的结果即是栈的长度。对应的算法如下。

【算法 3.12】

```
int LengthLinkStack(LinkStack S)
{   int n=0;
    while(S){ n++; S=S->next; }
    return n;
}
```

例如：

```
printf("栈的长度为%d\n", LengthLinkStack(S));
```

5. 链栈的进栈操作

分析：进栈的元素将成为新的栈顶元素，并且头指针会记录进栈的元素，它的值也会改变，如图 3-9 所示。

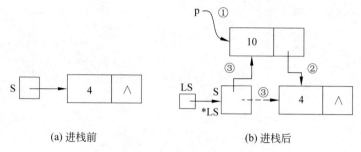

(a) 进栈前　　　　　　　　　(b) 进栈后

图 3-9　链栈的进栈示意图

进栈的算法如下。

【算法 3.13】

```
int PushLinkStack(LinkStack * LS,int e)
{   LinkStack p=( LinkStack)malloc(sizeof(SNode));   //①
    if(p==NULL) return 0;
    p->data=e; p->next= * LS;              //②将 p 插入到原来的第 1 个结点之前
    * LS=p;                                //③
    return 1;
}
```

例如：

```
int x=10; PushLinkStack(&S,x);
```

6. 链栈的出栈操作

分析：出栈需要考虑栈为空的情况。如果栈不为空，则将栈顶元素删除并返回，头指针指向原来的第二个结点，它的值也会改变，如图 3-10 所示。

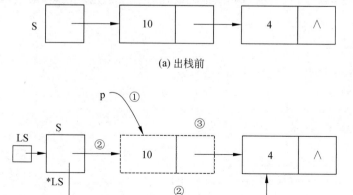

(a) 出栈前

(b) 出栈后

图 3-10　链栈的出栈示意图

出栈的算法如下。

【算法 3.14】

```
int PopLinkStack(LinkStack * LS,int * e)
{   LinkStack p= * LS;                        //①p 记录栈顶元素
    if( * LS==NULL)return 0;                  //栈空
    * LS=( * LS)->next;                       //②头指针指向原来的第 2 个结点
    * e=p->data; free(p);                     //③释放被删除结点的存储空间
    return 1;
}
```

例如：

```
int x;
if(PopLinkStack (&S,&x)==0)printf("栈空!\n");
else printf("删除的栈顶元素是%d\n",x);
```

7. 链栈的遍历操作

分析：遍历需要考虑栈是否为空。如果不为空，则依次从栈顶到栈底访问每个元素。对应的算法如下。

【算法 3.15】

```
int TraversLinkStack(LinkStack S)
{   if(S ==NULL){printf("栈空!\n"); return 0;}
    while(S){printf("%5d ",S->data); S=S->next;}
    printf("\n");
    return 1;
}
```

例如：

```
TraversLinkStack(S);
```

有了上述基本操作，很容易得到其他的操作。如要创建链栈，可通过调用初始化操作和进栈操作完成。对应的算法如下。

【算法 3.16】

```
void createLinkStack(LinkStack * LS)
{   int x,yn;
    initLinkStack(LS);
    do{   printf("请输入进栈的数据:");
          scanf("%d",&x);
          PushLinkStack(LS,x);
          printf("继续吗? yes=1,no=0:");
          scanf("%d",&yn);
    }while(yn==1);
}
```

例如：

```
LinkStack S;  createLinkStack(&S);
```

有时为了快速得到链栈中的元素个数，可以用图 3-11 所示的链栈表示。

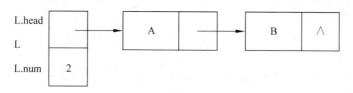

图 3-11　带数据个数的链栈示意图

对应图 3-11 所示链栈的数据类型为：

```
typedef struct node
{   char data;
    struct node * next;
}LNode, * LinkPtr;
typedef struct
{   LinkPtr head;              //链栈的头指针,存放栈顶元素结点的地址
    int num;                   //存放数据元素个数
}LinkStack;
```

例如：

```
LinkStack L;
```

L 中的成员 L.head 指向链栈的栈顶，L.num 存放的是链栈中的数据元素个数。请读者自行完成对应上述链栈的初始化、进栈和出栈操作的实现。

3.2.6　栈的两种存储结构的区别

顺序栈使用一组连续的空间依序存储各个数据元素，用一个栈顶指针记录当前栈顶元素的位置，并通过栈顶指针判断栈空和栈满以及进栈元素和出栈元素的位置。

链栈是一个不带头结点的单向链表，头指针指向栈顶元素结点，进栈和出栈只需改变头指针。

3.2.7　案例实现: 基于栈的括号匹配

括号匹配中对括号的处理符合栈的特点。下面用链栈来解决 3.1 节提出的问题 1 中的括号存储以及其上所需的操作实现。针对实际问题，可以对上述要用到的函数做适当的修改。

由于 C 语言中的表达式只有圆括号和方括号，匹配算法相对简单。为了更好地掌握用栈来判断表达式中括号的匹配问题，不妨假设表达式中允许有圆括号、方括号和花括号。

源程序如下。

```c
#include <stdio.h>
#include <stdlib.h>
#include <string.h>
//链栈的数据类型描述
typedef struct snode
{   char data;
    struct snode * next;
}SNode, * LinkStack;
//函数的声明
void initLinkStack(LinkStack *);                //初始化栈
void LinkStackPush(LinkStack * ,char);          //进栈
int LinkStackPop(LinkStack *);                  //出栈
int LinkStackGetTop(LinkStack ,char *);         //获取栈顶元素
void matching(char *);                          //括号匹配
//主函数
void main()
{   char str[80];
    printf("请输入表达式:\n"); gets(str);       //读表达式,允许出现圆括号、方括号和花括号
    matching(str);
}
//有关链栈操作的函数定义省略
......
void matching(char str[])                       //括号匹配
{   LinkStack S; int k, flag=1; char e;
    initLinkStack(&S);                          //创建空栈
    for(k=0; str[k]!='\0' && flag; k++)
    {   if(str[k]!='('&& str[k]!=')'&& str[k]!='['&& str[k]!=']'&&
                    str[k]!='{'&&str[k]!='}')
                    continue;                   //非括号的处理
        switch(str[k])                          //对括号进行配对处理
        {   case '(': case '[': case '{':       //遇左括号进栈
                    PushLinkStack(&S,str[k]); break;
            case ')': //遇右圆括号
                    if(S!=NULL)
                    {   GetTopLinkStack(S,&e);   //获取栈顶元素
                        if(e=='(') PopLinkStack(&S);
                                                 //栈顶是左圆括号,匹配成功
                        else flag=0;             //栈顶不是左圆括号,匹配失败
                    }
                    else flag=0;                 //栈空,匹配失败
                    break;
            case ']': //遇右方括号
                    if(S!=NULL)
```

```
{    GetTopLinkStack(S,&e);      //获取栈顶元素
        if(e=='[')PopLinkStack(&S);
                                        //栈顶是左方括号,匹配成功
        else flag=0;                   //栈顶不是左方括号,匹配失败
    }
    else flag=0;                       //栈空,匹配失败
    break;
case '}':  //遇右花括号
    if(S!=NULL)
    {    GetTopLinkStack(S,&e);      //获取栈顶元素
        if(e=='{')PopLinkStack(&S);
                                        //栈顶是左花括号,匹配成功
        else flag=0;                   //栈顶不是左花括号,匹配失败
    }
    else flag=0;                       //栈空,匹配失败
    break;
    }//switch
}//for
if(flag==1 && S==NULL)printf("括号匹配!\n");
else printf("括号不匹配!\n");
}
```

3.3　栈 的 应 用

3.3.1　表达式求值

C 语言有着丰富的表达式,那么 C 的编译器是如何处理表达式的呢? 本节主要讨论 C 的简单算术表达式求值。

1. 算术表达式的形式

数学上的算术表达式通常包括操作数和运算符。

- 操作数:简单变量或表达式,用 s1、s2 表示。
- 运算符:＋、－、＊、/、(、),用 op 表示。

通常的算术表达式形式(本书中也称算术表达式)即为数学表达式形式,如 $3*(5-2)+7$。由于运算符的优先级不同,因此求值不一定能够按照从左到右的顺序执行。例如,上述表达式求值顺序是先做减法,接着做乘法,最后做加法。如果能将算术表达式转换成易于从左到右的顺序执行,即可大大提高计算机的执行效率。

算术表达式除了数学上的表达形式外,还有如下三种表达形式。

(1) 中缀表达式(运算符位于两个操作数之间):s1 **op** s2。

(2) 前缀表达式(运算符位于两个操作数之前):**op** s1 s2。

(3) 后缀表达式(运算符位于两个操作数之后):s1 s2 **op**。

以算术表达式 $3*(5-2)+7$ 为例,下面给出求算术表达式的其他三种表达形式的步

骤。依次处理算术表达式中级别较低的运算符，为了从形式上明确表示运算符的两个操作对象，约定当操作对象是表达式时，用一对花括号将其括起来，结果如下。

- 中缀表达式的处理顺序。

①处理'＋'：$\{3 * (5-2)\}+7$；②处理'*'：$3 * \{5-2\}+7$；③处理'－'：$3 * 5-2+7$。

- 前缀表达式的处理顺序。

①处理'＋'：$+\{3 * (5-2)\}7$；②处理'*'：$+ * 3\{(5-2)\}7$；③处理'－'：$+ * 3-527$。

- 后缀表达式的处理顺序。

①处理'＋'：$\{3 * (5-2)\}7+$；②处理'*'：$3\{(5-2)\} * 7+$；③处理'－'：$352- * 7+$。

不难看出：三种表达式的操作数顺序相同，但运算符顺序不一。其中，中缀表达式丢失了算术表达式中的括号信息，致使运算符的运算顺序不能确定，计算会出现二义性；前缀表达式中的运算规则是连续出现的两个操作数和在它们之前且紧靠它们的运算符构成一个最小表达式，由于运算符的顺序与计算顺序不一致，因此需多次扫描前缀式，才能完成表达式的计算，效率低；后缀表达式中的运算规则是连续出现的两个操作数和在它们之后且紧靠它们的运算符构成一个最小表达式，由于运算符的顺序与计算顺序一致，因此只需一次扫描后缀式，即可完成表达式的计算，效率高。

2. 后缀表达式求值

有了后缀表达式，如何求值呢？

求值过程：后缀表达式是一个字符串，为了方便处理，以'＃'结束。用一个栈（假定数据元素类型为整型）来存放操作数和中间的计算结果。对后缀表达式从左向右依次扫描，若是操作数，则将字符转换成整数进栈；若是运算符，则连续出栈两次，第一次出栈的元素是第二个操作数，第二次出栈的元素是第一个操作数，根据当前的运算符做相应的运算，并将计算结果进栈，直到遇到'＃'为止。此时栈中只剩下一个元素，即最后的运算结果，出栈即可。

以后缀表达式"３５２－ ＊ ７＋＃"为例，求值过程如表 3-2 所示。

表 3-2　后缀表达式 ３５２－ ＊ ７＋ ＃的求值过程

对后缀表达式"352－ *7＋＃"依次从左向右处理	操 作 数 栈			
(1)遇到'3'，将'3'转换成整数 3，进栈				3
(2)遇到'5'，将'5'转换成整数 5，进栈			5	3
(3)遇到'2'，将'2'转换成整数 2，进栈		2	5	3
(4)遇到'－'，从操作数栈连续出栈两次，计算 5－2，将计算结果 3 进栈			3	3
(5)遇到'*'，从操作数栈连续出栈两次，计算 3 * 3，将计算结果 9 进栈				9
(6)遇到'7'，将'7'转换成整数 7，进栈			7	9
(7)遇到'＋'，从操作数栈连续出栈两次，计算 9＋7，将计算结果 16 进栈				16
(8)遇到'＃'，计算结果出栈，操作数栈为空，算法结束				

对应的算法如下。

【算法 3.17】

```
int suffix_value( char a[] )                         //a 指向后缀表达式
{   int i=0,x1,x2; result; STACK s; init_stack(s);  //初始化一个空栈
    while(a[i] !='#')
    {   switch(a[i])
        {   case '+':   x2=pop(s); x1=pop(s); push(s,x1+x2);break;
            case '-':   x2=pop(s); x1=pop(s); push(s,x1-x2);break;
            case '*':   x2=pop(s); x1=pop(s); push(s,x1*x2);break;
            case '/':   x2=pop(s);x1=pop(s);
                        if(x2!=0) push(s, x1/x2);
                        else {printf("分母为 0!\n"); return;}
                        break;
            default:  push(s,a[i]-48);                //将字符转换成整数
        }//switch
        i++;
    } //处理下一个 a[i]
    result=pop(s); return result;
} //suffix_value
```

3. 将算术表达式转换为后缀表达式

为了便于将算术表达式转换成后缀表达式,不妨在算术表达式的末尾增加一个字符 '#',在算术运算符中增加一个'#'运算符。

用一个字符栈来存放运算符。先用'#'初始化字符栈,再对表达式字符串中的每一个字符从左到右依次做如下处理。

(1) 如果当前字符是操作数,则将其存放到后缀表达式数组。

(2) 如果当前字符是运算符,则考虑它是否进栈。

设当前运算符为 op,则

(1) 当 op == '('时,op 直接进栈。

(2) 当 op == ')'时,栈顶运算符依次出栈,并依次将其按顺序存放到后缀表达式数组,直到遇到'('为止。注意: '('只出栈,不存放到后缀表达式数组。

(3) 当 op 的优先级高于栈顶运算符的优先级时,op 进栈;否则,栈顶的运算符依次出栈,存放到后缀表达式数组,直到栈顶运算符的优先级低于 op,op 进栈。

(4) 当 op=='#'时,栈顶运算符依次出栈,存放到后缀表达式数组,直到栈顶运算符为'#',算法结束。

设运算符的优先级顺序为 #,(,+或-,*或/,从左到右由低到高。

算术表达式 3*(5-2)+7 转换成后缀表达式的过程如表 3-3 所示。

表 3-3　算术表达式转换成后缀表达式的过程

对算术表达式"3*(5−2)+7♯"从左到右依序处理	运算符栈（顶----底）				后缀表达式
(1)遇到字符'3'：将'3'存入后缀表达式数组				♯	"3"
(2)遇到字符'＊'：'＊'的优先级高于栈顶'♯'，'＊'进运算符栈			＊	♯	
(3)遇到字符'('：'('进运算符栈		(	＊	♯	
(4)遇到字符'5'：将'5'存入后缀表达式数组					"35"
(5)遇到字符'−'：'−'的优先级高于栈顶'('，'−'进运算符栈	−	(	＊	♯	
(6)遇到字符'2'：将'2'存入后缀表达式数组					"352"
(7)遇到字符')'：将运算符栈的栈顶运算符依次出栈，存入后缀表达式数组，直至遇到'('，'('只出栈，不存入后缀表达式数组			＊	♯	"352−"
(8)遇到字符'+'：'+'的优先级低于栈顶'＊'，'＊'出栈，存入后缀表达式数组；'+'的优先级高于栈顶'♯'，'+'进运算符栈			+	♯	"352−＊"
(9)遇到字符'7'：'7'存入后缀表达式数组					"352−＊7"
(10)遇到字符'♯'：将运算符栈的栈顶运算符依次出栈，存入后缀表达式数组，直至栈空，算法结束					"352−＊7+♯"

判断运算符优先级的函数如下。

```
int prior(char a)                              //返回运算符 a 的优先级
{   if(a=='＊'||a=='/') return 4;
    else if(a=='+'||a=='-') return 3;
    else if(a=='(') return 2;
    else if(a=='#') return 1;
    else return 0;
}
```

将算术表达式转换为后缀表达式的算法如下。

【算法 3.18】

```
void  Transformation(char a[],char suff[])
{   //a 指向算术表达式,以"#"结束,栈用于存放运算符
    //将 a 指向的算术表达式转换为由 suff 指向的后缀表达式
    int i = 0,k=0,n; char ch;
    LinkStack s;
    init_Stack(s); push(s,'#');
    n=strlen(a); a[n]='#'; a[n+1]='\0';          //在表达式的末尾添加一个#
    while (a[i]!='\0')
    {   if (a[i]>='0' && a[i]<='9')suff[k++]=a[i];  //是操作数,直接存入后缀表达式
        else                                        //是运算符
            switch ( a[i] )
            {   case '(':  push(s,a[i]); break;     //进栈
                case ')':  //将左圆括号之上的运算符依次出栈并发送到后缀表达式,左圆
```

```
                    //括号只出栈
                    ch = pop(s);
                    while ( ch!='(' )
                    { suff[k++]=ch; ch = pop(s);}
                    break;
```

/* 比较表达式当前的运算符 a[i]和栈顶运算符 ch 的优先级,如果 a[i]高于 ch,a[i]进栈;反之,栈内高于 a[i]的运算符依次出栈并发往后缀表达式,直到栈顶运算符优先级低,再将 a[i]进栈 */

```
                    default: ch=gettop(s);
                            while(prior(ch)>=prior(a[i]))
                            { suff[k++]=ch; ch=pop(s); ch=gettop(s); }
                            if(a[i]!='#')push(s,a[i]);
                }//end_swicth
        i++;
    }//end_while
    suff[k]='\0';                                      //保证 suff 存放的是字符串
} //Transformation
```

以上算法仅适用于操作数是个位数。要计算任意的实数,需要解决如下问题。

(1) 后缀表达式中的操作数与操作数之间如何隔开?

(2) 操作数栈的元素类型是什么?

(3) 如何将一个数字串转换为一个实数?

(4) 操作数为负数时,如何处理?

例如,算术表达式为 $-3+(-15.7+9)*4.25+7/8.2$。

(1) 先处理负数的情况。

原则:第 1 个字符为'$-$',前面加 0;'('之后是'$-$',在'('之后加 0。

算术表达式变为 $0-3+(0-15.7+9)*4.25+7/8.2$。

(2) 在操作数与操作数之间加空格。

后缀表达式为 $0\ 3\ -\ 0\ 15.7\ -9\ +\ 4.25\ *\ +7\ 8.2./+$。

请读者将上述的有关算法进行修改,使其可以计算任意实数的算术表达式。

4. 算术表达式直接求值

前面介绍的是先将算术表达式转换成后缀表达式,再根据后缀表达式求值。也可由算术表达式直接求值。

算法的主要步骤如下。

(1) 创建两个栈,一个是运算符栈(初始化时,将'#'进栈),另一个是操作数和中间结果栈。

(2) 对算术表达式从左向右依次扫描。

① 如果算术表达式的当前字符是操作数,则将算术表达式的当前字符转换成整数进操作数栈。

② 如果算术表达式的当前字符是运算符,则与运算符栈的栈顶运算符进行比较。

- 如果算术表达式的当前运算符优先级低于栈顶的运算符优先级,则栈顶的运算符出栈,从操作数栈连续弹出两个操作数,先出的操作数是第二个运算对象,后出的操作数是第一个运算对象,对两个操作数做出栈运算符对应的操作,并将计算结果进操作数栈,直至栈顶运算符的优先级低于算术表达式的当前运算符的优先级为止,再将算术表达式的当前运算符进运算符栈。
- 如果算术表达式的当前运算符优先级高于栈顶的运算符优先级,则将算术表达式的当前运算符进运算符栈。

（3）如果算术表达式的当前运算符是'#',则依次弹出运算符栈的运算符,同时从操作数栈连续弹出两个操作数做相应的操作,并将计算结果进操作数栈,直至栈顶的运算符为'#',算法结束。

例如,算术表达式"3*(5-2)+7"的求值过程如表 3-4 所示。

表 3-4　算术表达式的求值过程

对算术表达式"3*(5-2)+7#"从左到右依序处理	运算符栈(顶----底)	操作数栈
(1)遇到'3':将'3'转换成整数3,进操作数栈	#	3
(2)遇到'*':'*'的优先级高于运算符栈的栈顶'#','*'进运算符栈	* #	
(3)遇到'(':'('进运算符栈	(* #	
(4)遇到'5':将'5'转换成整数5,进操作数栈		5 3
(5)遇到'-':'-'的优先级高于运算符栈的栈顶'(','-'进运算符栈	- (* #	
(6)遇到'2':将'2'转换成整数2,进操作数栈		2 5 3
(7)遇到')': ① 运算符栈的栈顶'-'出栈,从操作数栈连续弹出两个数进行减法运算 5-2,将差 3 进操作数栈; ② 运算符栈的栈顶'('出栈,不做任何处理	(* # * #	3 3
(8)遇到'+':'+'的优先级低于运算符栈的栈顶'*','*'出栈,从操作数栈连续弹出两个数进行乘法运算 3*3,将积9进操作数栈。'+'的优先级高于运算符栈的栈顶'#','+'进运算符栈	+ #	9
(9)遇到'7':将'7'转换成整数7,进操作数栈		7 9
(10)遇到'#':运算符栈的栈顶'+'出栈,从操作数栈连续弹出两个数进行加法运算 9+7,将和 16 进操作数栈。此时运算符栈的栈顶为'#',算术表达式中的所有运算均已完成	#	16
(11)将操作数栈的栈顶 16 出栈,算法结束	#	

可将求后缀式的算法 3.18 和由后缀式求值的算法 3.17 进行适当的修改和合并,即可得到直接由算术表达式求值的算法,请读者自行完成,并编程上机调试,对比两种方法的运行结果。

3.3.2　栈与递归

1. 递归算法

递推是计算机数值计算中的一个重要算法,它可以将复杂的运算转化为若干重复的简单运算,充分发挥计算机擅长重复处理的特点。把递推算法推广为调用自身的方法称为递归方法。

递归实质上是将一个不好或不能直接求解的"大问题"转化为一个或几个"小问题"来解决,这些小问题可以继续分解成更小的问题,直至小问题可以直接求解。下面分别介绍这两种常用的递归设计。

- 递归设计方法一

通过将问题简化为比自身更小的形式来得到问题解的方法称为递归算法,递归算法必须包含一个或多个基本公式。

递归算法的应用条件如下。

(1) 可以将要解决的问题转化为另一个新问题,而解决这个新问题的方法与原问题的解决方法相同,并且被处理的对象的某些参数是有规律地递增或递减的。其中转化的过程称为一般公式。

(2) 必须有终止递归的条件(基本公式),即递归出口。

编写递归算法必须做到以下几点。

(1) 确定限制条件或问题的规模。

(2) 确定基本公式,即递归出口。

(3) 确定一般公式。

例 3-1:求裴波那契数列的递归算法,定义如式(3-1)所示。

$$\begin{cases} F_1 = 1 & (n=1) \\ F_2 = 1 & (n=2) \\ F_n = F_{n-1} + F_{n-2} & (n \geqslant 3) \end{cases} \tag{3-1}$$

分析:

(1) 问题的规模:整数 n。

函数头:int fibnacci(int n)。

(2) 基本公式(递归出口):$F_1 = 1, F_2 = 1$。

(3) 一般公式:$F_n = F_{n-1} + F_{n-2} (n \geqslant 3)$。

对应的递归函数如下。

```
int  fibnacci(int n)
{   if(n==1||n==2)  return 1;
    else  return (fibnacci(n-1)+fibnacci(n-2));
}
```

例 3-2：逆序输出带头结点的单链表,递归过程如图 3-12 所示。

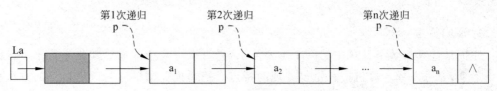

图 3-12 带头结点的单链表逆序输出递归示意图

分析：

(1) 限制条件：指针指向的结点不为空。

函数头：void reverseprint(LinkList La)。

(2) 基本公式（递归出口）：p=La->next,当 p==NULL 为真时,停止递归。

(3) 一般公式：reverseprint(p),printf(p->data)。

逆序输出算法如下。

```
void reverseprint(LinkList La)
{   LinkList p=La->next;
    if(p!=NULL)
    {   reverseprint(p);
        printf(p->data);
    }
}
```

• 递归设计方法二

对于一个输入规模为 n 的函数或问题,用某种方法把输入分割成 k(1<k≤n)个子集,从而产生 k 个子问题,分别求解这 k 个问题,得出 k 个问题的子解。有些子问题可以直接解决,有些子问题的解决方法与原问题相同,再用某种方法把它们组合成原来问题的解。

例 3-3：Hanoi 塔问题。将 A 塔上的 n 个盘子通过 B 塔移到 C 塔上,如图 3-13 所示。

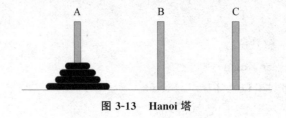

图 3-13 Hanoi 塔

规则：

(1) 每次只能移动一个盘子。

(2) 盘子只许在三座塔上存放。

(3) 不许大盘压小盘。

分析：

(1) 限制条件：n 个盘子,从 A 塔通过 B 塔移到 C 塔。

函数头：void hanoi(int n,char a,char b,char c)。

形参 n 表示需要移动的是编号为 1～n 的 n 个盘子。

（2）基本公式（递归出口）：move(A,1,C)，表示将编号为 1 的盘子从 A 塔移到 C 塔。

（3）一般公式（n＞1 时）分治：将 n 个盘子分成两个子集（1～n－1 和 n），从而产生下列 3 个子问题。

① 将 1～n－1 号盘子从 A 塔借助 C 塔移到 B 塔，递归方法：hanoi(n－1，A,C,B)。

② 将 n 号盘子从 A 塔移至 C 塔，move(A,n,C)。

③ 将 1～n－1 号盘子从 B 塔借助 A 塔移到 C 塔，递归方法：hanoi(n－1，B，A，C)。

对应的递归函数如下。

```
void hanoi(int n,char A,char B,char C)
{   if (n==1) move(A,1,C);                    //递归出口,A 塔上的 1 号盘移到 C 塔
    else
    {   hanoi(n-1,A,C,B);                     //对应第①个子问题
        move(A,n,C);                          //对应第②个子问题
        hanoi(n-1,B,A,C) ;                    //对应第③个子问题
    }
}
```

2. 栈与函数调用

（1）函数的嵌套调用。

函数的嵌套调用示意图如图 3-14 所示。

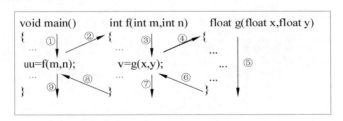

图 3-14　函数嵌套调用的示意图

从图 3-14 可以看出：主函数 main()调用函数 f()，函数 f()调用函数 g()。

问题 1：每个函数调用完成后，执行流程转向何处？

问题 2：执行流程转向被调函数后，继续向下执行，被调函数的参数和内部变量在哪里保存？

（2）函数调用的管理。

用高级语言编写的程序中，主调函数与被调函数之间的信息交换必须通过栈来进行。当一个函数在运行期间调用另一个函数时，在运行该被调函数之前，需先完成三件事。

* 将所有的实参和返回地址等信息传递给被调函数保存。
* 为被调函数的局部变量分配存储区。
* 将控制转移到被调函数的入口。

从被调函数返回调用函数之前，也应该完成三件事。

- 保存被调函数的计算结果。
- 释放被调函数中形参和局部变量的存储区。
- 依照被调函数保存的返回地址将控制转移到主调函数。

多个函数嵌套调用的规则是：先调用的函数后返回，后调用的函数先返回。系统对调用函数的内存管理实行的是"栈式管理"。

3. 递归工作栈与递归函数

递归函数是指在定义一个函数的过程中直接或间接地调用该函数本身。例如：

```
int fact(int n)
{   if (n==0 ‖ n==1) return(1);
    else  return n * fact(n-1);              //fact(n)调用 fact(n-1)
}
```

函数 fact 是递归函数。系统对函数 fact 的调用采用系统工作栈来管理。递归工作栈的记录是一个结构体类型的数据，包括：

（1）上一层函数调用的返回地址。

（2）局部变量（包括参数）值。

系统工作栈的栈顶工作记录对应的是当前正在调用的函数。每调用一次函数，将函数的返回地址和局部变量（包括参数）表形成一个递归工作记录压入系统工作栈。每调用完一次函数，将系统工作栈的栈顶工作记录弹出，直至系统工作栈为空。栈空表明递归函数调用结束。

例 3-4：分析求 n 的阶乘的递归函数 fact 的系统工作栈变化。

调用时系统栈中的变化情况如表 3-5 所示（语句前的整数表示地址）。

```
int   fact(int n)
1:{
2:    if (n==1 ‖ n==0)
3:        return 1;
4:    else
5:        return n * fact(n-1);
6:}  //fact
void main(){
0:    printf("%d\n",fact(5));
}
```

表 3-5　调用 fact(5)时系统工作栈的变化

系统工作栈	返回地址　形参 n（对应实参的值）		各次调用的结果
第一次调用 fact(5)，工作记录(0,5)进栈	栈顶↓ 0　5		
第二次调用 fact(4)，工作记录(5,4)进栈	栈顶↓ 0　5　5　4		

续表

系统工作栈	返回地址　形参 n(对应实参的值)	各次调用的结果
第三次调用 fact(3),工作记录(5,3)进栈	栈顶↓ 0　5　5　4　5　3	
第四次调用 fact(2),工作记录(5,2)进栈	栈顶↓ 0　5　5　4　5　3　5　2	
第五次调用 fact(1),工作记录(5,1)进栈	栈顶↓ 0　5　5　4　5　3　5　2　5　1	
fact(1)调用结束,返回 1,(5,1)出栈	栈顶↓ 0　5　5　4　5　3　5　2	fact(1)=1
fact(2)调用结束,返回 2,(5,2)出栈	栈顶↓ 0　5　5　4　5　3	fact(2)=2 * fact(1)=2
fact(3)调用结束,返回 6,(5,3)出栈	栈顶↓ 0　5　5　4	fact(3)=3 * fact(2)=6
fact(4)调用结束,返回 24,(5,4)出栈	栈顶↓ 0　5	fact(4)=4 * fact(3)=24
fact(5)调用结束,返回 120,(0,5)出栈,栈空	栈空	fact(5)=5 * fact(4)=120

例 3-5：分析调用汉诺塔函数时的系统工作栈的变化。

```
void hanoi(int n,char X,char Y,char Z){
1:    if (n==1)
2:        move(X,1,Z);                    //X 塔上的 1 号盘移到 Z 塔
3:    else
4:    {   hanoi(n-1,X,Z,Y);
5:        move(X,n,Z);                    //X 塔上的 n 号盘移到 Z 塔
6:        hanoi(n-1,Y,X,Z);
      }
8:}                                       //hanoi
9: void main(){
10:    hanoi(3,'A','B','C');
11:}
```

下面分析 A 柱上有 3 只盘子 hanoi(3,A,B,C)的情况,如图 3-15 所示。

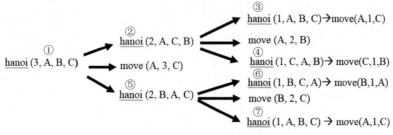

图 3-15　递归函数 hanoi 的调用过程示意图

调用 hanoi(3,A,B,C)系统工作栈的变化如表 3-6 所示。

表 3-6　调用 hanoi(3,A,B,C)时系统工作栈的变化

系统工作栈	返回地址与形参	出 栈 分 析
第一次调用 hanoi(3,A,B,C)，工作记录(10,3,A,B,C)进栈	栈顶：10 3 A B C	
第二次调用 hanoi(2,A,C,B)，工作记录(4,2,A,C,B)进栈	栈顶：4 2 A C B 10 3 A B C	
第三次调用 hanoi(1,A,B,C)，工作记录(4,1,A,B,C)进栈，调用 move (A,1,C)	栈顶：4 1 A B C 4 2 A C B 10 3 A B C	 调用 move (A,1,C)，把 1 号盘从 A 塔移到 C 塔
hanoi(1,A,B,C)调用结束，工作记录(4,1,A,B,C)出栈，调用 move (A,2,B)	栈顶：4 2 A C B 10 3 A B C	 调用 move (A,2,B)，把 2 号盘从 A 塔移到 B 塔
第四次调用 hanoi (1,C,A,B)，工作记录(6,1,C,A,B)进栈，调用 move (C,1,B)	栈顶：6 1 C A B 4 2 A C B 10 3 A B C	 调用 move (C,1,B)，把 1 号盘从 C 塔移到 B 塔
hanoi(1,C,A,B)调用结束，工作记录(6,1,C,A,B)出栈	栈顶：4 2 A C B 10 3 A B C	
hanoi(2,A,C,B)调用结束，工作记录(4,2,A,C,B)出栈，调用 move (A,3,C)	栈顶：10 3 A B C	 调用 move (A,3,C)，把 3 号盘从 A 塔移到 C 塔

续表

系统工作栈	返回地址与形参	出 栈 分 析
第五次调用 hanoi（2，B，A，C），工作记录（6，2，B，A，C）进栈	栈顶 **6** **2** **B** **A** **C** / 10 3 A B C	
第六次调用 hanoi（1，B，C，A），工作记录（4，1，B，C，A）进栈，调用 move（B，1，A）	栈顶 **4** **1** **B** **C** **A** / 6 2 B A C / 10 3 A B C	调用 move（B，1，A），把 1 号盘从 B 塔移到 A 塔
Hanoi（1，B，C，A）调用结束，工作记录（4，1，B，C，A）出栈，调用 move（B，2，C）	栈顶 **4** **1** **B** **C** **A** / 6 2 B A C / 10 3 A B C	调用 move（B，2，C），把 2 号盘从 B 塔移到 C 塔
第七次调用 hanoi（1，A，B，C），工作记录（6，1，A，B，C）进栈，调用 move（A，1，C）	栈顶 **6** **1** **A** **B** **C** / 6 2 B A C / 10 3 A B C	调用 move（A，1，C），把 1 号盘从 A 塔移到 C 塔
Hanoi（1，A，B，C）调用结束，工作记录（6，1，A，B，C）出栈	栈顶 **6** **2** **B** **A** **C** / 10 3 A B C	
Hanoi（2，B，A，C）调用结束，工作记录（6，2，B，A，C）出栈	栈顶 **10** **3** **A** **B** **C**	
Hanoi（3，A，B，C）调用结束，工作记录（10，3，A，B，C）出栈，栈空	栈顶（空）	

递归算法的特点如下。

- 优点：程序易于设计，程序结构简单精练。
- 缺点：递归算法较难理解，可读性差；程序运行速度慢，占用较多的系统存储空间。

4. 递归到非递归的转换

从前面介绍的递归可知，递归调用不仅需要程序设计语言的支持，还要占用相当多的系统资源，运行速度较慢。为此必须学会将递归算法转换为非递归算法的方法。常用的转换方法有两种：直接转换和间接转换。下面分别介绍。

（1）直接转换法。

如果递归算法是直接求值，不需要回溯，则只需用变量保存中间的结果，将递归结构改为循环结构。

例如，求 n!的递归算法如下。

```
int fact(int n)
{   if(n==0||n==1)return 1;
    else  return  n*fact(n-1);
}
```

用变量 s 存放中间结果 fact(n−1)，求 n!的非递归算法如下。

```
int fact(int n)
{   int s=1, i;
    for(i=1;i<=n;i++)s=s*i;
    return s;
}
```

例如，求斐波那契数列的递归算法如下。

```
int  fibnacci(int n)
{   if(n==1||n==2)  return 1;
    else return(fibnacci(n-1)+fibnacci(n-2));
}
```

用变量 f1 保存中间结果 fibnacci(n−2)，变量 f2 保存中间结果 fibnacci(n−1)，变量 f 保存新的计算结果，计算公式为 f=f1+f2。

斐波那契数列的非递归函数如下。

```
int fibnacci(int n)
{   int f,f1=1,f2=1, i;
    if(n==1||n==2)  return 1;
    for(i=3;i<=n;i++)
    { f=f1+f2; f1=f2;f2=f;}
    return f;
}
```

（2）间接转换法。

按照递归的执行规律进行转换,将递归调用语句改为进栈操作,将每次递归返回调用处的后续执行语句改为出栈操作。例如,将任意一个整数按数字字符显示的递归函数如下。

```
void change(int x)
{   int n;
    if(n=x/10) change(n);                  //进栈
    putchar(x%10+48);                      //出栈
}
```

转换后的非递归函数如下。

```
void change(int x)
{   int n;
    STACK s; initStack(s);
    if(x==0){putchar(x+48); return ;}
    while(x)
    {   push(s,x%10);                      //进栈
        x=x/10;
    }
    while(!empty(s))
    {   pop(s,n);                          //出栈
        putchar(n+48);
    }
    putchar('\n');
}
```

3.4　队　　列

3.4.1　队列的定义

队列也是一种特殊的线性表,限定插入操作在线性表的一端进行,删除操作则在线性表的另一端进行。它具有先进先出(First In First Out,FIFO)的特点。

- 队头(front):允许删除的一端。
- 队尾(rear):允许插入的一端。

队列结构的示意图如图 3-16 所示。

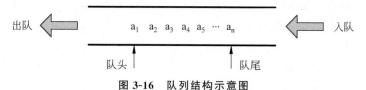

图 3-16　队列结构示意图

队列在实际应用中非常广泛,例如:

(1) 解决由多用户(多终端)引起的资源竞争问题。在分时操作系统中,多个用户程序排成队列,分时地循环使用 CPU 和主机。当队头的用户在给定的时间片内未完成工作时,它就要放弃使用 CPU,从队列中撤出,重新排到队尾,等待下一轮的分配,如图 3-17 所示。

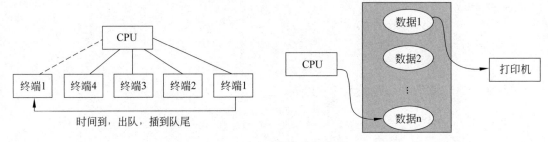

图 3-17　队列的应用示意图

(2) 解决主机与外部设备之间的速度不匹配问题。当计算机对外设进行输出时,会遇到高速主机和低速外设的矛盾。解决的办法是在内存中开辟一个缓冲区,主机每处理完一个数据,就送到缓冲区,而不需要等待外设。送到缓冲区的数据按时间顺序形成循环队列,打印机只需从缓冲区中依次取出数据打印即可,如图 3-17 所示。

队列的抽象数据类型描述如下。

```
ADT Queue
{ 数据对象:D={aᵢ | aᵢ∈ElemSet, i=1,2,...,n, n≥0}
  数据关系:R={ <aᵢ₋₁,aᵢ> | aᵢ₋₁, aᵢ∈D, i=2,3,...,n}
          约定其中 a₁端为队头,aₙ端为队尾
  基本操作:
    InitQueue(&Q);
    DestroyQueue(&Q);
    QueueEmpty(Q);
    QueueLength(Q);
    GetHead(Q, &e);
    ClearQueue(&Q);
    EnQueue(&Q, e);
    DeQueue(&Q, &e);
    QueueTravers(Q);
} ADT Queue
```

(1) 初始化操作: InitQueue(&Q);

操作结果: 构造一个空队列 Q。

(2) 销毁队列: DestroyQueue(&Q);

初始条件: 队列 Q 已存在。

操作结果: 队列 Q 被销毁,不再存在。

（3）判断队列是否为空：QueueEmpty(Q)；

初始条件：队列 Q 已存在。

操作结果：队列 Q 为空,返回 TRUE,否则返回 FALSE。

（4）求队列长度：QueueLength(Q)；

初始条件：队列 Q 已存在。

操作结果：返回队列 Q 中的元素个数。

（5）获取队头元素：GetHead(Q，&e)；

初始条件：队列 Q 已存在。

操作结果：队列 Q 不为空,用 e 返回队头元素。

（6）清空队列：ClearQueue(&Q)；

初始条件：队列 Q 已存在。

操作结果：队列 Q 不为空,删除队列 Q 中的全部元素。

（7）进队列：EnQueue(&Q，e)；

初始条件：队列 Q 已存在。

操作结果：将 e 插入到队头。

（8）出队列：DeQueue(&Q，&e)；

初始条件：队列 Q 已存在。

操作结果：队列 Q 不为空,删除队头元素,并用 e 返回。

（9）遍历队列：QueueTravers(Q)；

初始条件：队列 Q 已存在。

操作结果：队列 Q 不为空,从队头到队尾依次访问每个元素。

3.4.2 队列的顺序存储结构

队列的顺序存储是指用一组连续的存储空间存储队列中的数据元素,这种队列称为顺序队列。

由于队列的插入操作限制在队尾,删除操作限制在队头,因此对队列的操作必须已知队头和队尾的位置。如果约定队头指针指向队头,队尾指针指向队尾,则会引起进队、出队以及队空操作的二义性。从图 3-18 中可以看出,当队尾指针指向数组的最后一个元素时,空间"溢出",不能再进队列。但是此前已有若干元素出队列,一部分空间是"闲置"的,称这种现象为"假溢出"。

图 3-18 顺序队列假溢出示意图

解决"假溢出"的常用方法有两种。

（1）用一个变量记录当前队列的长度或用一个标记量区分队空和队满。

　　(2) 通常约定队头指针指向当前的队头，队尾指针指向当前队尾的下一个元素（或队头指针指向当前队头的前一个元素，队尾指针指向当前队尾）。通过对队头和队尾指针的运算，使存储空间能够循环使用。我们称这种顺序队列为循环队列，循环队列的进队与出队操作的示意图如图 3-19 所示。

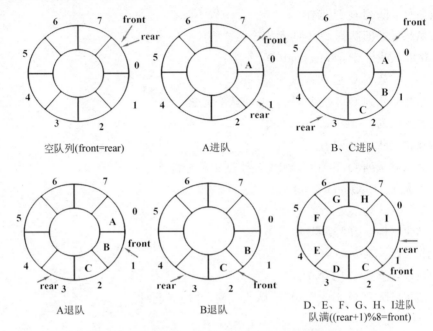

图 3-19　循环队列的进队与出队操作的示意图

假设队头指针为 front，队尾指针为 rear，queueSize＝8，由图 3-19 可见：

- 队头 front 和队尾 rear 的初始值都为 0。
- 空队列：front＝＝rear 为真。
- 进队列：rear＝(rear＋1)％queueSize。
- 出队列：front＝(front＋1)％queueSize。
- 队满：(rear＋1)％queueSize＝＝front 为真。
- 队列长度：(rear－front＋queueSize)％queueSize，队列长度比循环队列的容量少 1。

图 3-19 所示的循环队列包含一片连续的存储空间以及队头、队尾指针和队列的容量，是一个结构体类型，它的 C 语言描述如下。

```
#define MAXLEN 100
typedef struct
{   int front;                          //指向队头的位置
    int rear;                           //指向队尾的下一个元素的位置
    int queueSize;                      //队列的容量
    QElemType data[MAXLEN];             //存放队列数据元素的数组
}SqQueue;
```

3.4.3　循环队列的基本操作实现

假设队列的数据元素类型为字符型,主要操作实现如下。

1. 循环队列的初始化操作

分析:建立一个空的循环队列,给队头、队尾和队列容量赋初值,这些操作会引起循环队列变量 Q 的改变,如图 3-20 所示。

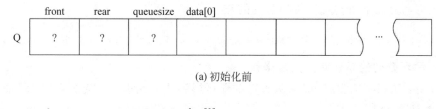

(a) 初始化前

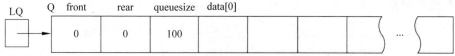

(b) 初始化后

图 3-20　循环队列的初始化操作示意图

队列的初始化算法如下。

【算法 3.19】

```
int initSqQueue(SqQueue * LQ)
{  LQ->front=LQ->rear=0;  LQ ->queueSize=MAXLEN;  return 1;  }
```

例如:

```
SqQueue Q; initSqQueue(&Q);
```

2. 循环队列的判断队空操作

分析:如果队头与队尾相等,则队空。对应的算法如下。

【算法 3.20】

```
int EmptySqQueue(SqQueue Q)
{   if(Q.front==Q.rear)return 1;
    else  return 0;
}
```

判断队空也可以直接用以下语句:

```
if(Q.front==Q.rear)printf("队列为空!\n");
```

3. 循环队列的求长度操作

分析:根据队头、队尾以及队列的容量,由表达式(Q.rear-Q.front＋Q.queueSize)％ Q.queueSize 计算队列的长度。对应的算法如下。

【算法 3.21】

```
int LengthSqQueue(SqQueue Q)
{   return (Q.rear-Q.front+Q.queueSize)%Q.queueSize;   }
```

例如：

```
printf("队列的长度为%d\n",LengthSqQueue(Q));
```

也可通过以下语句直接得到队列的长度：

```
printf("队列的长度为%d\n",(Q.rear-Q.front+Q.queueSize)%Q.queueSize);
```

4. 循环队列的获取队头元素操作

分析：队列不为空时，根据队头指针即可得到队头元素。对应的算法如下。

【算法 3.22】

```
int GetHeadSqQueue(SqQueue Q, char * e)
{   if(Q.rear==Q.front) return 0;
     * e=Q.data[Q.front];
     return 1;
}
```

例如：

```
char s;
if(GetHeadSqQueue(Q, &s)) printf("队头是%c",s);
else printf("队空\n");
```

5. 循环队列的进队操作

分析：如果队列未满，则将数据元素 e 放入 Q.data[Q.rear]后，再改变 Q.rear，队列 Q 就会发生变化，如图 3-21 所示。

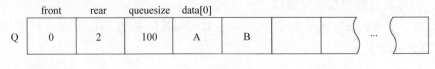

(a) 进队前

(b) 进队后

图 3-21　循环队列的进队列示意图

进队列的算法如下。

【算法 3.23】

```
int EnSqQueue(SqQueue * LQ,char e)
{   if((LQ->rear+1)%LQ->queueSize ==LQ->front) return 0;   //判断队满
    LQ->data[LQ->rear]=e;   LQ->rear=(LQ->rear+1)%LQ->queueSize;
    return 1;
}
```

例如：

```
if(EnSqQueue(&Q,'E')==0)printf("队满\n");                          //大写字母 E 进队
```

6. 循环队列的出队操作

分析：如果队列不为空,则用 e 返回队头元素 Q.data[Q.front]后,再改变 Q.front,队列 Q 就会发生变化,如图 3-22 所示。

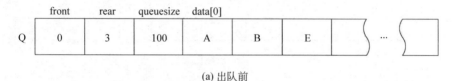

(a) 出队前

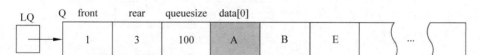

(b) 出队后

图 3-22　循环队列的出队列示意图

出队列的算法如下。

【算法 3.24】

```
int DeSqQueue (SqQueue * LQ,char * e)
{   if(LQ->rear==LQ->front)return 0;                          //判断队空
    * e =LQ->data[Q->front];
    Q->front=(LQ->front+1)%LQ->queueSize;
    return 1;
}
```

例如：

```
char e;
if(DeSqQueue (&Q,&e)) printf("出队列的是%c",e);
else printf("队空\n");
```

7. 循环队列的遍历操作

分析：如果队列不空,则从队头到队尾依次访问每个元素。对应的算法如下。

【算法 3.25】

```
void TraversSqQueue(SqQueue Q)
{   int p=Q.front;
    while(p!=Q.rear)
    { printf("%c ",Q.data[p]); p=(p+1)%Q.queueSize; }
    printf("\n");
}
```

例如：

```
printf("队列中的元素为:\n"); TraversSqQueue(Q);
```

由于循环队列可以循环使用存放数据元素的空间，所以循环队列还可以用图 3-23 所示的存储结构表示。

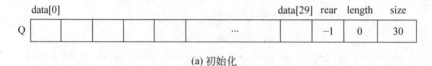

(a) 初始化

(b) 5 个字母依序进队列

(c) 连续出队 5 次，26 个字母依序进队列

图 3-23　循环队列示意图

其中：Q.data 是长度为 30 的数组，Q.rear 存放队尾元素的下标，Q.length 存放队列长度，Q.size 存放队列容量。

从存储空间上看，没有队头指针，但是可以通过 Q.rear、Q.length 和 Q.size 计算出来，即队头元素下标＝(Q.rear－Q.length＋ Q.size＋1)％Q.size。

图 3-23 对应的循环队列的数据类型为：

```
#define  MAX  30;
typedef struct
{   char data[MAX];
    int rear;  int length;  int size;
}Quenue;
```

进队列时队尾指针：Q.rear＝（Q.rear＋1）％Q.size。

出队列时队头指针：$(Q.rear - Q.length + Q.size + 1)\% Q.size$。

队空的条件：$Q.length == 0$ 为真。

队满的条件：$Q.length == Q.size$ 为真。

思考：如果在循环队列中加一个成员 tag，约定 tag 为 1 表示队满，tag 为 0 表示队空，则如何实现队列的基本操作？

3.4.4　队列的链式存储结构

队列的链式存储是指用带头结点的单向链表存放队列中的数据元素，这种队列称为链队列。

为了方便队列的进队与出队操作，用一个头指针记录链表的头结点，头结点的直接后继结点是队头，并用一个尾指针记录链表的尾结点(队尾)，链队列的示意图如图 3-24 所示。

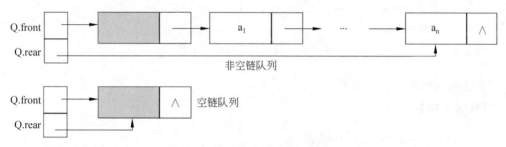

图 3-24　带头结点的链队列示意图

链队列 Q 中包含两个指向结点的指针变量，是一个结构体类型。链队列的数据类型定义分两步完成。

(1) 链队列的结点和指向结点的指针数据类型定义。

```
typedef struct qnode
{   QElemType data;                    //QElemType 表示队列中的元素类型
    struct qnode * next;
}QNode, * QueueLink;
```

(2) 链队列的数据类型定义。

```
typedef struct
{   QueueLink front;                   //指向头结点
    QueueLink rear;                    //指向队尾
}QLink;
```

假设队列的数据元素类型为字符串，上述 QElemType 为字符串类型，可在上面的两个类型定义之前。再添加一个类型定义。

```
typedef char QElemType[20];
```

QelemType 是一个长度为 20 的字符串类型，等价于一个指向 20 个字符存储空间的指针类型。

3.4.5 链队列的基本操作实现

假设队列的数据元素为字符串类型,链队列的主要操作实现如下。

1. 链队列的初始化操作

分析:建立一个空的链队列,使队头和队尾指针指向头结点,初始化改变了链队列变量 Q,如图 3-25 所示。

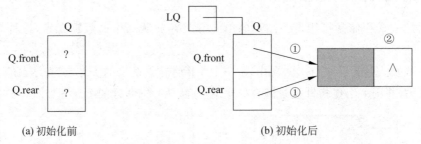

图 3-25　链队列初始化示意图

链队列的初始化算法如下。

【算法 3.26】

```
int InitLinkQueue(QLink * LQ)
{   LQ->front=LQ->rear=( QueueLink)malloc(sizeof(Qnode));
    if(LQ->front==NULL) return 0;
    LQ->front->next=NULL;
    return 1;
}
```

例如:

```
QLink Q; initLinkQueue (&Q);
```

2. 链队列的判断队空操作

分析:如果队头与队尾指针相等,则队空。对应的算法如下。

【算法 3.27】

```
int EmptyLinkQueue(QLink Q)
{   if(Q.front==Q.rear) return 1;
    else return 0;
}
```

也可使用以下语句直接判断队列是否为空:

```
if(Q.front==Q.rear)printf(" 队列为空!\n");
```

3. 求链队列的长度操作

分析:如果队列不为空,则根据队头指针,依序寻找后继结点,直至到达队尾。每找到一个后继结点,累加器就加 1。对应的算法如下。

【算法3.28】

```
int LengthLinkQueue(QLink Q)
{   QueueLink p; int n=0;
    if(Q.front==Q.rear)return 0;
    p=Q.front->next;
    while(p){n++;p=p->next;}
    return n;
}
```

例如：

```
printf("队列的长度为%d\n",LengthLinkQueue(Q));
```

4. 链队列的获取队头元素操作

分析：队列不为空时，根据队头指针即可得到队头。对应的算法为：

【算法3.29】

```
int GetHeadLinkQueue(QLink Q, QelemType e)
{   if(Q.rear==Q.front)return 0;
    strcpy(e,Q.front->next->data);
    return 1;
}
```

例如：

```
QelemType s;
if(GetHeadLinkQueue(Q, s)) printf("队头是%s",s);
else printf("队列为空!\n");
```

5. 链队列的进队操作

分析：将数据元素 e 插入到队尾，指向队尾的指针发生改变，链队列变量 Q 的成员 Q.rear 也会发生变化，如图 3-26 所示。

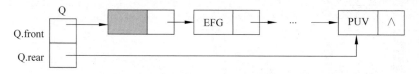

(a) 进队前

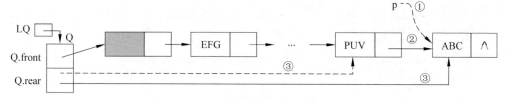

(b) 进队后

图 3-26　链队列的进队列示意图

链队列的进队算法如下。

【算法 3.30】

```
int EnLinkQueue(QLink * LQ, QelemType e)
{   LinkQueue p=(QueueLink)malloc(sizeof(Qnode));    //①
    if(p==NULL)return 0;
    strcpy(p->data,e); p->next=NULL;
    LQ->rear->next=p;                                //②
    LQ->rear=p;                                      //③
    return 1;
}
```

例如：

```
EnLinkQueue(&Q,"ABC");                              //字符串进队
```

6. 链队列的出队操作

分析：如果队列不为空，则将队头元素 Q.front->next->data 用 e 返回，再将队头元素删除。如果链队列中的数据元素只有 1 个，则出队后，将链队列恢复到只有头结点的空队列，并将 Q.rear 重置为 Q.front，如图 3-27(a)和图 3-27(b)所示。如果队列中的数据元素多于 1 个，则 Q.front 和 Q.rear 均不发生改变，如图 3-27(c)和图 3-27(d)所示。

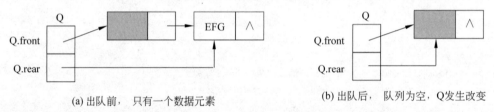

(a) 出队前，只有一个数据元素　　　　　(b) 出队后，队列为空，Q发生改变

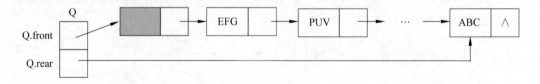

(c) 出队前，数据元素多于1个

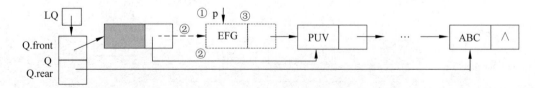

(d) 出队后，Q没有发生改变

图 3-27　链队列的出队列示意图

链队列的出队算法如下。

【算法 3.31】

```
int DeLinkQueue (QLink * LQ, QelemType e)
{    QueueLink p;
     if(LQ->rear==LQ->front) return 0;
     strcpy(e,LQ->front->next->data);
     p=LQ->front->next;              //①p 记录原来的第 1 个结点
     LQ->front->next=p->next;        //②头结点的 next 记录原来的第 2 个结点
     if(LQ->rear==p)                 //原队列只有一个元素
         LQ->rear=LQ->front;         //保证空队列时的头、尾指针均指向头结点
     free(p);                        //③
     return 1;
}
```

例如：

```
QelemType s;
if(DeLinkQueue (Q,s)) printf("出队列的是%s",e);
else printf("队列为空!\n");
```

7. 链队列的遍历操作

分析：如果队列不为空，则从队头依次访问后继结点。对应的算法如下。

【算法 3.32】

```
void TraversLinkQueue(QLink Q)
{    QueueLink p=Q.front->next;
     while(p){printf("%s\n",p->data); p=p->next;}
}
```

例如：

```
printf("队列中的元素为\n"); TraversLinkQueue(Q);
```

上述的链队列用了两个指针变量分别记录头结点和队尾结点。能否用一个指针既能得到队头，又能得到队尾？请看图 3-28 所示的带尾指针的链队列。

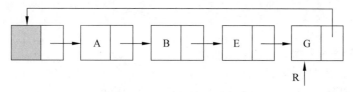

图 3-28　带尾指针的链队列

图 3-28 所示的链队列中只有一个尾指针 R，R 指向的结点是队尾，R->next 是头结点，R->next->next 指向的是队头。请读者自行完成图 3-28 所示链队列的数据类型描述、初始化、进队和出队操作。

3.4.6　队列的两种存储结构的区别

循环队列是用一组地址连续的存储空间依次存放队列的元素，为了保证存储空间的循环使用，用两个指针分别记录队头元素的位置和队尾下一个元素的位置。循环队列有多种实现方法。

链队列通常用一个带有头指针和尾指针的单向链表表示。头指针指向头结点，头结点的指针域指向队头结点，尾指针指向队尾结点。链队列也可以是只带一个尾指针的单向循环链表。

循环队列的进队和出队操作需要判断队满和队空，适用空间确定的场合。链队列的进队不需要判断队满，出队需要判断队空，适合空间不确定的场合。

3.4.7　案例实现：基于队列的医院挂号模拟系统

医院挂号专家分诊模拟系统对病人挂号的处理符合队列的特点。病人初诊时需办理就诊卡，在挂号时需确定科别和专家姓名。系统对所有当天挂专家号的病人进行多个队列（一个专家对应一个队列）的处理，队头表示正在看病的病人，专家看完一个病人，则做出队操作。

为了使问题简单清晰，假设只能挂两个专家号。队列中的数据元素类型是结构体类型，包含科别、专家姓名、病人姓名和流水号，队列采用循环队列。

源程序如下。

```c
#include <stdio.h>
#include <stdlib.h>
#include <string.h>
#include <conio.h>
//循环队列的数据类型
#define MAXLEN 50
typedef struct
{   char dept[20];                        //科别
    char docname[20];                     //医生姓名
    char bname[20];                       //病人姓名
    int bh;                               //顺序号
}PER;
typedef struct
{   PER data[MAXLEN];
    int front;                            //指向队头
    int rear;                             //指向队尾的下一个元素
    int queueSize;
}SqQueue;
//函数声明
int initSqQueue(SqQueue *);               //初始化
```

```
    int EmptySqQueue(SqQueue);              //判断队空
    int DeSqQueue(SqQueue *);               //出队列
    int LengthSqQueue(SqQueue);             //求队列长度
    int EnSqQueue(SqQueue *,PER);           //进队列
    int GetHeadSqQueue(SqQueue , PER *);    //得到队头
    int menu();                             //菜单函数
//主函数
void main()
{   int num,n1=0,n2=0;
    PER x; SqQueue Q1,Q2;
    initSqQueue(&Q1);                       //对应专家 1
    initSqQueue(&Q2);                       //对应专家 2
    while(1)
    {   num=menu();
        switch(num)
        { case 1: printf("请输入专家 1/专家 2 和病人名,用空格隔开\n");
                  scanf("%s%s", x.docname, x.bname);
                  if(strcmp(x.docname ,"专家 1")==0)
                  { x.bh=++n1; EnSqQueue(&Q1,x); }
                  if(strcmp(x.docname ,"专家 2")==0)
                  { x.bh=++n2; EnSqQueue(&Q2,x); }
                  printf("按任意键继续\n"); getch();
                  break;
          case 2: DeSqQueue (&Q1);
                  GetHeadSqQueue(Q1, &x);
                  printf("请%d 号病人%s 去诊室 1 就诊\n",x.bh,x.bname);
                  printf("按任意键继续\n"); getch();
                  break;
          case 3: DeSqQueue (&Q2);
                  GetHeadSqQueue(Q2, &x);
                  printf("请%d 号病人%s 去诊室 2 就诊\n", x.bh ,x.bname);
                  printf("按任意键继续\n"); getch();
                  break;
          case 4: GetHeadSqQueue(Q1, &x);
                  printf("正在诊室 1 就诊的是%3d 号病人%8s   ",x.bh,x.bname);
                  printf("目前诊室 1 还有%d 人等候就诊\n", LengthSqQueue(Q1)-1);
                  GetHeadSqQueue(Q2, &x);
                  printf("正在诊室 2 就诊的是%3d 号病人%8s   ",x.bh,x.bname);
                  printf("目前诊室 2 还有%d 人等候就诊\n", LengthSqQueue(Q2)-1);
                  printf("按任意键继续\n"); getch();
                  break;
          case 0: exit(0);
        }//switch
```

```
        }//end_while(1)
    }
    //有关循环队列操作的函数定义省略
    ...
    //菜单
    int menu()
    {   int n;
        while(1)
        {   system("cls");
            printf("****** * 医院挂号模拟系统****** * \n");
            printf("1.挂号\t2.专家 1 叫号\n");
            printf("3.专家 2 叫号\t4.显示\n");
            printf("0.退出\n");
            printf("***************************** * \n");
            printf("请选择 1/2/3/4/0\n"); scanf("%d",&n);
            if(n>=0&&n<=4)return n;
            else
            {   printf("功能编号输入有误,重新选择!按任意键继续 \n");
                getch();
            }
        }//end_while(1)
    }
```

思考：现在医院的分诊系统已经实现了在排队等待看病的过程中,如果叫到患者的姓名时患者不在场,则需重新排队,那么上述系统应做怎样的修改?

3.5　队列的应用

问题描述：某运动会设立 N 个比赛项目,每个运动员可以参加 1～3 个项目。试问如何安排比赛日程,既可以使同一运动员参加的项目不安排在同一时间进行,又可以使总的竞赛日程最短。

若将此问题抽象成数学模型,则归属于"划分子集"问题,即将集合 A 划分成 k 个互不相交的子集：$A_1, A_2, \cdots, A_k(k \leqslant n)$,使同一子集中的元素均无冲突关系,并要求划分的子集数目尽可能地少。

也可以把这个问题表述为：同一子集的项目为可以同时进行的项目,并且希望运动会的日程尽可能短。

解决划分子集问题可利用"过筛"的方法。从第一个元素考虑起,凡不和第一个元素发生冲突的元素都可以和它分在同一子集中,然后再"过筛"出一批互不冲突的元素为第二个子集,依此类推,直至所有元素都进入某个子集为止。

例如：某运动会设有 9 个项目,每个项目都有一个唯一的编号,则有项目集合 A＝{0,1,2,3,4,5,6,7,8}。七名运动员报名参加的项目分别为(1,4,8)、(1,7)、(8,3)、(1,0,

5)、(3,4)、(5,6,2)、(6,4)。

9 个比赛项目构成了一个大小为 9 的集合,有同一运动员参加的项目则抽象为"冲突"关系。

如(1,4,8)表示第一个运动员报了三个项目,分别是项目 1、项目 4 和项目 8。由于一个运动员在某个时间只能参赛一个项目,所以项目 1 和项目 4 不能安排在同一时间段比赛,用(1,4)表示;项目 4 和项目 8 不能安排在同一时间段比赛,用(4,8)表示;项目 1 和项目 8 不能安排在同一时间段比赛,用(1,8)表示。对每个运动员的报名情况进行分析,找出所有的冲突。

根据 7 名运动员的报名情况,项目之间的冲突关系为:R = {(1,4),(4,8),(1,8),(1,7),(8,3),(1,0),(0,5),(1,5),(3,4),(5,6),(6,2),(5,2),(6,4)}。将冲突关系转换成二维数组,二维数组的每一行表示全部项目与行下标表示的项目有无冲突的情况。用 0 表示无冲突,反之表示有冲突,冲突关系如表 3-7 所示。

表 3-7　冲突关系表

项目编号	0	1	2	3	4	5	6	7	8
0	0	1	0	0	0	1	0	0	0
1	1	0	0	0	1	1	0	1	1
2	0	0	0	0	0	1	1	0	0
3	0	0	0	0	1	0	0	0	1
4	0	1	0	1	0	0	1	0	1
5	1	1	1	0	0	0	1	0	0
6	0	0	1	0	1	1	0	0	0
7	0	1	0	0	0	0	0	0	0
8	0	1	0	1	1	0	0	0	0

例如,二维数组的首行表示全部项目与编号为 0 的项目的冲突关系。根据运动员的报名情况,编号为 1 的项目和编号为 5 的项目都与编号为 0 的项目有冲突,其他项目与编号为 0 的项目没有冲突,所以二维数组的首行为(0,1,0,0,0,1,0,0,0)。

为了更好地描述用"过筛"的方法划分子集,用队列保存待选项目编号,用一维数组 case 保存待选项目编号与已入选子集的项目编号的冲突情况。排在队头的项目编号 i 是当前的待选项目,能否入选由 case[i] 的值来决定,值为 0 表示与当前子集的项目无冲突,i 出队并加入子集;反之则有冲突,i 出队并重新排队,等待下一个子集的筛选。

下面给出划分第 1 个子集 A1 的主要步骤。

(1) 将项目编号 0~8 依次进队。将队头的项目编号 0 出队,放入子集 A1 中,将冲突数组与项目 0 对应的行取出放入一维数组 case 中。此时 case 中的每个元素的值表示元素下标表示的项目与项目 0 的冲突情况,如表 3-8 所示。

表 3-8　队头 0 出队后的项目编号队列和子集 A1

↓队头	项目编号队列						↓队尾
1	2	3	4	5	6	7	8

case 数组								
case[0]	case[1]	case[2]	case[3]	case[4]	case[5]	case[6]	case[7]	case[8]
0	1	0	0	0	1	0	0	0

子集 A1								
0								

（2）当前队头是项目 1，项目 1 能否加入子集 A1 由 case[1] 的值来决定。当前 case[1]
是 1，表示项目 1 与子集 A1 中的项目 0 有冲突，项目 1 不能加入子集 A1，出队后直接入
队，如表 3-9 所示。

表 3-9　队头 1 出队后的 case 数组和子集 A1

↓队头	项目编号队列						↓队尾
2	3	4	5	6	7	8	1

case 数组								
case[0]	case[1]	case[2]	case[3]	case[4]	case[5]	case[6]	case[7]	case[8]
0	1	0	0	0	1	0	0	0

子集 A1								
0								

（3）当前队头是项目 2，项目 2 能否加入子集 A1 由 case[2] 的值来决定。当前 case[2]
是 0，表明项目 2 与子集 A1 中的已有项目没有冲突，项目 2 出队后加入子集 A1。现在
A1 中已经有 2 个项目，后来入选的项目必须与 A1 中的 2 个项目都没有冲突，为此将冲
突表中与刚入选的项目 2 对应的行按下标与 case 数组相加，用两者的和更新 case 数组。
此时的 case 数组是后续待选项目能否入选的依据，如表 3-10 所示。

表 3-10　队头 2 出队后的 case 数组和子集 A1

↓队头	项目编号队列					↓队尾	
3	4	5	6	7	8	1	

case 数组								
case[0]	case[1]	case[2]	case[3]	case[4]	case[5]	case[6]	case[7]	case[8]
0	1	0	0	0	1	0	0	0

冲突数组对应项目 2 的行								
0	0	0	0	0	1	1	0	0

续表

修改后的 case 数组（上面两行对应位置求和）								
0	1	0	**0**	0	2	1	0	0
子集 A1								
0	2							

（4）当前队头是项目 3，项目 3 能否加入子集 A1 由 case[3]的值来决定。当前 case[3]是 0，表明项目 3 与子集 A1 中的已有项目没有冲突，项目 3 出队后加入子集 A1。现在 A1 中已经有 3 个项目，后来入选的项目必须与 A1 中的 3 个项目都没有冲突，为此将冲突表中与刚入选的项目 3 对应的行按下标与 case 数组相加，用两者的和更新 case 数组。此时的 case 数组是后续待选项目能否入选的依据，如表 3-11 所示。

表 3-11　队头 3 出队后的 case 数组和子集 A1

↓队头		项目编号队列		↓队尾				
4	5	6	7	8	1			
case 数组								
case[0]	case[1]	case[2]	case[3]	case[4]	case[5]	case[6]	case[7]	case[8]
0	1	0	0	0	2	1	0	0
冲突数组对应项目 3 的行								
0	0	0	0	1	0	0	0	1
修改后的 case 数组（上面两行对应位置求和）								
0	1	0	0	**1**	2	1	0	1
子集 A1								
0	2	3						

（5）当前队头是项目 4，项目 4 能否加入子集 A1 由 case[4]的值来决定。当前 case[4]是 1，表明项目 4 与子集 A1 中的已有项目有冲突，项目 4 不能加入子集 A1，出队后直接进队，如表 3-12 所示。

表 3-12　队头 4 出队后的 case 数组和子集 A1

↓队头		项目编号队列		↓队尾				
5	6	7	8	1	4			
case 数组								
case[0]	case[1]	case[2]	case[3]	case[4]	case[5]	case[6]	case[7]	case[8]
0	1	0	0	1	**2**	1	0	1
子集 A1								
0	2	3						

（6）当前队头是项目 5，项目 5 能否加入子集 A1 由 case[5] 的值来决定。当前 case[5] 是 2，表明项目 5 与子集 A1 中的已有项目有冲突，项目 5 不能加入子集 A1，出队后直接入队，如表 3-13 所示。

表 3-13　队头 5 出队后的 case 数组和子集 A1

↓队头		项目编号队列			↓队尾			
6	7	8	1	4	5			

case 数组								
case[0]	case[1]	case[2]	case[3]	case[4]	case[5]	case[6]	case[7]	case[8]
0	1	0	0	1	2	**1**	0	1

子集 A1								
0	2	3						

（7）当前队头是项目 6，项目 6 能否加入子集 A1 由 case[6] 的值来决定。当前 case[6] 是 1，表明项目 6 与子集 A1 中的已有项目有冲突，项目 6 不能加入子集 A1，出队后直接入队，如表 3-14 所示。

表 3-14　队头 6 出队后的 case 数组和子集 A1

↓队头		项目编号队列			↓队尾			
7	8	1	4	5	6			

case 数组								
case[0]	case[1]	case[2]	case[3]	case[4]	case[5]	case[6]	case[7]	case[8]
0	1	0	0	1	2	1	**0**	1

子集 A1								
0	2	3						

（8）当前队头是项目 7，项目 7 能否加入子集 A1 由 case[7] 的值来决定。当前 case[7] 是 0，表明项目 7 与子集 A1 中的已有项目没有冲突，项目 7 出队后放入子集 A1。现在 A1 中已经有 4 个项目，后来入选的项目必须与 A1 中的 4 个项目都没有冲突，为此将冲突表中与刚入选的项目 7 对应的行按下标与 case 数组相加，用两者的和更新 case 数组。此时的 case 数组是后续待选项目能否入选的依据，如表 3-15 所示。

表 3-15　队头 7 出队后的 case 数组和子集 A1

↓队头		项目编号队列			↓队尾			
8	1	4	5	6				

case 数组								
case[0]	case[1]	case[2]	case[3]	case[4]	case[5]	case[6]	case[7]	case[8]

续表

0	1	0	0	1	2	1	0	1
冲突数组对应项目 7 的行								
0	1	0	0	0	0	0	0	0
修改后的 case 数组（上面两行对应位置求和）								
0	2	0	0	1	2	1	0	1
子集 A1								
0	2	3	7					

（9）当前队头是项目 8，项目 8 能否加入子集 A1 由 case[8] 的值来决定。当前 case[8] 是 1，表明项目 8 与子集 A1 中的已有项目有冲突，项目 8 不能加入子集 A1，出队后直接入队，如图 3-16 所示。

表 3-16　队头 8 出队后 case 数组和子集 A1

↓队头		项目编号队列		↓队尾				
1	4	5	6	8				
case 数组								
case[0]	case[1]	case[2]	case[3]	case[4]	case[5]	case[6]	case[7]	case[8]
0	2	0	0	0	2	1	0	1
子集 A1								
0	2	3	7					

当排在队头的项目编号小于刚加入子集的项目编号时，表示队列中的所有项目都被"过筛"一遍，第一个子集 A1 划分完成，A1 包含项目（0，2，3，7）。队列中还剩余 5 个项目（1，4，5，6，8）。用同样的方法依次划分其他子集，直到队列为空。

划分的最后结果如下。

子集 A1：（0，2，3，7），子集 A2：A2＝{1，6}，子集 A3：A3＝{4，5}，子集 A4：A4＝{8}。

划分子集算法的基本思想如下。

```
pre = n;  组号 = 0;                    //n 为数据元素的个数
全体元素入队列;
while ( 队列不为空 )
{  队头元素 i 出队列;
    if ( i < pre )                     //开辟新的组
    {  组号++;
        case 数组初始化;
    }
    if ( i 能入组 )                    //i 与该组的元素没有冲突
```

```
{   i 入组,记下序号为 i 的元素所属组号;
    修改 case 数组;
}
else  i 重新入队列;
pre = i;                              //前一个出队列的元素序号
}
```

思考：在 case 数组里同时会出现多个 0,为什么不能一次将对应 0 的项目编号都加入子集?

3.6 共用栈和双队列

3.6.1 共用栈

在实际应用中,有时一个应用程序需要多个栈,但这些栈的数据元素类型相同。假设每个栈都采用顺序栈,由于每个栈的使用情况不尽相同,势必会造成存储空间的浪费。若让多个栈共用一个足够大的连续存储空间,则可利用栈的动态特性使它们的存储空间互补。这时的操作必须同时记住多个栈的栈顶,如图 3-29 所示。

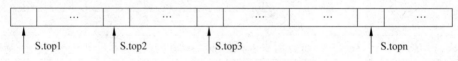

图 3-29 多个共享顺序栈的存储示意图

为使操作更加方便,可采用多个单链栈,将它们的栈顶指针存放到一个指针数组中,如图 3-30 所示。

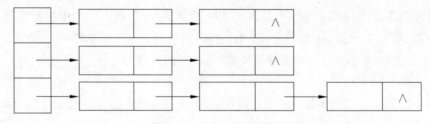

图 3-30 共用链栈示意图

顺序栈的共享最常见的是两栈的共享。假设两个栈共享一维数组 s[MAXNUM],其中一个栈的栈顶用 top1 指示,另一个栈的栈顶用 top2 指示,如图 3-31 所示。

共用栈的数据类型描述如下。

```
#define MAXNUM 100
typedef struct
{   SElemType data[MAXNUM];
    int top1,top2;
```

```
      int satckSize;
}ShareStack;
```

栈空：栈 1 空,top1＝＝－1 为真；栈 2 空,top2＝＝ MAXNUM 为真。

栈满：top1＋1＝＝top2 为真。

进栈操作：必须区分是对哪一个栈进行操作。

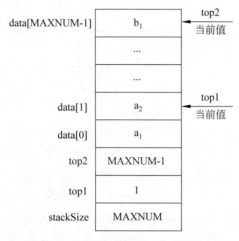

图 3-31　两个栈共用同一个存储空间

对应的算法如下。

【算法 3.33】

```
int EnShareStack(ShareStack * S, SElemType x,int stacknum)
{   if(S->top1+1==S->top2) return 0;
    if(stacknum==1) S->data[++S->top1]=x;
    else if(stacknum==2) S->data [--S->top2]=x;
    else return 0;
    return 1;
}
```

出栈操作：必须区分是对哪一个栈进行操作,对应的算法如下。

【算法 3.34】

```
int DeShareStack(ShareStack * S, SElemType * x,int stacknum)
{   if(stacknum==1)
    {   if(S->top1==-1) retuen 0;
        else * x=S->data[S->top1--];
    }
    else if(stacknum==2)
    {   if(S->top2==S->satckSize) retuen 0;
        else * x=S->data [S->top2++];
    }
    else return 0;
```

```
    return 1;
}
```

3.6.2　双端队列

如果限定插入和删除操作均可以在线性表的两端进行，则称为双端队列，如图 3-32 所示。

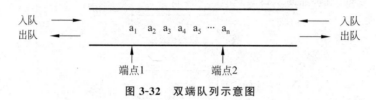

图 3-32　双端队列示意图

这样的结构常用于计算机的 CPU 调度，所谓"CPU 调度"是指在多人使用一个 CPU 的情况下，由于 CPU 在同一时间只能执行一项任务，所以将每个人的工作任务事先存放在队列中，待 CPU 闲置时，再从队列中取出一项待执行的工作进行处理。双端队列的两端均可输出和输入，使 CPU 处理不同任务的请求更具灵活性。

双端队列与共用栈是不相同的。共用栈的每个栈都各自有一个栈顶指针，两个栈顶指针是向中间扩展；而双端队列可以看成是两个栈底连在一起的栈，在两个端点都分别设有队头和队尾两个指针，是一种同时具有队列和栈性质的数据结构。

在实际应用中，也可对双端队列做如下限制。

（1）只允许在一端进行插入，两端进行删除。

（2）只允许在一端进行删除，两端进行插入。

3.7　本 章 小 结

栈和队列同属于线性表，但它们与第 2 章介绍的线性表是不同的。一般线性表的插入与删除，只要位置合理，都可以进行操作。栈的插入与删除操作只能在一端进行；队列的插入与删除分别在两端进行。因此常常称栈与队列是插入与删除受限的线性表。

栈的常用存储结构有顺序栈和链栈。顺序栈除了要考虑一片连续的存储空间用于存放栈中元素之外，还必须考虑指示栈顶的位置和总容量，所以常用的顺序栈和顺序表一样有两种不同的定义方法。由于进栈和出栈操作只能在栈顶进行，因此链栈通常是不带头结点的单向链表。

队列的常用存储结构有循环队列和链队列。循环队列一定要保证一片连续存储空间的循环使用，因此循环队列的类型需考虑给定的数据成员能否正确表达队头、队尾的位置以及队空、队满的条件和队列元素个数的计算。本章给出了循环队列的两种描述方法，特别需要注意的是：在第 1 种循环队列的定义中，队头指针指向队头，队尾指针指向队尾的下一个元素；在第 2 种循环队列的定义中，只有队尾指针，队头指针并不在类型中，而是计算出来的。

链队列的重点在于队头指针和队尾指针的确定。本章给出了两种链队列的类型定义：一种是单链表实现，将队头指针和队尾指针组成一个结构体类型，让队头指针指向头结点，队尾指针指向队尾；另一种是循环链表实现，只用一个尾指针指向尾结点，让尾结点的指针域指向头结点。

栈与队列的应用十分广泛，本章重点讲述了基于栈的表达式计算、栈与递归的关系、基于队列的医院分诊挂号系统以及运动会项目安排等应用实例。

3.8 习题与实验

一、填空题

1. 线性表、栈和队列都是_____结构，可以在线性表的_____位置插入和删除元素；对于栈，只能在_____插入和删除元素；对于队列，只能在_____插入和_____删除元素。

2. 栈是一种特殊的线性表，允许插入和删除运算的一端称为_____；不允许插入和删除运算的一端称为_____。

3. _____是被限定为只能在表的一端进行插入运算，在表的另一端进行删除运算的线性表。

4. 在一个循环队列中，队尾指针指向队尾元素的_____位置。

5. 在具有 n 个存储单元的循环队列中，队满时共有_____个元素。

6. 向顺序栈中压入元素的操作是先_____，后_____。

7. 从循环队列中删除一个元素时，其操作是先_____，后_____。

二、判断正误（判断下列概念的正确性，并做出简要的说明）

1. 线性表的每个结点只能是一个简单类型，而链表的每个结点可以是一个复杂类型。 （ ）

2. 栈是一种对所有插入和删除操作都限定在表的一端进行的线性表，是一种后进先出的结构。 （ ）

3. 对于不同的使用者，一个表结构既可以是栈，也可以是队列，还可以是线性表。 （ ）

4. 栈和链表是两种不同的数据结构。 （ ）

5. 栈和队列是一种非线性数据结构。 （ ）

6. 栈和队列的存储方式既可以是顺序方式，也可以是链接方式。 （ ）

7. 两个栈共享一片连续内存空间时，为提高内存利用率、减少溢出机会，应把两个栈的栈底分别设在这片内存空间的两端。 （ ）

8. 队列是一种插入与删除操作分别在表的两端进行的线性表，是一种先进后出的结构。 （ ）

9. 一个栈的输入序列是 12345，则栈的输出序列不可能是 12345。 （ ）

三、单项选择题

1. 栈中元素的进出原则是(　　　)。

　　(A) 先进先出　　　　(B) 后进先出　　　　(C) 栈空则进　　　　(D) 栈满则出

2. 若已知一个栈的入栈序列是 $1,2,3,\cdots,n$,其输出序列为 $p1,p2,p3,\cdots,pn$,若 $p1=n$,则 pi 为(　　　)。

　　(A) i　　　　　　　(B) $n-i$　　　　　(C) $n-i+1$　　　　(D) 不确定

3. 数组 $Q[n]$ 用来表示一个循环队列,f 为当前队列队头元素的前一位置,r 为队尾元素的位置,假定队列中元素的个数小于 n,计算队列中元素的公式为(　　　)。

　　(A) $r-f$;　　　　　(B) $(n+f-r)\%\,n$;　(C) $n+r-f$;　　　(D) $(n+r-f)\%\,n$

4. 设有 4 个数据元素 a1、a2、a3 和 a4,对它们分别进行栈操作或队列操作。在执行进栈或进队操作时,按 a1、a2、a3、a4 的次序每次进入一个元素。假设栈或队列的初始状态都是空。

现要进行的栈操作是进栈两次,出栈一次,再进栈两次,出栈一次。这时,第一次出栈得到的元素是＿＿＿＿＿＿,第二次出栈得到的元素是＿＿B＿＿。类似地,考虑对这四个数据元素进行的队操作是进队两次,出队一次,再进队两次,出队一次。这时,第一次出队得到的元素是＿＿C＿＿,第二次出队得到的元素是＿＿D＿＿。经操作后,最后在栈中或队中的元素还有＿＿E＿＿个。

供选择的答案:

A～D: ①a1　②a2　③a3　④a4

E: ①1　②2　③3　④0

答: A、B、C、D、E 分别为＿＿＿＿＿、＿＿＿＿＿、＿＿＿＿＿、＿＿＿＿＿、＿＿＿＿＿。

5. 栈是一种线性表,它的特点是＿＿A＿＿。设用一维数组 $A[1,\cdots,n]$ 来表示一个栈,$A[n]$ 为栈底,用整型变量 T 指示当前栈顶位置,$A[T]$ 为栈顶元素。往栈中推入(PUSH)一个新元素时,变量 T 的值＿＿B＿＿;从栈中弹出(POP)一个元素时,变量 T 的值＿＿C＿＿。设栈空时,有输入序列 a、b、c,经过 PUSH、POP、PUSH、PUSH 和 POP 操作后,从栈中弹出的元素序列是＿＿D＿＿,变量 T 的值是＿＿E＿＿。

供选择的答案:

A:　　①先进先出　②后进先出　③进优于出　④出优于进　⑤随机进出

B、C:　①加1　②减1　③不变　④清0　⑤加2　⑥减2

D:　　①a,b　②b,c　③c,a　④b,a　⑤c,b　⑥a,c

E:　　①n+1　②n+2　③n　④n-1　⑤n-2

答: A、B、C、D、E 分别为＿＿＿＿＿、＿＿＿＿＿、＿＿＿＿＿、＿＿＿＿＿、＿＿＿＿＿。

6. 在对顺序栈做进栈运算时,应先判别栈是否＿＿A＿＿;在做退栈运算时,应先判别栈是否＿＿B＿＿。如果栈中元素为 n 个,做进栈运算时发生上溢,则说明该栈的最大容量为＿＿C＿＿。

为了增加内存空间的利用率和减少溢出的可能性,由两个栈共享一片连续的内存空间时,应将两个栈的＿＿＿D＿＿＿分别设在这片内存空间的两端,这样只有当＿＿＿E＿＿＿时,才会产生上溢。

供选择的答案:

A、B:①空　②满　③上溢　④下溢

C:①n－1　②n　③n＋1　④n/2

D:①长度　②深度　③栈顶　④栈底

E:① 两个栈的栈顶同时到达栈空间的中心点

② 其中一个栈的栈顶到达栈空间的中心点

③ 两个栈的栈顶在栈空间的某一位置相遇

④ 两个栈均不空,且一个栈的栈顶到达另一个栈的栈底

答:A、B、C、D、E 分别为＿＿＿、＿＿＿、＿＿＿、＿＿＿、＿＿＿。

四、简答题

1. 说明线性表、栈与队列的异同点。

2. 设有编号为 1、2、3 和 4 的四辆列车,它们按顺序进入一个栈式结构的车站,写出这四辆列车开出车站的所有可能的顺序。

3. 正读和反读都相同的字符序列称为"回文",例如,'abba'和'abcba'是回文,'abcde' 和 'ababab'则不是回文。假设一个字符序列已存入计算机,请分析用线性表、栈和队列等方式正确输出其回文的可能性?

4. 顺序队列的"假溢出"是怎样产生的? 如何知道循环队列是空还是满?

5. 设循环队列的容量为 40(序号为 0～39),现经过一系列的入队和出队运算后,有:

(1) front＝11,rear＝19;

(2) front＝19,rear＝11。

请问在这两种情况下,循环队列中各有多少个元素?

五、阅读理解题

1. 按照四则运算加、减、乘、除优先关系的惯例,画出对算术表达式 A－B×C/D＋(E＋F)×G 求值时操作数栈和运算符栈的变化过程。

2. 写出下列程序段的输出结果(栈的元素类型 SElemType 为 char)。

```
void main( )
{  Stack S;  char x,y;
   InitStack(S);
   X='c';y='k';
   Push(S,x); Push(S,'a');Push(S,y);
   Pop(S,x); Push(S,'t'); Push(S,x);
   Pop(S,x); Push(S,'s');
   while(!StackEmpty(S))
   { Pop(S,y);printf(y); };
   printf(x);
}
```

3. 写出下列程序段的输出结果（队列中的元素类型 QElemType 为 char）。

```
void main( )
{   Queue Q;   InitQueue (Q);
    char x='e'; y='c';
    EnQueue (Q,'h'); EnQueue (Q,'r');   EnQueue (Q,y);
    DeQueue (Q,x); EnQueue (Q,x);
    DeQueue (Q,x); EnQueue (Q,'a');
    while(!QueueEmpty(Q)){ DeQueue (Q,y);printf(y); };
    printf(x);
}
```

4. 简述以下算法的功能（栈和队列的元素类型均为 int）。

```
void algo3(Queue &Q)
{   Stack S; int d; InitStack(S);
    while(!QueueEmpty(Q))
    {DeQueue (Q,d);   Push(S,d);}
    while(!StackEmpty(S))
    { Pop(S,d); EnQueue (Q,d); }
}
```

六、算法设计题

1. 要求循环队列的空间全部都能得到利用，设置标识域 tag，以 tag 为 0 或 1 来区分头尾指针相同时队列状态的空与满，试编写与此结构相适应的入队与出队算法。

2. 正读与反读都相同的字符序列称为"回文"序列。试编写一个算法，判断一次读入以"@"为结尾的字母序列，是否为形如"序列 1& 序列 2"模式的字符序列。其中序列 1 和序列 2 中都不含有字符"&"，且序列 2 是序列 1 的逆序列。要求用栈和队列来实现。

3. 数值转换。编写程序，将十进制整数 N 转换为 d 进制数，其转换步骤是重复以下两步，直到 N 等于 0。

（1）X＝N mod d（其中 mod 为求余运算）；

（2）N＝N div d（其中 div 为整除运算）。

4. 可以将商品货架看成一个栈，栈顶商品的生产日期最早，栈底商品的生产日期最近。上货时，为了保证生产日期较近的商品放在较下的位置，用另一个栈作为周转，模拟实现商品货架管理过程。

5. 试写出求递归函数 F(n) 的递归算法，并消除递归：

$$F(n)=\begin{cases}n+1 & n=0 \\ n\times F(n/2) & n>0\end{cases}$$

6. 求两个数的最大公约数和最小公倍数，要求用递归算法实现。

7. 请利用两个栈 S1 和 S2 来模拟一个队列。已知栈的三个运算定义如下。PUSH(ST, x)：元素 x 入 ST 栈；POP(ST,x)：ST 栈顶元素出栈，并赋给变量 x；Sempty(ST)：判 ST 栈是否为空。那么如何利用栈的运算来实现该队列的三个运算？EnQueue()：插入一个元素入队列；DeQueue()：删除一个元素出队列；Queue_Empty()：判队列为空。

8. 假设循环队列中 front 指向队头元素的前一个位置，rear 指向队尾元素。试编写相应的入队、出队以及判断队空、队满的函数。

9. 编写一个算法，借助于栈将一个单链表置逆。

10. 在行编辑程序中，设用户输入一行的过程中允许用户输入出差错，并在发现有误时通过"♯"(退格符)和"@"(退行符)进行改正。当输入回车时处理所有的输入字符并得到最终的输入，试编写算法实现行输入处理过程。

七、上机实习题

1. 完成对任意实数的算术表达式运算。

要求：用顺序栈检查表达式中的括号是否匹配，如果匹配，才计算表达式的值。

(1) 用链栈完成先求后缀表达式，再求值。

(2) 用链栈完成直接从算术表达式求值。

提示：先完成一位整数的运算，再完成多位整数的运算，最后完成任意实数的运算。

2. 模拟银行排队等候叫号系统，采用循环队列完成。系统具有如下功能。

(1) 拿号等候。

(2) 窗口 1 叫号。

(3) 窗口 2 叫号。

(4) 显示等候的人数。

第 4 章

数组与广义表

数组、矩阵和广义表是科学计算中最常见的数据结构。比如电力系统和自动化系统，其中涉及的数学模型常常是多元高阶方程组，它们的系数构成了矩阵，加上一些特定的约束条件。系数矩阵可能是一些特殊矩阵，求解方程组时需要考虑系数矩阵的合理存储以及操作的高效实现。广义表的结构相当灵活，在某种前提下，它可以兼容线性表、数组、树和有向图等各种常用的数据结构。广义表是人工智能语言 LISP 的重要数据结构。

数组和广义表可视为线性表的扩展，其特点是数组的数据元素仍然是一个表。广义表中的数据元素既可以是单元素又可以是一个表。

本章讨论多维数组的逻辑结构和存储结构，以及特殊矩阵的压缩存储和应用，还将讨论广义表的两种常用存储结构的分析与实现。

4.1　多维数组

4.1.1　数组的逻辑结构

数组是我们熟悉的一种存储结构，除了实现线性表的顺序存储之外，其实际应用非常广泛。数组作为一种数据结构，其特点是结构中的元素本身可以是具有某种结构的数据，但属于同一数据类型。比如，一维数组可以看作一个线性表，二维数组可以看作"数据元素是线性表"的一维数组，三维数组可以看作"数据元素是二维数组"的一维数组，以此类推，因此数组可以看作线性表的扩展。图 4-1 是一个 m 行 n 列的二维数组。

$$A=\begin{bmatrix} a_{00} & a_{01} & \cdots & a_{0n-1} \\ a_{10} & a_{11} & \cdots & a_{1n-1} \\ \vdots & \vdots & & \vdots \\ a_{m-10} & a_{m-11} & \cdots & a_{m-1n-1} \end{bmatrix}$$

图 4-1　m 行 n 列的二维数组

数组是一个具有固定格式和数量的数据元素有序集，每一个数据元素有唯一的一组下标来标识，因此，在数组上不适合做插入、删除数据元素的操作。在数组中通常执行下面两种操作：

- 取值操作：给定一组下标，读其对应的数据元素值。
- 赋值操作：给定一组下标，存储或修改与其相对应的数据元素。

下面着重研究二维数组和三维数组。

4.1.2 数组的内存映像

不同的程序设计语言对数组的存储空间分配的原则是不一样的,有的是"以行为主序",有的是"以列为主序"。

以 C 语言为例,二维数组的内存分配原则是"以行为主序",每一行是一个一维数组,所有行首尾相接也是一个一维数组。因为内存的地址空间是一维的,数组的行列固定后,通过一个映像函数,即可根据数组元素的下标得到它的存储地址。

1. 一维数组的内存映像

一维数组的内存映像是按数组元素位序先后分配的一片连续存储空间。

如:int a[10],一维数组 a 的内存分配如图 4-2 所示。

0x1000	0x1004	0x1008	0x100c	0x1010	0x1014	0x1018	0x101c	0x1020	0x1024
a_0	a_1	a_2	a_3	a_4	a_5	a_6	a_7	a_8	a_9

图 4-2 一维数组的内存分配示意图

设有一维数组 A_n,数组的基址为 $LOC(a_0)$,每个数组元素占用的内存为 L 个字节,数组元素 a_i 的物理地址可用线性寻址函数计算:

$$LOC(a_i) = LOC(a_0) + i \times L$$

其中 $i = 0, 1, \cdots, n-1$。

如图 4-2 所示,假设首地址为 0x1000,一个 int 型变量存储单元为 4 个字节,a[5] 的存储地址为:$0x1000 + 5 \times 4 = 0x1014$。

2. 二维数组的内存映像

C 语言中的二维数组的内存映像是按行为主序分配的一片连续存储空间。如:int a[2][3],其逻辑结构可以用图 4-3(a)表示,以行为主序的内存映像如图 4-3(b)所示。内存分配顺序为:a_{00}、a_{01}、a_{02}、a_{10}、a_{11} 和 a_{12}。

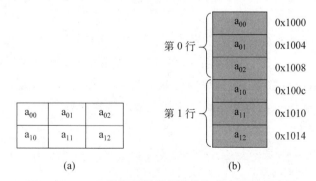

图 4-3 2×3 二维数组的逻辑结构和内存分配示意图

设有 m×n 二维数组 $A_{m \times n}$,数组的基址为 $LOC(a_{00})$,每个数组元素占用的内存为 L 个字节,数组元素 a_{ij} 的物理地址可用线性寻址函数计算:

$$LOC(a_{ij}) = LOC(a_{00}) + (i \times n + j) \times L \quad 其中 i = 0, 1, \cdots, m-1; j = 0, 1, \cdots, n-1$$

这是因为数组元素 a_{ij} 的前面有 i 行，每一行的元素个数为 n，在第 i 行中它的前面还有 j 个数组元素。

如图 4-3 所示，$LOC(a_{11}) = LOC(a_{00}) + (1×3 + 1)×4 = 0x1010$。

例 4-1：若矩阵 $A_{m×n}$ 中存在某个元素 a_{ij} 满足：a_{ij} 是第 i 行中的最小值且是第 j 列中的最大值，则称该元素为矩阵 A 的一个鞍点。试编写一个算法，找出 A 中的所有鞍点。

基本思想：在矩阵 A 中求出每一行的最小值元素，然后判断该元素是否是它所在列中的最大值，如果是，则打印，接着处理下一行。矩阵 A 用一个二维数组表示。

根据二维数组的存储结构特点，在函数间传递二维数组，可将二维数组当作一维数组处理，算法如下。

【算法 4.1】

```
void  saddle (int A[ ],int m, int n)          /*m和n分别是矩阵A的行和列*/
{   int i,j,k,min,col;
    for (i=0;i<m;i++)                          /*按行处理*/
    {   min= *(A+i*n);col=0;                    //每行的第1个元素
        for (j=1; j<n; j++)
            if (*(A+i*n+j)<min ){   min= *(A+i*n+j);   col=j; }
                                               /*找第 i 行中的最小值*/
        for (k=0; k<m; k++)         /*检测该行中的最小值是否是所在列中的最大值*/
            if (*(A+k*n+col)>min )break;
        if(k==m)printf("鞍点是:%d,%d,%d\n",i,col,min);
    }                                          /*for i*/
}
```

算法的时间复杂度为 $O(m×(n+m))$。

3. 三维数组的内存映像

三维数组有三个维度，第一个维度表示页向量，第二个维度表示行向量，第三个维度表示列向量。

C 语言中的三维数组内存映像是先按页、再按行为主序分配的一片连续存储空间。

如：double a[3][4][2]，其逻辑结构和内存分配示意图如图 4-4 所示。

设有 $m×n×p$ 三维数组 A_{mnp}，数组的基址为 $LOC(a_{000})$，每个数组元素占用的内存为 L 个字节，数组元素 a_{ijk} 的物理地址可用线性寻址函数计算：

$$LOC(a_{ijk}) = LOC(a_{000}) + (i×n×p + j×p + k)×L$$

其中：$i=0,1,\cdots,m-1; j=0,1,\cdots,n-1; k=0,1,\cdots,p-1$。

如图 4-4 所示，$LOC(a_{121}) = LOC(a_{000}) + (1×4×2 + 2×2+1)×8 = LOC(a_{000}) + 13×8$。

例 4-2：求 A_{mnp} 的最大值。

基本思想：用矩阵 A 的第 1 个元素作为最大值 max 的初值，遍历矩阵 A 的所有元素，每访问一个元素，都与 max 做比较，并将其中较大者存入 max。

根据三维数组的存储结构特点，在函数间传递三维数组，可将三维数组当作一维数组

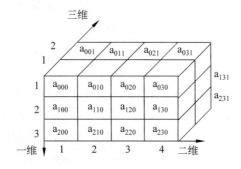

图 4-4 3×4×2 三维数组的逻辑结构和内存分配示意图

处理,算法如下。

【算法 4.2】

```
int   jsmax (int A[ ],int m, int n, int p)        /* m、n 和 p 是矩阵 A 的维数 */
{   int i,j,k,max= * A;
    for (i=0; i<m; i++)                           /* 控制页 */
      for (j=0; j<n; j++)                         /* 控制行 */
        for (k=0; k<p; k++)                       /* 控制列 */
          if ( * (A+i * n * p+j * p+k)>max ) max= * (A+i * n * p+j * p+k);
    return max;
}
```

算法的时间复杂度为 $O(m×n×p)$。

结论:任何一个高维数组都可按一维数组使用。

4.2 特殊矩阵的压缩存储

矩阵与二维数组具有很好的对应关系,因此在进行科学计算时,常常用二维数组存储数学上的矩阵。但是在实际问题中,从数学模型中抽象出来的矩阵是一些特殊矩阵,如三角矩阵、对称矩阵、带状矩阵和稀疏矩阵等，如果采用常规的二维数组存储，必然造成空间的浪费。本节从节约存储空间的角度考虑，研究这些特殊矩阵的存储方法。

4.2.1 对称矩阵

对称矩阵的特点是：在一个 n 阶方阵中，有 $a_{ij}=a_{ji}$，其中 $0 \leqslant i$，$j \leqslant n-1$。由于对称矩阵关于主对角线对称，因此只需存储上三角或下三角部分即可。比如，只存储下三角中的元素 a_{ij}，其特点是 $j \leqslant i$ 且 $0 \leqslant i \leqslant n-1$；对于上三角中的元素 a_{ij}，它和对应的 a_{ji} 相等。因此当访问的元素位于上三角时，直接去访问和它对应的下三角元素即可。这样，原来需要 $n \times n$ 个存储单元，现在只需要 $n(n+1)/2$ 个存储单元，节约了 $n(n-1)/2$ 个存储单元。当 n 较大时，就可以节省相当可观的一部分存储资源。如图 4-5 所示是一个 5 阶对称矩阵以及它的压缩存储示意图。

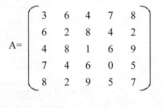

图 4-5 5 阶对称方阵及其压缩存储

对于任意的 n 阶对称方阵，要存储其下三角部分，通常的方法是将下三角部分的所有元素以行为主序顺序存储到一个一维数组中去。在下三角中共有 $n(n+1)/2$ 个元素，存储到一维数组 $sa[n(n+1)/2]$ 中，存储顺序如图 4-6 所示。原矩阵下三角中的任一个元素 $a[i][j]$ 将对应一个数组元素 $sa[k]$，那一维数组元素的下标 k 与二维数组元素 $a[i][j]$ 的行下标 i 和列下标 j 之间具有怎样的对应关系呢？

0	1	2	3	4	5	...			n(n+1)/2-1
a_{00}	a_{10}	a_{11}	a_{20}	a_{21}	a_{22}	...	a_{n-10}	a_{n-11}	...	a_{n-1n-1}

图 4-6 一般对称矩阵的压缩存储

对于下三角中的元素 a_{ij}，其特点是：$i \geqslant j$ 且 $0 \leqslant i \leqslant n-1$。存储到 sa 中后，根据存储原则，它前面有 i 行，共有 $1+2+\cdots+i=i(i+1)/2$ 个元素，而 a_{ij} 又是它所在的行中的第 j 个元素，所以在上面的排列顺序中，a_{ij} 是第 $i(i+1)/2+j$ 个元素，因此它在 sa 中的下标 k 与 i,j 的关系为：

$$k=i(i+1)/2+j \quad (0 \leqslant k < n(n+1)/2, i \geqslant j \text{ 且 } 0 \leqslant i \leqslant n-1)$$

若 $i<j$，则 a_{ij} 是上三角中的元素，因为 $a_{ij}=a_{ji}$。这样，访问上三角中的元素 a_{ij} 时直接访问和它对应的下三角中的 a_{ji} 即可，在 sa 中的对应位置如下：

$$k=j(j+1)/2+i \quad (0 \leqslant k < n(n+1)/2, i<j \text{ 且 } 0 \leqslant j \leqslant n-1)$$

综上所述，对于对称矩阵中的任意元素 a_{ij}，若令 $i=\max(i,j)$，$j=\min(i,j)$，则将上面两个式子综合起来即可得到：k＝i×(i＋1)/2+j。

例 4-3：n 阶整型对称矩阵 A 的下三角存储的创建以及基于该压缩存储的矩阵 A 的输出。

算法思想：只存储下三角部分的元素即可。

```
/*创建对称矩阵*/
void duicheng(int A[],int n)
{   int i,j;
    for(i=0;i<n;i++)
    {
        for(j=0;j<=i;j++)
        {
            printf("请输入第%d行的%d个元素\n",i+1,j+1);
            scanf("%d",&A[i*(i+1)/2+j]);
        }
    }
}
/*显示对称矩阵*/
void disp(int A[],int n)
{   int i,j;
    for(i=0,i<n;i++)
    {   for(j=0;j<n;j++)
            if(i>=j)printf("%5d",A[i*(i+1)/2+j]);
            else printf("%5d",A[j*(j+1)/2+i]);
        printf("\n");
    }
}
```

4.2.2　三角矩阵

三角矩阵的特点是上三角或下三角是同一个常量 c,如图 4-7 所示。其中图 4-7(a)为下三角矩阵：主对角线以上均为同一个常数。图 4-7 (b)为上三角矩阵,主对角线以下均为同一个常数。下面讨论它们的压缩存储方法。

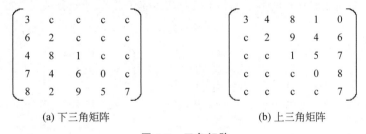

$$\begin{bmatrix} 3 & c & c & c & c \\ 6 & 2 & c & c & c \\ 4 & 8 & 1 & c & c \\ 7 & 4 & 6 & 0 & c \\ 8 & 2 & 9 & 5 & 7 \end{bmatrix} \qquad \begin{bmatrix} 3 & 4 & 8 & 1 & 0 \\ c & 2 & 9 & 4 & 6 \\ c & c & 1 & 5 & 7 \\ c & c & c & 0 & 8 \\ c & c & c & c & 7 \end{bmatrix}$$

(a) 下三角矩阵　　　　　　　　　(b) 上三角矩阵

图 4-7　三角矩阵

1. 下三角矩阵

与对称矩阵类似,不同之处在于存完下三角中的所有元素之后,接着存储对角线上方的常量 c,见图 4-8。因为是同一个常数,所以存一个即可,这样一共需要存储 n(n＋1)/2＋1 个元素。设存入一维数组 sa[n(n+1)/2+1]时,这种存储方式可节约 n(n−1)/2−

1 个存储单元。

0	1	2	3	4	5	…			…		n(n+1)/2
a_{00}	a_{10}	a_{11}	a_{20}	a_{21}	a_{22}	…	a_{n-10}	a_{n-11}	…	a_{n-1n-1}	c

图 4-8　下三角矩阵的压缩存储

$sa[k]$ 与 $a[i][j]$ 的对应关系为：

$$k=\begin{cases} i(i+1)/2+j & i\geqslant j \text{ 且 } 0\leqslant j\leqslant n-1 \\ n(n+1)/2 & i<j \end{cases}$$

2. 上三角矩阵

对于上三角矩阵，以行为主序存储上三角部分，最后存储对角线下方的常量 c，见图 4-9。第 1 行存储 n 个元素，第 2 行存储 n−1 个元素，…，第 p 行存储 (n−p+1) 个元素。$a[i][j]$ 的前面有 i 行，共存储 $n+(n-1)+\cdots+(n-i+1)=i(2n-i+1)/2$ 个元素。而 a_{ij} 是它所在的行中要存储的第 (j−i+1) 个元素，所以，它是上三角存储顺序中的第 $i(2n-i+1)/2+(j-i)$ 个元素，因此它在 sa 中的下标为：$k= i(2n-i+1)/2+(j-i)$。

0	1	…				…				n(n+1)/2
a_{00}	a_{10}	…	a_{0n-1}	a_{11}	a_{12}	…	a_{1n-1}	…	a_{n-1n-1}	c

图 4-9　上三角矩阵的压缩存储

$sa[k]$ 与 $a[i][j]$ 的对应关系为：

$$k=\begin{cases} i(2n-i+1)/2+j-i & i\leqslant j \text{ 且 } 0\leqslant j\leqslant n-1 \\ n(n+1)/2 & i>j \end{cases}$$

4.2.3　带状矩阵

对于 n 阶矩阵 A，如果存在最小正数 m，满足当 |i−j|≥m 时，$a_{ij}=0$，则称 A 为带状矩阵，并且称 w=2m−1 为矩阵 A 的带宽。其特点是所有非零元素都集中在以主对角线为中心的带状区域中，除了主对角线和它的上下方若干条对角线的元素外，所有其他元素都为零。

如图 4-10(a) 是一个 w=3(m=2) 的带状矩阵。带状矩阵也称为对角矩阵。

$$A=\begin{pmatrix} a_{00} & a_{01} & 0 & 0 & 0 \\ a_{10} & a_{11} & a_{12} & 0 & 0 \\ 0 & a_{21} & a_{22} & a_{23} & 0 \\ 0 & 0 & a_{32} & a_{33} & a_{34} \\ 0 & 0 & 0 & a_{43} & a_{44} \end{pmatrix} \quad B=\begin{pmatrix} 0 & a_{00} & a_{01} \\ a_{10} & a_{11} & a_{12} \\ a_{21} & a_{22} & a_{23} \\ a_{32} & a_{33} & a_{34} \\ a_{43} & a_{44} & 0 \end{pmatrix}$$

(a) w=3 的 5 阶带状矩阵　　　　(b) 压缩为 5×3 的矩阵

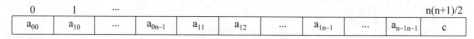

0	1	2	3	4	5	6	7	8	9	10	11	12
a_{00}	a_{01}	a_{10}	a_{11}	a_{12}	a_{21}	a_{22}	a_{23}	a_{32}	a_{33}	a_{34}	a_{43}	a_{44}

(c) 压缩为一般数组 C

图 4-10　带状矩阵及压缩存储

带状矩阵 A 的压缩存储有两种方法。

方法 1：将 A 压缩存储到一个 n 行 w 列的二维数组 B 中,缺失部分补零,如图 4-10 (b)所示。那么 A[i][j] 映射为 B[m][n],映射关系为：m=i,n=j−i+1。

方法 2：将带状矩阵 A 中的非零元素以行为主序存储到一维数组 C 中,如图 4-10(c) 所示,A[i][j] 映射为 C[k]。如当 w=3 时,映射关系为：k=2i+j。

4.3 稀 疏 矩 阵

设 m×n 矩阵中非零元素的分布没有规律,且非零元素个数为 t(t≪m×n),则称该 矩阵为稀疏矩阵。很多科学管理及工程计算中,常会遇到阶数很高的大型稀疏矩阵。如 果按一般二维数组的内存分配方法,零元素将占据大量的内存空间,显然是不合理的。若 只存储非零元素,将能有效提高存储空间的利用率。当然,在存储非零元素之后,还要方 便确定非零元素在原矩阵中的位置。一种有效的解决方案是：对于每一个非零元素,不 仅存储元素值,还存储它所在的行和列,即将非零元素所在的行、列及其值构成一个三元 组(i,j,v),然后再按某种规律存储这些三元组。下面讨论稀疏矩阵的压缩存储方法。

4.3.1 稀疏矩阵的三元组表存储

将稀疏矩阵中的三元组按行优先的顺序以及同一行中列号从小到大的规律排列成一 个线性表,称为三元组表。图 4-11 中的稀疏矩阵对应的三元组表如图 4-12 所示。

$$A = \begin{pmatrix} 15 & 0 & 0 & 22 & 0 & 15 \\ 0 & 11 & 3 & 0 & 0 & 0 \\ 0 & 0 & 0 & 6 & 0 & 0 \\ 0 & 0 & 0 & 0 & 0 & 0 \\ 91 & 0 & 0 & 0 & 0 & 0 \\ 0 & 0 & 0 & 0 & 0 & 0 \end{pmatrix}$$

图 4-11　稀疏矩阵 A

下标	i	j	v
0	0	0	15
1	0	3	22
2	0	5	15
3	1	1	11
4	1	2	3
5	2	3	6
6	4	0	91
剩余空间			
行数	6		
列数	6		
个数	7		

图 4-12　A 的三元组表

显然,要唯一地表示一个稀疏矩阵,在存储三元组表的同时还需要存储该矩阵的行数 和列数。此外,为了运算方便,还要存储矩阵的非零元素的个数。

三元组表的定义如下。

```
#define SMAX  1024              /* 一个足够大的数 */
typedef  struct
{   int i,j;                    /* 非零元素的行、列 */
    DataType  v;                /* DataType 是 v 的数据类型,非零元素值 */
```

```
}SPNode;                              /*三元组类型*/
typedef  struct
{   SPNode  data[SMAX];               /*三元组表*/
    int mu,nu,tu;                     /*矩阵的行、列及非零元素的个数*/
} SPMatrix;                           /*三元组表的存储类型*/
```

　　这样的存储方法极大地压缩了稀疏矩阵的存储空间，但是会使矩阵的运算变得复杂。下面讨论基于三元组存储方式的稀疏矩阵的两种运算：转置和相乘。

1. 稀疏矩阵的转置

　　设稀疏矩阵 A 及其三元组存储如图 4-11 和图 4-12 所示，其对应的转置矩阵 B 及存储如图 4-13 和图 4-14 所示。

$$B=\begin{pmatrix} 15 & 0 & 0 & 0 & 91 & 0 \\ 0 & 11 & 0 & 0 & 0 & 0 \\ 0 & 3 & 0 & 0 & 0 & 0 \\ 22 & 0 & 6 & 0 & 0 & 0 \\ 0 & 0 & 0 & 0 & 0 & 0 \\ 15 & 0 & 0 & 0 & 0 & 0 \end{pmatrix}$$

图 4-13　A 的转置 B

下标	I	J	V
0	0	0	15
1	0	4	91
2	1	1	11
3	2	1	3
4	3	0	22
5	4	2	6
6	5	0	15
剩余空间			
行数	6		
列数	6		
个数	7		

图 4-14　B 的三元组表

设：

```
SPMatrix  TA, TB;
```

其中，TA 表示一个 m×n 的稀疏矩阵对应存储的三元组表，TB 对应的是其转置矩阵，即 n×m 的稀疏矩阵对应存储的三元组表。

　　根据转置算法可知，由 TA 求 TB，需要进行如下操作：

　　（1）将 TA 的行、列转化成 TB 的列、行。

　　（2）将 TA.data 中每一个三元组的行列交换后存储到 TB.data 中。

　　需要注意的是，无论是 TA 还是 TB，都以行优先进行存储。如果依次取出 TA 中的每个三元组，转换为 TB 中的对应三元组，则无法确定 TA.data[k]在 TB 中的存储位置。为此，按列序从 TA 中依次取出每一个三元组，并将其转换，便可对应于 TB 中按行存储的三元组。

　　【算法 4.3】　基于三元组表的转置算法。

```
void TransM1 (SPMatrix  TA, SPMatrix * TB)
{   int p,q,col;
    /*稀疏矩阵的行、列和元素个数*/
    TB->mu=TA.nu;  TB->nu=TA.mu;  TB->tu=TA.tu;
```

```
        if (TB->tu>0)                         /* 有非零元素则转换 */
        {   q=0;
            for (col=0; col<(TA.nu); col++)    /* 按 A 的列序转换 */
                for (p=0; p<(TA.tu); p++)      /* 扫描整个三元组表 */
                    if (TA.data[p].j==col)
                    {   TB->data[q].i=TA.data[p].j;
                        TB->data[q].j=TA.data[p].i;
                        TB->data[q].v=TA.data[p].v;
                        q++;
                    }                          /* if */
        }                                      /* if(TB->tu>0) */
    }                                          /* TransM1 */
```

【算法分析】

该算法的时间主要耗费在 col 和 p 的二重循环上,所以时间复杂度为 $O(n \times t)$(设 m、n 是原矩阵的行、列,t 是稀疏矩阵的非零元素个数),显然当非零元素的个数 t 和 m × n 数量级相同时,算法的时间复杂度为 $O(m \times n^2)$,和通常存储方式下的矩阵转置算法相比,可能节约了一定量的存储空间,但算法的时间性能更差一些。

算法 4.3 效率低的原因是,要从 TA 的三元组表中寻找第 0 列、第 1 列……需反复搜索 TA 表,若能直接确定 TA 中每一个三元组在 TB 中的位置,则对 TA 的三元组表扫描一次即可。基于此思考,可以进行如下改进。

由于 TA 中第 0 列的第一个非零元素一定存储在 TB.data[0]中,如果知道第 0 列的非零元素的个数,那么第 1 列的第一个非零元素在 TB.data 中的位置便等于第 0 列的第一个非零元素在 TB.data 中的位置加上第 0 列的非零元素的个数。以此类推,因为 TA 中三元组的存放顺序是先行后列,对同一行来说,必定先遇到列号小的元素,这样只需扫描一遍 TA.data 即可。

此改进需引入两个一维数组,即 num[n]和 cpot[n]。num[col]表示矩阵 A 中第 col 列的非零元素的个数,在初始化时进行一遍扫描即可求得。cpot[col]初始值表示矩阵 A 中第 col 列的第一个非零元素在 TB.data 中的位置。显然,cpot 的初值可如下确定:

```
cpot[0]=0;
cpot[col]=cpot[col-1]+num[col-1];      //其中 1≤col≤n-1。
```

例如,对于上述矩阵 A,其 num 和 cpot 的值如表 4-1 所示。

表 4-1　矩阵 A 的 num 与 cpot 值

col	0	1	2	3	4	5
num[col]	2	1	1	2	0	1
cpot[col]	0	2	3	4	6	6

在算法执行过程中,cpot[col]的值将会动态变化。每次将 col 列的一个元素写入到 TB 时,cpot[col]的值将会加 1,即 cpot[col]始终保存第 col 列的下一个元素在 TB.data

中的位置。

算法的整体思路是：依次扫描 TA.data，当扫描到第 col 列的一个元素时，直接将其存放在 TB.data 的 cpot[col] 位置上，cpot[col] 加 1。改进的转置算法如下。

【算法 4.4】

```
void TransM2 (SPMatrix TA, SPMatrix * TB)
{   int  i,j,k;
    int num[SMAX],cpot[SMAX];
    /*稀疏矩阵的行、列和元素个数*/
    TB->mu=A.nu;  TB->nu=TA.mu;  TB->tu=TA.tu;
    if (TB->tu>0)                        /*有非零元素则转换*/
    {   for (i=0;i<TA.nu;i++)  num[i]=0;
        for (i=0;i<TA.tu;i++)            /*求矩阵 A 中每一列非零元素的个数*/
          {j=TA.data[i].j;  num[j]++; }
        /*求矩阵 A 中每一列第一个非零元素在 B.data 中的位置*/
        cpot[0]=0;
        for (i=1;i<TA.nu;i++)
            cpot[i]=cpot[i-1]+num[i-1];
        for (i=0; i<TA.tu; i++)          /*扫描三元组表*/
        {   j=TA.data[i].j;              /*当前三元组的列号*/
            k=cpot[j];                   /*当前三元组在 B.data 中的位置*/
            TB->data[k].i=TA.data[i].j ;
            TB->data[k].j=TA.data[i].i ;
            TB->data[k].v=TA.data[i].v;
            cpot[j]++;
        }                                /*for i*/
    }                                    /*if(TB->tu>0)*/
}                                        /*TransM2*/
```

【算法分析】

算法 4.4 中有四个循环，分别执行 n、t、n−1 和 t 次，因此总的计算量是 $O(n+t)$。它所需要的存储空间比前一个算法 4.3 多了两个一维数组。

2. 稀疏矩阵的乘积

已知稀疏矩阵 $A(m \times n)$ 和 $B(n \times p)$，求 $A \times B$ 的乘积 $C(m \times p)$。

设稀疏矩阵 A、B 和 C 及它们对应的三元组表 TA.data、TB.data 和 TC.data 分别如图 4-15 所示。

矩阵乘法规则如下：

$$C(i,j) = A(i,0) \times B(0,j) + A(i,1) \times B(1,j) + \cdots + A(i,n-1) \times B(n-1,j)$$
$$= \sum_{k=0}^{n-1} A(i,k) * B(k,j)$$

只有 $A(i,k)$ 与 $B(k,p)$（即 A 元素的列与 B 元素的行）相等的两项才会相乘，且当两项都不为零时，乘积结果才为非零元素。

$$A=\begin{bmatrix} 3 & 0 & 0 & 7 \\ 0 & 0 & 0 & -1 \\ 0 & 2 & 0 & 0 \end{bmatrix} \quad B=\begin{bmatrix} 4 & 1 \\ 0 & 0 \\ 1 & -1 \\ 0 & 2 \end{bmatrix} \quad C=\begin{bmatrix} 12 & 15 \\ 0 & -2 \\ 0 & 0 \end{bmatrix}$$

下标	i	j	v
0	0	0	3
1	0	3	7
2	1	3	-1
3	2	1	2
剩余空间			
行数	3		
列数	4		
个数	4		

三元组 TA

下标	i	j	v
0	0	0	4
1	0	1	1
2	2	0	1
3	2	1	-1
4	3	1	2
剩余空间			
行数	4		
列数	2		
个数	5		

三元组 TB

下标	i	j	v
0	0	0	12
1	0	1	15
2	1	1	-2
剩余空间			
行数	3		
列数	2		
个数	3		

三元组 TC

图 4-15 三元组 TA、TB、TC

传统的基于二维数组存储的矩阵相乘的算法是：A 的第 0 行与 B 的第 0 列对应元素相乘之后进行累加，得到 c_{00}；A 的第 0 行与 B 的第 1 列对应元素相乘之后进行累加，得到 c_{01}，以此类推，最终求得结果矩阵中的每一个元素值。

现在按三元组表存储。三元组表是按行为主序存储的，即 B.data 中同一行的非零元素是相邻存放的，同一列的非零元素并未相邻存放，因此在 B.data 中反复搜索某一列的元素是很费时的。由于 a_{00} 只有可能和 B 中第 0 行的非零元素相乘，a_{01} 只有可能和 B 中第 1 行的非零元素相乘，……，而同一行的非零元素是相邻存放的，所以求 c_{00} 和 c_{01} 可以同时进行。可以改变一下求值的顺序，以求 c_{00} 和 c_{01} 为例，如表 4-2 所示。求 $a_{00} * b_{00}$ 累加到 c_{00}，求 $a_{00} * b_{01}$ 累加到 c_{01}，求 $a_{01} * b_{10}$ 累加到 c_{00}，求 $a_{01} * b_{11}$ 累加到 c_{01}，…，只有 a_{ik} 和 b_{kj}（列号与行号相等）且均不为零（三元组存在）时才相乘，并且累加到 c_{ij} 当中去。

表 4-2 矩阵相乘算法示例

$C_{00} =$	$C_{01} =$	意　义
$a_{00} * b_{00} +$	$a_{00} * b_{01} +$	a_{00} 只与 B 中第 0 行元素相乘
$a_{01} * b_{10} +$	$a_{01} * b_{11} +$	a_{01} 只与 B 中第 1 行元素相乘
$a_{02} * b_{20} +$	$a_{02} * b_{21} +$	a_{02} 只与 B 中第 2 行元素相乘
$a_{03} * b_{30}$	$a_{03} * b_{31}$	a_{03} 只与 B 中第 3 行元素相乘

为了运算方便，设一个累加器：

```
dataType temp[n];
```

用来存放当前行中 c_{ij} 的值，当前行中所有元素全部计算出之后，再存放到 TC.data 中去。

158

为了便于在 TB.data 中寻找 B 中的第 k 行的第一个非零元素，与前面类似，需引入 num 和 rpot 两个一维数组。num[k] 表示矩阵 B 中第 k 行的非零元素的个数；rpot[k] 表示第 k 行的第一个非零元素在 TB.data 中的位置，初值如下：

```
rpot[0]=0;
rpot[k]=rpot[k-1]+num[k-1];        //其中 1≤k≤n-1
```

例如，矩阵 B 的 num 值和 rpot 值如表 4-3 所示。

表 4-3　矩阵 B 的 num 值与 rpot 值

k	0	1	2	3
num[k]	2	0	2	1
rpot[k]	0	2	2	4

根据以上分析，稀疏矩阵的乘法运算的主要步骤如下：

（1）初始化。

（2）求 B 的 num 值和 rpot 值。

（3）做矩阵乘法。将 TA.data 中三元组的列值与 TB.data 中三元组的行值相等的非零元素相乘，并将具有相同下标的乘积元素相加。

【算法 4.5】

```
/* 稀疏矩阵 A(m×n) 和 B(n×p) 用三元组表存储，求 A×B */
void MulSMatrix (SPMatrix TA, SPMatrix TB, SPMatrix * TC)
{   int p,q,i,j,k,r,t; DataType temp[SMAX]={0};
    int num[SMAX],rpot[SMAX];
    if (TA.nu!=TB.mu) return;               /* A 的列与 B 的行不相等 */
    TC->mu=TA.mu; TC->nu=TB.nu;
    if (TA.tu * TB.tu==0){TC->tu=0; return ;}
    /* 求矩阵 B 中每一行非零元素的个数 */
    for (i=0;i<TB.mu;i++)num[i]=0;
    for (k=0;k<TB.tu;k++) { i=TB.data[k].i;   num[i]++; }
    /* 求矩阵 B 中每一行的第一个非零元素在 TB.data 中的位置 */
    for (i=1,rpot[0]=0; i<TB.mu; i++) rpot[i]=rpot[i-1]+num[i-1];
    r=0; p=0;  /* r 是当前 C 中非零元素的个数，p 表示 TA.data 中当前非零元素的位置 */
    for ( i=0;i<TA.mu; i++)
    {   for (j=0;j<TB.nu;j++)temp[j]=0;     /* cij 的累加器初始化 */
        while (TA.data[p].i==i )            /* 取 A 中非零元素的行号 i */
        {   k=TA.data[p].j;                 /* A 中当前非零元素的列号 */
            /* 确定 B 中第 k 行的非零元素在 TB.data 中的下限位置 */
            if(k<TB.mu-1)t=rpot[k+1];
            else  t=TB.tu;
            for (q=rpot[k]; q<t; q++)        /* B 中第 k 行的每一个非零元素 */
            {   j=TB.data[q].j;
                temp[j]+=TA.data[p].v * TB.data[q].v;
```

```
        }
        p++;
    }                                     /* while */
    for (j=0;j<TB.nu;j++)
        if (temp[j])
        { TC->data[r].i=i; TC->data[r].j=j; TC->data[r].v=temp[j]; r++; }
    }                                     /* for i */
    TC->tu=r;
}                                         /* MulSMatrix */
```

【算法分析】

上述算法的时间性能如下：求 num 的时间复杂度为 O(TB.nu＋TB.tu)；求 rpot 的时间复杂度为 O(TB.mu)；求 temp 的时间复杂度为 O(TA.mu×TB.nu)；求 C 的所有非零元素的时间复杂度为 O(TA.tu×TB.tu/TB.mu)；压缩存储的时间复杂度为 O(TA.mu×TB.nu)，所以总的时间复杂度为 O(TA.mu×TB.nu＋(TA.tu×TB.tu)/TB.nu)。

4.3.2　稀疏矩阵的十字链表存储

三元组表可以看作稀疏矩阵顺序存储，但是在做一些操作（如加法、减法）时，非零项数目及非零元素的位置会发生变化，这种表示十分不便。在本节，将介绍稀疏矩阵的一种链式存储结构——十字链表，它同样具备链式存储的特点。因此，在某些情况下，采用十字链表来表示稀疏矩阵是很方便的。

用十字链表来表示稀疏矩阵的基本思想是：将每个非零元素存储为一个结点，结点由 5 个域组成，其结构如图 4-16 所示。其中：row 域存储非零元素的行号，col 域存储非零元素的列号，v 域存储数组元素的值，right 和 down 是两个指针域。

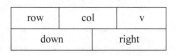

图 4-16　十字链表的结点结构

图 4-17 所示的是一个稀疏矩阵 A 的十字链表。稀疏矩阵中每一行的非零元素结点按其列号从小到大由 right 域链成一个带表头结点的循环行链表，同样每一列中的非零元素按其行号从小到大由 down 域链成一个带表头结点的循环列链表。即每个非零元素 a_{ij} 既是第 i 行循环链表中的一个结点，又是第 j 列循环链表中的一个结点。行链表和列链表的头结点的 row 域和 col 域置－1。每一列链表的表头结点的 down 域指向该列链表的第一个元素结点，每一行链表的表头结点的 right 域指向该行链表的第一个元素结点。由于各行、列链表头结点的 row 域、col 域和 v 域均为零，行链表头结点只用 right 指针域，列链表头结点只用 down 指针域，故这两组表头结点可以合用，也就是说对于第 i 行的链表和第 i 列的链表可以共用同一个头结点。为了方便地找到每一行或每一列，将每行或每列的所有头结点链接起来。因为头结点的值域空闲，可以用头结点的值域作为连接各头结点的链域，使得第 i 行（列）的头结点的链域指向第 i＋1 行（列）的头结点，以此类推，形成一个循环表。这个循环表又有一个头结点，这就是最后的总头结点，指针 HA 指向它。总头结点的 row 和 col 域存储原矩阵的行数和列数。

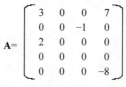

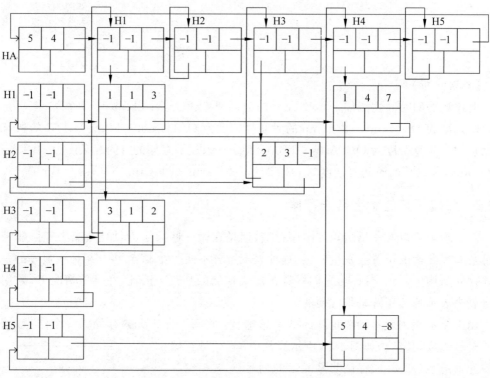

图 4-17　矩阵的十字链表存储示意图

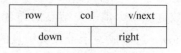

因为非头结点的非零元素结点的值域是 datatype 类型，而表头结点在值域占用的存储空间内需要存放一个指针，为了使整个结构的结点一致，我们规定表头结点和其他结点有同样的结构，因此将结点原来的值域用一个联合数据类型来表示，改进后的结点结构如图 4-18 所示。

row	col	v/next
down		right

图 4-18　十字链表中非零元素和表头共用的结点结构

结点的结构定义如下。

```
typedef  struct  node
{  int  row, col;
    struct node * down , * right;
    union  v_next
    {  datatype  v;              //非头结点存放数组元素值
        struct node  * next;     //头结点存放指针
    }                            //联合数据类型
}MNode, * MLink;
```

　　这里将介绍两个算法,创建一个稀疏矩阵的十字链表,以及演示用十字链表表示的两个稀疏矩阵的相加运算。

1. 建立稀疏矩阵 A 的十字链表

　　算法思想：首先建立每行(每列)只有头结点的空链表,并建立由这些头结点形成的循环链表。然后每输入一个三元组,都将其结点按其列号的大小插入到第 i 个行链表中,同时也按其行号的大小将该结点插入到第 j 个列链表中。

　　首先输入的信息是：m(A 的行数)、n(A 的列数)和 r(非零项的数目),然后输入 r 个形如(i,j,a_{ij})的三元组。

　　在算法中将利用一个辅助数组 MNode * hd[s+1],其中 s＝max(m, n),hd[i]指向第 i 行(第 i 列)链表的头结点。这样做可以在建立链表时随机地访问任何一行(列),为建表带来方便。

【算法 4.6】

```
MLink CreatMLink(int max)                    /* 返回十字链表的头指针 */
{/* max 为矩阵行列的最大值 */
  MLink H;
  MNode * p, * q, * hd[20];
  int i,j,m,n,t,k;
  datatype v;
  printf("请输入行、列和非零元素个数:");
  scanf("%d%d%d",&m,&n,&t);
  H=(MLink)malloc(sizeof(MNode));              /* 申请总头结点 */
  H->row=m; H->col=n;
  hd[0]=H;
  for(i=1; i<=max; i++)
  {   p=(MLink)malloc(sizeof(MNode));          /* 申请第 i 个头结点 */
      p->row=-1; p->col=-1;                    //标识头结点
      p->right=p; p->down=p;
      hd[i]=p;
      hd[i-1]->v_next.next=p;
      p->down=p->right=p;
  }
  hd[max]->v_next.next=hd[0];                  /* 将头结点形成循环链表 */
  for (k=1;k<=t;k++)
  {   printf("请输入%d 个非零元素的行、列和值;",k);
      scanf ("%d%d%d",&i,&j,&v);               /* 输入一个三元组,设值为 int */
      p=(MLink)malloc(sizeof(MNode));          //申请新结点
      p->row=i ; p->col=j; p->v_next.v=v;
      /* 以下是将 * p 插入第 i 个行链表中,且按列号排序 */
      q=hd[i+1];
      while( q->right!=hd[i+1] && (q->right->col)<j )   /* 按列号找位置 */
          q=q->right;
```

```
        p->right=q->right;                    /*将 *p插入到*q之后*/
        q->right=p;
        /*以下是将*p插入第j个行链表中,且按行号排序*/
        q=hd[j+1];
        while ( q->down!=hd[j+1] && (q->down->row)<i )   /*按行号找位置*/
            q=q->down;
        p->down =q->down;                     /*插入*/
        q->down =p;
        }                                      /* for k */
    return H;
    }
```

【算法分析】

上述算法中,建立头结点循环链表的时间复杂度为O(max)。在插入每个结点到相应的行表和列表时,都要在链表中寻找插入位置,所以总的时间复杂度为O(t×max)。该算法对三元组的输入顺序没有要求。如果输入三元组时是按行(或列)为主序输入的,则每次将新结点插入到链表的尾部,此优化后的时间复杂度为O(max+t)。

2. 基于十字链表的稀疏矩阵的显示

算法思想:从头结点依次得到行链表的表头结点,再对行链表依序显示每个结点的行、列和非零值。算法如下。

【算法4.7】

```
void dispMLink(MLink H)
{   MLink p=H->v_next.next,q;
    printf("\n行=%d,列=%d\n\n",H->row,H->col);
    while(p!=H)
    {   q=p->right;
        while(q!=p)
        {   printf("%6d%6d%6d\n",q->row,q->col,q->v_next.v);
            q=q->right;
        }
        p=p->v_next.next;
    }
}
```

3. 两个十字链表表示的稀疏矩阵的加法

已知两个稀疏矩阵A和B,分别采用十字链表存储,计算C=A+B,C也采用十字链表方式存储,并且在A的基础上形成C。

由矩阵的加法规则可知,只有A和B的行和列对应相等,二者才能相加。C中的非零元素c_{ij}只可能有3种取值:$a_{ij}+b_{ij}$、$a_{ij}(b_{ij}=0)$或$b_{ij}(a_{ij}=0)$,因此当把B加到A上时,对A十字链表的当前结点来说,对应下列四种情况:①改变结点的值($a_{ij}+b_{ij}\neq0$);②不改变结点的值($b_{ij}=0$);③插入一个新结点($a_{ij}=0$);④删除一个结点($a_{ij}+b_{ij}=0$)。整个运算从矩阵的第一行起逐行进行。对每一行都从行表的头结点出发,分别找到A和

B 在该行中的第一个非零元素结点后开始比较,然后按 4 种不同情况分别处理。设 pa 和 pb 分别指向 A 和 B 的十字链表中行号相同的两个结点,4 种情况如下:

(1) 若 pa->col==pb->col 且 pa->v+pb->v≠0,则只要用 $a_{ij}+b_{ij}$ 的值改写 pa 所指结点的值域即可。

(2) 若 pa->col==pb->col 且 pa->v+pb->v=0,则需要在矩阵 A 的十字链表中删除 pa 所指结点,此时需改变该行链表中前趋结点的 right 域,以及该列链表中前趋结点的 down 域。

(3) 若 pa->col < pb->col 且 pa->col≠-1(即不是表头结点),则只需要将 pa 指针向右推进一步,并继续进行比较。

(4) 若 pa->col > pb->col 或 pa->col==-1(即是表头结点),则需要在矩阵 A 的十字链表中插入一个 pb 所指结点。

由前面建立的十字链表算法可知,总表头结点的行列域存放的是矩阵的行和列,而各行(列)链表的头结点的行列域值为-1,各非零元素结点的行列域值不会为-1。下面的算法分析以上 4 种情况,利用了这些信息来判断是否为表头结点。两个以十字链表存储的稀疏矩阵相加的算法如下。

【算法 4.8】

```
MLink AddMat (MLink Ha, MLink Hb)
{   MNode  * p, * q, * pa, * pb, * ca, * cb, * qa;   DataType x;
    if (Ha->row!=Hb->row || Ha->col!=Hb->col) return NULL;
    ca=Ha->v_next.next;              /* ca 初始指向 A 矩阵中第一行表头结点 */
    cb=Hb->v_next.next;              /* cb 初始指向 B 矩阵中第一行表头结点 */
    do { pa=ca->right;              /* pa 指向 A 矩阵当前行中第一个结点 */
        qa=ca;                      /* qa 是 pa 的前驱 */
        pb=cb->right;               /* pb 指向 B 矩阵当前行中第一个结点 */
        while (pb->col!=-1)         /* 当前行没有处理完 */
        {  if(pa->col < pb->col && pa->col!=-1 )     /* 第三种情况 */
            {  qa=pa; pa=pa->right;  }
            else if (pa->col > pb->col || pa->col ==-1) /* 第四种情况 */
            {  p=(MLink)malloc(sizeof(MNode));
                p->row=pb->row; p->col=pb->col;
                p->v_next.v=pb->v_next.v;
                p->right=pa;qa->right=p;   /* 新结点插入 * pa 的前面 */
                qa=p;
                /* 新结点要插到列链表的合适位置,先找位置,再插入 */
                q=Find_JH(Ha,p->row,p->col); /* 从链表的头结点找起 */
                p->down=q->down;            /* 插在 * q 的后面 */
                q->down=p; pb=pb->right;
            }                              /* else if */
            else                           /* 第一、二种情况 */
            {  x=pa->v_next.v+pb->v_next.v;
                if (x==0)                  /* 第二种情况 */
```

```
            {   qa->right=pa->right;    /*从行链中删除*/
                /*从列链中删除,找*pa的列前驱结点*/
                /*从列链表的头结点找起*/
                q=Find_JH (Ha,pa->row,pa->col);
                q->down=pa->down;
                free (pa);
            }                           /*if (x==0)*/
            else                        /*第一种情况*/
            {   pa->v_next.v=x; qa=pa;  }
            pa=pa->right; pb=pb->right;
        }                               //end_if
    }                                   /*end_while(pb->col!=-1)*/
    ca=ca->v_next.next;                 /*ca指向A中下一行的表头结点*/
    cb=cb->v_next.next;                 /*cb指向B中下一行的表头结点*/
    } while (ca->row==-1);              /*若还有未处理完的行则继续*/
    return Ha;
}
```

在上面的算法中用到了一个函数 Find_JH()。函数 MLink Find_JH(MLink H, int row, int col)的功能是：根据行号 row 和列号 col，找出对应(row,col)在十字链表 H 中的前驱结点并返回，算法如下。

```
MLink Find_JH (MLink Ha, int row,int col)
{   MLink p=Ha->v_next.next;int j=1;
    while(j<col+1)
    {//让p指向第col列链表的头结点
        p=p->v_next.next; j++;
    }
    while(p->down->col!=-1&&p->down->row<row-1)p=p->down;
    return p;
}
```

4.4 广 义 表

线性表是由 n 个数据元素组成的有限序列，其中每个数据元素被限定为单元素。如果允许线性表中的数据元素也是一个线性表时，就称这种拓宽了的线性表是广义表。

4.4.1 广义表的定义和基本运算

1. 广义表的定义和性质

广义表(Generalized List)是 $n(n \geq 0)$ 个数据元素 $a_1, a_2, \cdots, a_i, \cdots, a_n$ 的有序序列，一般记作：

$$ls=(a_1, a_2, \cdots, a_i, \cdots, a_n)$$

其中：ls 是广义表的名称，n 是广义表的长度。每个 $a_i(1 \leqslant i \leqslant n)$ 是 ls 的成员，它可以是逻辑上不能再分解的单个元素，也可以是作为广义表中元素的一个广义表，分别称为广义表 ls 的原子和子表。当广义表 ls 非空时，称第一个元素 a_1 为 ls 的表头（head），并称其余元素组成的表 $(a_2, \cdots, a_i, \cdots, a_n)$ 为 ls 的表尾（tail）。显然，广义表的定义是递归的。广义表的深度是指表展开后所含括号的层数。

广义表中的元素全部为原子，并且类型相同时即为线性表。广义表可以看成线性表的推广，线性表是广义表的特例。

为书写清楚起见，通常用大写字母表示广义表，用小写字母表示单个数据元素，广义表用括号括起来，括号内的数据元素用逗号分隔开。下面是一些广义表的例子：

A＝()；B＝(e)；C＝(a,(b,c,d))；D＝(A,B,C)；E＝(a,E)；F＝(())。

表 A 的长度为 0，深度为 1；表 B 的长度为 1，深度为 1；表 C 的长度为 2，深度为 2。

2. 广义表的性质

从上述广义表的定义和例子，可以得到广义表的下列重要性质：

(1) 广义表是一种多层次的数据结构。广义表的元素可以是原子，也可以是子表，而子表的元素还可以是子表，等等。

(2) 广义表可以是递归的表。广义表的定义并没有限制元素的递归，即广义表也可以是其自身的子表。例如表 E 就是一个递归的表。

(3) 广义表可以为其他表所共享。例如，表 A、表 B、表 C 是表 D 的共享子表。在 D 中可以不必列出子表的值，而用子表的名称来引用。

3. 广义表结构的分类

- 纯表：任意一个元素（原子、子表）只在广义表中出现一次。纯表对应一棵树。
- 再入表：允许结点共享的广义表。如果再入表中没有回路，则对应一个 DAG（有向无环图）。如果再入表中允许回路，可以对应于任意的有向图。
- 递归表：允许递归的广义表。

4. 广义表的表示

(1) 广义表的图形化表示。用 ○ 表示子表，用 □ 表示原子，如图 4-19 所示。

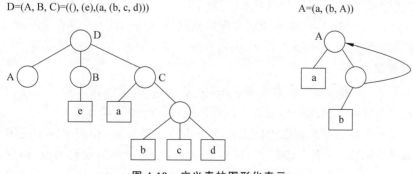

图 4-19　广义表的图形化表示

(2) 广义表的字符串表示。当每个子表都有一个名字时，可用字符串表示广义表。

如 D＝(A，B，C)＝(( )，(e)，(a，E(b,c,d)))可以表示为 D(A()，B(e)，C(a，E(b,c,d)))。

5. 广义表的基本运算

广义表有两个重要的基本操作,即取表头操作(Head)和取表尾操作(Tail)。

根据广义表的表头和表尾的定义可知,对于任意一个非空的列表,其表头可能是单元素或列表,而表尾必为列表。例如:

B＝(e),Head(B)＝e,Tail(B)＝();

C＝(a,(b,c,d)),Head(C)＝a,Tail(C)＝((b,c,d));

D＝(A,B,C),Head(D)＝A,Tail(D)＝(B,C);

E＝(a,E),Head(E)＝a,Tail(E)＝(E);

F＝(()),Head(F)＝(),Tail(F)＝()。

此外,在广义表上可以定义与线性表类似的一些操作,如建立、插入、删除、拆开、连接、复制和遍历等。

- CreateLists(ls):根据广义表的书写形式创建一个广义表 ls。
- IsEmpty(ls):若广义表 ls 空,则返回 True;否则返回 False。
- Length(ls):求广义表 ls 的长度。
- Depth(ls):求广义表 ls 的深度。
- Locate(ls,x):在广义表 ls 中查找数据元素 x。
- Merge(ls1,ls2):以 ls1 为头并以 ls2 为尾建立广义表。
- CopyGList(ls1,ls2):复制广义表,即按 ls1 建立广义表 ls2。
- Head(ls):返回广义表 ls 的头部。
- Tail(ls):返回广义表的尾部。

4.4.2 广义表的存储

由于广义表中的数据元素可以具有不同的结构,因此难以用顺序的存储结构来表示。而链式的存储结构分配较为灵活,易于解决广义表的共享与递归问题,所以通常都采用链式的存储结构来存储广义表。在这种表示方式下,每个数据元素可用一个结点表示。

按结点形式的不同,广义表的链式存储结构又可分为两种:一种称为头尾表示法,另一种称为扩展线性链表表示法。

1. 头尾表示法

若广义表非空,则可分解成表头和表尾;反之,一对确定的表头和表尾可唯一地确定一个广义表。头尾表示法就是根据这一性质而设计的一种存储方法。

由于广义表中的数据元素既可能是列表也可能是单元素,相应地在头尾表示法中结点的结构形式有两种:一种是表结点,用以表示列表;另一种是元素结点,用以表示单元素。在表结点中应该包括分别指向表头和表尾的指针;而在元素结点中应该包括所表示单元素的元素值。为了区分这两类结点,在结点中还要设置一个标志域,如果标志为 1,则表示该结点为表结点;如果标志为 0,则表示该结点为元素结点。其形式定义说明如下。

```
typedef  enum {ATOM, LIST} Elemtag;        /* ATOM=0:单元素;LIST=1:子表 */
typedef  struct  GLNode
{  Elemtag  tag;                           /* 标志域,用于区分元素结点和表结点 */
   union                                   /* 元素结点和表结点的联合部分 */
   {  datatype  data;                      /* data是元素结点的值域 */
      /* ptr是结构体成员,ptr.hp和ptr.tp分别指向表头和表尾 */
      struct { struct GLNode  * hp, * tp} ptr;
   }
}GLNode, * GList;                          /* 广义表类型 */
```

头尾表示法的结点形式如图 4-20 所示。

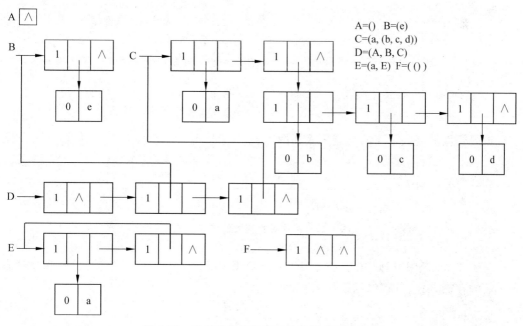

图 4-20　广义表的头尾表示法的结点形式示例

对于 4.4.1 节所列举的广义表 A、B、C、D、E 和 F,若采用头尾表示法的存储方式,其存储结构如图 4-21 所示。

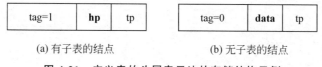

tag=1	**hp**	tp		tag=0	**data**	tp

(a) 有子表的结点　　　　　　　　(b) 无子表的结点

图 4-21　广义表的头尾表示法的存储结构示例

从图 4.21 的存储结构示例中可以看出,采用头尾表示法容易分清列表中单元素或子表所在的层次。例如,在广义表 D 中,单元素 a 和 e 在同一层次上,而单元素 b、c、d 在同一层次上且比 a 和 e 低一层,子表 B 和 C 也在同一层次上。另外,最高层的表结点的个数即为广义表的长度。例如，在广义表 D 的最高层有三个表结点，其广义表的长度为 3。

2. 扩展线性链表表示法

广义表的另一种表示法称为扩展线性链表表示法。在这种表示法中，也有两种结点形式：一种是有子表的结点，用以表示列表；另一种是无子表的结点，用以表示单元素。在有子表的结点中包括一个指向第一个子表的指针和一个指向下一个子表的指针；而在无子表的结点中，则包括一个指向下一个子表的指针和该元素的元素值。为了能区分这两类结点，在结点中还要设置一个标志域。如果标志为 1，则表示该结点为有子表的结点；如果标志为 0，则表示该结点为无子表的结点。其形式定义说明如下。

```
typedef  enum {ATOM, LIST} Elemtag;      /* ATOM=0:单元素;LIST=1:子表 */
typedef  struct  GLENode
{  Elemtag  tag;                          /* 标志域,用于区分元素结点和表结点 */
   union                                  /* 元素结点和表结点的联合部分 */
   {  datatype  data;                     /* 元素结点的值域 */
      struct GLENode  * hp;               /* 表结点的表头指针 */
   };
   struct GLENode  * tp;                   /* 指向下一个结点 */
}GLENode, * EGList;                        /* 广义表类型 */
```

扩展线性链表表示法的结点形式如图 4-22 所示。

(a) 有子表的结点   (b) 无子表的结点

图 4-22 扩展线性链表的结点形式

对于 4.2.1 节中所列举的广义表 A、B、C、D、E 和 F，若采用带头结点的扩展线性链表表示法的存储方式，其存储结构如图 4-23 所示。

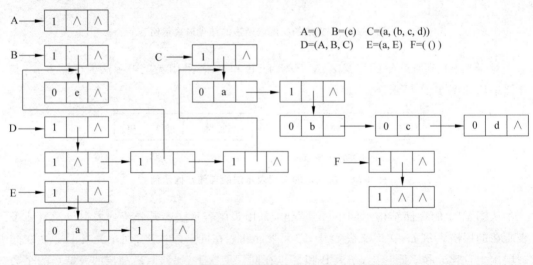

图 4-23 广义表的扩展线性链表表示法的存储结构示例

从图 4-23 的存储结构示例中可以看出,采用扩展线性链表表示法时,广义表的表达式中的左括号"("对应存储表示中的 tag＝1 的结点,且最高层结点的 tp 域必为 NULL。

4.4.3 广义表基本操作的实现

这里以头尾表示法存储广义表,讨论广义表的有关操作的实现。由于广义表的定义是递归的,因此相应的算法一般也都是递归的。

1. 广义表的取表头和表尾

取广义表的表头 【算法 4.9】	取广义表的表尾 【算法 4.10】
```GList Head(GList ls)``` ``` { if(ls->tag = =1) p = ls->hp;``` ``` return p;``` ``` }```	```GList Tail(GList ls)``` ``` { if (ls->tag = =1) p = ls->tp;``` ``` return p;``` ``` }```

2. 建立头尾表示的广义表存储结构
【算法 4.11】

```
int  CreateGList(GList * ls, char * S)
{  GList  p,q;  char sub[100], hsub[100];  int i,j;
   if (strlen(S)==0 || S[0]=='(' && S[1]==')') * ls = NULL;
   else
   {  if (!( * ls = (GList)malloc(sizeof(GLNode)))) return  0;
      if (strlen(S) ==1)                         //创建原子结点
      { ( * ls)->tag = ATOM;  ( * ls)->data = * S; }
      else
      { ( * ls)->tag = LIST;  p = * ls;          //创建表结点
         for(j=0, i=1; i<strlen(S)-1; i++) sub[j++]=S[i];
         sub[j]='\0';                            //去掉表的最外层的一对圆括号
         do {   getStrHeadRail(sub, hsub);       //获取表头和表尾字符串
               CreateGList(&(p->ptr.hp),hsub);   //创建表头
               q = p;
               if (strlen(sub))                  //创建表尾
               {  if (!(p = (GList)malloc(sizeof(GLNode)))) return 0;
                   p->tag = LIST; q->ptr.tp = p;
               }
         }while (strlen(sub));
         q->ptr.tp = NULL;
      }
   }
   return 1;
}
//获取表头和表尾字符串
```

```
void  getStrHeadRail(char * str, char * hstr)
{   int i=0,j=0,r=0,k=0;   char s[100];
    while(str[i]!='\0' && (str[i]!=','||k!=0) )
    {   if(str[i]=='(')k++;
        else if(str[i]==')')k--;
        if(str[i]!=','||(str[i]==',' && k!=0))
        {   hstr[j++]=str[i++]; }
    }
    hstr[j]='\0';                               //表头字符串
    if(str[i]==',')  i++;
    while(str[i])s[r++]=str[i++];
    s[r]='\0';                                  //表尾字符串
    strcpy(str,s);
}
```

3. 以表头和表尾建立广义表

【算法 4.12】

```
int  Merge(GList ls1,GList ls2, Glist * ls)
{   if (!(* ls = (GList)malloc(sizeof(GLNode))))   return 0;
    * ls->tag = 1;   * ls->hp = ls1;   * ls->tp = ls2;   return 1;
}
```

4. 求广义表的深度和长度

【算法 4.13】

```
int DepthGList(GList ls)            //求深度
{   if (!ls) return  1;                /* 空表深度为 1 */
    if (ls->tag ==ATOM) return   0;    /* 单元素深度为 0 */
    for (max = 0,p = ls; p; p = p->ptr.tp)
    {   dep = DepthGList(p->ptr.hp);   /* 求以 p->ptr.hp 表头表示的子表深度 */
        if (dep > max)  max = dep;
    }
    return max+1;                      /* 非空表的深度是各元素的深度的最大值加 1 */
}
```

【算法 4.14】

```
int LengthGlist(GList ls)            //求长度
{   int Number=0; GList p=ls;
    while(p)
    {   Number++;
        p=p->ptr.tp;
    }
    return Number;
}
```

5. 输出广义表

【算法 4.15】

```
void PrintGList(GList ls)
{   GList q,p;
    printf("(");
    while(ls)
    {   p=ls->ptr.hp;                                //p 指向表头
        q=ls->ptr.tp;                                //q 指向表尾
        while(p!=NULL && q!=NULL && p->tag==ATOM)    //p 为原子结点,并且有后续结点
        {   printf("%c,",p->data);   p=q->ptr.hp;  q=q->ptr.tp;   }
        if(p!=NULL && q==NULL && p->tag==ATOM)       //p 为原子结点,并且没有后续结点
        { printf("%c",p->data); break;   }
        else
        {   if(p==NULL) printf("()");                //p 为空表
            else  PrintGList(p);
            if(q!=NULL) printf(",");                 //还存在着后续的结点
            ls=q;
        }
    }
    printf(")");
}
```

建议读者自行完成用扩展线性链表所表示的广义表的上述算法。

4.5 本 章 小 结

本章主要阐述了多维数组的存储,特别强调了多维数组的存储结构与一维数组的存储结构的关系,多维数组可按一维数组使用,大大提高了数组作为函数参数传递时的通用性和灵活性。

矩阵与数组具有对应关系,本章介绍了特殊矩阵的存储,包括:对称矩阵、三角矩阵、带状矩阵和稀疏矩阵。本章重点讨论了稀疏矩阵的三元组表和十字链表存储结构,并给出了基于三元组表的矩阵转置和乘法,以及基于十字链表的矩阵求和。

广义表能够表示复杂的数据结构,是人工智能语言 LISP 常用的一种数据结构。本章重点描述了广义表的存储结构。

4.6 习题与实验

一、单项选择题

1. 假设有 60 行 70 列的二维数组 a[1…60,1…70]以列序为主序顺序存储,其基地址为 10000,每个元素占 2 个存储单元,那么第 32 行第 58 列的元素 a[32,58]的存储地址为

（   ）。（无第 0 行第 0 列元素）

  (A) 16902   (B) 16904

  (C) 14454   (D) A，B，C 均不对

  2. 设矩阵 A 是一个对称矩阵，为了节省存储，将其下三角部分（如下图所示）按行序存放在一维数组 B[1，n(n−1)/2]中，对于下三角部分中任一元素 $a_{i,j}(i \leqslant j)$，在一维数组 B 中下标 k 的值是（   ）。

$$A = \begin{bmatrix} a_{1,1} & & & \\ a_{2,1} & a_{2,2} & & \\ \vdots & \vdots & \ddots & \\ a_{n,1} & a_{n,2} & \cdots & a_{n,n} \end{bmatrix}$$

  (A) i(i−1)/2+j−1   (B) i(i−1)/2+j

  (C) i(i+1)/2+j−1   (D) i(i+1)/2+j

  3. 从供选择的答案中，选出应填入下面叙述（   ）内的最确切的解答，把相应编号写在答卷的对应栏内。

  有一个二维数组 A，行下标的范围是 0～8，列下标的范围是 1～5，每个数组元素用相邻的 4 个字节存储。存储器按字节编址。假设存储数组元素 A[0,1]的第一个字节的地址是 0。存储数组 A 的最后一个元素的第一个字节的地址是___A___。若按行存储，则 A[3,5]和 A[5,3]的第一个字节的地址分别是___B___和___C___。若按列存储，则 A[7,1]和 A[2,4]的第一个字节的地址分别是___D___和___E___。

  供选择的答案：

  A～E：①28 ②44 ③76 ④92 ⑤108 ⑥116 ⑦132 ⑧176 ⑨184 ⑩188

  答案：A=_____ B=_____ C=_____ D=_____ E=_____

  4. 从供选择的答案中，选出应填入下面叙述_____内的最确切的解答，把相应编号写在答卷的对应栏内。

  有一个二维数组 A，行下标的范围是 1～6，列下标的范围是 0～7，每个数组元素用相邻的 6 个字节存储，存储器按字节编址。那么，这个数组的体积是___A___个字节。假设存储数组元素 A[1,0]的第一个字节的地址是 0，则存储数组 A 的最后一个元素的第一个字节的地址是___B___。若按行存储，则 A[2,4]的第一个字节的地址是___C___。若按列存储，则 A[5,7]的第一个字节的地址是___D___。

  供选择的答案：

  A～D：(1)12 (2)66 (3)72 (4)96 (5)114 (6)120 (7)156 (8)234 (9)276 (10)282 (11)283 (12)288

  答案：A=_____ B=_____ C=_____ D=_____ E=_____

  5. 广义表 A=(a,b,(c,d),(e,(f,g)))，则 Head(Tail(Head(Tail(Tail(A)))))的值为（   ）。

  (A) g   (B) d   (C) c   (D) d

6. 广义表((a,b,c,d))的表头是(　　　),表尾是(　　　)。

  (A) a　　　　　　　(B) ()　　　　　　　(C) (a,b,c,d)　　　　(D) (b,c,d)

7. 广义表 L＝((a,b,c)),则 L 的长度和深度分别为(　　　)。

  (A) 1 和 1　　　　　(B) 1 和 3　　　　　(C) 1 和 2　　　　　(D) 2 和 3

二、简答题

1. 已知二维数组 $A_{m,m}$ 采用按行优先顺序存放,每个元素占 K 个存储单元,并且第一个元素的存储地址为 $Loc(a11)$,请写出求 $Loc(a_{ij})$ 的计算公式。如果采用列优先顺序存放呢?

2. 简述三元组和十字链表存储结构的特点以及适用场合。

三、计算题

1. 用三元组表表示下列稀疏矩阵。

$$(1)\quad\begin{bmatrix} 0 & 0 & 0 & 0 & 0 & -2 \\ 0 & 0 & 0 & 0 & 9 & 0 \\ 0 & 0 & 0 & 0 & 0 & 0 \\ 0 & 0 & 5 & 0 & 0 & 0 \\ 0 & 0 & 0 & 0 & 0 & 0 \\ 0 & 0 & 0 & 0 & 3 & 0 \end{bmatrix}$$

2. 下列各三元组表分别表示一个稀疏矩阵,试写出它们对应的稀疏矩阵。

$$(1)\quad\begin{bmatrix} 6 & 4 & 6 \\ 1 & 2 & 2 \\ 2 & 1 & 12 \\ 3 & 1 & 3 \\ 4 & 4 & 4 \\ 5 & 3 & 6 \\ 6 & 1 & 16 \end{bmatrix} \qquad (2)\quad\begin{bmatrix} 4 & 5 & 5 \\ 1 & 1 & 1 \\ 2 & 4 & 9 \\ 3 & 2 & 8 \\ 3 & 5 & 6 \\ 4 & 3 & 7 \end{bmatrix}$$

四、算法设计题

试设计一个算法,将数组 A[n] 中的元素 A[0]～A[n-1] 循环右移 k 位,并要求只用一个元素大小的附加存储,元素移动或交换次数为 $O(n)$。

第 5 章

树和二叉树

　　读史可以明鉴,知古可以鉴今。中国古代大量鸿篇巨制为中华文明和人类文明做出了重大贡献。坚定文化自信首先要对民族文化有更准确的理解。以二十四史为代表的纪传体正史与中华民族数千年文明相依相伴,是世界上唯一载录绵延数千年的信史,成为一代又一代中国人可以源源不断汲取的智慧源泉。

　　作为二十四史之首的《史记》,是司马迁以"究天人之际,通古今之变,成一家之言"的史识,专注十四年创作的中国第一部纪传体通史,被鲁迅誉为"史家之绝唱,无韵之离骚",对后世具有非常大的影响。《史记》记载了上至皇帝时代,下至武帝太初四年间共 3000 年的历史。我们可以通过图 5-1 来了解这一部亘古通今的千年巨著。

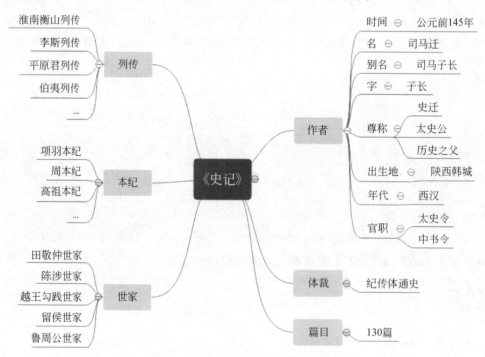

图 5-1 《史记》结构图

　　这种最简单的思维导图把所有的信息都组织在一个树状的结构图上,可以加强对信息的记忆与理解。树结构不仅可以被用于构建思维导图,还可以用于组织机构管理。

　　本章将介绍这种树状结构,包括其逻辑结构、存储结构以及基本操作,并将给出实际应用问题的案例实现。

5.1 问题的提出

问题 1：某大学设有若干个职能处室和院系，每个职能处室又根据业务需要设置若干个科室和研究所，而每个院系按专业和学科方向设置不同的教研室、研究所和实验室。要求对机构的设置进行动态管理，并提供创建、删除、增加、查询和显示等功能。

这些部门之间的关系如图 5-2 所示。

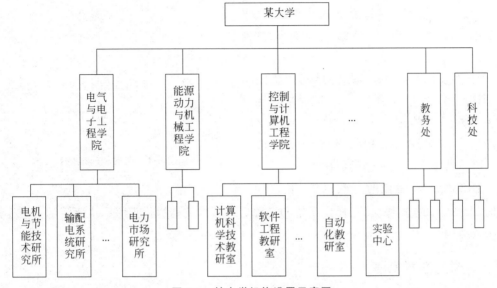

图 5-2 某大学机构设置示意图

问题 2：在表达式求值中，如何存储表达式才能更便于计算表达式的值？

在第 3 章介绍了两种表达式求值的方法。无论是原表达式还是后缀表达式都是以字符串形式存储，这需要事先确定存储空间的大小。如果可以根据算术表达式动态分配存储空间，并且可方便地进行表达式求值，则可以有效解决一些应用系统中的表达式计算问题。

图 5-3 是表达式 a+(b*c−d/e)对应的二叉树存储结构，其后序遍历序列"abc*de/−+"是原表达式的后缀表达式。

问题 1 中各个部门的名称是数据元素，问题 2 中的操作对象和运算符是数据元素，数据元素之间的关系不再是线性关系，而是层次关系。相邻两层中，上一层的一个数据元素可以与下一层的多个数据元素有关系，下一层的一个数据元素只能与上一层的一个数据元素有关系。这种关系称为一对多的层次关系，即

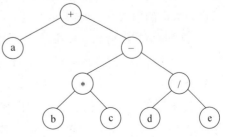

图 5-3 表达式的二叉树存储示意图

1∶n。我们把具有这种层次关系的结构称为树状结构。

5.2　树的定义和基本术语

5.2.1　树的递归定义

树是由根结点和子树组成，具有以下特征。

（1）有一个特定的称为该树之根的结点，即根结点。

（2）结点数 n＝0 时，表示树是空树。

（3）结点数 n＞0 时，有 m(m≥0) 个互不相交的有限结点集，每个结点集对应一棵子树。

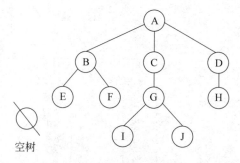

图 5-4　空树和一般的树

树的定义说明了树是一种递归的数据结构，即树中包含树。如图 5-4 所示的是一棵空树和一棵一般的树。在图 5-4 中，A 是根结点，有三棵子树，B 是子树的根结点，有两棵子树。树的结点之间有明确的层次关系。

通常，企事业单位的行政机构、书的目录结构、人类的家族血缘关系、操作系统的资源管理器以及结构化程序模块之间的关系等都是树状结构。

5.2.2　树的基本术语

下面根据树的特征，分类给出树的基本术语描述。

1. 树的结点

包含一个数据元素及若干指向其子树的分支。

2. 树的规模

树的规模包括结点的度、树的度、结点的层次、树的高度（深度）和树的宽度。

（1）结点的度：结点拥有的子树数。如图 5-4 中结点 A 的度为 3，结点 B 的度为 2，结点 C 的度为 1，结点 E 的度为 0。

（2）树的度：树中各结点度的最大值。如图 5-4 中的树，度为 3。

（3）结点的层次：根为第一层，根的孩子为第二层，以此类推。

（4）树的深度（高度）：树中结点的最大层次。如图 5-4 中非空树的深度是 4。

（5）树的宽度：树中各层的结点数的最大值。如图 5-4 中非空树的宽度是 4。

3. 结点

结点分为叶子（终端结点）、根和内部结点（非终端结点、分支结点）。

（1）根结点：无前驱。如图 5-4 中的结点 A。

（2）叶子（终端结点）：度为零的结点，无后继。如图 5-4 中的结点 E、F、I、J 和 H。

（3）分支结点（非终端结点）：度不为零的结点。除根结点外,分支结点也称内部结点(1 个前驱,多个后继)。如图 5-4 中的结点 B、C、D 和 G。

4. 结点间的关系

根据结点所在层次与其上层、下层以及同层的关系,结点之间存在以下关系：

（1）孩子：结点的子树的根称为该结点的孩子。相应地,该结点称为孩子的双亲。如图 5-4 中结点 B、C、D 是结点 A 的孩子;结点 A 是结点 B、C、D 的双亲。

（2）兄弟：同一双亲的孩子之间互为兄弟。如图 5-4 中的结点 B、C、D 互为兄弟,它们共同的双亲是 A。

（3）祖先：结点的祖先是从根到该结点所经分支上的所有结点。如图 5-4 中的结点 I 的祖先是 A、C、G。

（4）子孙：以某结点为根的子树中的任一结点都称为该结点的子孙。如图 5-4 中的结点 C 的子孙是 G、I、J。

5. 兄弟间的关系

根据兄弟间的关系,一棵树的子树分为无序树和有序树。

如图 5-5 所示的两棵树根结点相同,构成子树的结点相同,但子树的顺序不同,它们是两棵不同的有序树。

森林指 m（m≥0）棵互不相交的树的集合,任何一棵非空树是一个二元组,即 Tree ＝（root,F1）,其中 root 称为根结点,F1 称为子树森林,如图 5-6 所示。

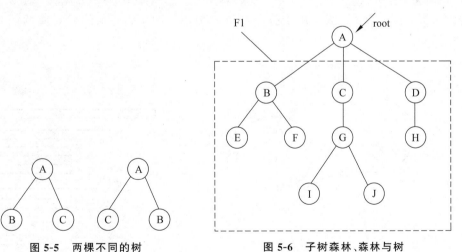

图 5-5　两棵不同的树

图 5-6　子树森林、森林与树

5.2.3　树的表示

1. 结点连线表示

连线意指上方结点是下方结点的前驱（双亲）,下方结点是上方结点的后继（孩子）。如图 5-7 所示,结点 A 与结点 B 的连线表示结点 A 是结点 B 的双亲,结点 B 是结点 A 的孩子。

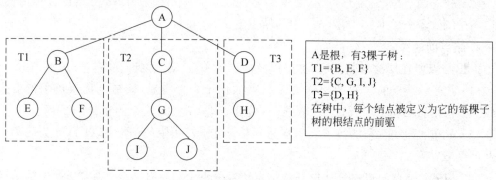

图 5-7   一棵树的结点连线示例

2. 二元组表示

如图 5-7 所示的树可表示为：$T=(D, R)$，其中，$D=\{A,B,C,D,E,F,G,H,I,J\}$，$R=\{<A,B>,<A,C>,<A,D>,<B,E>,<B,F>,<C,G>,<D,H>,<G,I>,<G,J>\}$。

3. 集合图表示

每棵树对应一个圆形，圆内包含根结点和子树。对图 5-6 所示的树，其对应集合图的表示如图 5-8 所示。

4. 凹入表表示

每棵树的根对应一个条形，子树对应的根是一个较短的条形，同一层次的结点对应等长度的条形，这种表示方法常用于打印和屏幕输出。图 5-7 所示的树对应的凹入表如图 5-9 所示。

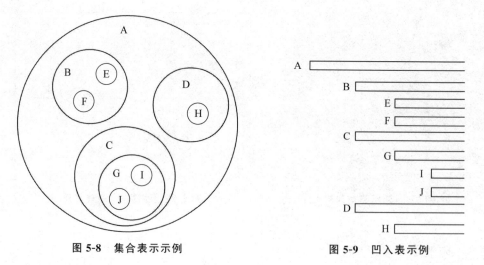

图 5-8   集合表示示例   图 5-9   凹入表示示例

5. 广义表表示

假设树的根为 root，子树为 T1，T2，…，Tn，与该树对应的广义表为 L，则 L＝（原子（子表 1，子表 2，…，子表 n）），其中原子对应 root，子表 i（1<i≤n）对应 Ti。图 5-6 所示的树对应的广义表为 A(B(E,F)，C(G(I,J))，D(H))。广义表表示法既可用于输入一

棵树,又可用于显示一棵树。

5.2.4　树的抽象数据类型描述

树的抽象数据类型描述如下。

```
ADT Tree
{ 数据对象:具有相同数据类型的数据元素集合。
  数据关系:具有一对多的层次关系。
  基本操作:
    Initiate(&T):初始化空树。
    Root(T):求根结点。
    Parent(T, x):求当前结点的双亲结点。
    Child(T, x, i):求树 T 中结点 x 的第 i 个孩子。
    Right_Sibling(T, x):求结点 x 的右兄弟。
    Crt_Tree(&T, x, F):以结点 x 为根并以 F 为子树森林构造树 T。
    Ins_Tree(&T, y, i, x):将以 x 为根的子树作为结点 y 的第 i 棵子树插入树 T 中。
    Del_Child(&T, x, i):将树 T 中结点 x 的第 i 棵子树删除。
    Traverse_Tree(T):按某种次序依次访问树中各个结点,并使每个结点只被访问一次。
    Clear(&T):清除树结构。
}ADT Tree
```

由于树状结构的子树个数可多可少,其操作相对复杂。但是树与二叉树可以相互转换,只要掌握了有关二叉树的基本操作,就很容易实现树的基本操作。下面先讨论二叉树。

5.3　二叉树及其应用

5.3.1　二叉树的定义

二叉树可以是空树,或者是由一个根结点加上两棵分别称为左子树和右子树的互不相交的二叉树组成,如图 5-10 所示。

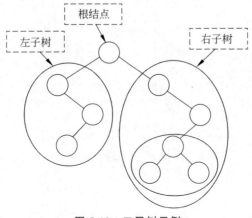

图 5-10　二叉树示例

二叉树的特点是：每个结点至多只有两棵子树，子树有左右之分，其次序不能任意颠倒。

1. 二叉树的五种基本形态

二叉树的五种基本形态如图 5-11 所示。

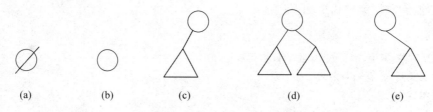

(a)　　　　　(b)　　　　　(c)　　　　　(d)　　　　　(e)

图 5-11　二叉树的五种形态

(a)空二叉树；(b)仅有根结点的二叉树；(c)右子树为空的二叉树；

(d)左右子树均为非空的二叉树；(e)左子树为空的二叉树

2. 三个结点的树

由于树的子树是不区分顺序的，所以只有两种情况，如图 5-12 所示。

3. 三个结点的二叉树

由于二叉树的子树是有序的，三个结点组成的二叉树共有 5 种情况，如图 5-13 所示。

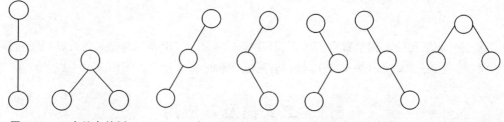

图 5-12　三个结点的树　　　　　图 5-13　三个结点的二叉树

4. 特殊的二叉树

（1）满二叉树。二叉树中每一层的结点数都达到最大，所有的叶子结点均在最后一层。图 5-14 所示的是深度为 4、结点数为 15 的满二叉树。

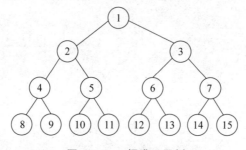

图 5-14　一棵满二叉树

（2）完全二叉树。

① 对于高度为 k 的完全二叉树，除最后一层外，其余各层都是满的，即前 k－1 层是

一棵满二叉树。

②　完全二叉树的右子树高度与左子树高度相等或少 1。最后一层可以是满的,或者是从最右边开始缺少连续的若干结点。叶子结点只能出现在最后一层或次上一层;度为 1 的结点只能出现在次上一层,一定是只有左子树的结点,如图 5-15 所示。

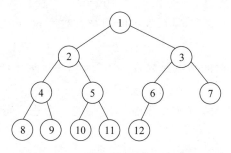

图 5-15　一棵完全二叉树

(3) 理想平衡树。在一棵二叉树中,若除最后一层外其余层都是满的,则称此树是理想平衡树,如图 5-16 所示。

满二叉树和完全二叉树是理想平衡树,但理想平衡树不一定是完全二叉树。

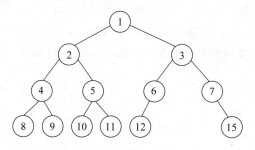

图 5-16　一棵理想平衡树

结论:二叉树是一种重要的树状结构。

5.3.2　二叉树的性质

性质 1　在二叉树的第 i 层上至多有 2^{i-1} 个结点($i \geq 1$)。

【证明】

(1) $i=1$ 时,$2^{i-1}=2^0=1$,即只有一个根结点。

(2) 设 $j=i-1$ 时命题成立,证明 $j=i$ 时命题也成立。

设第 $i-1$ 层上至多有 2^{i-2} 个结点,每个结点最多引出两个分支,在第 i 层上的结点数最多为:

$2^{i-2} \times 2 = 2^{i-1}$,命题得证。

进一步推广:m 叉树的第 i 层至多有 m^{i-1} 个结点。

性质 2　一棵深度为 k 的二叉树中,最多具有 2^k-1 个结点。

【证明】　二叉树达到最大结点数,即每一层结点数都需达到最大。设第 i 层的结点

数为 $x_i (1 \leqslant i \leqslant k)$，深度为 k 的二叉树的结点数为 M，根据性质 1，x_i 最多为 2^{i-1}，则有：

$$M = \sum_{i=1}^{k} x_i = \sum_{i=1}^{k} 2^{i-1} = 2^k - 1$$

进一步推广：深度为 k 的 m 叉树最多有 $\dfrac{m^k - 1}{m-1}$ 个结点。

性质 3　对于一棵非空的二叉树，如果叶子结点数为 n_0，度为 2 的结点数为 n_2，则有：$n_0 = n_2 + 1$。

【证明】　设 n 为二叉树的结点总数，n_1 为二叉树中度为 1 的结点数，则有：

$$n = n_0 + n_1 + n_2 \tag{5-1}$$

在二叉树中，除根结点外，其余结点都有唯一的一个进入分支。设 B 为二叉树中的分支数，那么有：

$$B = n - 1 \tag{5-2}$$

这些分支是由度为 1 和度为 2 的结点发出的，一个度为 1 的结点发出一个分支，一个度为 2 的结点发出两个分支，所以有：

$$B = n_1 + 2n_2 \tag{5-3}$$

综合式(5-1)、式(5-2)和式(5-3)式可以得到：$n_0 = n_2 + 1$。

性质 4　具有 n 个结点的完全二叉树的深度 k 为 $\lfloor \log_2 n \rfloor + 1$ 或 $\lceil \log_2(n+1) \rceil$。

【证明】　根据完全二叉树的定义和性质 2 可知，当一棵完全二叉树的深度为 k、结点个数为 n 时，有 $2^{k-1} - 1 < n \leqslant 2^k - 1$ 或 $2^{k-1} \leqslant n < 2^k$，如图 5-17 所示。

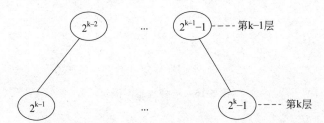

图 5-17　k 层完全二叉树的结点最后两层结点数的示意图

对不等式 $2^{k-1} - 1 < n \leqslant 2^k - 1$ 的各项 +1，得到 $2^{k-1} < n+1 \leqslant 2^k$，再取以 2 为底的对数，得到 $k-1 < \log_2(n+1) \leqslant k$，即 $\log_2(n+1) \leqslant k < \log_2(n+1) + 1$。由于 k 是整数，所以有 $k = \lceil \log_2(n+1) \rceil$，其中 $\lceil \log_2(n+1) \rceil$ 表示不小于 $\log_2(n+1)$ 的一个最小整数，如图 5-18 所示。

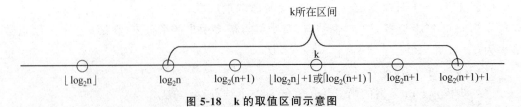

图 5-18　k 的取值区间示意图

对不等式 $2^{k-1} \leqslant n < 2^k$，取以 2 为底的对数，得到 $k-1 \leqslant \log_2 n < k$，即 $\log_2 n < k \leqslant \log_2 n + 1$。由于 k 是整数，所以有 $k = \lfloor \log_2 n \rfloor + 1$，其中 $\lfloor \log_2 n \rfloor$ 表示不大于 $\log_2 n$ 的一个最大整数，如图 5-18 所示。

进一步推广：具有 n 个结点的 m 叉树的最小深度是 $\lfloor \log_m (n(m-1)) \rfloor + 1$。

性质 5 对于一棵有 n 个结点的完全二叉树，其深度为 $\lfloor \log_2 n \rfloor + 1$，对结点按层序编号（从上到下、从左到右），则对任一结点 $i(1 \leqslant i \leqslant n)$，有：

(1) 如果 i = 1，则结点 i 是根。如果 i > 1，则其双亲结点是 $\lfloor i/2 \rfloor$。

(2) 如果 $2i > n$，则结点 i 为叶子，否则其左孩子是结点 2i。

(3) 如果 $2i+1 > n$，则结点 i 无右孩子，否则其右孩子是结点 2i+1。

【证明】 首先证明(2)和(3)，再导出(1)。

对于任意一棵完全二叉树，对编号为 i 的结点，假设它所在的层为 k。

(1) 如果 k 是第 1 层，k=1，i 是根结点的编号，i=1。如果结点 i 有左孩子，则左孩子编号是 2i=2；如果有右孩子，则右孩子的编号是 2i+1=3。

(2) 如果 k 是最后一层，结点 i 为叶子结点，结点 i 既无左孩子，又无右孩子。

(3) 如果 k 不是最后一层，假设 i 是第 k 层上所有非叶子结点的最后一个结点的编号，根据性质 2，第 k 层上的结点 i 满足：$2^{k-1} \leqslant i \leqslant 2^k - 1$，那么在第 k 层上结点 i 之前的 $(i - 2^{k-1})$ 个结点都是度为 2 的结点，编号为 i 的结点度为 2 或 1。所以对于第 k 层上的非叶子结点 i，一定存在左孩子，左孩子编号为第 k+1 层的第一个结点的编号 2^k 与第 k 层上结点 i 之前度为 2 的结点个数 $(i - 2^{k-1})$ 的 2 倍之和，即 $2^k + 2(i - 2^{k-1}) = 2i$。如果存在右孩子，右孩子编号为 2i+1，如表 5-1 所示。

表 5-1 完全二叉树第 k 层上的非叶子结点的孩子编号一览表

第 k 层结点编号	2^{k-1}(度为 2)	$2^{k-1}+1$(度为 2)	···	i(度为 2 或 1)	···	$2^k - 1$
	左孩子： $2^k = 2 \times 2^{k-1}$ 右孩子： $2^k + 1 = 2 \times 2^{k-1} + 1$	左孩子： $2^k + 2 = 2(2^{k-1} + 1)$ 右孩子： $2^k + 3 = 2(2^{k-1} + 1) + 1$		如果 i 的度为 2 左孩子：2i 右孩子：2i+1 如果 i 的度为 1 左孩子：2i		

当 $2i > n$ 时，编号为 2i 的结点不存在，说明双亲结点 i 既没有左孩子也没有右孩子，所以编号为 i 的结点一定是叶子结点。当 $2i \leqslant n$ 时，说明编号为 2i 的结点存在，是编号为 i 的结点的左孩子。

当 $2i+1 > n$ 时，编号为 2i+1 的结点不存在，说明双亲结点 i 没有右孩子；当 $2i+1 \leqslant n$ 时，说明编号为 2i+1 的结点存在，是编号为 i 的结点的右孩子。

由上述结果不难推出，对任何一个结点 i，如果 i 是根结点，那么 i 无双亲，否则 $\lfloor i/2 \rfloor$ 是 i 的双亲。

5.3.3 二叉树的抽象数据类型

二叉树的抽象数据类型描述如下。

```
ADT BiTree
{ 数据对象:由一个根结点和两棵互不相交的左右子树构成。
  数据关系:结点具有相同数据类型及层次关系。
  基本操作:
    InitBiTree(&T):初始化一棵空二叉树。
    DestroyBiTree(&T):销毁以  T 为根的二叉树。
    InsertL(&T, x, parent):插入以 parent 为双亲、x 为左孩子的结点。
    DeleteL(&T, parent):删除以 parent 为双亲的左子树。
    Search(T,x,&p):在二叉树上查找结点值为 x 的结点。
    PreOrder(T):前序遍历二叉树。
    InOrder(T):中序遍历二叉树。
    PostOrder(T):后序遍历二叉树。
    LeverOrder(T):层次遍历二叉树。
} ADT BiTree
```

（1）初始化操作：InitBiTree(&T)。

初始条件：无。

操作结果：构造一棵空的二叉树。

（2）销毁操作：DestroyBiTree(&T)。

初始条件：二叉树 T 已存在。

操作结果：释放 T 占用的存储空间。

（3）插入操作：InsertL(&T，x，parent)。

初始条件：二叉树 T 已存在。

操作结果：将数据域为 x 的结点插入二叉树 T 中，作为结点 parent 的左孩子。如果结点 parent 原来有左孩子，则将结点 parent 原来的左孩子作为结点 x 的左孩子。如果插入成功，就会得到一棵新的二叉树。

（4）删除操作：DeleteL(&T，parent)。

初始条件：二叉树 T 已存在。

操作结果：在二叉树 T 中删除结点 parent 的左子树。如果删除成功，则得到一棵新的二叉树。

（5）查询操作：Search(T,x,&p)。

初始条件：二叉树 T 已存在。

操作结果：在二叉树 T 中查找数据元素 x。如果查找成功，则返回指向该元素结点的指针。

（6）前序遍历操作：PreOrder(T)。

初始条件：二叉树 T 已存在。

操作结果：前序遍历 T,输出二叉树中结点的一个线性排列。

（7）中序遍历操作：InOrder(T)。

初始条件：二叉树 T 已存在。

操作结果：中序遍历二叉树,输出二叉树中结点的一个线性排列。

（8）后序遍历操作：PostOrder(T)。

初始条件：二叉树 T 已存在。

操作结果：后序遍历二叉树 T,输出二叉树中结点的一个线性排列。

（9）层次遍历操作：LeverOrder(T)。

初始条件：二叉树 T 已存在。

操作结果：层序遍历二叉树 T,输出 T 中结点的一个线性排列。

5.3.4　二叉树的存储结构

1. 二叉树的顺序存储结构

二叉树的顺序存储就是用一组连续的存储单元存放二叉树中的结点,通常是按照二叉树结点从上至下、从左到右的顺序存储。这样结点在存储位置上的前驱和后继关系并不一定就是它们在逻辑上的邻接关系,只有通过一些方法确定某结点在逻辑上的父结点和左右孩子结点,这种存储才有意义。从前面介绍的二叉树的性质 5 不难看出,只有完全二叉树和满二叉树采用顺序存储才比较合适,这时二叉树中结点的序号可以唯一地反映出结点之间的逻辑关系,这样既能够最大限度地节省存储空间,又可以利用数组元素的下标值确定结点在二叉树中的位置以及结点之间的关系。

例如,如图 5-19 所示的完全二叉树可定义字符数组：char　btree[11]。其顺序存储如图 5-20 所示。

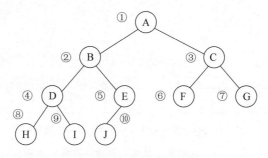

图 5-19　一棵完全二叉树

0	1	2	3	4	5	6	7	8	9	10
	A	B	C	D	E	F	G	H	I	J

图 5-20　一棵完全二叉树的顺序存储结构（下标＝序号）

对于一般的二叉树,如果仍按从上至下和从左到右的顺序将二叉树中的结点顺序存储在一维数组中,则此时的数组元素下标之间的关系已经不能反映二叉树中结点之间的逻辑关系。只有增添一些并不存在的空结点,使之成为一棵完全二叉树的形式,然后再用一维数组顺序存储,这个过程通常称为“完全化”。图 5-21 和图 5-22 给出了将一棵一般二叉树改造成完全二叉树形态以及对应的顺序存储示意图。

显然,这种存储需增加许多空结点才能将一棵二叉树改造成为一棵完全二叉树,存储

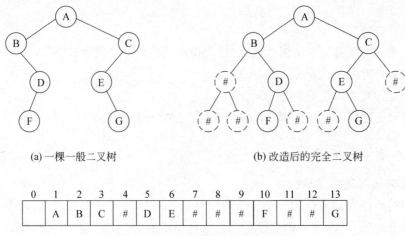

(a) 一棵一般二叉树　　　　　　　　(b) 改造后的完全二叉树

0	1	2	3	4	5	6	7	8	9	10	11	12	13
	A	B	C	#	D	E	#	#	#	F	#	#	G

(c) 改造后的完全二叉树的顺序存储结构

图 5-21　一般二叉树及其顺序存储示意图

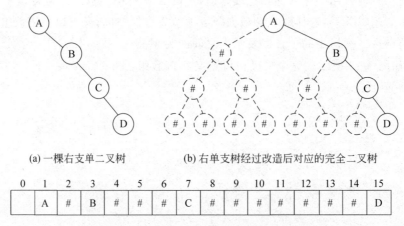

(a) 一棵右支单二叉树　　　　(b) 右单支树经过改造后对应的完全二叉树

0	1	2	3	4	5	6	7	8	9	10	11	12	13	14	15
	A	#	B	#	#	#	C	#	#	#	#	#	#	#	D

(c) 单支树经过改造后的完全二叉树的顺序存储结构

图 5-22　右单支二叉树及其顺序存储示意图

时会造成空间的大量浪费。最坏的情况是右单支树，如图 5-22(a)所示，一棵深度为 k 的右单支树只有 k 个结点，却需分配 2^k-1 个存储单元。由此可见顺序存储的优点是，根据二叉树的性质 5，直接利用元素在数组中的位置（下标）表示其逻辑关系，方便寻找某个结点的双亲结点以及左右孩子结点。缺点是对非完全二叉树，则会浪费存储空间。因此，顺序存储适合于完全二叉树或形态接近于完全二叉树的二叉树。

二叉树的顺序存储结构的定义如下。

```
#define MAXNODE    100                    /*二叉树的最大结点数*/
typedef ElemType SqBiTree[MAXNODE+1];     /*1号单元存放根结点*/
```

如：

```
SqBiTree bt;
```

则 bt 定义为含有 MAXNODE＋1 个 ElemType 类型元素的一维数组,可以存储二叉树。

　　结论:顺序存储类型适合存储完全二叉树,方便查找双亲和孩子。

　　2. 二叉链表存储结构

　　由于二叉树中每个结点需记住自己的左孩子和右孩子,所以二叉树可以用二叉链表存储。二叉链表中每个结点由三个域组成,除了数据域外,还有两个指针域,分别用来存放该结点左孩子和右孩子结点的存储地址。结点的存储结构为:

lchild	data	rchild

　　其中,data 域存放某结点的数据信息;lchild 与 rchild 分别存放指向左孩子和右孩子的指针,当左孩子或右孩子不存在时,相应指针域值为空。图 5-23 显示了一棵二叉树及对应的二叉链表。

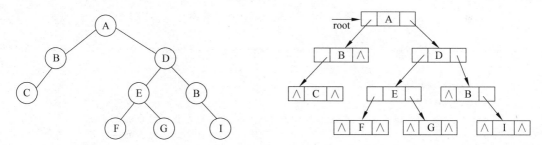

图 5-23　二叉树及二叉链表的表示

　　性质:在含有 n 个结点的二叉链表中有 n＋1 个空指针域。

　　【证明】　因为每个结点有两个指针域,n 个结点共有 2n 个指针域。又因除了根结点之外,剩余的 n－1 个结点都必须与它们的双亲结点建立左孩子或右孩子的联系,需占用 n－1 个指针域,还剩下 2n－(n－1)＝n＋1 个空指针域。

　　二叉链表类型定义如下。

```
typedef  struct BiTNode
{  DataType  data;                        //DataType 表示结点中存放数据的类型
   struct BiTNode * lchild;               //存放左子树根结点的地址
   struct BiTNode * rchild;               //存放右子树根结点的地址
} BiTNode, * BiTree;
```

其中 BiTNode 为二叉链表的结点类型,BiTree 为指向二叉链表结点的指针类型。

　　结论:二叉链表方便找孩子,不方便找双亲。

　　3. 三叉链表

　　为了方便查找双亲和孩子,不妨在二叉链表的基础之上,每个结点再增加一个指向父结点的指针域,这种链表称为三叉链表。三叉链表每个结点由四个域组成,具体结构为:

| parent | lchild | data | rchild |

其中，data、lchild 以及 rchild 三个域的意义与二叉链表结构相同。parent 域为指向该结点双亲结点的指针。这种存储结构既便于查找孩子结点，又便于查找双亲结点。但是，相对于二叉链表存储结构而言，它增加了空间开销，如图 5-24 所示。

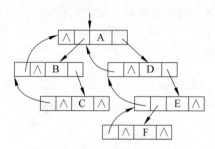

图 5-24　三叉链表表示的示意图

在 BiTNode 中增加一个 parent 成员，三叉链表类型定义如下。

```
typedef  struct TriTNode
{ DataType  data;
   struct TriTNode  * lchild;              //存放左孩子结点的地址
   struct TriTNode  * rchild;              //存放右孩子结点的地址
   struct TriTNode  * parent;              //存放双亲结点的地址
} TriTNode, * TriTree;
```

其中 TriTNode 为三叉链表的结点类型，TriTree 为指向三叉链表结点的指针类型。

　　结论：三叉链表既方便找孩子，又方便找双亲。

5.3.5　二叉树的遍历

　　二叉树的遍历是指按照某种顺序访问二叉树中的每个结点，使每个结点都被访问一次且仅被访问一次。

　　遍历是二叉树中经常要用到的一种操作。因为在实际应用问题中，常常需要按一定顺序对二叉树中的每个结点逐个进行访问，查找具有某一特点的结点，然后对这些满足条件的结点进行处理。例如，求二叉树中某个结点的祖先，就必须通过遍历找到从根结点开始到某个结点的路径，并且记住路径上的结点。

　　通过一次完整的遍历，可使二叉树中的结点信息由非线性排列变为某种意义上的线性序列。也就是说，遍历操作可以使非线性结构线性化。

5.3.6　二叉树遍历的递归算法

　　由二叉树的定义可知，一棵二叉树由根结点、根结点的左子树和根结点的右子树三部分组成。因此，只要依次遍历这三部分，就可以遍历整个二叉树。若以 D、L 和 R 分别表示访问根结点、遍历根结点的左子树和遍历根结点的右子树，则二叉树的遍历方式有 6 种：DLR、LDR、LRD、DRL、RDL 和 RLD。如果限定先左后右，则只有前三种方式，即 DLR(称为先序遍历)、LDR(称为中序遍历)和 LRD(称为后序遍历)。如何得到 DLR、LDR 和 LRD 三种遍历序列呢？约定遍历路线从根结点出发，如果左子树不为空，开始遍历左子树，一直沿着左子树向下深入(途中经过的结点是第 1 次遇到)。当出现某个结点的左子树为空时，则表明当前结点的左子树遍历已经完成，返回到当前结点(第 2 次遇到)。如果当前结点的右子树不空，开始遍历它的右子树，遍历路线与左子树相同。如果出现某结点的右子树为空，则表明当前结点的右子树遍历完成，返回到当前结点(第 3 次遇到)。此时以当前结点为子树根的左右子树遍历已经完成，再向上返回到当前结点的父结点，继续父结点的右子树遍历，直至所有结点的左右子树遍历完成，如图 5-25 所示。二叉树的遍历途中每个结点都有 3 次相遇的机会，取第一次相遇的结点顺序，即为先序遍历，又称先根遍历；取第二次相遇的结点顺序，即为中序遍历，又称中根遍历；取第三次相遇的结点顺序，即为后序遍历，又称后根遍历。

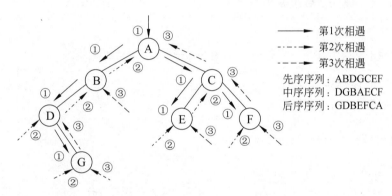

图 5-25　二叉树的遍历示意图

约定二叉树结点中存放的是字符数据。

1. DLR：先序遍历(先根遍历)

操作定义如下。

if(二叉树不空){访问根结点;先序遍历左子树;先序遍历右子树;}

先序遍历的递归算法如下。

【算法 5.1】

```
void preorder(BiTree T)
{ if(T)
   {  printf("%c",T->data);                //访问根结点
      preorder(T->lchild);                 //先序遍历左子树
      preorder(T->rchild);                 //先序遍历右子树
   }
}
```

2. LDR：中序遍历（中根遍历）

操作定义如下。

if(二叉树不空)｛中序遍历右子树；访问根结点；中序遍历右子树；｝

中序遍历的递归算法如下。

【算法 5.2】

```
void  inorder(BiTree T)
{ if(T)
    {   inorder(T->lchild);              //中序遍历右子树
        printf("%c",T->data);           //访问根结点
        inorder(T->rchild);             //中序遍历右子树
    }
}
```

3. LRD：后序遍历（后根遍历）

操作定义如下。

if(二叉树不空)｛后序遍历左子树；后序遍历右子树；访问根结点；｝

后序遍历的递归算法如下。

【算法 5.3】

```
void  postorder(BiTree T)
{ if(T)
    {   postorder(T->lchild);           //后序遍历左子树
        postorder(T->rchild);           //后序遍历右子树
        printf("%c",T->data);           //访问根结点
    }
}
```

对于图 5-26(a)所示的二叉树，先序遍历、中序遍历和后序遍历的递归过程分别如图 5-26(b)、图 5-26(c)和图 5-26(d)所示。

5.3.7 二叉树遍历的非递归算法

前面给出的二叉树先序、中序和后序三种遍历算法都是递归算法。递归算法虽然简洁，但占用系统资源较多，执行效率不高。如何实现二叉树的先序、中序和后序三种非递归遍历算法呢？可以通过对三种遍历方法的过程进行分析得到。

常用的非递归二叉树遍历算法有两种：一种是基于任务分析的方法；另一种是基于遍历路径分析的方法。

1. 基于任务分析的二叉树遍历非递归算法

在二叉树的先序、中序和后序的遍历过程中，每一棵子树的根结点都承担三项子任务。对于不同的遍历算法，三项子任务处理的顺序不同。以"中序遍历二叉树"为例，三项

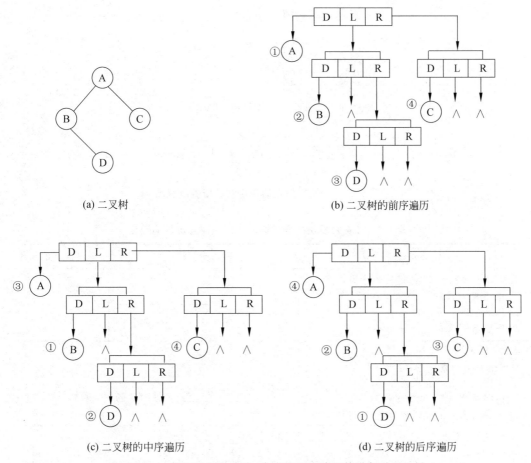

(a) 二叉树

(b) 二叉树的前序遍历

(c) 二叉树的中序遍历

(d) 二叉树的后序遍历

图 5-26 一棵二叉树的先序、中序和后序遍历的递归过程示例

子任务的处理顺序为：

① 中序遍历左子树。

② 访问根结点。

③ 中序遍历右子树。

由于任务①和任务③是中序遍历子树的任务，处理时必须对子树的根结点继续布置三项子任务，因此可以用自定义栈保存对根结点布置的子任务。按照中序遍历对三项子任务处理的紧急程度，进栈的顺序为"中序遍历右子树""访问根结点""中序遍历左子树"。在这三项子任务中，只有任务②是访问根结点，处理之后，不需保存新信息。

在对根结点布置任务时，为了区分任务的性质，用 1 表示遍历，0 表示访问。

下面以图 5-27 为例，说明基于任务分析的二叉树中序遍历的过程。图 5-27 图中的数字表示结点的地址，方框为结点的三个子任务。

进栈时，对非空结点按中序布置任务；出栈时，根据任务性质处理任务。栈的变化如表 5-2 所示。

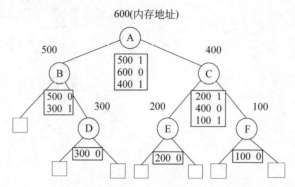

图 5-27　二叉树结点的中序遍历任务示意图

表 5-2　任务分析法的非递归二叉树中序遍历栈的变化

布置任务和处理任务	栈(底—顶)	中序遍历的结果
对根结点 A 布置任务,进栈顺序为: ① 中序遍历 A 的右子树(400,1) ② 访问根结点 A(600,0) ③ 中序遍历 A 的左子树(500,1)	400　1 | 600　0 | 500　1 |	
出栈:500　1 对根结点 B 布置任务,进栈顺序为: ① 中序遍历 B 的右子树(300,1) ② 访问根结点 B(500,0) ③ 中序遍历 B 的左子树为空,不进栈	400　1 | 600　0 | 300　1 | 500　0	
出栈:500　0 访问结点 B	400　1 | 600　0 | 300　1	B
出栈:300　1 对根结点 D 布置任务,进栈顺序为: ① 中序遍历 D 的右子树为空,不进栈 ② 访问根结点 D(300,0) ③ 中序遍历 D 的左子树为空,不进栈	400　1 | 600　0 | 300　0	
出栈:300　0 访问结点 D	400　1 | 600　0	BD
出栈:600　0 访问结点 A	400　1	BDA
出栈:400　1 对根结点 C 布置任务,进栈顺序为: ① 中序遍历 C 的右子树(100,1) ② 访问根结点 C(400,0) ③ 中序遍历 C 的左子树(200,1)	100　1 | 400　0 | 200　1	
出栈:200　1 对根结点 E 布置任务,进栈顺序为: ① 中序遍历 E 的右子树为空,不进栈 ② 访问根结点 E(200,0) ③ 中序遍历 E 的左子树为空,不进栈	100　1 | 400　0 | 200　0	

布置任务和处理任务	栈（底—顶）				中序遍历的结果
出栈：200 0 访问结点 E	100 1	400 0			BDAE
出栈：400 0 访问结点 C	100 1				BDAEC
出栈：100 1 对根结点 F 布置任务,进栈顺序为: ① 中序遍历 F 的右子树为空,不进栈 ② 访问根结点 F(100,0) ③ 中序遍历 F 的左子树为空,不进栈	100 0				
出栈：100 0 ;访问结点 F 栈空,算法结束					BDAECF

基于任务分析的二叉树中序遍历的非递归算法如下。

【算法 5.4】

栈的数据元素类型定义如下。

```
typedef struct
{   BiTree ptr;                         //指向根结点的指针
    int task;                           //任务性质,1 表示遍历,0 表示访问
} ElemType;
```

栈的类型定义如下。

```
#define StackMax 20
typedef struct
{   ElemType data[StackMax];
    int top;
} SqStack;
void InOrder_iter( BiTree T)
{   //利用栈实现中序遍历二叉树,BT 为指向二叉树的根结点的头指针
    InitStack(S);
    e.ptr=T; e.task=1;                  //e 是一个结构体变量
    if(T)Push(S,e);                     //布置初始任务
    while(!StackEmpty(S))               //中序
    {   Pop(S,e);                       //处理出栈元素 e 承担的任务
        if (e.task==0)printf("%c",e.ptr->data); //e.task==0 处理访问任务
        else                            //e.task==1,处理遍历任务
        {   p=e.ptr; e.ptr=p->rchild;
            if(e.ptr) Push(S,e);        //遍历右子树
            e.ptr=p; e.task=0;
            Push(S,e);                  //访问根结点
            e.ptr=p->lchild; e.task=1;
```

```
            if(e.ptr)Push(S,e);                    //遍历左子树
        }                                          //else
    }                                              //while
}
```

基于任务分析的二叉树先序遍历和后序遍历的非递归算法只需调整三个子任务的进栈顺序即可，请读者自行完成。

2. 基于搜索路径分析的二叉树遍历的非递归算法

从二叉树的遍历过程可知，每个结点在遍历过程中有三次相遇的机会。第 1 次相遇是进栈前，如果该结点的左子树不为空，则该结点进栈，开始栈顶结点的左子树遍历。如果栈顶结点的左子树遍历完成，则回到栈顶，第 2 次相遇。如果栈顶结点的右子树不为空，则开始栈顶结点的右子树遍历。如果栈顶结点的右子树遍历完成，则再次回到栈顶，第 3 次相遇。此时该结点的遍历任务已经完成，出栈。对于前序遍历，取进栈前第 1 次相遇的结点；对于中序遍历，取在栈内首次相遇的结点（即第 2 次相遇的结点）；对于后序遍历，除了用栈保存后序遍历中遇见的结点地址，还需用字符数组同步保存何时遇到的标记。对于第 1 次遇见的结点，结点地址进栈，将标记 L(left) 存入字符数组，开始栈顶结点的左子树后序遍历；左子树后序遍历完成，回到栈顶结点，此时是第 2 次遇见，将对应字符数组位置上的标记 L 改为 R(right)，开始栈顶结点的右子树后序遍历；右子树后序遍历完成，再回到根结点，第 3 次遇见，出栈并访问。

下面重点分析基于搜索路径的二叉树后序遍历，何时进栈、何时出栈、何时访问结点以及何时修改标记。

（1）进栈：第 1 次遇见的结点地址进栈，同时将标记 L 存储到字符数组中，开始进栈结点左子树的后序遍历。

（2）修改标记：栈顶结点已经完成左子树后序遍历，将第 2 次遇到的栈顶结点标记 L 改为 R，开始栈顶结点右子树的后序遍历。

（3）出栈并访问：栈顶结点的左右子树后序遍历均已完成，出栈并访问第 3 次遇到的标记为 R 的栈顶结点。

以图 5-28 中的二叉树为例，给出路径分析法的二叉树后序遍历过程，即第 3 次相遇结点的分析，如表 5-3 所示。

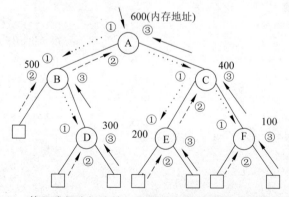

图 5-28　基于路径分析法的二叉树后序遍历（第 3 次遇见）示意图

表 5-3　基于路径分析法的非递归二叉树后序遍历栈及标记数组的变化

对栈的主要操作	栈（底—顶）	标记数组	后序遍历
从根结点 A 出发，第 1 次遇见 A，A 的地址 600 进栈，标记 L 进数组，开始 A 的左子树后序遍历	600	L	
A 的左子树不空，第 1 次遇见 B，B 的地址 500 进栈，标记 L 进数组，开始 B 的左子树后序遍历	600 500	L L	
B 的左子树为空，回到栈顶，第 2 次遇见 B，将 B 的标识改为 R，开始 B 的右子树后序遍历	600 500	L R	
B 的右子树不空，第 1 次遇见 D，D 的地址 300 进栈，标记 L 进数组，开始 D 的左子树后序遍历	600 500 300	L R L	
D 的左子树为空，回到栈顶，第 2 次遇见 D，将 D 的标识改为 R，开始 D 的右子树后序遍历	600 500 300	L R R	
D 的右子树为空，回到栈顶，第 3 次遇见 D，D 的标识为 R，D 的地址 300 出栈，访问 D	600 500	L R	D
回到栈顶，第 3 次遇见 B，B 的标识为 R，B 的地址 500 出栈，访问 B	600	L	DB
回到栈顶，第 2 次遇见 A，将 A 的标识改为 R，开始 A 的右子树后序遍历	600	R	
A 的右子树不空，第 1 次遇到 C，C 的地址 400 进栈，标记 L 进数组，开始 C 的左子树后序遍历	600 400	R L	
C 的左子树不空，第 1 次遇到 E，E 的地址 200 进栈，标记 L 进数组，开始 E 的左子树后序遍历	600 400 200	R L L	
E 的左子树为空，回到栈顶，第 2 次遇见 E，将 E 的标识改为 R，开始 E 的右子树后序遍历	600 400 200	R L R	
E 的右子树为空，回到栈顶，第 3 次遇见 E，E 的标识为 R，E 的地址 200 出栈，访问 E	600 400	R L	DBE
回到栈顶，第 2 次遇见 C，将 C 的标识改为 R，开始 C 的右子树后序遍历	600 400	R R	
C 的右子树不空，第 1 次遇到 F，F 的地址 100 进栈，标记 L 进数组，开始 F 的左子树后序遍历	600 400 100	R R L	
F 的左子树为空，回到栈顶，第 2 次遇见 F，将 F 的标识改为 R，开始 F 的右子树后序遍历	600 400 100	R R R	

续表

对栈的主要操作	栈（底—顶）				标记数组				后序遍历
F 的右子树为空,回到栈顶,第 3 次遇见 F,F 的标识为 R,F 的地址 100 出栈,访问 F	600	400 ↑			R	R			DBEF
回到栈顶,第 3 次遇见 C,C 的标识为 R,C 的地址 400 出栈,访问 C	600 ↑				R				DBEFC
回到栈顶,第 3 次遇见 A,A 的标识为 R,A 的地址 600 出栈,访问 A。栈空,算法结束									DBEFCA

基于路径分析的后序遍历非递归算法如下。

【算法 5.5】

```
void NrPostorder(BiTree T)
{   /*基于路径的非递归后序遍历二叉树*/
    BiTree t; SqStack S; InitStack(&S);
    char lrtag[STACK_INIT_SIZE]="";             //标记数组
    t = PriGoFarLeft(T, &S, lrtag);             //找 T 的最左下的结点
    while(t)
    {   lrtag[S.top]='R';                       //第 2 次遇到,修改标记
        //找 t 的右子树最左下的结点
        if (t->rchild) t = PriGoFarLeft(t->rchild, &S, lrtag);
        else
            while(!StackEmpty(S) && lrtag[S.top]=='R')//第 3 次遇到,出栈,并输出
            {   Pop(&S,&t); printf("%c",t->data); }
        if(!StackEmpty(S))GetTop(S,&t);
        else  t = NULL;
    }                                           //while
}
```

其中函数 PriGoFarLeft()是寻找子树最左下方的结点,算法如下。

```
BiTree PriGoFarLeft(BiTree T, SqStack * S, char c[])
{   if (!T)   return NULL;
    while (T)                                   //找 T 的左下方的结点
    {   Push(S, T); c[S->top]='L';              //第 1 次遇到,进栈
        if(T->lchild==NULL)break;   T = T->lchild;
    }
    return T;
}
```

基于路径分析的先序遍历非递归算法的进栈、出栈和访问如下。

(1) 访问并进栈：访问并进栈第 1 次遇见的结点,开始进栈结点左子树的先序遍历。

(2) 出栈：栈顶结点已经完成左子树的先序遍历,出栈第 2 次遇见的栈顶结点,开始出栈结点右子树的先序遍历。

基于路径分析的先序遍历非递归算法如下。

【算法 5.6】

```
void NrPreOrder(BiTree T)
{/* 基于路径的非递归先序遍历二叉树 */
    BiTree p=T; SqStack S; InitStack(&S,20);
    if (T==NULL) return;
    while(p!=NULL || ! StackEmpty(S))    //先序遍历以 p 为根的子树
    {   while(p!=NULL)              //从树根 *p 出发,沿着左孩子一直走下去,直到左孩子为空
        {   printf("%c",p->data);       /* 输出第 1 次遇到结点的数据域 */
            Push(&S,p);                 /* 第 1 次遇见的结点地址进栈 */
            p=p->lchild;                /* 指针 p 指向 p 的左孩子 */
        }
        if (StackEmpty(S)) return;      /* 栈空时结束 */
        else
        {   Pop(&S,&p);                 /* 第 2 次遇到的结点出栈 */
            p=p->rchild;                /* 指针 p 指向 p 的右孩子 */
        }
    }
    printf("\n");
}
```

基于路径分析的中序遍历非递归算法的进栈、出栈和访问如下。

（1）进栈：第 1 次遇见的结点进栈,开始栈顶结点左子树的中序遍历。

（2）出栈并访问：栈顶结点已经完成左子树的中序遍历,出栈并访问第 2 次遇见的栈顶结点,开始出栈结点右子树的中序遍历。

对于基于路径分析的中序遍历非递归算法,只需将算法 5.6 中的访问结点移到内循环之后即可。

5.3.8　二叉树的层次遍历算法

从二叉树的根结点出发,按从上至下、从左至右依序访问每一个结点。如图 5-29 所示,图中的数字表示结点地址,编号为访问的顺序。

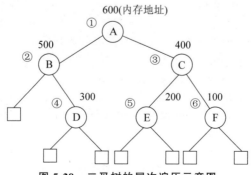

图 5-29　二叉树的层次遍历示意图

从图 5-29 中可以看出，层次遍历的特点是双亲结点的访问顺序先于孩子结点，对于先访问的双亲结点，其孩子结点的访问顺序也先于后访问双亲的孩子结点。这些结点的保存和被访问的顺序正好符合先进先出的特点，为此可以用一个队列保存要访问的每一个结点的指针。层次遍历过程中的队列变化如表 5-4 所示。

表 5-4　层次遍历过程中的队列变化

操　　作	队列（头—尾）	层次遍历的结果
结点 A 的地址 600 进队列	600 ↑	
结点 A 的地址 600 出队列，访问 A； A 的左孩子结点 B 的地址 500 进队列； A 的右孩子结点 C 的地址 400 进队列	500 ↑ 400	A
结点 B 的地址 500 出队列，访问 B； B 的右孩子结点 D 的地址 300 进队列	400 ↑ 300	AB
结点 C 的地址 400 出队列，访问 C； C 的左孩子结点 E 的地址 200 进队列； C 的右孩子结点 F 的地址 100 进队列	300 ↑ 200 100	ABC
结点 D 的地址 300 出队列，访问 D； D 的左右孩子为空	200 ↑ 100	ABCD
结点 E 的地址 200 出队列，访问 E； E 的左右孩子为空	100 ↑	ABCDE
结点 F 的地址 100 出队列，访问 F； F 的左右孩子为空		ABCDEF
队空，算法结束		

二叉树的层次遍历算法如下。

【算法 5.7】

```
void layerbitree(BiTree T)
{   InitQueue(Q);                              //初始化队列
    if (T) EnQueue(Q,T);                       //进队列
    while(! QueueEmpty(Q))
    {   p=DeQueue(Q); printf("%c",p->data);    //出队列,访问结点
        if (p->lchild) EnQueue(Q,p->lchild );  //左子树根进队列
        if (p->rchild) EnQueue(Q,p->rchild );  //右子树根进队列
    }                                          //while
}
```

5.3.9　二叉树遍历算法的应用

1. 创建二叉树的二叉链表存储结构

（1）以"根左子树右子树"的形式读入结点值创建二叉链表的递归算法。

按先序遍历的顺序，依次读入一个结点值，如果是表示左右子树为空的结束符，创建空树；否则，创建一个新结点，并将创建的新结点地址存放到父结点的左孩子或右孩子变量中；再递归创建新结点的左子树和右子树。创建函数的形参是 BiTree * 类型变量 T；创建第一个根结点时的实参是 &T；创建左子树时的实参是 &((*T)->lchild)；创建右子树时的实参是 &((*T)->rchild)。如图 5-30 所示的二叉树，以"根左子树右子树"的字符串形式 "ABC＃＃DE＃G＃＃F＃＃H＃＃"递归创建过程如图 5-31 所示。

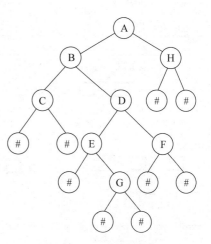

图 5-30　二叉树示意图

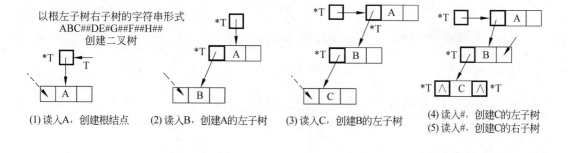

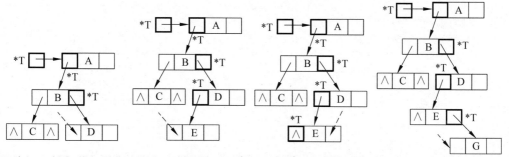

图 5-31　以"根左子树右子树"的字符串形式创建二叉链表的过程

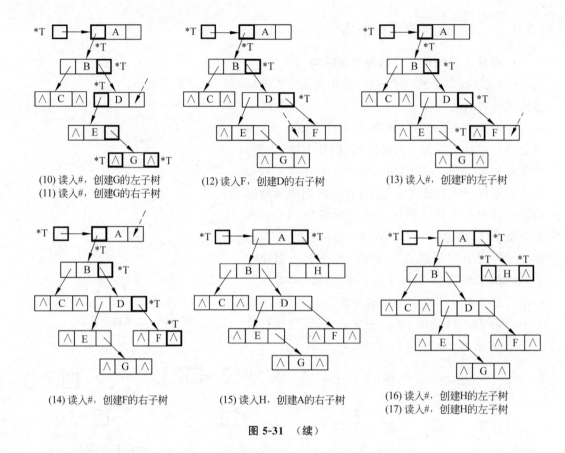

(10) 读入#，创建G的左子树
(11) 读入#，创建G的右子树

(12) 读入F，创建D的右子树

(13) 读入#，创建F的左子树

(14) 读入#，创建F的右子树

(15) 读入H，创建A的右子树

(16) 读入#，创建H的左子树
(17) 读入#，创建H的左子树

图 5-31　（续）

以字符串"根左子树右子树"形式创建二叉链表的算法如下。

【算法 5.8】

```
void  crt_tree(BiTree * T)
{   scanf("%c",&ch);
    if (ch=='#') * T=NULL;
    else
    {   if((* T=(BiTree)malloc(sizeof(BiTNode)))==NULL) return;
        (* T)->data=ch;                              //创建根结点
        crt_tree(&((* T)->lchild));                  //创建左子树
        crt_tree(&((* T)->rchild));                  //创建右子树
    }                                                //else
}
```

（2）以二叉树的广义表表示的字符串形式创建二叉链表的非递归算法。

图 5-30 所示的二叉树对应的广义表表示为字符串"A(B(C,D(E(,G),F)),H)"。在广义表的字符串表示中，结点值出现的顺序与前序遍历一致，每一棵子树的完整形式是"根(左子树,右子树)"。如果缺失左子树，则子树的形式为"根(,右子树)"；如果右子树为空，则子树的形式为"根(左子树)"；如果左右子树均为空，则子树的形式为"根"。为此只需对字符串从左到右扫描，判断何时开始创建结点，何时创建左子树以及何时创建右子

树。由于父结点的创建一定在左孩子结点创建之前，为了表示当前创建的结点与前面创建的结点之间的关系，用一个标志量 key 进行区分。当遇到左圆括号时，先将前面创建的父结点地址进栈，令 key=1，开始创建左子树；遇到逗号，表示左孩子结点已经创建完毕，令 key=2，开始创建右子树；遇到右圆括号，表示子树创建完成，将子树根出栈。遇到字母，创建叶子结点，如果 key 为 1，将叶子结点链接为栈顶父结点的左孩子；如果 key 为 2，将叶子结点链接为栈顶结点的右孩子，直至栈为空。图 5-32 给出了图 5-30 所示二叉树的广义表表示形式的非递归创建二叉链表的过程。

以二叉树的广义表字符串形式"A(B(C,D(E(,G),F)),H)"创建二叉链表

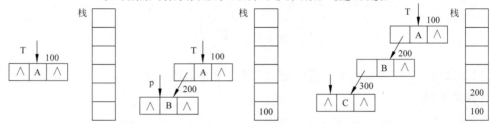

(1) 读入'A'，创建根结点

(2) 读入'('，根结点A的地址100进栈，key=1；读入'B'，创建栈顶A的左子树B结点

(3) 读入'('，结点B的地址200进栈，key=1；读入'C'，创建栈顶B的左子树结点C

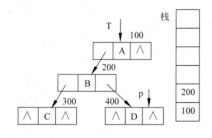

(4) 读入','，key=2；读入'D'，创建栈顶B的右子树结点D

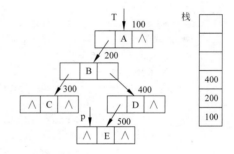

(5) 读入'('，结点D的地址400进栈，key=1；读入'E'，创建栈顶D的左子树结点E

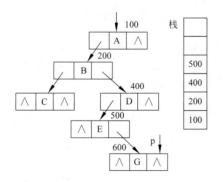

(6) 读入'('，结点E的地址500进栈，key=1；读入','，key=2；读入'G'，创建栈顶结点E的右子树结点G

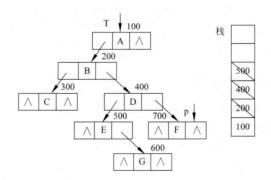

(7) 读入')'，栈顶500(E)出栈；读入','，key=2；读入'F'，创建栈顶结点D的右子树结点F；读入')'，400(D)出栈；读入')'，200(B)出栈

图 5-32 以广义表"A(B(C,D(E(,G),F)),H)"的字符串形式创建二叉链表的示意图

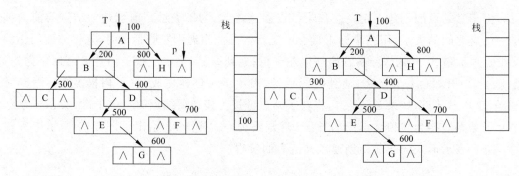

(8) 读入','，key=2；读入'H'，创建栈顶结点A的右子树结点H

(9) 读入')'，100(A)出栈，栈空，结束

图 5-32　（续）

以二叉树的广义表表示的字符串创建二叉链表的算法如下。

【算法 5.9】

```
void  CreateBiTree(BiTree * BT,char * s)   //s 指向广义表字符串
{  char ch; int i,key;
   struct
   { BiTree node[50]; int top;} ptrNode;   //顺序栈用于存放创建过程中子树根的地址
   ptrNode.top=-1;                          //栈顶指针初始化
   BiTree p=NULL;  * BT = NULL;
   i=0; ch = s[i];
   while(ch !='\0')
   {  switch(ch)
      {  case '(': ptrNode.node[++ptrNode.top] = p;   //结点地址进栈
                   key = 1;                            //标记创建左子树根
                   break;
         case ')': ptrNode.top--;                     //右子树创建完成,子树根出栈
                   break;
         case ',': key = 2;                            //标记创建右子树根
                   break;
          default: p = (BiTree)malloc(sizeof(BiNode));   //创建叶子结点
                   p->data = ch; p->lchild = p->rchild = NULL;
                   if(* BT ==NULL) * BT = p;             //创建根结点
                   else
                   {  if(key==1)                         //创建左子树根
                         ptrNode.node[ptrNode.top]->lchild = p;
                      else if(key==2)                    //创建右子树根
                         ptrNode.node[ptrNooe.top]->rchild = p;
                   }
      }                                                 //end_switch
      ch = s[++i];
   }                                                    //end_while
}
```

（3）读入边来创建二叉链表的非递归算法（层次遍历的应用）。

按照从上到下、从左到右的顺序依次输入二叉树的边,边的信息为（father,child,

lrflag），其中 father 表示父结点，child 表示孩子结点，lrflag 为 0 表示 child 是 father 的左孩子，lrflag 为 1 表示 child 是 father 的右孩子，以层次遍历的顺序建立二叉树的二叉链表。该算法需要一个队列保存已建好结点的地址。

算法核心：

① 每读一条边，生成孩子结点，并作为叶子结点，之后将该结点的指针保存在队列中。

② 从队头找该结点的双亲结点指针。如果队头不是，出队列，直至队头是该结点的双亲结点指针。再按 lrflag 值建立双亲结点的左右孩子关系。

如图 5-33 所示的二叉树及对应的二叉链表，按层次遍历的顺序，边的信息依次为（♯，A，0）、（A，B，0）、（B，C，1）、（C，D，0）、（C，E，1）、（D，F，0）、（D，G，1）和（F，♯，0），其中（♯，A，0）和（F，♯，0）是虚设的边，前者表示根结点，后者表示创建结束。创建过程如表 5-5 所示。

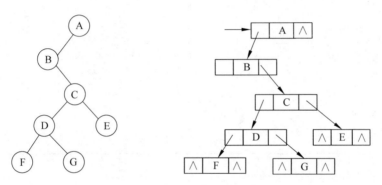

图 5-33　二叉树及对应的二叉链表

表 5-5　读边创建二叉链表

读入边信息	二叉链表	读入边信息	二叉链表
（1）读入（♯，A，0） 创建根结点 A，根结点 A 的地址 20 进队列 队列： 20	T↓20 ∧ A ∧	（2）读入（A，B，0） 队头 A 是 B 的双亲，创建 A 结点的左子树根 B 结点，B 结点的地址 40 进队列 队列： 20 40	T↓20 A ∧ 40 ∧ B ∧
（3）读入（B，C，1） 队头 A（20）不是 C 的双亲，A 的地址 20 出队列；队头 B（40）是 C 的双亲，创建 B 结点的右子树根 C 结点，C 结点的地址 50 进队列 队列： 40 50	T 20 A ∧ 40 ∧ B 50 ∧ C ∧	（4）读入（C，D，0） 队头 B（40）不是 D 的双亲，B 的地址 40 出队列；队头 C（50）是 D 的双亲，创建 C 结点的左子树根 D 结点，D 结点的地址 80 进队列 队列： 50 80	T 20 A ∧ 40 ∧ B 50 C ∧ 80 ∧ D ∧

续表

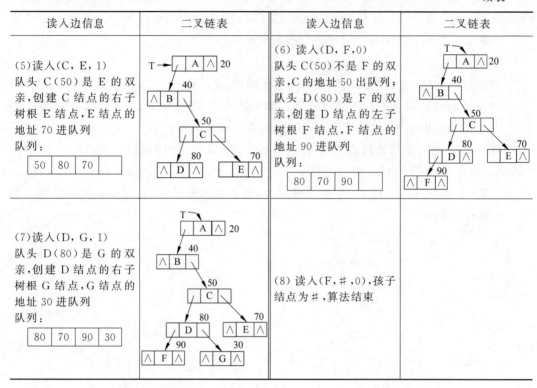

读边创建二叉链表的算法如下。

【算法 5.10】

```
void Creat_BiTree(BiTree * T)
{   InitQueue(Q); * T=NULL;
    scanf("%c,%c,%d",&fa, &ch, &lrflag); getchar();
    while (ch!='#')
    {   p = (BiTree)malloc(sizeof(BiTNode));
        p->data = ch;                              //创建孩子结点
        p->lchild = p->rchild =NULL;               //做成叶子结点
        EnQueue(Q,p);                              //指针入队列
        if (fa =='#') * T=p;                       //创建根结点
        else                                       //非根结点的情况
        {   s=GetHead(Q);                          //取队列头元素(指针值)
            while (s->data !=fa )                  //在队列中找到双亲结点
            {   DeQueue(Q); s=GetHead(Q);  }
            if (lrflag==0) s->lchild = p;          //链接左孩子结点
            else  s->rchile = p;                   //链接右孩子结点
        }
        scanf("%c,%c,%d",&fa, &ch, &lrflag); getchar();
    }                                              //end_while
}
```

（4）由二叉树的遍历序列确定二叉树（先序遍历的应用）。

问题：已知二叉树的遍历序列，如何确定二叉树？

- 已知二叉树的先序序列和中序序列，可唯一确定一棵二叉树。

若 ABC 是二叉树的先序序列，可画出 5 棵不同的二叉树，如图 5-34 所示。

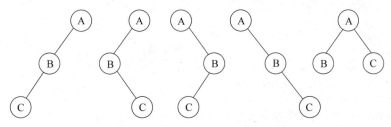

图 5-34　由先序序列确定的二叉树

如果加上二叉树的中序序列，可唯一确定一棵二叉树。

先序序列：D　L　R；中序序列：L　D　R。

在先序序列中确定根，在中序序列中由根分出左右子树的中序序列。已知一棵二叉树的先序序列和中序序列，构造该二叉树的过程如下。

（1）根据先序序列的第一个元素建立根结点。

（2）在中序序列中找到该元素，确定根结点的左右子树的中序序列。

（3）在先序序列中确定左右子树的先序序列。

（4）由左子树的先序序列和中序序列建立左子树。

（5）由右子树的先序序列和中序序列建立右子树。

如一棵二叉树的先序序列为：A B D E C F，中序序列为：D B E A C F，创建过程如表 5-6 所示。

表 5-6　由先序序列和中序序列确定二叉树

先序序列和中序序列	创建	二叉树
创建树根 先序序列：ABDECF　中序序列：DBEACF 分析： （1）先序序列的第一个结点 A 是树根 （2）中序序列中 A 的左侧是 A 的左子树的中序序列"DBE"，中序序列中 A 的右侧是 A 的右子树的中序序列"CF" （3）根据 A 的左右子树的中序序列，得到 A 的左子树的先序序列"BDE"，以及 A 的右子树的先序序列"CF"	创建根结点 A	Ⓐ

先序序列和中序序列	创建	二叉树
创建 A 的左子树 先序序列：A [BDE] CF　中序序列：[DBE] ACF 分析： （1）先序序列"BDE"的第一个结点 B 是 A 的左子树根 （2）中序序列"DBE"中，B 的左侧是 B 的左子树的中序序列"D"，B 的右侧是 B 的右子树的中序序列"E" （3）根据 B 的左右子树的中序序列，从先序序列"BDE"中得到 B 的左子树的先序序列为"D"，以及 B 的右子树的先序序列为"E"	创建结点 A 的左子树根 B	 （二叉树：A—B）
创建 B 的左子树 先序：AB [D] ECF　中序：[D] BEACF 分析： （1）先序序列"D"的第一个结点 D 是 B 的左子树根 （2）中序序列"D"中，D 的左侧为空，D 的右侧为空，D 是叶子结点	创建结点 B 的左子树根 D	 （二叉树：A—B—D）
创建 B 的右子树 先序序列：ABD [E] CF　中序序列：DB [E] ACF 分析： （1）先序序列"E"的第一个结点 E 是 B 的右子树根 （2）中序序列"E"中，E 的左侧为空，E 的右侧为空，E 是叶子结点	创建结点 B 的右子树根 E	 （二叉树：A—B—D,E）
创建 A 的右子树 先序序列：ABDE [CF]　中序序列：DBEA [CF] 分析： （1）先序序列"CF"的第一个结点 C 是 A 的右子树根 （2）中序序列"CF"中，C 的左侧为空，C 的右侧是 C 的右子树的中序序列"F" （3）根据 C 的右子树的中序序列"F"，从先序序列"CF"得到 C 的右子树的先序序列"F"	创建根结点 A 的右子树根 C	 （二叉树：A—B,C—D,E）
创建 C 的右子树 先序：ABDEC [F]　中序：DBEAC [F] 分析： （1）先序序列"F"的第一个结点 F 是 C 的右子树根 （2）中序序列"F"中，F 的左右侧为空，F 是叶子结点	创建根结点 C 的右子树根 F	 （二叉树：A—B,C—D,E,F）

以二叉树的先序序列和中序序列确定二叉链表的算法如下。

【算法 5.11】

```
void CrtBT(BiTree * T, char pre[], char ino[], int ps, int is, int n )
{   //pre[ps..ps+n-1]为二叉树的先序序列,n 是序列字符个数
    //ino[is..is+n-1]为二叉树的中序序列
    //ps 是先序序列的第一个字符的位置,初值为 0,is 是中序序列的第一个字符的位置,初值
    //为 0
    if (n==0) * T=NULL;
    else    //在中序序列中查询根,k 为-1,没有找到,否则 k 为根在中序序列中的位置
    {   k=Search(ino, pre[ps]);
        if (k==-1) * T=NULL;
        else
        {   if (!( * T=(BiTree) malloc(sizeof(BiTNode)))) exit(0);
            ( * T)->data = pre[ps];                          //建立根结点
            if (k==is) ( * T)->lchild = NULL;                //没有左子树
            else CrtBT(&(( * T)->lchild), pre, ino, ps+1, is, k-is );   //创建左子树
            if (k==is+n-1) ( * T)->rchild = NULL;            //没有右子树
            else                                             //创建右子树
            CrtBT(&(( * T)->rchild),pre,ino,ps+1+(k-is),k+1,n-(k-is)-1);
        }
    }
}
```

- 由二叉树的后序序列和中序序列可唯一确定一棵二叉树。

由二叉树后序序列和中序序列确定二叉树的方法与由先序序列和中序序列确定二叉树的方法一样,在此不再详细介绍,请读者自行完成算法的设计与实现。

- 由二叉树的先序序列和后序序列不能唯一确定一棵二叉树。

思考:由二叉树的中序序列和层次序列能否唯一确定一棵二叉树? 如果可以,请读者自行完成该算法的设计与实现。

2. 由算术表达式创建表达式二叉链表(后序遍历的应用)

这里讨论的表达式是简单算术表达式,参与运算的运算符是二目运算符。

将表达式存放在二叉树上,称为表达式二叉树。
图 5-35 所示为表达式 $(a+b) * c-d/e$ 对应的表达式二叉树。

其对应的先序序列为" $- * + abc/de$ ";中序序列为" $a+b * c-d/e$ ";后序序列为" $ab+c * de/-$ "。

其中:先序序列为原表达式的前缀表达式;中序序列为原表达式的中缀表达式;后序序列为原表达式的后缀表达式。

表达式二叉树的特点如下。

(1)所有的叶子结点均为操作数。

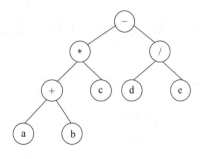

图 5-35　表达式 $(a+b) * c-d/e$ 对应的二叉树

（2）所有的分支结点均为运算符,左子树的计算结果是分支结点运算符的第一个操作数,右子树的计算结果是分支结点运算符的第二个操作数。

（3）表达式值的计算顺序按后序遍历的顺序进行。

图 5-35 对应的表达式二叉树的计算顺序为：

① a $\boxed{+}$ b；②(a+b) $\boxed{*}$ c；(3)d $\boxed{/}$ e；④(a+b) * c $\boxed{-}$ d/e。

表达式二叉树的创建过程与第 3 章介绍的由原表达式直接计算表达式值类似。需要两个栈,一个用于存放运算符,另一个用于存放子树根结点的地址。图 5-35 中的表达式二叉树的创建过程如表 5-7 所示。

表 5-7　表达式二叉树的创建过程

原表达式：(a+b) * c−d/e#	栈	表达式二叉树
初始化	运算符栈： | # | | | 子树栈： | | | |	
$\boxed{(}$ a+b) * c−d/e# 读取'('：'('进运算符栈	运算符栈： | # | (| | 子树栈： | | | |	
($\boxed{a}$+b) * c−d/e# 读取'a'：创建叶子结点,结点地址 80 进子树栈	运算符栈： | # | (| | 子树栈： | 80 | | |	(a) 80
(a $\boxed{+}$ b) * c−d/e# 读取'+'：'+'的优先级高于'('的优先级,'+'进运算符栈	运算符栈： | # | (| + | 子树栈： | 80 | | |	(a) 80
(a+$\boxed{b}$) * c−d/e# 读取'b'：创建叶子结点,结点地址 90 进子树栈	运算符栈： | # | (| + | 子树栈： | 80 | 90 | |	(a) 80　(b) 90

续表

原表达式：(a＋b)＊c－d/e#	栈	表达式二叉树
(a＋b) ＊c－d/e# 读取')'：运算符栈的运算符依次出栈，直到'('为止 ① 运算符栈'＋'出栈，创建新结点；连续从子树栈出栈两个结点的地址，依次为新结点的右子树根和左子树根，将新结点的地址 40 进子树栈 ② 运算符栈的'('出栈	运算符栈： ＃　(子树栈： 40 运算符栈： ＃ 子树栈： 40	
(a＋b) ＊ c－d/e# 读取'＊'：'＊'的优先级高于'＃'的优先级，'＊'进运算符栈	运算符栈： ＃　＊ 子树栈： 40	
(a＋b)＊ c －d/e# 读取'c'：创建叶子结点,结点地址 50 进子树栈	运算符栈： ＃　＊ 子树栈： 40　50	
(a＋b)＊c － d/e# 读取'－'：'－'的优先级低于'＊'的优先级，运算符栈的'＊'出栈，创建新结点；连续从子树栈取两个结点的地址，依次为新结点的右子树根和左子树根，将新结点的地址 20 进子树栈；'－'进运算符栈	运算符栈： ＃　－ 子树栈： 20	
(a＋b)＊c－ d /e# 读取'd'：创建叶子结点,结点的地址 60 进子树栈	运算符栈： ＃　－ 子树栈： 20　60	
(a＋b)＊c－d / e# 读取'/'：'/'的优先级高于'＃'，'/'进运算符栈	运算符栈： ＃　－　/ 子树栈： 20　60	

续表

原表达式：(a+b)*c−d/e#	栈	表达式二叉树
(a+b)*c−d/e# 读取'e'：创建叶子结点，结点的地址70进子树栈	运算符栈： | # | − | / | | 子树栈： | 20 | 60 | 70 | |	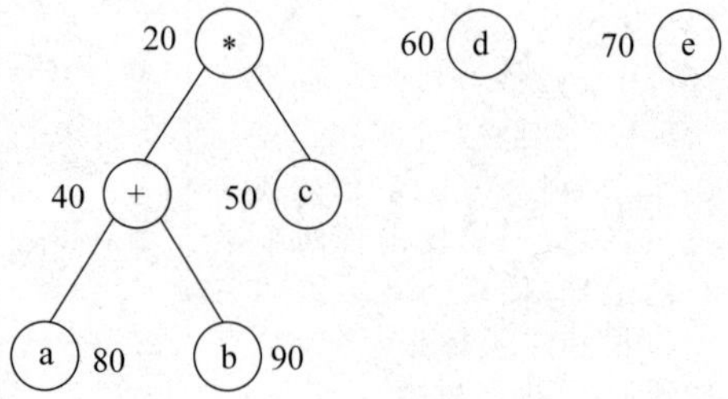
(a+b)*c−d/e# 读取'#'，运算符栈的运算符依次出栈 ① 运算符栈的栈顶'/'出栈，创建新结点；连续从子树栈取两个结点的地址，依次为新结点的右子树根和左子树根，将新结点的地址30进子树栈	运算符栈： | # | − | | | 子树栈： | 20 | 30 | | |	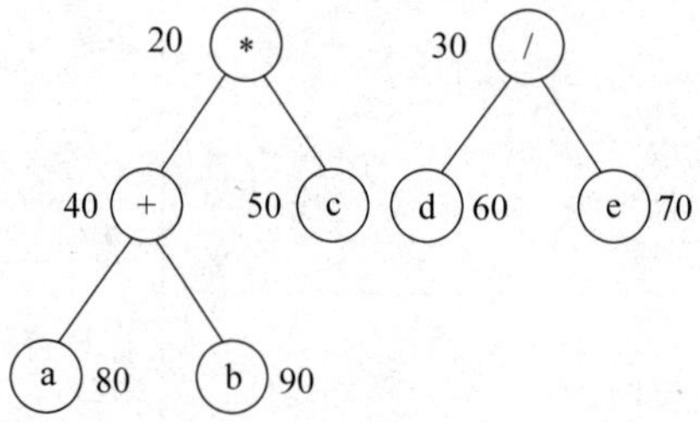
②运算符栈的栈顶'−'出栈，创建新结点；连续从子树栈取两个结点的地址，依次为新结点的右子树根和左子树根，将新结点的地址10进子树栈	运算符栈： | # | | | | 子树栈： | 10 | | | |	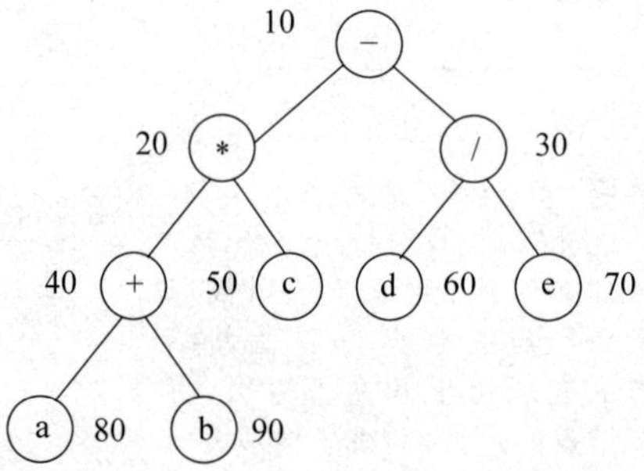
运算符栈顶为'#'，子树栈10出栈，10为二叉树的根结点地址，子树栈为空，算法结束	子树栈： | | | | |	

创建表达式二叉链表的算法如下。

【算法 5.12】

```
//数据类型描述
typedef struct
{   char * base;
    int   top;
    int stacksize;
}SqCharStack;                    //运算符栈类型
typedef struct
{   BiTree * base;
```

```
    int top;
    int stacksize;
}SubTreeStack;                                  //子树栈类型
void CrtExptree(BiTree * T, char exp[] )
{   SubTreeStack PTR;                           //PTR 是子树栈
    SqCharStack PND;                            //PND 是运算符栈
    char * p = exp; char ch,c; ch = * p;
    int_CharStack_exp(&PND); pushChar(&PND, '#');
    int_SubtreeStack_exp(&PTR);
    while ((c=getChar_Top(PND))!='#'|| ch!='#')
    {   if (!IN(ch)) CrtNode(T, &PTR, ch);      //ch 不是运算符,建叶子结点并入 PTR 栈
        else
        {   switch (ch) //ch 是运算符
            {   case '(':  pushChar(&PND, ch); break;
                case ')':  popChar(&PND, &c);
                           while (c!='(')
                           {   CrtSubtree( T, &PTR,c); //建二叉树并入 PTR 栈
                               popChar(&PND, &c) ;
                           }
                           break;
                default: //其他运算符
                           while((c=getChar_Top(PND))!='#' && precede(c,ch))
                           {   //当栈顶运算符不是#号且优先级高于表达式中的
                               //当前运算符时,则取栈顶的运算符建子树,再出栈
                               CrtSubtree( T, &PTR, c); popChar(&PND, &c);
                           }
                           if ( ch!='#') pushChar(&PND, ch);
            }//switch
        }//end_else
        if ( ch!='#') { p++; ch = * p;}
    } //end_while
    popSubtree(&PTR, T);                                 //将二叉树的根地址出栈
}
```

其中创建叶子结点的函数 CrtNode( )和创建子树的函数 CrtSubtree( )如下。

```
void CrtNode(BiTree * T, SubTreeStack * PTR,char ch)
{//建叶子结点并入 PTR 栈
    if (!( * T=(BiTree)malloc(sizeof(BiTNode)))) exit(0);
    ( * T)->data = ch; ( * T)->lchild = ( * T)->rchild = NULL;
    pushSubtree( PTR, * T );
}
void CrtSubtree (BiTree * T, SubTreeStack * PTR, char c)
{//建子树并入 PTR 栈
    BiTree lc,rc;
```

```
        if (!(*T=(BiTree)malloc(sizeof(BiTNode)))) exit(0);
        (*T)->data = c;
        popSubtree(PTR, &rc);  (*T)->rchild = rc;
        popSubtree(PTR, &lc);  (*T)->lchild = lc;
        pushSubtree(PTR, *T);
    }
```

3. 二叉树遍历算法的其他应用

由于二叉树的遍历算法可以对每一个结点访问一次，因此二叉树的很多应用可以基于二叉树遍历算法的框架，将访问结点的操作改为其他的操作，完成应用的需求。

例 5-1：求二叉树的深度。

分析：基于二叉树的后序遍历，若二叉树为空，则它的深度为 0；否则，可以求左子树和右子树的最大深度并加 1。

求二叉树深度的算法如下。

【算法 5.13】

```
int depth(BiTree T)
{   if (T==NULL) return(0);
    else
    {   depl=depth(T->lchild);                    //左子树深度
        depr=depth(T->rchild);                    //右子树深度
        if(depl>depr) return(depl+1);
        else return(depr+1);
    }
}
```

思考：上述算法可否改为基于二叉树的前序和中序遍历完成？

二叉树深度的另一种算法是从根结点开始由上至下计算结点的最大层次，请读者编写相应的算法，并上机调试。

例 5-2：求二叉树的叶子结点数。

分析：基于二叉树的中序遍历，若二叉树为空，则它的叶子结点数为 0；否则，判断每一个结点是否为叶子结点，如是计数器加 1。

求二叉树的叶子结点数的算法如下。

【算法 5.14】

```
void leafcount(BiTree T,int * count)
{   if (T==NULL) return;
    else
    {   leafcount(T->lchild,count);
        if(T->lchild ==NULL && T->rchild ==NULL)(*count)++;
        leafcount(T->rchild,count);
    }
}
```

思考：上述算法可否改为基于二叉树的前序和后序遍历完成？

将上述算法中判断叶子结点的条件去掉，即可得到二叉树的总结点数。

例 5-3：以凹入表的形式显示二叉树，如图 5-36 所示。

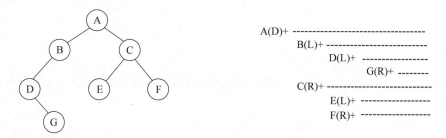

图 5-36 以凹入表的形式显示二叉树

为了更清楚地展示二叉树，以线段的长短表示结点所在的层，并标注左右子树。

分析：基于二叉树的先序遍历，对每一个结点由所在的层确定线段的长短。

以凹入表的形式显示二叉树的算法如下。

【算法 5.15】

```
void dispBitree(BiTree T, int level,char c)
{   int i,k;
    if(T)
    {   for(i=1;i<level;i++)  putchar(' ');
        printf("%c(%c)+",T->c,c);                    //显示结点和标注
        for(k=i+4;k<20;k++)  putchar('-');
        putchar('\n');
        dispBitree(T->lchild,level+2,'L');
        dispBitree(T->rchild,level+2,'R');
    }
}
```

其中 level 为二叉树的层次，c 为树根的标志。

例 5-4：如图 5-36 所示的二叉树可以表示为广义表形式 A(B(D(,G)),C(E,F))，设计算法，输出二叉树的广义表形式。

分析：二叉树的广义表形式中的结点顺序与二叉树的前序遍历一致，只需在前序遍历算法的基础上判断何时输出左圆括号、右圆括号以及逗号即可，算法如下。

【算法 5.16】

```
void gListBiTree(BiTree T)
{   if(T)
    {   printf("%c",T->data);
        if(T->lchild!=NULL || T->rchild!=NULL)
        {   printf("(");
            gListBiTree(T->lchild);
```

```
        if(T->rchild)
        {   printf(","); gListBiTree(T->rchild); }
        printf(")");
        }
    }
}
```

例 5-5：求二叉树任一结点的祖先。

分析：按照后序遍历，一旦找到指定的结点，只需将它的所有祖先结点按由近到远的顺序入栈即可。

求二叉树任一结点祖先的算法如下。

【算法 5.17】

```
int an_BitreeNode(BiTree T, char x,STACK * S)          //求 x 的祖先
{   if(T==NULL)return 0;
    if(T->data==x)return 1;
    if(an_BitreeNode(T->lchild,x,S)==1 || an_BitreeNode(T->rchild,x,S)==1)
    {   //一旦在 T 的左子树或右子树上找到 x,x 的双亲进栈
        push(S,T->data);                               //祖先进栈
        return 1;
    }
    return 0;
}
```

思考：能否基于二叉树的层次遍历得到二叉树任一结点的祖先？如可以，怎样实现？

5.3.10 案例实现：基于表达式二叉树的动态表达式计算

在很多应用系统中，涉及根据数学模型进行相关的计算，但是数学模型中的操作数往往是变量，每次计算时，这些变量可能取不同的值或需用更好的数学模型替代原有的数学模型，这就需要应用系统提供动态表达式计算。下面给出动态表达式计算的解决方案。

约定原表达式的操作对象用单字母表示，核心算法有两个：一个是根据原表达式创建表达式二叉树的算法 5.12；另一个是根据表达式二叉树按后序遍历依次输入变量的值，求出表达式的值，算法如下。

【算法 5.18】

```
double   culExp(BiTree T)
{   double   result,a,b;
    if(T)
    {   if(!IN(T->data))                               //操作对象的处理
        {   printf("请输入变量%c的值:",T->data);
            scanf("%lf",&result); return result ;
        }
        a=culExp(T->lchild);   b=culExp(T->rchild);
```

```
        switch(T->data)
        {   case '+':  return a+b;
            case '-':  return a-b;
            case '*': return a*b;
            case '/':  if(b!=0)return a/b;
                        else  { printf("分母为 0!\n"); exit(0);}
        }//switch
    }//if
}
```

5.4　线索二叉树

　　前面介绍的二叉树的遍历算法可分为两类,一类是依据二叉树结构的递归性,采用递归调用的方式来实现;另一类则是通过栈或队列来辅助实现。采用这两类方法对二叉树进行遍历时,递归调用、栈和队列的使用都会带来额外的空间开销。

　　还有一种二叉树的遍历算法,即利用具有 n 个结点的二叉树中的叶子结点和度为 1 的结点的 n+1 个空指针域来存放线索,然后在这种具有线索的二叉树上遍历时,既不需要递归,也不需要栈。

5.4.1　线索二叉树的定义

1. 线索二叉树的定义

　　按照某种遍历方式对二叉树进行遍历,可以把二叉树中的所有结点排列为一个线性序列。但是,在二叉树的存储结构中,并没有反映出二叉树中每个结点在这个序列中的直接前驱结点和直接后继结点是什么,只能在对二叉树遍历的过程中得到这些信息。为了保留结点在某种遍历序列中的直接前驱和直接后继的位置信息,可以利用二叉树的二叉链表存储结构中的空指针域来指示。这些指向直接前驱结点和指向直接后继结点的指针称为线索(thread),加了线索的二叉树称为线索二叉树。

　　线索二叉树将提供另一类二叉树的遍历算法。

2. 线索二叉树的结构

　　对于一棵具有 n 个结点的二叉树,若采用二叉链表存储结构,在 2n 个指针域中只有 n-1 个指针域是用来存储结点孩子的地址,而另外 n+1 个指针域存放的都是 NULL。因此,可以利用某结点空的左指针域(lchild)存放该结点在某种遍历序列中的直接前驱结点的地址,利用结点空的右指针域(rchild)存放该结点在某种遍历序列中的直接后继结点的地址。对于那些非空的指针域,则仍然存放指向该结点左、右孩子的指针。这样,就得到了一棵线索二叉树。

　　由于遍历序列可由不同的遍历方法得到,因此,线索二叉树有先序线索二叉树、中序线索二叉树和后序线索二叉树三种。把二叉树的 n+1 个空指针域置为线索的过程称为线索化。

对二叉树进行线索化，可以得到先序线索二叉树、中序线索二叉树和后序线索二叉树，分别如图 5-37(a)～(d)所示。图中实线表示指针，虚线表示线索。

下面的问题是如何区分某结点的指针域内存放的是指针还是线索，通常采用下面的方法来实现。

为每个结点增设两个标志位域 ltag 和 rtag，令：

$$ltag = \begin{cases} 0 & lchild \text{ 指向结点的左孩子} \\ 1 & lchild \text{ 指向结点的前驱结点} \end{cases}$$

$$rtag = \begin{cases} 0 & rchild \text{ 指向结点的右孩子} \\ 1 & rchild \text{ 指向结点的后继结点} \end{cases}$$

结点的结构为：

lchild	ltag	data	rtag	rchild

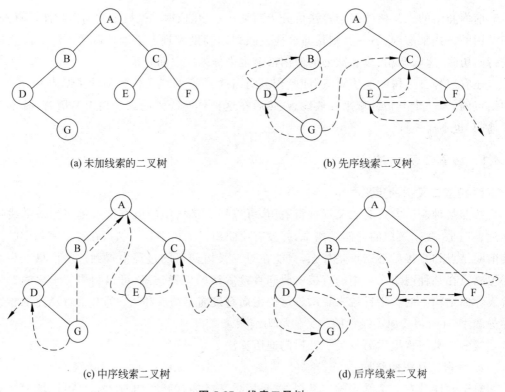

(a) 未加线索的二叉树　　　　　(b) 先序线索二叉树

(c) 中序线索二叉树　　　　　(d) 后序线索二叉树

图 5-37　线索二叉树

为了将二叉树中所有空指针域都利用上，并且方便判断遍历操作何时结束，在存储线索二叉树时增设一个头结点，其结构与其他线索二叉树的结点结构一样，只是其数据域不存放信息。初始化使其左指针域指向二叉树的根结点，右指针域指向自己。线索化完成后，让头结点的右指针域指向按某种顺序遍历下的最后一个结点。而原二叉树在按某种顺序遍历下的第一个结点的前驱线索和最后一个结点的后继线索都指向该头结点。

图 5-38 给出了图 5-37(c)所示的中序线索下的完整线索树存储。

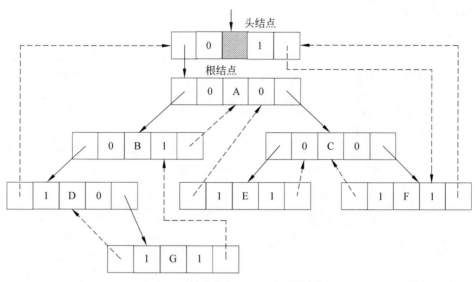

图 5-38 中序线索二叉树的存储示意图

5.4.2 线索二叉树的基本操作实现

在线索二叉树中,结点的结构定义为如下形式。

```
typedef char ElemType;
typedef struct BiThrNode
{   int ltag;
    struct BiThrNode * lchild;
    ElemType data;
    int rtag;
    struct BiThrNode * rchild;
}BiThrNodeType, * BiThrTree;
```

下面以中序线索二叉树为例,讨论线索二叉树的建立、线索二叉树的遍历以及在线索二叉树上查找前驱和后继结点以及插入和删除结点等操作的实现算法。

1. 建立一棵中序线索二叉树

建立线索二叉树或者说对二叉树进行线索化,实质上就是遍历一棵二叉树。在遍历过程中,将访问结点的操作改为检查当前结点的左、右指针域是否为空。如果为空,将它们置为指向前驱结点或后继结点的线索。为了实现这一过程,设指针 pre 始终指向刚刚访问过的结点,即若指针 p 指向当前结点,则 pre 指向它的前驱,以便增设线索。

另外,在对一棵二叉树加线索时,必须首先申请一个头结点,建立头结点与二叉树的根结点的指向关系。对二叉树线索化后,还需建立最后一个结点与头结点之间的线索。下面是建立中序线索二叉树的递归算法。

基于中序遍历进行中序线索化的算法如下。

【算法 5.19】

```
void InThreading(BiThrTree p,BiThrTree * pre)
{  if(p)
    {  InThreading(p->lchild,pre);                    / * 左子树线索化 * /
        if (!p->lchild)                               / * 前驱线索 * /
        { p->ltag=1;   p->lchild= * pre; }
        else p->ltag=0;
        if (!( * pre)->rchild)                        / * 后继线索 * /
        { ( * pre)->rtag=1;   ( * pre)->rchild=p; }
        else ( * pre)->rtag=0;
         * pre=p;
        InThreading(p->rchild,pre);                   / * 右子树线索化 * /
    }
}
```

创建一个带头结点的中序线索二叉树的算法如下。

【算法 5.20】

```
int  InOrderThr(BiThrTree * head, BiThrTree T)
{  / * 基于中序遍历二叉树 T,并将其中序线索化, * head 指向头结点 * /
    / * 申请头结点的空间 * /
    BiThrTree pre;
    if (!( * head = ( BiThrTree)malloc(sizeof(BiThrNodeType)))) return 0;
    ( * head)->ltag=0;                                / * 建立头结点 * /
    ( * head)->rchild= * head;                        / * 右指针回指 * /
    if (!T) ( * head)->lchild = * head;               / * 若二叉树为空,则左指针回指 * /
    else {  ( * head)->lchild=T;   pre= * head;
            InThreading(T,&pre);                      / * 中序遍历进行中序线索化 * /
            pre->rchild= * head;   pre->rtag=1; / * 最后一个结点线索化 * /
                ( * head)->rtag=1;
                ( * head)->rchild=pre;
        }
    return 1;
}
```

2. 在中序线索二叉树上查找任意结点的中序前驱结点

对于中序线索二叉树上的任一结点,寻找其中序的前驱结点,有以下两种情况。

(1) 如果该结点的左标志为1,那么其左指针域所指向的结点便是它的前驱结点。如图 5-38 所示,结点 E 的前驱是 A。

(2) 如果该结点的左标志为0,表明该结点有左孩子。根据中序遍历的定义,它的前驱结点是以该结点的左孩子为根结点的子树的最右下结点,即沿着其左子树的右指针链向下查找,当某结点的右标志为1时,它就是所要找的前驱结点。如图 5-38 所示,结点 A 的前驱是 G。

在中序线索二叉树上寻找结点 p 的中序前驱结点的算法如下。

【算法 5.21】

```
BiThrTree InPreNode(BiThrTree p)
{   /*在中序线索二叉树上寻找结点 p 的中序前驱结点*/
    BiThrTree pre=p->lchild;
    if (p->ltag==0)                          //有左子树,找左子树最右下方的结点
        while (pre->rtag==0) pre=pre->rchild;
    return(pre);
}
```

3. 在中序线索二叉树上查找任意结点的中序后继结点

对于中序线索二叉树上的任一结点,寻找其中序的后继结点,有以下两种情况。

(1) 如果该结点的右标志为 1,那么其右指针域所指向的结点便是它的后继结点。如图 5-38 所示,结点 E 的后继是 C。

(2) 如果该结点的右标志为 0,表明该结点有右孩子。根据中序遍历的定义,它的后继结点是以该结点的右孩子为根结点的子树的最左下结点,即沿着其右子树的左指针链向下查找,当某结点的左标志为 1 时,它就是所要找的后继结点。如图 5-38 所示,结点 A 的后继是 E。

在中序线索二叉树上寻找结点 p 的中序后继结点的算法如下。

【算法 5.22】

```
BiThrTree InPostNode(BiThrTree p)
{   /*在中序线索二叉树上寻找结点 p 的中序后继结点*/
    BiThrTree post=p->rchild;
    if (p->rtag==0)                          //有右子树,找右子树最左下方的结点
        while (post->ltag==0) post=post->lchild;
    return(post);
}
```

以上给出的仅是在中序线索二叉树中寻找某结点的前驱结点和后继结点的算法。在前序线索二叉树中寻找结点的后继结点以及在后序线索二叉树中寻找结点的前驱结点可以采用同样的方法分析和实现。在此就不再讨论了。

4. 在中序线索二叉树上查找任意结点在先序下的后继结点

设指向中序线索二叉树某结点的指针为 p,下面讨论在中序线索二叉树上查找 p 指向结点在先序下的后继结点情况。

(1) 若 *p 为分支结点,待确定的先序下的后继结点有两种情况。

① 当 p->ltag=0 时, *p 的左孩子 p->lchild 为 *p 在先序下的后继。

如图 5-38 所示,当 p 指向了结点 A 时,A 在先序下的后继是 B。

② 当 p->ltag=1 且 p->rtag=0 时, *p 的右孩子 p->rchild 为 *p 在先序下的后继。

如图 5-38 所示,当 p 指向了结点 B 时,B 在先序下的后继是 D。

（2）若＊p为叶子结点，待确定的先序下的后继结点有两种情况。

① 当 p->rchild->rtag=0 时，p->rchild 指向的结点有右子树，则＊p在先序下的后继结点为＊(p->rchild->rchild)。

② 当 p->rchild->rtag=1 时，p->rchild 指向的结点没有右子树，＊p是所在子树的中序遍历序列的最后一个结点，也是＊p所在子树的前序遍历序列的最后一个结点。如果＊p在先序下的后继结点存在，一定是＊p的某个祖先结点的右孩子。令 post＝p，沿着＊post 的右线索搜索有右孩子的祖先结点，即 post＝post->rchild，直到＊post 有右子树或＊post 的右线索是头结点，搜索停止。此时，如果＊post 有右子树，则＊(post->rchild)为＊p的前驱结点；如果＊post 的右线索是头结点，则＊p无先序下的后继结点。

如图 5-38 所示，当p指向了结点F时，F的右线索是头结点，并且F是先序遍历的最后一个结点。当p指向了结点E时，E的右线索为C，C的右子树是F，则E在先序下的后继结点是F。当p指向了结点G时，G的右线索为B，B的右线索为A，A的右子树是C，则G在先序下的后继结点是C。

在中序线索二叉树上寻找结点p的先序下的后继结点的算法如下。

【算法 5.23】

```
BiThrTree InPrePostNode(BiThrTree head,BiThrTree p)
{   /*在中序线索二叉树上寻找结点p的先序下的后继结点,head为头结点 */
    BiThrTree post;
    if (p->ltag==0) post=p->lchild;              //*p有左子树
    else
    {   post=p;
        while (post->rtag==1 && post->rchild!=head) post=post->rchild;
        post=post->rchild;
    }
    return post;
}
```

5. 在中序线索二叉树上查找任意结点在后序下的前驱结点

设指向中序线索二叉树某结点的指针为p，下面讨论在中序线索二叉树上查找p指向结点在后序下前驱结点的情况。

（1）若＊p为分支结点，待确定的后序下的前驱结点有两种情况。

① 当 p->rtag=0 时，＊p的右孩子 p->rchild 为＊p在后序下的前驱。

如图 5-38 所示，当p指向了结点C时，C在后序下的前驱是F。

② 当 p->rtag=1 且 p->ltag=0 时，＊p的左孩子 p->lchild 为＊p在后序下的前驱。

如图 5-38 所示，当p指向了结点B时，B在后序下的前驱是D。

（2）若＊p为叶子结点，待确定的后序下的前驱结点有两种情况。

① 当 p->lchild->ltag=0 时，p->lchild 指向的结点有左子树，则＊p在后序下的前驱结点为＊(p->lchild->lchild)。

② 当 p->lchild->ltag＝1 时,p->lchild 指向的结点没有左子树, * p 是所在子树的中序遍历序列的第一个结点,也是 * p 所在子树的后序遍历序列的第一个结点。如果 * p 在后序下的前驱结点存在,一定是 * p 的某个祖先结点的左孩子。令 pre＝p,沿着 * pre 的左线索搜索有左孩子的祖先结点,即 pre＝pre->lchild,直到 * pre 有左子树或 * pre 的左线索是头结点,搜索停止。此时,如果 * pre 有左子树,则 * (pre->lchild)为 * p 的前驱结点;如果 * pre 的左线索是头结点,则 * p 无后序下的前驱结点。

如图 5-38 所示,当 p 指向了结点 E 时,E 的左线索是 A,A 的左子树根是 B,则 E 在后序下的前驱是 B。当 p 指向了结点 G 时,G 的左线索是 D,D 的左线索是根结点,则 G 在后序下无前驱结点,并且 G 是后序遍历的第 1 个结点。

在中序线索二叉树上寻找结点 p 的后序下的前驱结点的算法如下。

【算法 5.24】

```
BiThrTree InPostPreNode(BiThrTree head,BiThrTree p)
{/* 在中序线索二叉树上寻找结点 p 的后序下的前驱结点,head 为头结点 */
    BiThrTree pre;
    if (p->rtag==0) pre=p->rchild;
    else
    {   pre=p;
        while (pre->ltag==1&& pre->lchild!=head) pre=pre->lchild;
        pre=pre->lchild;
    }
    return(pre);
}
```

6. 在中序线索二叉树上查找值为 x 的结点

利用在中序线索二叉树上寻找后继结点和前驱结点的算法,就可以遍历到二叉树的所有结点。比如,先找到按某种顺序遍历的第一个结点,然后再依次查询其后继;或先找到按某种顺序遍历的最后一个结点,然后再依次查询其前驱。这样,既不用栈也不用递归就可以访问到二叉树的所有结点。

在中序线索二叉树上查找值为 x 的结点,实质上就是在线索二叉树上进行遍历,将访问结点的操作写成用结点的值与 x 进行比较的语句即可。下面给出其算法。

【算法 5.25】

```
BiThrTree Search (BiThrTree head, elemType x)
{   /* 在以 head 为头结点的中序线索二叉树中查找值为 x 的结点 */
    BiThrTree p=head->lchild;
    while (p->ltag==0&&p!=head) p=p->lchild;
    while(p!=head && p->data!=x) p=InPostNode(p);
    if (p==head)
    {   printf("Not Found the data!\n"); return 0; }
    else   return p;
}
```

7. 在中序线索二叉树上的插入与删除

在线索二叉树中插入一个结点或者删除一个结点，都会破坏原来已有的线索。因此，在修改指针时，还需要对线索做相应的修改。这个过程的代价几乎与重新进行线索化相同。这里仅讨论一种比较简单的情况，即在中序线索二叉树中插入一个结点 p，使它成为结点 s 的右孩子。

下面分两种情况来分析：

（1）若 s 的右子树为空，如图 5-39(a)所示，则插入结点 p 之后成为图 5-39 (b)所示的情形。在这种情况中，s 的后继将成为 p 的中序后继，s 成为 p 的中序前驱，而 p 成为 s 的右孩子。二叉树中其他部分的指针和线索不发生变化。

（2）若 s 的右子树非空，如图 5-40 (a)所示，插入结点 p 之后如图 5-40(b)所示。s 原来的右子树变成 p 的右子树，由于 p 没有左子树，故 s 成为 p 的中序前驱，p 成为 s 的右孩子；又由于 s 原来的后继成为 p 的后继，因此还要将 s 原来的指向 s 后继的左线索改为指向 p。

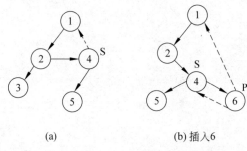

(a)   (b) 插入6

图 5-39　中序线索树更新位置右子树为空

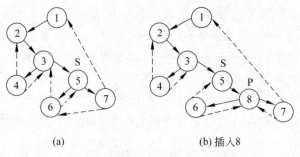

(a)   (b) 插入8

图 5-40　中序线索树更新位置右子树不为空

下面给出上述操作的算法。

【算法 5.26】

```
void InsertThrRight(BiThrTree s,BiThrTree p)
{   /* 在中序线索二叉树中插入结点 p,使其成为结点 s 的右孩子 */
    BiThrTree w;
    p->rchild=s->rchild;  p->rtag=s->rtag;
    p->lchild=s; p->ltag=1;                      /* 将 s 变为 p 的中序前驱 */
```

```
    s->rchild=p; s->rtag=0;                          /*p 成为 s 的右孩子*/
        /*当 s 原来的右子树不为空时,找到 s 的后继 w,将 w 变为 p 的后继,并将 p 变为 w 的
            前驱*/
    if(p->rtag==0){  w=InPostNode(p); w->lchild=p; }
}
```

5.4.3　基于中序线索二叉树的遍历算法

由于先序线索二叉树某结点的直接前驱是该结点的双亲,后序线索二叉树某结点的
直接后继也是该结点的双亲,而在结点的结构中没有存放双亲的指针,所以在前序线索二
叉树中寻找某个结点的前驱以及在后序线索二叉树中寻找某个结点的后继是很困难的。
因此,实际应用较多的是中序线索二叉树。

下面给出基于中序线索二叉树的前序、中序和后序(反序)遍历的算法。

(1) 基于中序线索二叉树的中序遍历

【算法 5.27】

```
void ThInOrder(BiThrTree head)
{   /*在中序线索二叉树上进行中序遍历*/
    BiThrTree p=head->lchild;
    while(p->ltag==0)p=p->lchild;              //找第 1 个结点
    while(p!=head)                             //依序找后继结点
    {   printf("%c",p->data);
        p=InPostNode(p);
    }
}
```

(2) 基于中序线索二叉树的前序遍历

【算法 5.28】

```
void ThpreInOrder(BiThrTree head)
{   /*在中序线索二叉树上进行前序遍历*/
    BiThrTree p=head->lchild;
    while(p!=head)                             //依序找后继结点
    {   printf("%c",p->data);
        p=InPrePostNode(head,p);
    }
}
```

(3) 基于中序线索二叉树的后序遍历(反序)

【算法 5.29】

```
void ThpostInOrder(BiThrTree head)
{   /*在中序线索二叉树上进行后序遍历的逆序*/
    BiThrTree p=head->lchild;
    while(p!=head)                             //依序找前驱结点
```

```
    {   printf("%c",p->data);
        p=InPostPretNode(head,p);
    }
}
```

在中序线索化的二叉树上完成前序、中序和后序遍历，不需借用任何的栈和队列，而且算法是一个非递归的算法，效率是比较高的。

5.5 树、森林与二叉树的转换及其应用

5.5.1 树、森林与二叉树的转换

树与二叉树之间以及森林与二叉树之间具有唯一的对应关系。

1. 树转换成二叉树

树和二叉树之间的对应关系如下。

（1）树的根对应二叉树的根。

（2）树的双亲和长子的关系对应二叉树的双亲和左孩子的关系，即树的第 1 个孩子是双亲结点的左孩子。

（3）树的兄弟关系对应二叉树的双亲和右孩子的关系，即从第 2 个孩子开始，依次是前一个孩子结点的右孩子。

树与二叉树的转换结果如图 5-41 所示。

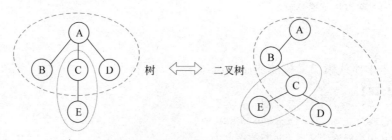

图 5-41 树与二叉树之间的转换

图 5-41 中的树转换成二叉树后双亲与孩子的关系发生了如下变化。

（1）树中双亲 A 的 3 个孩子 B、C 和 D，转换成二叉树后，B 是 A 的左孩子，C 是 B 的右孩子，D 是 C 的右孩子。

（2）树中双亲 C 的 1 个孩子 E，转换成二叉树后，E 是 C 的左孩子。

（3）由于树根 A 没有兄弟，因此转换成二叉树后 A 没有右孩子。

2. 森林转换成二叉树

（1）将森林中的每棵树转换成一棵二叉树。

（2）将第 i+1 棵树作为第 i 棵树的右子树，依次连接成一棵二叉树。

将森林转换为二叉树，如图 5-42 所示。

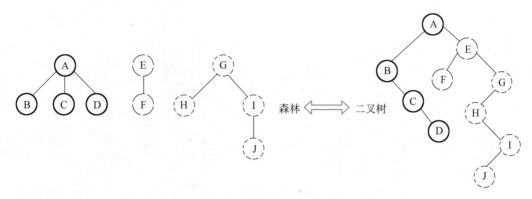

图 5-42　将森林转换为二叉树

图 5-42 所示森林中的第 1 棵子树转换成二叉树的以 A 为根结点的左子树；森林中的第 2 棵子树转换成二叉树的以 E 为根结点的左子树，E 是 A 的右子树根；森林中的第 3 棵子树转换成二叉树的以 G 为根结点的左子树，G 是 E 的右子树根。

如果二叉树无右子树，则可转换成唯一的一棵树。如果二叉树有右子树，那么以根结点为根的左子树转换为森林中的第 1 棵子树，以右子树上的每个右结点为根的左子树依次转换为森林中的其他子树。

5.5.2　树的存储结构

1. 双亲表示法

用一组连续空间存储树的结点，同时在每个结点中附设一个域指示其双亲的位置。双亲表示法数据类型的定义如下。

（1）定义结点的数据类型。

```
#define  MAXLEN  100
typedef struct pnode
{  TElemType data;
   int  parent;
} PNode;
```

其中 TElemType 表示树结点存放的数据元素类型。

（2）定义双亲表示的数据类型。

```
typedef  struct
{  PNode tree[MAXLEN];
   int n;                              //存放树的结点数
   int r;                              //存放根结点的位置
}PTree;                                //双亲表示的类型
```

下面举例说明树的双亲表示法。对树中的结点按照从上到下、从左到右的顺序进行编号，为了方便起见，不妨从 0 开始，如图 5-43 所示。

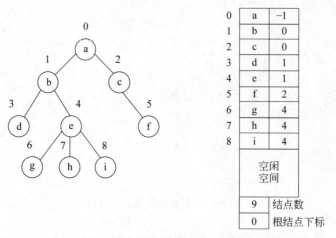

图 5-43   树的双亲表示法示例

思考：树的双亲表示法方便查找结点的双亲，不易查找结点的孩子，为什么？

2. 孩子链表表示法

（1）由于树中每个结点可有多个孩子，则每个结点按最多孩子的数量设置多个指针成员，每个指针指向一个孩子。对于度为 m 的树，结点结构如下。

data	c_1	c_2	c_3	⋯	c_m

问题 1：会有太多的空指针。

（2）每个结点有几个孩子，就有几个指针。

data	degree	c_1	c_2	⋯	c_k

问题 2：每个结点的类型不一样，异构的结点类型会增加计算复杂度。

（3）有效解决上述两个问题的方法是：将每个结点的孩子结点排列起来，链接成一个单链表。n 个结点有 n 个孩子链表，n 个孩子链表的头指针放在表头数组中，称为孩子链表。

对图 5-43 中的树，其孩子链表如图 5-44 所示。由一个存放表头结点（包括结点的值和孩子链表的头指针）的结构体数组和若干个孩子链表组成，孩子链表结点的数据域是孩子结点的编号。

从孩子链表存储的示意图 5-44 中可知，有三个结构体类型需要定义，即链表中的孩子结点类型、双亲结点类型和双亲结点数组，以及结点数和树根的下标构成的结构体类型，它们的定义是有先后顺序的。

孩子链表定义如下。

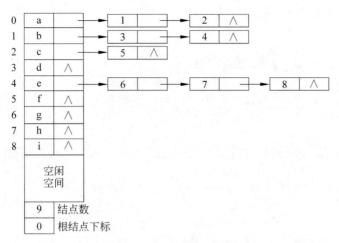

图 5-44 树的孩子链表表示

（1）定义孩子链表上的孩子结点类型。

```
typedef  struct CTNode
{   int   child;                    //孩子结点在头结点数组中的位置
    struct CTNode * next;           //下一个孩子的位置
}CTNode, * ChildPtr;                //孩子链表结点类型和指向孩子链表结点的指针类型
```

（2）定义双亲结点的数据类型。

```
typedef struct
{   TElemType   data;
    ChildPtr    link;               //孩子链表的头指针
} CTbox;                            //双亲结点类型
```

（3）定义孩子链表表示的数据类型。

```
#define   MAXLEN   100
typedef   struct
{   CTbox nodes[MAXLEN];            //双亲结点数组
    int   n,r;                      //结点数目和根的位置
} ChildList;                        //孩子链表表示的类型
```

由于树中的分支表示孩子与双亲的关系，所以在创建孩子链表的算法中，可以从上至下、从左至右依次按（双亲，孩子）的形式输入每一条边，通过双亲的值找双亲结点，再将孩子以尾插或头插方式插入孩子链表中。

创建孩子链表的算法如下。

【算法 5.30】

```
void createPtree(ChildList * T)
{   ChildPtr R,p,s; int i,fatherPos,childPos;
    T->r=0;                         //根结点从 0 开始编号
```

```
            printf("请输入结点数:");
            scanf("%d",&T->n);
            getchar();                           //读入整数后的回车
            printf("请按层次依次输入%d个结点的值",T->n);
            for(i=0;i<T->n;i++)                  //给表头数组赋值
            {   scanf(&T->nodes[i].data); //读入结点的值
                T->nodes[i].link =NULL;
            }
            printf("结点从0开始,按层次编号,请按(从上至下、从左至右)的顺序输入边");
            for(i=1;i<=T->n-1;i++)
            {   printf("\n第%d条边的(双亲序号,孩子序号)=",i);
                scanf("%d,%d",&fatherPos,&childPos);
                if(fatherPos>=T->n || childPos>=T->n)
                {   printf("输入的第%d边的数据有错,重新输入!\n",i);   i=i-1;   continue; }
                //用尾插法插入孩子结点
                p=T->nodes[fatherPos].link ;
                if(p==NULL)                       //创建第1个孩子链表结点
                {   s=(ChildPtr)malloc(sizeof(CTNode));
                    s->child=childPos;
                    s->next=NULL;
                    T->nodes[fatherpos].link=s; R=s;
                }
                else                             //创建其他孩子链表结点
                {   s=(ChildPtr)malloc(sizeof(CTNode));
                    s->child =childPos;
                    s->next=NULL;
                    R->next=s; R=s;
                }
            }
        }
```

孩子链表表示法方便查询结点的孩子,不易查找结点的双亲。为了便于查找每个结点的双亲,可采用带双亲的孩子链表,即将双亲表示法和孩子表示法结合起来。图 5-43 中的树的双亲孩子链表如图 5-45 所示。

3. 孩子兄弟链表表示法

由于树可以唯一地转换为一棵没有右子树的二叉树,所以可以用二叉链表作为树的存储结构。结点中的左右指针分别指向该结点的第一个孩子和该结点的下一个兄弟。

结点的结构类型为: | firstchild | data | nextsibling |

孩子兄弟链表数据类型定义如下。

```
typedef  struct CSNode
{   TElemType  data;
    struct CSNode * firstchild, * nextsibling;
} CSNode, * CSTree;
```

对图 5-43 所示的树,其孩子兄弟二叉链表如图 5-46 所示。

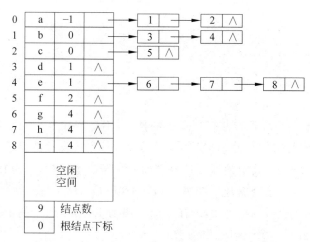

图 5-45 树的双亲表示和孩子链表表示的结合

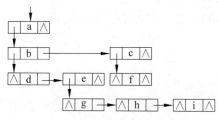

图 5-46 树的孩子兄弟二叉链表

孩子兄弟链表表示法的实现可参照二叉树的读边创建二叉链表的算法 5.10,按从上到下、从左至右的顺序输入边,边的格式为(father,child)。与父结点建立链接关系时,首次出现的孩子结点作为第一个孩子,将其链接为父结点的第一个孩子结点,其他孩子结点依序链接为前一个孩子的右孩子,对应的创建算法如下。

【算法 5.31】

```
void Creat_CSTree(CSTree * T)
{   InitQueue(Q); * T=NULL;
    scanf(fa, ch);                          //输入边(fa,ch)
    while (ch!='#')
    {   p = (CSTree)malloc(sizeof(CSNode));  //创建孩子结点,做成叶子结点
        p->data = ch; p->firstchild = p->nextsibling =NULL;
        EnQueue(Q,p);                        //指针入队列
        if (fa =='#') * T=p;                 //建根结点
        else                                 //非根结点的情况
        {   s=GetHead(Q);                    //取队列头元素(指针值)
            while (s->data !=fa )            //在队列中找到双亲结点
            { DeQueue(Q);  s=GetHead(Q); }
            if (s->firstchild==NULL)
```

```
        {  s->firstchild=p; r=p;  }       //链接为第一个孩子
        else
        {  r->nextsibling=p; r=p;  }       //链接为其他孩子
      }
      scanf(fa,ch);
    }                                      //end_while(ch!='#')
}
```

结论：树的孩子兄弟链表方便查找双亲的孩子,不易查找孩子的双亲。

森林的存储结构与树的存储结构相同,请读者自行完成森林的创建算法。

树可以用广义表表示,其中紧邻左括号前面的字符表示树根,一对括号内表示的是树拥有的子树,每棵子树以逗号隔开。如 A(B(E),C(F,G),D),表示的是一棵树,根为 A,A 有三棵子树,第一棵子树的根为 B,B 有一棵子树为 E;第二棵子树的根为 C,C 有两棵子树,分别为 F 和 G;第三棵子树的根为 D。

思考：

(1) 利用以括号字符序列表示的广义表形式创建树的算法。

(2) 利用以括号字符序列表示的广义表形式输出树的算法。

5.5.3 树的简单应用

在涉及树结构的实际应用系统中经常用到树中结点的查找、插入、删除、求树的深度以及从根到叶子的路径等操作。特别要强调的是,树的结点删除不是只删除树中一个结点,而是要删除以结点为子树根的一棵子树。下面基于树的孩子兄弟链表,分别介绍查找、插入、删除、深度和求叶子结点路径的算法实现。为清楚起见,假设树的结点中的数据元素为字符串,每个结点存放的字符串均不相同。

1. 树的结点查找

根据给定的结点值,查找该结点是否存在。如果存在,就返回结点的地址值;如果不存在,就返回空。查找算法用任何一种遍历算法均可实现,下面给出以前序遍历为框架的查找算法。

树的结点查找算法如下。

【算法 5.32】

```
//将查找结果用形参 p 指向的结点返回
void PreSearchBiT(CSTree T,char ch[],CSTree * p)
{  //T 是树根的地址,ch 是要找的结点值, * p 存放的是查找结果, * p 的初值为 NULL
   if(T)
   {  if(strcmp(T->data,ch)==0) * p=T;
      else { if(* p==NULL)PreSearchBiT(T->firstchild,ch,p);
             if(* p==NULL)PreSearchBiT(T->nextsibling,ch,p);
           }
   }
}
```

或：

```
CSTree PreSearchBiT(CSTree T, char ch[])          //将查找结果用函数的返回值返回
{  //T 是树根的地址,ch 是要找的结点值,如果找到,就返回所找到结点的地址;反之返回空
    if (T==NULL) return NULL;
    else if(strcmp(ch,T->data)==0) return T;
    //在第 1 个孩子树中继续查找
    else if(T->firstchild) return PreSearchBiT(T->firstchild, ch);
    //在兄弟树中继续查找
    else return PreSearchBiT(T->nextsibling, ch);
}
```

思考：上述查找算法是假定树中的结点值互不相同。如果允许同一棵子树不在同一层中的结点值可以相同或不同子树的结点值可以相同,如何设计树的结点查找算法?

2. 树的结点插入

由于树是层次结构,要插入任何一个结点,都必须已知它的双亲结点。根据双亲的值在孩子兄弟链表中进行查找,如果存在,得到双亲结点的地址,否则为空。如果找到的双亲结点的第一个孩子结点地址为空,则双亲结点没有孩子,新插入的孩子结点作为第一个孩子结点;反之,在第一个孩子结点的兄弟链上找到最后一个孩子结点,将新结点插入为最后一个孩子。新插入的结点一定是叶子结点。插入结点示意图如图 5-47 所示。

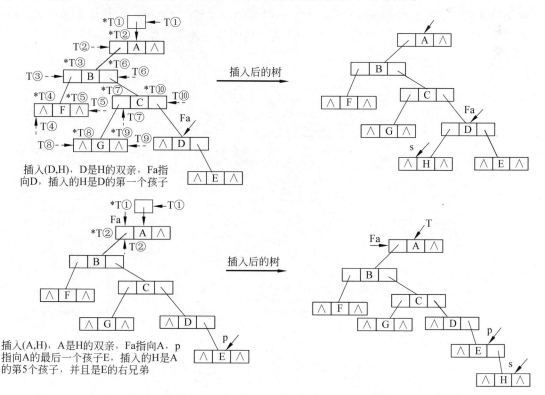

图 5-47　树的结点插入示意图

树的结点插入算法如下。

【算法 5.33】

```
int InsertBiT(CSTree * T,char fa[],char ch[])    //树的结点插入
{   //插入树结点,fa 是双亲,ch 是孩子
    CSTree p=NULL,q,s;
    PreSearchBiT( * T,fa,&p );                     //查找双亲结点
    if (p)                                         //p 是找到的双亲结点的地址
    {   s =( CSTree) malloc(sizeof(CSNode));        //为新结点分配空间
        strcpy(s->data,ch); s->firstchild = s->nextsibling = NULL;
        if (!p->firstchild) p->firstchild = s;     //插入 * s 为 * p 的第一个孩子
        else
        {   q=p->firstchild;
            while(q->nextsibling) q=q->nextsibling ;
            q->nextsibling = s;                    //插入 * s 为 * p 的最后一个孩子
        }
        return 1;                                  //插入成功
    }
    return 0;
}
```

3. 树的结点删除

删除树中的一个结点,约定将删除以该结点为根的子树。如果该结点是双亲的第一个孩子,需将它的右兄弟链接为双亲的第一个孩子;如果该结点不是第一个孩子,需将它的右兄弟链接成它前一个兄弟的右兄弟。为了确保删除的子树是正确的,一定要将被删结点的右兄弟置空之后,再删除以该结点为根的子树。树的结点删除示意图如图 5-48 所示。

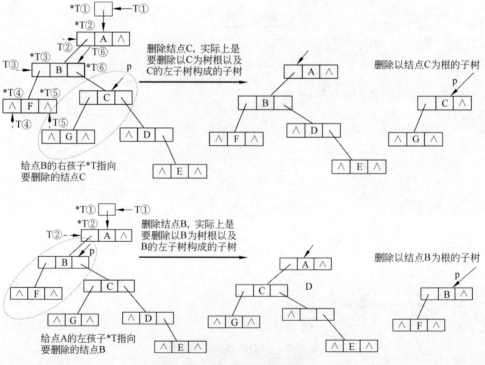

图 5-48 树的结点删除示意图

树的结点删除算法如下。

【算法 5.34】

```
int DeleteTree(CSTree * T, char e[])
{   //按照前序遍历,查找结点 e,如果树空,停止搜索
    //如果根结点是结点 e,删除以 e 为根的子树,停止搜索
    //否则在第一棵子树上查找结点 e,如果找到,删除以 e 为根的子树,停止搜索
    //否则在兄弟子树上查找结点 e
    if( * T==NULL) return 0;
    else if (strcmp(( * T)->data,e)==0)          //找到值为 e 的数据元素
    {   CSTree q = * T;
        * T = q->nextsibling;
        q->nextsibling = NULL;
        DeleteNode(q);                            //删除以 q 为根的子树
        return 1;
    }
    else if(DeleteTree(&(( * T)->firstchild),e)==1) return 1;
    else return DeleteTree (&(( * T)->nextsibling),e);
} //DeleteTree
void DeleteNode (CSTree T)                         //删除 T 中所有的结点
{   //后序遍历删除每一个结点
    if(T)
    {   DeleteNode (T->firstchild);
        DeleteNode (T->nextsibling);
        free(T);                                   //释放结点空间
    }
}//DeleteNode
```

思考：上述删除算法是假定树中的结点值互不相同。如果允许树中的结点值相同，如何设计树的结点删除算法？

4. 树的深度

在树的孩子兄弟链表中，每棵子树根与它的左子树根是双亲与第 1 个孩子的关系，每棵子树根与它的右子树根是兄弟关系，所以每棵子树的高度是（左子树高度＋1）和右子树高度的最大值。

树的深度算法如下。

【算法 5.35】

```
int Depth(CSTree T)
{//T 是树的孩子兄弟链表的根结点
    if (T==NULL) return 0;
    else
    {   d1 = Depth(T->firstchild);
```

```
        d2 = Depth(T->nextsibling);
        return d1+1>d2? d1+1:d2;
    }
}
```

5. 树的凹入表显示

根据每层的序号，以凹入方式显示每层结点的数据，使同一层的结点对齐。
树的凹入表显示算法如下。

【算法 5.36】

```
void dispTree(CSTree T,int level)
{   int len,i,n,k;
    if(T)
    {   len=strlen(T->data);
        for(i=1;i<level;i++)putchar(' ');
        printf("%s",T->data);putchar('+');       //显示结点值
        for(k=i+len;k<70;k++)putchar('-');  putchar('\n');
        dispTree(T->firstchild,level+4);
        dispTree(T->nextsibling,level);
    }
}
```

6. 求树中所有叶子结点的路径

在计算机网络中，域名的命名规则常常采用树状结构，如图 5-49 所示。

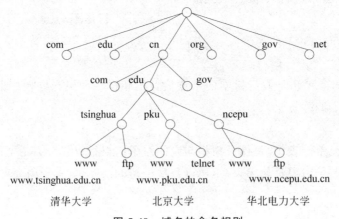

图 5-49   域名的命名规则

从图 5-49 可以看出，域名实际上就是从某棵子树的树根到某个叶子结点的路径。
为了更好地掌握树中所有从根到叶子的路径的查找，先介绍二叉树中所有从根到叶
子路径的查找，如图 5-50 所示。

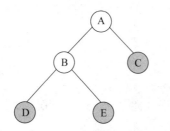

从根到叶子的路径
ABD
ABE
AC

图 5-50　二叉树中所有从根到叶子的路径

　　分析：按先序遍历，如果结点是叶子，则找到从根到叶子的一条路径；否则，先找左子树上的所有叶子的路径，再找右子树上的所有叶子的路径。

　　用栈存放从根开始的结点。以图 5-50 为例，说明何时进栈，何时出栈，何时得到一条路径，以及何时表明路径全部找完。整个过程如表 5-8 所示。

表 5-8　查找二叉树中所有从根到叶子的路径

对栈的主要操作	栈（底—顶）			路径
根结点 A 进栈	A			
栈顶 A 不是叶子结点，A 的左子树不为空，左子树根 B 进栈	A	B		
栈顶 B 不是叶子结点，B 的左子树不为空，左子树根 D 进栈	A	B	D	
栈顶 **D 是叶子结点**，找到路径，输出栈的所有结点，D 出栈	A	B		ABD
栈顶 B 的左子树搜索完成，B 的右子树不为空，右子树根 E 进栈	A	B	E	
栈顶 **E 是叶子结点**，找到路径，输出栈的所有结点，E 出栈	A	B		ABE
栈顶 B 的右子树搜索完成出栈，栈顶 A 的右子树不为空，右子树根 C 进栈	A	C		
栈顶 **C 是叶子结点**，找到路径，输出栈的所有结点，C 出栈	A			AC
栈顶 A 的右子树搜索完成出栈，栈空，算法结束				

　　求二叉树中所有叶子结点路径的算法如下。

【算法 5.37】

```
void AllBiTreePath( BiTree T, Stack * S )
{   if ( T )
    {   Push( S, T->data );                    //路径上的结点进栈
        //如果是叶子结点，输出栈内的所有结点
        if ( !T->lchild && !T->rchild ) PrintStack( * S );
        else
        {   AllBiTreePath( T->lchild, S );      //求左子树中所有叶子结点的路径
```

```
        AllBiTreePath( T->rchild, S );       //求右子树中所有叶子结点的路径
    }
    Pop(S);                        //叶子结点或左右子树的叶子路径都完成的根结点出栈
    }                                           //if(T)
}
```

下面讨论如何求树中从根到所有叶子的路径,如图5-51所示。

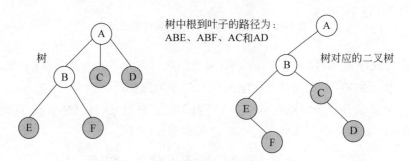

图 5-51　树中所有从根到叶子的路径

从图 5-51 中不难看出,树中的叶子结点对应二叉树的左子树为空的结点。为了保存路径,用栈存放从根开始的结点。算法设计需要考虑何时进栈,何时出栈,何时得到一条路径,何时表明路径全部找完。

分析:从树根开始,依序查找子树的叶子路径。由于每棵子树对应的二叉树都是一棵只有左子树的二叉树,因此对每棵子树做先序遍历,对应的是对只有左子树的二叉树做先序遍历,用栈保存首次遇到的结点。对每次进栈的结点做如下判断:

(1) 如果栈顶结点是叶子结点,输出栈内所有结点得到一条叶子结点路径,栈顶结点出栈。如果出栈结点有右兄弟,继续对以右兄弟为根的子树进行先序遍历,找其叶子结点路径;

(2) 如果栈顶结点不是叶子结点,继续进行以栈顶结点为根的子树的先序遍历;如果以栈顶结点为根的所有子树的先序遍历均已完成,栈顶结点出栈。

当栈为空时,所有叶子结点路径均已完成,算法结束。

主要过程如表5-9所示。

表 5-9　树的根到叶子的路径查找过程

对栈的主要操作	栈			路径
树根 A 进栈。	A			
栈顶 A 的第 1 棵子树不为空,子树根 B 进栈。	A	B		
栈顶 B 的第 1 棵子树不为空,子树根 E 进栈。	A	B	E	
栈顶 E 的第 1 棵子树为空,叶子路径找到,输出栈的所有结点,E 出栈。	A	B		ABE
E 的兄弟 F 进栈。	A	B	F	

续表

对栈的主要操作	栈			路径
栈顶 F 的第 1 棵子树为空,叶子路径找到,输出栈的所有结点,F 出栈。	A	B		ABF
F 无兄弟,栈顶 B 的所有子树叶子路径找完,B 出栈,B 的兄弟 C 进栈。	A	C		
栈顶 C 的第 1 棵子树为空,叶子路径找到,输出栈的所有结点,C 出栈。	A			AC
C 的兄弟 D 进栈。	A	D		
栈顶 D 的第 1 棵子树为空,叶子路径找到,输出栈的所有结点,D 出栈。	A			AD
D 无兄弟,栈顶 A 出栈,A 无兄弟,栈空,算法结束。				

求树中所有叶子结点路径的算法如下。

【算法 5.38】

```
void AllTreePath( CSTree T, Stack * S )
{   while (T)                                      //依序从 T 的第一棵子树开始查找
    {   Push(S, T->data );
        if ( !T->firstchild ) Printstack( * S );   //T 是叶子结点
        else AllTreePath( T->firstchild, S );      //找 T 为根的子树上的叶子结点路径
        Pop(S);//栈顶结点是叶子结点或以栈顶结点为根的子树上的叶子路径已完成
        T = T->nextsibling;                        //继续找 T 的其余子树
    }                                              //while
}
```

思考：如何查找树上任一结点的祖先？

5.5.4　树和森林的遍历

1. 树的遍历

（1）树的先根遍历：先访问根结点,再依次先根遍历其各子树。

（2）树的后根遍历：依次后根遍历其各子树,再访问根结点。

由于树可以唯一转换成一棵无右子树的二叉树,见图 5-52,所以树的遍历与二叉树的遍历存在等价关系。

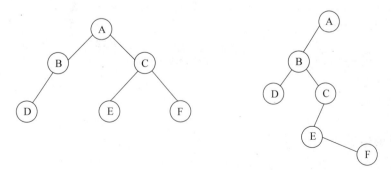

图 5-52　树与转换的二叉树示意图

从图 5-52 中给出的例子不难发现，树的遍历与树转换后的二叉树的遍历存在如下关系。

① 树的先根遍历对应转换后的二叉树的先序遍历。

树的先根遍历：ABDCEF；二叉树的先序遍历：ABDCEF。

② 树的后根遍历对应转换后的二叉树的中序遍历。

树的后根遍历：DBEFCA；二叉树的中序遍历：DBEFCA。

树的先根遍历和后根遍历的递归算法如下。

【算法 5.39】

```
void  pre_order_tree(CSTree  T)
{ if(T)    //先根遍历树
  { printf(T->data);
    pre_order_tree(T->firstchild);
    pre_order_tree(T->nextsibling);
  }
}          //pre_order-tree
```

```
void  post_order_tree(CSTree  T)
{ if(T)    //后根遍历树
  {  post_order_tree(T->firstchild);
     printf(T->data);
     post_order_tree(T->nextsibling);
  }
}          //post_order_tree
```

（3）树的层次遍历：从上至下、从左到右依次访问每个结点。

在树的基于孩子兄弟链表的存储结构中，同一树根的第 1 个孩子与根左链接，其他孩子与第 1 个孩子依次右链接，只需将二叉树的层次遍历稍加修改即可得到树的层次遍历算法。

基于树的孩子兄弟链表的层次遍历算法如下。

【算法 5.40】

```
void  layerTree(CSTree T)
{   SqQueue Q;  CSTree p;  initQueue(Q);          //初始化队列
    if(T) enQueue(Q,T);                           //进队列
    while(! emptyQueue(Q))                        //队列不空
    {   deQueue(Q,p); printf("%c",p->data);       //出队列,访问结点
        p=p->firstchild;                          //p指向第 1 个孩子
        if (p!=NULL)
        {   enQueue(Q,p);                         //第 1 个孩子进队列
            p=p->nextsibling;
            while(p!=NULL)                        //其他孩子进队列
            { enQueue(Q,p); p=p->nextsibling; }
        }
    }                                             //while
}
```

2. 森林的遍历

如图 5-53 所示的森林可以分解成三部分：森林中第一棵树的根结点、森林中第一棵树的子树森林和森林中其他树构成的森林。

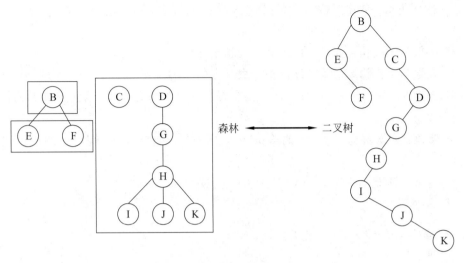

图 5-53 森林与转换的二叉树示例

（1）森林的先序遍历。

若森林不空，则：

① 访问森林中第一棵树的根结点。

② 先序遍历森林中第一棵树的子树森林。

③ 先序遍历森林中（除第一棵树之外）其余树构成的森林。

即：森林的先序遍历等同于依次从左至右对森林中的每一棵树进行先根遍历。

（2）森林的中序遍历。

若森林不空，则：

① 中序遍历森林中第一棵树的子树森林。

② 访问森林中第一棵树的根结点。

③ 中序遍历森林中（除第一棵树之外）其余树构成的森林。

即：森林的中序遍历等同于依次从左至右对森林中的每一棵树进行后根遍历。

例如图 5-53 中的森林，先序遍历为 BEFCDGHIJK，中序遍历为 EFBCIJKHGD。对于图 5-53 中森林对应的二叉树，先序遍历为 BEFCDGHIJK，中序遍历为 EFBCIJKHGD。

由此可见，森林的遍历序列与二叉树的遍历序列存在以下对应关系。

- 森林的先序遍历对应转换后的二叉树的先序遍历。
- 森林的中序遍历对应转换后的二叉树的中序遍历。

5.5.5 案例实现：基于树结构的行政机构管理

前面已经提到过，简单的树状思维导图、组织机构关系、书的层次结构、人类的家族血缘关系、操作系统的资源管理器以及应用程序的菜单结构等都是树状结构。下面讨论如何用树结构实现对企事业机构的设置与管理。

树结构采用孩子兄弟链表存储，结点数据为字符串（机构名称）。

基本操作包括：创建机构设置、增加或删除某个机构、查询、修改和显示。其中：

（1）创建机构设置：创建树的孩子兄弟链表。

（2）增加某个机构：将某个机构插入为指定父机构的孩子。

（3）删除某个机构：删除以该机构为根结点的子树。

（4）查询：根据机构名称，查询该机构是否存在。如果存在，则返回查询到的机构结点地址。

（5）修改：根据机构名称，查询该机构是否存在。如果存在，就用新的机构名称替换它。

（6）显示：用凹入表形式显示行政机构的层次关系。

源程序如下。

```
//树结构的孩子兄弟链表的数据类型定义
typedef struct CSNode
{   char mc[50];
    struct CSNode * firstchild, * nextsibling;
} CSNode, * CSTree;
//菜单函数
int menu()
{   int num;
    while(1)
    {   system("cls");
        printf("×××××行政组织机构管理系统×××××\n");
        printf("--------------------------------------------\n");
        printf("1.创建行政组织机构\t 2.显示行政组织机构\n");
        printf("3.插入某个机构\t 4.删除某个机构\n");
        printf("5.查找\t 6.修改某个机构\n");
        printf("0.退出 \n");
        printf("--------------------------------------------\n");
        printf("请选择功能编号(0-6):");
        scanf("%d",&num);
        if(num>=0 && num<=6) return num;
        else
        {   printf("重新选择,按任意键继续!\n"); getch(); }
    }
}
//其余函数请参考算法 5.32~5.40
void main()
{   CSTree T,p; int flag=0,n=0,num; char fa[50],ch[50];
    Stack S; initStack(S);
    while(1)
    {   num=menu();
        switch(num)
        { case 1: //创建
```

```
                    CreatTree(&T); break;
        case 2: //显示全部
                    if(T){ n=Depth(T); dispTree(T,n,1);}
                    else printf("没有数据!\n");
                    printf("按任意键继续\n"); getch();
                    break;
        case 3: //插入
                    printf("请按格式(父结点 孩子结点)输入所插入机构的信息:");
                    scanf("%s%s",fa,ch);
                    InsertBiT(&T,fa,ch); break;
        case 4: //删除
                    printf("请输入要删除机构的名称:");
                    scanf("%s",ch);
                    DelTreeNode(&T, NULL, ch,&flag);   break;
        case 5: //查找,并显示满足条件的数据
                    p=NULL;
                    printf("请输入需要查找机构的名称:"); scanf("%s",ch);
                    PreSearchBiT(T,ch,&p);
                    if(p==NULL)printf("没有找到!\n");
                    else
                    {   p=p->firstchild;
                        if(p){ n=Depth(p); dispTree(p,n,1); }
                        else printf("没有数据!\n");
                    }
                    printf("按任意键继续\n"); getch();   break;
        case 6: //修改
                    p=NULL;
                    printf("请输入需要修改的机构名称:"); scanf("%s",ch);
                    PreSearchBiT(T,ch,&p);
                    if(p==NULL)printf("没有找到!\n");
                    else strcpy(p->mc,ch);
                    break;
        case 0: exit(0);//退出
    }//end_switch
  }//end_while
}
```

5.6　哈夫曼树及其应用

5.6.1　最优二叉树——哈夫曼树

1. 哈夫曼树及基本概念

下面先给出相关的概念。

（1）结点间的路径长度：两个结点之间的分支数。

（2）结点的权值：附加在结点上的信息。

（3）结点带权路径：结点上权值与该结点到根之间的路径长度的乘积。

（4）二叉树的带权路径长度 WPL(Weight Path Length)：二叉树中所有叶子结点的带权路径长度之和。

如有 n 个叶子结点，第 i 个叶子结点的权值为 W_i，根到该结点的路径长度为 L_i，则：

$$WPL = \sum_{i=1}^{n} W_i L_i (i = 1, 2, \cdots, n)。$$ 如图 5-54 所示的二叉树，它的带权路径长度值 WPL $= 2 \times 2 + 4 \times 2 + 5 \times 2 + 3 \times 2 = 28$。

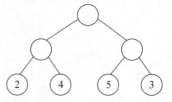

图 5-54　一棵带权二叉树

给定一组具有确定权值的叶子结点，可以构造出不同的带权二叉树。例如，给出 4 个叶子结点，设其权值分别为 1、3、5、7，可以构造出形状不同的多棵二叉树。图 5-55 给出了其中 5 棵不同形状的二叉树。

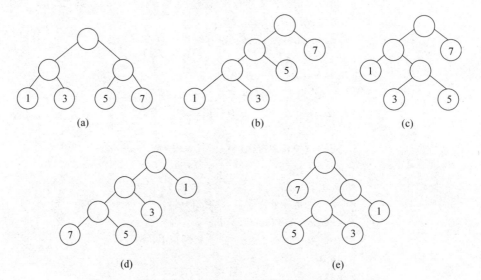

(a)　　　　　(b)　　　　　(c)

(d)　　　　　(e)

图 5-55　具有相同叶子结点和不同带权路径长度的二叉树

这五棵二叉树的带权路径长度分别为：

（1）WPL $= 1 \times 2 + 3 \times 2 + 5 \times 2 + 7 \times 2 = 32$。

（2）WPL $= 1 \times 3 + 3 \times 3 + 5 \times 2 + 7 \times 1 = 29$。

（3）WPL $= 1 \times 2 + 3 \times 3 + 5 \times 3 + 7 \times 1 = 33$。

（4）WPL $= 7 \times 3 + 5 \times 3 + 3 \times 2 + 1 \times 1 = 43$。

（5）WPL $= 7 \times 1 + 5 \times 3 + 3 \times 3 + 1 \times 2 = 33$。

最优二叉树也称哈夫曼（Haffman）树，是指对于一组带有确定权值的叶子结点而构造的具有最小带权路径长度的二叉树。

由此可见，由相同权值的一组叶子结点所构成的二叉树有不同的形态和不同的带权路径长度,那么如何找到带权路径长度最小的二叉树(即哈夫曼树)呢？根据哈夫曼树的定义,对于一棵二叉树,要使其 WPL 值最小,需要尽可能地使权值大的叶子结点靠近根结点,而使权值小的叶子结点远离根结点。

2. 构建哈夫曼树的主要步骤

(1) n 个权值{$w_1, w_2, \cdots, w_n$}构成 n 棵二叉树的集合 F={$T_1, T_2, \cdots, T_n$},其中每棵二叉树 T_i 只有一个带权为 W_i 的根结点,其左右子树均为空。

(2) 在 F 中选两棵根结点的权值最小的树作为左右子树构成一棵新的二叉树,且根结点的权值为其左右子树根结点的权值之和。

(3) 在 F 中删除这两棵树,同时将新的二叉树加入 F。

(4) 重复(2)和(3),直到 F 只含一棵树为止。

例如,已知权值 W={5,6,2,9,7},生成哈夫曼树的过程如图 5-56 所示。

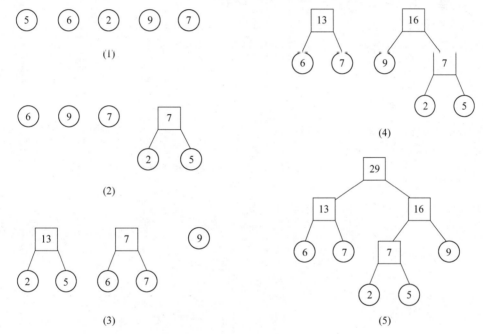

图 5-56　哈夫曼树的生成过程

哈夫曼树的特点如下。

(1) 权值越大的叶子结点越靠近根结点,而权值越小的叶子结点越远离根结点。

(2) 只有度为 0(叶子结点)和度为 2(分支结点)的结点,不存在度为 1 的结点。

(3) 有 n 个叶子结点的哈夫曼树中共有 m=2n−1 个结点。

【证明】 $m=n_0+n_1+n_2$,其中 n_0 为度为 0 的叶子结点个数,n_1 为度为 1 的分支结点个数,n_2 为度为 2 的分支结点个数。

因为:$n_1=0$,并且根据二叉树的性质 3,$n_2=n_0-1$,

所以:$m=2n_0-1$,即 m=2n−1。

3. 哈夫曼树的应用

用构建的哈夫曼树，提供解决某些判定问题时的最佳判定算法。

例 5-6：编制将学生百分成绩按 5 个分数段分级的程序，需要用分支结构，对每个学生的成绩判断它的等级。如何编写分支结构，使平均判断的次数最少？

（1）若学生成绩分布是均匀的，每个等级的人数几乎相等，则每个等级出现的概率为 1/5（即 0.2）。如果将等级出现的概率视为叶子结点的权值，那么分支结构的判断过程可用二叉树来实现。如图 5-57 所示，"不及格"需要判断 1 次，"及格"需要判断 2 次，"中等"需要判断 3 次，"良好"和"优秀"各需要判断 4 次。对应的 WPL 如下：

$$WPL = (1+2+3+4+4) \times 0.2 = 2.8$$

表明对一个成绩的平均判断次数为 2.8 次。

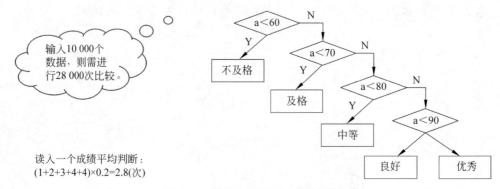

图 5-57   转换五级分制的判定过程

图 5-57 所示的分支结构对应的程序段如下。

```
if(a<60) printf("不及格\n");
else if(a<70) printf("及格\n");
else if(a<80) printf("中等\n");
else if(a<90) printf("良好\n");
else printf("优秀\n");
```

（2）如果学生成绩分布不是均匀的，并且分布情况如表 5-10 所示。

表 5-10   学生成绩分布表

分数	0~59	60~69	70~79	80~89	90~100
比例	0.05	0.15	0.4	0.3	0.1

将等级出现的概率视为叶子结点的权值，构建一棵哈夫曼树，如图 5-58（a）所示。该哈夫曼树给出了确定每一个分数的分数段需要判断的次数，"中等"需要判断 1 次，"良好"需要判断 2 次，"及格"需要判断 3 次，"不及格"和"优秀"需要判断 4 次，对应的 WPL 如下：

$$WPL = 0.4 \times 1 + 0.3 \times 2 + 0.15 \times 3 + (0.05 + 0.1) \times 4 = 2.05$$

表明读入一个成绩的平均判断次数为 2.05 次。

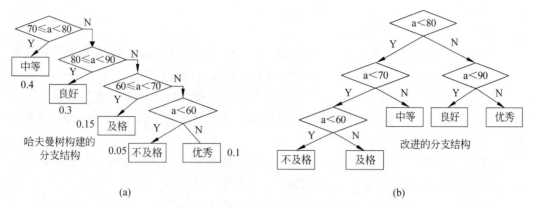

图 5-58 转换五级分制的判定过程

图 5-58(a)所示的分支结构对应的程序段如下。

```
if(a>=70 && a<80) printf("中等\n");
else if(a>=80 && a<90) printf("良好\n");
else if(a>=60 && a<70) printf("及格\n");
else if(a<60) printf("不及格\n");
else printf("优秀\n");
```

上述分支结构的表达式多为逻辑表达式,计算量明显大于关系表达式。如果将图 5-58(a)每一比较框的两次比较改为一次,如图 5-58(b)所示,则 WPL 如下:

$$WPL = (0.4 + 0.3 + 0.1) \times 2 + (0.05 + 0.15) \times 3 = 2.20$$

表明读入一个成绩的平均判断次数为 2.20 次,虽高于 2.05 次,但是每个分支的表达式均为关系表达式,计算时间会有所减少。

图 5-58(b)所示的分支结构对应的程序段如下。

```
if( a<80)
    if(a<70)
        if(a<60) printf("不及格\n");
        else  printf("及格\n");
    else printf("中等\n");
else
    if(a<90)printf("良好\n");
    else printf("优秀\n");
```

经过比较不难看出,在成绩分布不均匀的条件下,可以先构建哈夫曼树,再将哈夫曼树中的逻辑表达式改为关系表达式,得到改造后的二叉树,依此编写分支结构,可以使程序的执行效率得到较大提高。

5.6.2 哈夫曼树及哈夫曼编码的构建算法

哈夫曼编码是一种对数据进行压缩的经典方法,高频率出现的用短编码表示,低频率出现的用长编码表示,从而在整体上缩短了数据的长度,继而达到压缩的效果。目前常用的数据压缩格式 zip 和 rar 都是基于哈夫曼编码。

1. 哈夫曼编码

哈夫曼编码是根据哈夫曼树构造的二进制编码,用于(网络)通信中,它作为一种最常用的无损压缩编码方法,在数据压缩程序中具有非常重要的应用。

在网络通信中,通常需要进行编码。如需传送字符串"ABACCDA",因为只有 4 个字符 A、B、C 和 D,只需两位编码。4 个字符分别编码为二进制的 00、01、10 和 11,上述字符串的二进制总长度为 14 位。

在传送信息时,如果对每个字符进行不等长度的编码,使出现频率高的字符编码尽量短,这样会使传送的总长度变短,从而提高信息的传输效率。

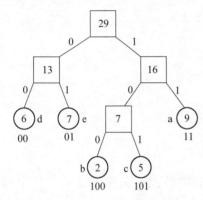

图 5-59　哈夫曼树及哈夫曼编码示例

如 A、B、C 和 D 的编码分别为 0、00、1 和 01 时,上述电文长度会缩短,但可能有多种译法。如"0000"可能是"AAAA"、"ABA"和"BB"。

为了保证译码的唯一性,设计的不等长编码必须满足任一字符的编码都不是另一个字符编码的前缀,这种编码称为前缀编码。

例如,编码 0、00、1 和 01 不是前缀编码,因为第 1 个编码 0 是第 2 个编码 00 的前缀。

利用哈夫曼树可以得到不等长的二进制形式的前缀编码。在根到叶子的路径中规定左分支为 0,右分支为 1,就可得到每个叶子结点的编码(每个字符的编码)。如图 5-59 所示的是哈夫曼树和哈夫曼编码。

2. 哈夫曼树的创建算法

从哈夫曼树的创建过程可知,叶子结点的个数是预先可知的,分支结点是按顺序创建的。每次选择两棵待选根结点值最小的子树构建一棵新的子树,每个结点需要存储结点值、左孩子位置、右孩子位置及父结点位置。又因为只要给定叶子结点的个数,哈夫曼树的总结点数是确定的,所以哈夫曼树的存储结构可用结构体数组实现。对于哈夫曼树中的双亲和孩子结点的关系,则用每个结点存储的父结点、左孩子结点和右孩子结点的位置即下标表示。

哈夫曼树的类型定义如下。

```
#define  N                    //叶子结点数
#define  M    2*N-1           //是结构体数组的容量
typedef  struct
{ char  data ;
    int  weight;              //权值
    int  parent,lch,rch;      //父结点、左孩子结点和右孩子结点的位置
} HufNodeType, * HufTree;     //哈夫曼树结点类型和指向哈夫曼树结点的指针类型
```

其中：HufNodeType 为结点类型，HufTree 为指向结点的指针类型，

例 5-7：图 5-59 中的 5 个结点 a、b、c、d 和 e 的权值分别为（9，2，5，6，7）。用 HufNodeType 类型的一维结构体数组构建哈夫曼树，如图 5-60 所示。

	data	weight	parent	lch	rch
0					
1	a	9	0	0	0
2	b	2	0	0	0
3	c	5	0	0	0
4	d	6	0	0	0
5	e	7	0	0	0
6			0	0	0	0
7			0	0	0	0
8			0	0	0	0
9			0	0	0	0

(a) 初始化

	data	weight	parent	lch	rch
0					
1	a	9	8	0	0
2	b	2	6	0	0
3	c	5	6	0	0
4	d	6	7	0	0
5	e	7	8	0	0
6		7	7	2	3
7		0	0	0	0
8		0	0	0	0
9		0	0	0	0

(b) 选取两个最小的权值2和5，新建子树根7，用下标表示双亲和孩子的关系。下标6是下标2和下标3的父结点，下标2是下标6的左孩子，下标3是下标6的右孩子

	data	weight	parent	lch	rch
0					
1	a	9	8	0	0
2	b	2*	6	0	0
3	c	5*	6	0	0
4	d	6	7	0	0
5	e	7	7	0	0
6		7	7	2	3
7		13	9	4	5
8		0	0	0	0
9		0	0	0	0

(c) 在剩余的权值中选取两个最小的权值6和7，新建子树根13，用下标表示双亲和孩子的关系，下标7是下标4和下标5的父结点，下标4是下标7的左孩子，下标5是下标7的右孩子

	data	weight	parent	lch	rch
0					
1	a	9	8	0	0
2	b	2*	6	0	0
3	c	5*	6	0	0
4	d	6*	7	0	0
5	e	7*	7	0	0
6		7	8	2	3
7		13	9	4	5
8		16	9	6	1
9		0	0	0	0

(d) 在剩余的权值中选取两个最小的权值7和9，新建子树根16，用下标表示双亲和孩子的关系，下标8是下标1和下标6的父结点，下标6是下标8的左孩子，下标1是下标8的右孩子

	data	weight	parent	lch	rch
0					
1	a	9*	8	0	0
2	b	2*	6	0	0
3	c	5*	6	0	0
4	d	6*	7	0	0
5	e	7*	8	0	0
6		7*	7	2	3
7		13	9	4	5
8		16	9	6	1
9		29	0	7	8

(e) 在剩余的权值中选取两个最小的权值13和16，新建子树根29，用下标表示双亲和孩子的关系。下标9是下标7和下标8的父结点，下标7是下标9的左孩子，下标8是下标9的右孩子

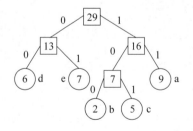

(f) 最终创建的哈夫曼树

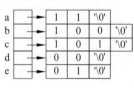

(g) 哈夫曼编码

图 5-60　在存储结构上创建哈夫曼树示例

已知 n 个字符的权值，生成一棵哈夫曼树的算法如下。

【算法 5.41】

```
void  huff_tree (HufTree ht , int w[], int n,)
{//w 存放权值
    int i,s1,s2;
    for(i=1;i<2*n;i++)       //哈夫曼树初始化
    {   if(i>=1&&i<=n)ht[i].weight=w[i-1];
        else ht[i].weight=0;
        ht[i].parent=0;
        ht[i].lch=0;
        ht[i].rch=0;
    }
    for(i=n+1;i<2*n;i++)
    {   //构造 n-1 个非叶子结点
        //在 ht[1..n]中选择两个双亲为 0 并且权值最小的结点
        //最小结点位置为 s1,次小结点位置为 s2
        select(ht,n,&s1,&s2);
        ht[i].weight=ht[s1].weight+ht[s2].weight;
        ht[i].lch=s1; ht[i].rch=s2;
        ht[s1].parent=i; ht[s2].parent=i;
    }
}                               //huff_tree
```

其中函数 select( )如下。

```
void select(HufTree ht,int n, int * s1,int * s2)
{   int i,min;
    for(min=100,i=1;i<2*n;i++)
        if(ht[i].parent==0 && ht[i].weight!=0 && ht[i].weight<min)
        {   min=ht[i].weight;
            * s1=i;
        }
    for(min=100,i=1;i<2*n;i++)
        if(ht[i].parent==0 && ht[i].weight!=0 && i!=* s1 && ht[i].weight<min)
        {   min=ht[i].weight;
            * s2=i;
        }
}
```

3. 哈夫曼编码的构建

当哈夫曼树构造成功后,在哈夫曼树的存储结构中,很容易求出每一个叶子结点的哈夫曼编码。具体求解过程是:从叶子结点所在的位置得到其双亲结点所在的位置,从双亲结点所在的行可得到孩子结点是左孩子还是右孩子。如果是左孩子,编码为 0;如果是右孩子,编码为 1。一直追朔到哈夫曼树的根结点。每一个叶子结点的哈夫曼编码用一个字符串存储,字符串的地址用字符指针数组存储。

求叶子结点的哈夫曼编码算法如下。

【算法 5.42】

```
char ** huf_code(HufTree ht,int n)              //返回存放 n 个哈夫曼编码的指针数组地址
{   //由哈夫曼树求 n 个字符的哈夫曼编码
    char * cd,**hcd; int i,start,c,f;
    //申请大小为 n+1 的字符指针数组,用于存放 n 个字符串的地址
    hcd=(char **) malloc((n+1) * sizeof(char *));
    cd=(char * ) malloc(n * sizeof(char));   //存放哈夫曼编码的临时空间
    for(i=1;i<=n;i++)
    {   cd[n-1]='\0';                          //编码结束符
        start=n-1; c=i; f=ht[c].parent;
        while(f)
        {   if(ht[f].lch==c) cd[--start]='0';
            else  cd[--start]='1';
            c=f; f=ht[f].parent;
        }
        hcd[i]=(char * )malloc((n-start) * sizeof(char));
        strcpy(hcd[i],&cd[start]);
    }                                          //end_for
    return  hcd;
}
```

例 5-8：假设用于通信的电文仅由 8 个字母 A、B、C、D、S、T、U 和 V 组成,字母在电文中出现的频率分别为(5,29,7,8,14,23,3,11)。试为这 8 个字母设计哈夫曼编码。

如图 5-61 所示的是哈夫曼树和哈夫曼编码。

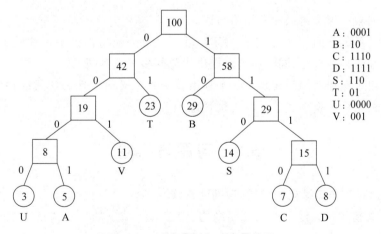

A:0001
B:10
C:1110
D:1111
S:110
T:01
U:0000
V:001

图 5-61　哈夫曼树和哈夫曼编码

当一个文件用哈夫曼编码实现压缩时,原来每一个字符用一个字节(8 位)表示,压缩后字符对应的哈夫曼编码则以二进制形式的若干个位(bit)表示,即一个字节可以存储若干个字符的哈夫曼编码,使原文件显著变小,减少了文件存储占用的字节数,有效提高了文件的传输效率,同时哈夫曼编码又可以实现对文件的解压缩。

5.7 本 章 小 结

树状结构是十分重要的非线性结构，具有一对多的关系，可以用来描述客观世界中广泛存在的层次结构。本章重点阐述了二叉树、树和哈夫曼树。

二叉树和树是两种不同的树状结构。二叉树中每个结点最多只有两棵子树，并且区分左子树和右子树，而树中结点包含的子树个数不受限制，不做特别说明时通常被认为是无序的。

二叉树的存储结构有顺序存储、二叉链表和三叉链表。但顺序存储只适合近似于完全二叉树的结构。树的存储结构有双亲表示法、孩子链表法、双亲孩子链表法以及孩子兄弟二叉链表法。

二叉树的遍历算法解决了每个结点访问一次的问题，因此二叉树遍历算法的框架为二叉树的应用提供了基础。在实际中，可以针对需要解决的问题，选用合适的二叉树遍历算法。

二叉树遍历无论采用递归算法还是非递归算法，都占用较多的系统资源。线索二叉树利用二叉树结点的空指针域，实现了二叉树的既不需要递归又不需要栈的遍历算法。中序线索二叉树既方便找前驱又方便找后继；前序线索二叉树不便于找结点先序下的直接前驱（双亲）；后序线索二叉树不便于找结点后序下的直接后继（双亲）。

森林、树与二叉树可以相互转换。树对应的二叉树是没有右子树的二叉树；森林对应的二叉树的特点是二叉树的左子树对应森林中的第一棵子树，二叉树的右子树对应除第一棵子树以外的其余子树。因此有关树的基本操作和应用可以在树的孩子兄弟链表存储结构上完成。

二叉链表结点的两个指针分别指向左子树根和右子树根；孩子兄弟二叉链表的两个指针分别指向第一棵子树根和右兄弟树根。

哈夫曼树是最优的二叉树，它的 WPL 最小。哈夫曼树提供了一种满足前缀编码条件的哈夫曼编码构建方法，同时还可以提供优化的多分支判断。

本章给出了两个案例的实现。一个是用表达式二叉树实现表达式的存储与计算；另一个是基于树结构的企事业单位的机构管理。

5.8 习题与实验

一、下面是有关二叉树的叙述，请判断正误

1. 若二叉树用二叉链表作为存储结构，则在 n 个结点的二叉树链表中只有 n−1 个非空指针域。 （ ）

2. 二叉树中每个结点的两棵子树的高度差等于 1。 （ ）

3. 二叉树中每个结点的两棵子树是有序的。 （ ）

4. 二叉树中每个结点有两棵非空子树或两棵空子树。 （ ）

5. 二叉树中所有结点个数是 $2^{k-1}-1$，其中 k 是树的深度。 （ ）

6. 二叉树中的所有结点如果不存在非空左子树，则不存在非空右子树。 （ ）

7. 对于一棵非空二叉树,它的根结点作为第一层,则它的第 i 层上最多能有 2^i-1 个结点。　　　　　　　　　　　　　　　　　　　　　　　　　　　　　　　（　　）

8. 用二叉链表存储包含 n 个结点的二叉树,则结点的 2n 个指针区域中有 n＋1 个为空指针。　　　　　　　　　　　　　　　　　　　　　　　　　　　　　　　（　　）

9. 具有 12 个结点的完全二叉树有 5 个度为 2 的结点。　　　　　　　　　　（　　）

二、填空

1. 由 3 个结点所构成的二叉树有_____种形态。

2. 一棵深度为 6 的满二叉树有_____个分支结点和_____个叶子结点。

3. 一棵具有 257 个结点的完全二叉树的深度为_____。

4. 一棵完全二叉树有 700 个结点,则共有_____个叶子结点。

5. 设一棵完全二叉树具有 1000 个结点,则此完全二叉树有_____个叶子结点和_____个度为 2 的结点,其中有_____个结点只有非空左子树,_____个结点只有非空右子树。

6. 若已知一棵二叉树的前序序列是 BEFCGDH,中序序列是 FEBGCHD,则它的后序序列必是_____。

7. 用 5 个权值{3,2,4,5,1}构造的哈夫曼树的带权路径长度是_____。

三、单项选择题

1. 不含任何结点的空树(　　　　)。

　（A）是一棵树　　　　　　　　　　（B）是一棵二叉树

　（C）是一棵树也是一棵二叉树　　　（D）既不是树也不是二叉树

2. 二叉树是非线性数据结构,所以(　　　　)。

　（A）它不能用顺序存储结构存储

　（B）它不能用链式存储结构存储

　（C）顺序存储结构和链式存储结构都能存储

　（D）顺序存储结构和链式存储结构都不能使用

3. 具有 n(n＞0)个结点的完全二叉树的深度为(　　　　)。

　（A）$\lceil \log_2 n \rceil$　　　　（B）$\lfloor \log_2 n \rfloor$　　　　（C）$\lfloor \log_2 n \rfloor +1$　　　　（D）$\lceil \log_2 n +1 \rceil$

4. 把一棵树转换为二叉树后,这棵二叉树的形态是(　　　　)。

　（A）唯一的　　　　　　　　　　　（B）有多种

　（C）有多种,但根结点没有左孩子　（D）有多种,但根结点没有右孩子

5. 树是结点的有限集合,它__A__根结点,记为 T。其余的结点分成为 m(m≥0)个__B__的集合 T1,T2,…,Tm,每个集合又都是树,此时结点 T 称为 Ti 的父结点,Ti 称为 T 的子结点(1≤i≤m)。一个结点的子结点个数为该结点的__C__。

供选择的答案:

A:①有 0 个或 1 个　②有 0 个或多个　③有且只有 1 个　④有 1 个或 1 个以上

B:①互不相交　②允许相交　③允许叶子结点相交　④允许树枝结点相交

C:①权　②维数　③度　④序

答案：A=_____ B=_____ C=_____

6. 二叉树____A____。在完全的二叉树中,若一个结点没有____B____,则它必定是叶子结点。每棵树都能唯一地转换成与它对应的二叉树。由树转换成的二叉树里,一个结点 N 的左孩子是 N 在原树里对应结点的____C____,而 N 的右孩子是它在原树里对应结点的____D____。

> 供选择的答案:

A：①是特殊的树 ②不是树的特殊形式 ③是两棵树的总称 ④有且只有两个结点的树状结构

B：①左子结点 ②右子结点 ③左子结点或者没有右子结点 ④兄弟

C~D：①最左子结点 ②最右子结点 ③最邻近的右兄弟 ④最邻近的左兄弟
⑤最左的兄弟 ⑥最右的兄弟

答案：A=_____ B=_____ C=_____ D=_____

四、阅读分析题

1. 试写出对如下图所示的二叉树分别按先序、中序、后序层次遍历时得到的结点序列。

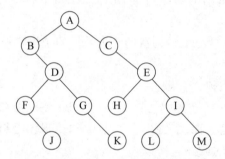

2. 把如下图所示的树转换成二叉树。

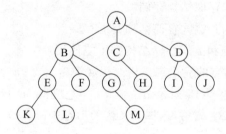

3. 画出和下图所示二叉树相应的森林。

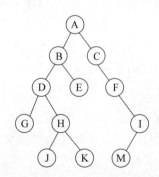

五、算法设计题

1. 编写递归算法,求二叉树中以元素值为 x 的结点为根的子树的深度。

2. 编写算法判别给定二叉树是否为完全二叉树。

3. 设一棵二叉树的先序遍历序列为 ABDFCEGH,中序遍历序列为 BFDAGEHC。

(1) 画出这棵二叉树。

(2) 将二叉树转换为对应的树(或森林)。

4. 编写复制二叉树的算法。

5. 设一棵二叉树的结点结构为(LChild,data,RChild),root 为指向该二叉树根结点的指针,p 和 q 分别为指向该二叉树中任意两个结点的指针。试编写一个算法 ancestor(ROOT,p,q,r),该算法用于查找 p 和 q 的最近共同祖先结点 r。

6. 已知一棵树的由根至叶子结点按层次输入的结点序列及每个结点的度(每层中自左至右输入),试写出构造此树的孩子兄弟链表的算法。

7. 分别以孩子兄弟链表和双亲表示法作为树的存储结构,编写求树的高度的算法。

8. 给定集合{15,3,14,2,6,9,16,17}。

(1) 构造相应的哈夫曼树(要求写出每一步的构造过程)。

(2) 计算它的带权路径长度。

(3) 写出在存储结构上构建哈夫曼树的过程。

(4) 写出它的哈夫曼编码。

9. 下图是网络域名的存储示意图,请编写一个算法以输出所有叶子结点路径。

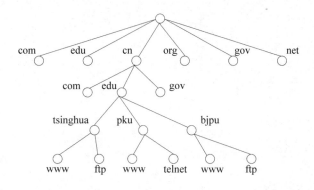

10. 试利用栈的基本操作,写出后序遍历的非递归形式的算法。

11. 关于线索二叉树,请写出以下算法。

(1) 创建先序线索二叉树。

(2) 在(1)创建的树中,查找给定结点 *p 在先序序列中的后继。

五、上机实验题

1. 完成二叉树基于二叉链表存储的基本操作的实现,要求实现如下功能。

(1) 创建二叉树;(2) 递归遍历(前、中、后);(3) 层次遍历;(4) 非递归遍历(前、中、后);(5) 求深度;(6) 求叶子结点数;(7) 求总结点数;(8) 显示;(9) 求宽度(结点数最多的层)。

2. 完成树的广义表形式的创建与输出。

3. 实现某个企事业机构管理系统，要求实现如下功能。

(1) 创建机构设置；(2)增加机构；(3)删除机构；(4)查询；(5)修改机构；(6)显示。

4. 实现动态表达式的计算。

要求：表达式中的变量用单个字母表示，计算过程中输入变量的值。

5. 操作系统有着强大的文件管理功能，系统对文件按树状结构进行组织，支持对文件目录的常用操作，如插入、删除、剪切、复制和粘贴等，编程模拟操作系统对文件及目录的管理功能。

第 6 章

图

交通运输是国民经济发展的先导性工程,也是区域之间进行文化交流的重要基础。铁路网则是构成综合交通运输网络的骨干和大动脉,具有极其重要的战略地位。1909 年 9 月,詹天佑主持并修建了中国自行设计的第一条铁路——京张铁路,打破了外国人垄断修建中国铁路的局面。发展至今,我国已拥有世界上最现代化的铁路网和最发达的高铁网。"四纵四横"高铁主骨架已经建成,路网运输能力已稳居世界第一。预计到 2030 年,将建成"八纵八横"高铁网,总里程预计 45000 公里。

高铁网不仅显著改善了人们的出行条件,而且加快了贫困地区和非发达地区的经济社会发展,推动了区域、城乡协调发展和生态文明建设。此外,中国高铁发展凭借完全自主知识产权的多项技术,成为新的"外交名片"。随着共建"一带一路"的推进,越来越多的中国铁路在亚洲、欧洲和非洲等地区落地生根,促进了国家之间的互联互通,也让更多地区更紧密地连接在了一起。

图 6-1 示意了我国局部地区的高铁网分布,其中涉及的数据以及数据之间的关系,是一个典型的图形(或网)结构,而数据分析、存储和处理,则与图的相关知识紧密相关。

本章将围绕图和网络展开阐述,在图遍历算法的基础上,详细介绍最小生成树、最短路径、拓扑排序和关键路径等各种算法。

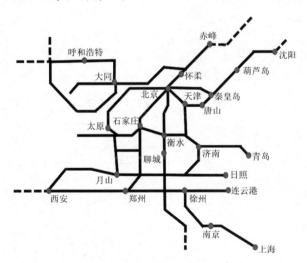

图 6-1　我国局部地区的高铁网分布

6.1 问题的提出

问题1：如果要保证某城市的各个小区都能用上天然气，是否每两个小区之间都要铺设天然气管道？可以有多种部署方式，图 6-2 中显示了一种最省钱的部署方案。

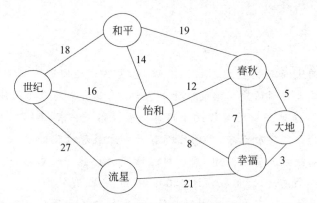

图 6-2 小区天然气管道铺设示意图

图 6-2 中的顶点是每个小区的名称，即数据元素，铺设的天然气管道是两个小区之间的连线，连线上的数据为天然气管道的造价，任意两个小区之间都可以铺设天然气管道。给出管道铺设的最佳方案，在保证每个小区都能通天然气的前提下使铺设的天然气管道最少，即造价最低。

问题2：在工程项目的管理中，一个大的工程往往要分解成若干个子任务，这些子任务何时开工，何时完工，哪些子任务能够同时开工，怎样才能保证整个工程能够按期完成？图 6-3 显示了一种解决方案。

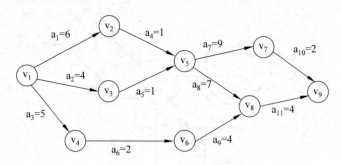

事件	事件含义
v_1	开工
v_2	活动 a_1 完成，活动 a_4 可以开始
v_3	活动 a_2 完成，活动 a_5 可以开始
v_4	活动 a_3 完成，活动 a_6 可以开始
v_5	活动 a_4、a_5 完成，活动 a_7、a_8 可以开始
⋮	…
v_9	活动 a_{10}、a_{11} 完成，整个工程完成

图 6-3 某工程的任务安排示意图

事件的名称是数据元素,两个事件之间带有方向的连线及数字表示某个活动从开始到结束需要的时间。要求给出从工程开始到工程竣工所花的最短时间以及影响整个工程按期完成的关键活动,并分析能否加快工期,使工程提前完成。

问题1和问题2所涉及数据对象中任意两个数据元素之间都可能存在邻接关系,它们之间的关系是多对多,表示为 m∶n,即图结构。

6.2 图的定义和基本术语

6.2.1 图的定义

图是由顶点的有穷非空集合和顶点之间边的集合组成,通常表示为:$G=(V,E)$。

其中:G 表示一个图,V 是图 G 中顶点(数据元素)的集合,E 是图 G 中顶点之间边的集合。在图中,顶点个数不能为零,但可以没有边。

6.2.2 图的基本术语

以图 6-4 为例,给出图的基本术语描述。

结点:图中的顶点。如图 6-4(a)中,v_1、v_2 等都是图中的顶点,该图包含有 4 个顶点。

结点间的关系:图中顶点之间的连线。图 6-4(a)中,一共有 4 条带箭头的线,表示 4 个关系。

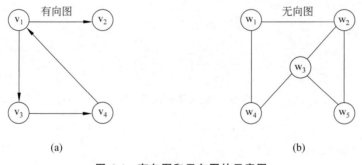

图 6-4 有向图和无向图的示意图

无向图:图中两个顶点的连线是不带方向的边。边(v, w)表示 v 与 w 互为邻接点,或说边(v, w)依附于顶点 v 和 w,亦可称边(v, w)和顶点 v、w 相关联。边可以赋予有意义的值,如图 6-4(b)所示。

有向图:图中两个顶点的连线是带方向的边(称为弧)。对于弧＜v, w＞,称 v 为弧尾,w 为弧头,即顶点 v 邻接到顶点 w,或称顶点 w 邻接自顶点 v,亦可称弧＜v, w＞和顶点 v, w 相关联。弧可以赋予有意义的值,如图 6-4(a)所示。

v 的入度:有向图中,以顶点 v 为弧头的弧的数目。

v 的出度:有向图中,以顶点 v 为弧尾的弧的数目。

v 的度:无向图中,与顶点 v 相关联的边的数目。有向图中,v 的入度与出度之和。

图 6-4(b)中无向图 w_3 的度为 3，w_1 的度为 2。图 6-4(a)中有向图 v_1 的入度为 1，出度为 2，度为 3。

路径：在无向图 G＝(V，E)中，从顶点 v_p 到顶点 v_q 之间的路径是一个顶点序列 $(v_p＝v_{i0}，v_{i1}，v_{i2}，\cdots，v_{im}＝v_q)$，其中，$(v_{ij-1}，v_{ij})\in E(1\leqslant j\leqslant m)$。若 G 是有向图，则路径也是有方向的，顶点序列满足 $<v_{ij-1}，v_{ij}>\in E$。

如图 6-4 中的 w_1 到 w_5 的路径为 $w_1 w_2 w_3 w_5$，v_1 到 v_4 的路径为 $v_1 v_3 v_4$。

路径长度：如果是无向图，则路径上边的数目是路径长度。如果是有向图，弧上有权，则路径长度为路径上的权值之和；弧上无权，则路径上弧的数目是路径长度。

如图 6-4 中的 w_1 到 w_5 的路径长度为 3，v_1 到 v_4 的路径长度为 2。

简单路径：路径序列中顶点不重复出现的路径。

如图 6-4 中的 w_1 到 w_5 的路径 $w_1 w_2 w_3 w_5$ 是简单路径。

简单回路：路径序列中第一个顶点和最后一个顶点相同的路径。

如图 6-4 中的 v_1 到 v_4 的路径 $v_1 v_3 v_4 v_1$ 是简单回路。

子图：若图 G＝(V，E)，G′＝(V′，E′)，如果 V′$\subseteq$V 且 E′$\subseteq$E，则称图 G′是 G 的子图。图 6-5 右侧的 3 个图是左侧图的子图。

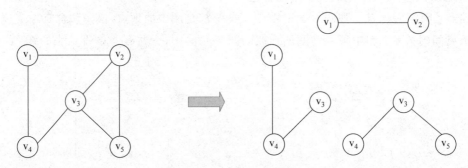

图 6-5 图与子图的示意图

6.2.3 图的分类

根据图的顶点和边的特点，给出图的分类。

1. 从图中边的方向性以及边上是否有权划分

有向图：边有方向无权。有向网：边有方向、有权，如图 6-6(a)所示。

无向图：边无方向、无权。无向网：边无方向、有权，如图 6-6(b)所示。

2. 从图中的边(弧)数 e 和顶点数 n 之间的关系划分

无向完全图：对具有 n 个顶点的图，任意两个顶点 v_i 和顶点 v_j 之间都存在边$(v_i，v_j)$，边数 $e＝n(n-1)/2$。

有向完全图：对具有 n 个顶点的图，任意两个顶点 v_i 和顶点 v_j 之间都存在弧$<v_i，v_j>$，即边$(v_i，v_j)$和边$(v_j，v_i)$都存在，弧数 $e＝n(n-1)$。

稀疏图：边(弧)数 $e\leqslant n\log_2 n$。

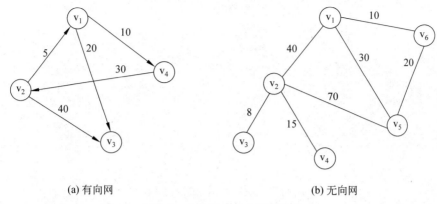

(a) 有向网   (b) 无向网

图 6-6　有向网和无向网示意图

稠密图：边（弧）数 $e > n \log_2 n$。

3. 从连通性上划分

（1）无向图

连通性：若从顶点 v_i 到顶点 v_j 有路径，则称 v_i 和 v_j 是连通的。

连通图：任意两顶点都是连通的。

连通分量：极大连通子图，含有极大顶点数（如果多加 1 个顶点，子图就不连通了）和依附于这些顶点的所有边。如图 6-7 所示，左侧的图有两个连通分量。

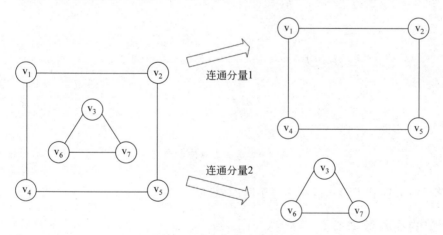

图 6-7　无向图和连通分量

（2）有向图

强连通性：若从顶点 v_i 到顶点 v_j 有路径，从顶点 v_j 到顶点 v_i 也存在路径，则称 v_i 和 v_j 是强连通的。

强连通图：任意两个顶点都是强连通的。

强连通分量：极大强连通子图。如图 6-8 所示，左侧的有向图有两个强连通分量。

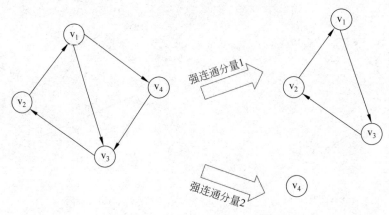

图 6-8　有向图和强连通分量

（3）生成树和生成森林

生成树：极小连通子图，包含图中的全部顶点和连接全部顶点的 n−1 条边。如果多一条边，就会出现回路。如果减少一条边，则必然成为非连通的。生成树不一定唯一。

生成森林：非连通的图中存在若干个连通分量，每个连通分量对应一棵生成树，这些连通分量的生成树就组成了一个非连通图的生成森林。图 6-7 中的两个连通分量对应的生成森林如图 6-9 所示。

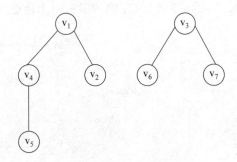

图 6-9　生成森林示意图

思考：极大连通子图和极小连通子图的异同。

6.2.4　图的抽象数据类型定义

图的抽象数据类型定义如下。

ADT Graph
{ **数据对象**：具有相同特性的数据元素的集合，称为顶点集。
　数据关系：$R = \{V_R\}$
　$V_R = \{<v, w> | v, w \in V$ 且 $P(v, w)$，$<v, w>$ 表示从 v 到 w 的弧，谓词 $P(v, w)$ 定义了弧 $<v, w>$ 的
　　意义或信息 }
　基本操作：
　　CreateGraph(&G, V, V_R)

初始条件:V 是图的顶点集,V_R 是图中弧的集合。

操作结果:按 V 和 V_R 的定义构造图 G。

DestroyGraph(&G)

初始条件:图 G 存在。

操作结果:销毁图 G。

LocateVex(G, u)

初始条件:图 G 已存在,u 和 G 中的顶点有相同特征。

操作结果:若 G 中存在顶点 u,则返回该顶点在图中位置,否则返回其他信息。

GetVex(G, v)

初始条件:图 G 存在,v 是 G 中某个顶点。

操作结果:返回 v 的值。

PutVex(&G, v, value)

初始条件:图 G 存在,v 是 G 中某个顶点。

操作结果:对 v 赋值 value。

FirstAdjVex(G, v)

初始条件:图 G 存在,v 是 G 中某个顶点。

操作结果:返回 v 的第一个邻接顶点。若顶点在 G 中没有邻接顶点,则返回空。

NextAdjVex(G, v, w)

初始条件:图 G 存在,v 是 G 中某个顶点,w 是 v 的邻接顶点。

操作结果:返回 v(相对于 w)的下一个邻接顶点。若 w 是 v 的最后一个邻接点,则返回空。

InsertVex(&G, v)

初始条件:图 G 存在,v 和 G 中顶点有相同特征。

操作结果:在图中增添新顶点 v。

DeleteVex(&G, v)

初始条件:图 G 存在,v 是 G 中某个顶点。

操作结果:删除 G 中的顶点 v 及其相关的弧。

InsertArc(&G, v, w)

初始条件:图 G 存在,v 和 w 是 G 中的两个顶点。

操作结果:在图 G 中增添弧<v, w>。若 G 是无向的,则还应增添对称弧<w, v>。

DeleteArc(&G, v, w)

初始条件:图 G 存在,v 和 w 是 G 中的两个顶点。

操作结果:删除 G 中的弧<v, w>。若 G 是无向的,则还应删除对称弧。

DFSTraverse(G, v, visit())

初始条件:图 G 存在,v 是 G 中某个顶点,visit 是应用于顶点的函数。

操作结果:从顶点 v 起深度优先遍历图 G,并对每个顶点调用函数 visit()一次且至多一次。一旦 visit()失败,则操作失败。

BFSTraverse(G, v, visit())

初始条件:图 G 存在,v 是 G 中某个顶点,visit 是应用于顶点的函数。

操作结果:从顶点 v 起广度优先遍历图 G,并对每个顶点调用函数 visit()一次且至多一次。一旦 visit()失败,则操作失败。

}ADT Graph

6.3 图的存储结构

由于图中顶点之间的关系是多对多，即 m：n，m 和 n 都是不定的，所以图中的关系不能通过顶点之间的存储位置反映顶点之间的逻辑关系，必须另外引入存储空间来存储顶点之间的邻接关系。

图中包括如下三部分信息：顶点信息；边（弧）信息，即顶点的关系；顶点数、边（弧）数。

1. 顶点的存储

在图的应用中，顶点集动态变化的概率相对较小，所以顶点集可以采用数组存储，数组可按预先估计的最大顶点数分配空间。如：

```
#define  MAX_VERTEX_NUM  20        //最大顶点数
```

2. 顶点关系的存储

在顶点确定的情况下，边或弧的数目往往是不确定的。在实际应用中，可能会改变图中顶点之间的关系。通常采用下述方法存储关系集：

（1）邻接矩阵表示法：矩阵中的第 i 行第 j 列的元素反映图中第 i 个顶点到第 j 个顶点之间是否存在边或弧。若存在，用 1 表示，否则用 0 表示。如果边或弧上有权（附加的信息），用权值表示存在；反之人为给定一个数，表示不存在。

（2）邻接表表示法：将每一顶点的邻接点串接成一个单向链表，称为邻接表。

3. 顶点数和边（弧）数的存储

用两个整型变量分别存储图（网）的顶点数和边（弧）数。

6.3.1 图的邻接矩阵表示

1. 邻接矩阵的定义

假设图 $G=(V,E)$ 有 n 个顶点，则邻接矩阵是一个 $n \times n$ 的方阵。

图的邻接矩阵定义为：

$$arc[i][j] = \begin{cases} 1 & 若(v_i,v_j) \in E(或 <v_i,v_j> \in E) \\ 0 & 其他 \end{cases}$$

其中，$(v_i,v_j) \in E$（或 $<v_i,v_j> \in E$）表示：对于图，如果两个顶点之间有边或弧存在，则对应两个顶点位置的数组元素值为 1，否则为 0。

网的邻接矩阵定义为：

$$arc[i][j] = \begin{cases} w_{ij} & 若(v_i,v_j) \in E(或 <v_i,v_j> \in E) \\ 0 或 \infty & 若 i=j，可根据实际应用中权值的意义选择 0 或 \infty \\ \infty & 其他，\infty 是人为指定的一个数，用于表示不存在邻接关系 \end{cases}$$

其中，$(v_i,v_j) \in E$（或 $<v_i,v_j> \in E$）表示：如果两个顶点之间有边或弧存在，则对应两个顶点位置的数组元素值为边上或弧上的权值；如果两个顶点之间无边或弧存在，则对角线上的数组元素值为 0 或 ∞,非对角线上的数组元素为 ∞,∞ 是人为赋予的一个常量。

例 6-1：无向图和无向网的邻接矩阵,如图 6-10 所示。

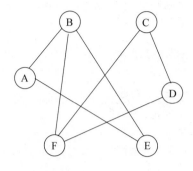

	A	B	C	D	E	F
A	0	1	0	0	1	0
B	1	0	0	0	1	1
C	0	0	0	1	0	1
D	0	0	1	0	0	1
E	1	1	0	0	0	0
F	0	1	1	1	0	0

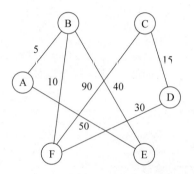

	A	B	C	D	E	F
A	0	5	∞	∞	50	∞
B	5	0	∞	∞	40	10
C	∞	∞	0	15	∞	90
D	∞	∞	15	0	∞	30
E	50	40	∞	∞	0	∞
F	∞	10	90	30	∞	0

图 6-10　无向图和无向网以及对应的邻接矩阵

例 6-2：有向图和有向网的邻接矩阵,如图 6-11 所示。

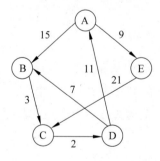

	A	B	C	D	E
A	0	15	∞	∞	9
B	∞	0	3	∞	∞
C	∞	∞	0	2	∞
D	11	7	∞	0	∞
E	∞	∞	21	∞	0

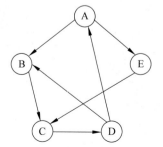

	A	B	C	D	E
A	0	1	0	0	1
B	0	0	1	0	0
C	0	0	0	1	0
D	1	1	0	0	0
E	0	0	1	0	0

图 6-11　有向网和有向图与其对应的邻接矩阵

2. 图的邻接矩阵数据类型

用一个一维数组存储图中顶点的信息，用一个二维数组（称为邻接矩阵）存储图中各顶点之间的邻接关系，并用两个整型变量存储图中的顶点数和边（弧）数。

图的邻接矩阵定义如下。

```
#define  VNUM  20            //图中顶点的最大数目
typedef  struct
{  VertexType vexs[VNUM];     //存储顶点信息
    int  arcs[VNUM][VNUM];    //存储顶点的关系
    int  vexNum,  arcNum;     //存储顶点数和弧数
}MGraph;                      //定义图的类型
```

其中 VertexType 为顶点的数据类型。

如：

```
MGraph G;
```

G 是一个结构体类型变量，它可以存放一个图的信息，其存储结构如图 6-12 所示。

图 6-12 G 的邻接矩阵存储示意图

网的邻接矩阵定义如下。

```
#define  VNUM  20            //图中顶点的最大数目
typedef  struct
{  VertexType  vexs[VNUM];        //存储顶点信息
    WeightType  arcs[VNUM][VNUM]; //存储顶点的关系(边或弧上的权值)
    int  vexNum,  arcNum;         //存储顶点数和弧数
}NetGraph ;                       //定义网的类型
```

其中 VertexType 为顶点的数据类型，WeightType 为边或弧上权值的数据类型。

3. 图的邻接矩阵生成算法

无向图的邻接矩阵生成算法的主要步骤如下。

(1) 确定图的顶点个数和边的个数。

(2) 输入顶点信息并存储在一维数组 vexs 中；

(3) 初始化邻接矩阵（每个元素置 0）。

(4) 依次输入每条边并存储在邻接矩阵 arcs 中。

```
{   输入边依附的两个顶点的序号 i 和 j；
    将邻接矩阵的第 i 行第 j 列的元素值置为 1；
    将邻接矩阵的第 j 行第 i 列的元素值置为 1；

}
```

创建无向图的邻接矩阵的算法如下。

【算法 6.1】

```
void crt_MGragh(MGragh * G )
{    scanf("%d%d",&G->vexNum, &G->arcNum);              //输入顶点数和边数
     for(i=0; i<G->vexNum; i++) scanf(&G->vexs[i]);     //输入顶点信息
     for(i=0; i<G->vexNum; i++)                         //邻接矩阵初始化
         for(j=0; j<G->vexNum; j++)G->arcs[i][j]=0;
     for(k=0; k<G->arcNum; k++)
     {    scanf("%d%d",&i, &j);          //读入一条边,i 和 j 是顶点的序号(与下标相差 1)
          G->arcs[i-1][j-1]=1;
          G->arcs[j-1][i-1]=1;
     }
}
```

在调试程序时,往往需要看一下图的创建是否正确,可以编写一个函数直接显示存放顶点值的一维数组以及邻接矩阵即可。

无向图的显示函数如下。

```
void dispMGragh(MGragh G)
{    int i,j;
     printf("顶点如下 \n");
     for(i=0; i<G.vexNum; i++)printf(G.vexs[i]);
     printf("\n 邻接矩阵如下 \n");
     for(i=0; i<G.vexNum; i++)
     {    for(j=0; j<G.vexNum; j++)printf("%4d",G.arcs[i][j]);
          printf("\n");
     }
}
```

思考：如果创建的是有向图、无向网和有向网,需要对算法 6.1 进行哪些修改?

4. 邻接矩阵的特点

(1)二维数组 arcs 中的元素值描述了边的邻接关系以及边上是否有权。

(2)无向图和无向网的邻接矩阵是对称矩阵,有向图和有向网的邻接矩阵不一定是对称矩阵。一旦图中顶点的顺序确定之后,邻接矩阵是唯一的。

(3)对于边(弧)个数较少的稀疏图,其邻接矩阵也是稀疏的,有较多的 0,用二维数组存储邻接矩阵时存储空间利用率较低。

(4)存储特点是一种顺序存储结构。

较为适合的操作如下。

(1)计算顶点的度:无向图中第 i 个顶点的度为二维数组 arcs 的第 i 行或第 i 列的非零元素个数或非∞元素的个数。有向图中第 i 个顶点的出度为 arcs 二维数组的第 i 行非零元素个数;有向图中第 i 个顶点的入度为 arcs 二维数组的第 i 列的非零元素个数。计算无向图中各顶点度的程序段为:

```
for(i=0; i<G.vexNum; i++)
{  for(j=0,d[i]=0; j<G.vexNum; j++) if(G.arcs[i][j]!=0)d[i]++;  }
```

思考：如何求无向网顶点的度以及有向网顶点的入度和出度？

（2）求一个顶点的所有邻接点：二维数组 arcs 第 i 行的所有非零元素（不包括∞）均表示与第 i 个顶点有邻接关系。

对于图：

```
for(j=0; j<G.vexNum; j++)if(G.arcs[i][j]!=0)            //顶点 i 与顶点 j 有邻接关系
```

对于网：

```
for(j=0; j<G.vexNum; j++)
    if(G.arcs[i][j]!=0&&G.arcs[i][j]!=∞)            //顶点 i 与顶点 j 有邻接关系
```

（3）插入或删除一条边（弧）：根据要插入或删除边（弧）的位置，修改二维数组某个元素的值。

不太适合的操作有：顶点的插入和删除（二维数组不能随意增加行或列）。

6.3.2　图的邻接表表示

1. 图的邻接表与逆邻接表

无向图（网）以每个顶点的度建立的单链表称为邻接表，其中第 i 个链表是以与顶点 V_i 相邻接的所有邻接点构成的单链表。

有向图（网）以每个顶点的出度建立的单链表称为邻接表，其中第 i 个链表是以 V_i 为弧尾的所有弧头结点构成的单链表。

有向图（网）以每个顶点的入度建立的单链表称为逆邻接表，其中第 i 个链表是以 V_i 为弧头的所有弧尾结点构成的单链表。

例 6-3：无向图对应的邻接表存储结构如图 6-13 所示。

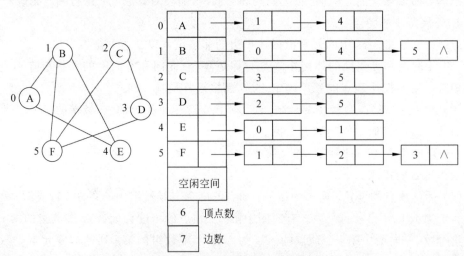

图 6-13　无向图的邻接表存储结构

例 6-4：有向图及对应的邻接表和逆邻接表存储结构如图 6-14 所示。

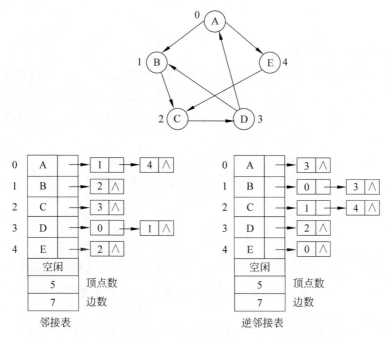

图 6-14　有向图的邻接表和逆邻接表示意图

例 6-5：有向网及其对应的邻接表和逆邻接表如图 6-15 所示。

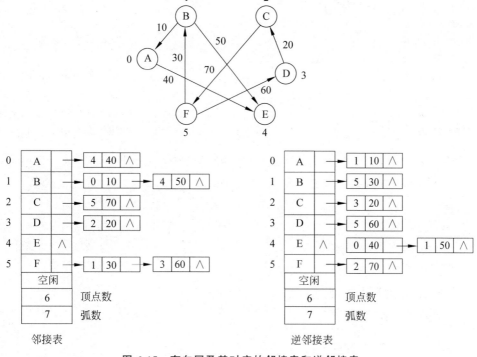

图 6-15　有向网及其对应的邻接表和逆邻接表

邻接表便于求无向图（网）顶点的度和有向图（网）顶点的出度（顶点对应的单向链表的结点数），不便于求有向图（网）顶点的入度。如果实际问题中需要求有向图（网）顶点的入度，可以采用逆邻接表。

2. 图的邻接表数据类型

在图的邻接表存储结构示意图中，主要由两部分组成，其一是一个一维结构体类型的数组，又称表头数组；其二是若干个不带头结点的单向链表，也称边链表。

表头数组中的数组元素称为表头结点。表头结点有两个成员，一个是存放顶点值的数据域，另一个是存放边链表头指针的指针域。

边链表中的结点称为边结点，表示图中的一条边，也就是图中两个顶点之间的关系。边依附的两个邻接点编号分别是表头结点的下标和边结点中编号成员中存放的编号值。

表头结点和边结点的结构如图 6-16 所示。

图 6-16　邻接表表头结点和边结点的示意图

图的邻接表数据类型是一个结构体类型，它包含顶点所在结点（表头结点）构成的一维结构体数组、顶点个数和边的个数。其中表头结点中又包含一个头指针，头指针指向边结点组成的单链表。这里涉及多个结构体类型，应按照结构体类型的相互关系，按如下顺序定义数据类型。

（1）邻接表的边结点类型

```
#define MaxSize 20                          //图的最大顶点数
typedef struct ArcNode
{   int adjvex;                             //弧所指向顶点的下标
    struct ArcNode * nextArc;               //指向下一条弧的指针
    WeightType info;                        //用于存放边上的信息
} ArcNode;                                  //边结点类型
```

说明：边结点类型中的第 3 个成员，根据实际数据确定，可有可无。

（2）邻接表的表头结点类型

```
typedef struct VertexNode
{   GelemType vertex;                       //存放顶点值
    ArcNode * firstArc;                     //存放边链表的头指针
} VertexNode;                               //表头结点类型
```

其中 GelemType 为顶点类型。

（3）图的邻接表类型

```
typedef  struct ALGraph
{   VertexNode adjlist[MaxSize];            //一维结构体数组
```

```
    int vexNum,  arcNum;                              //存放顶点数和边数
} ALGraph;                                             //图的邻接表类型
```

3. 有向图的邻接表生成算法

有向图的邻接表生成算法的主要步骤如下。

（1）确定有向图的顶点个数和边的个数。

（2）输入顶点信息，初始化该顶点的边链表。

（3）依次输入弧的信息并存储在边链表中。

```
{   输入弧所依附的弧尾和弧头的序号 i 和 j;
    生成邻接点序号为 j 的边链表结点 s;
    将结点 s 插入第 i 个边链表的头部;
}
```

创建有向图的邻接表的算法如下。

【算法 6.2】

```
void  crt_ALGraph(ALGraph * G)
{  scanf("%d%d",&G->vexNum,&G->arcNum);        //输入顶点个数和弧数
    for(i=0; i<G->vexNum; i++)                  //初始化
    {   scanf(G->adjlist[i].vertex);            //输入结点信息
        G->adjlist[i].firstArc = NULL;
    }
    for(k=0; k<G->arcNum; k++)
    {   scanf("%d%d", &i, &j);                   //读入一对顶点序号,i 和 j 是顶点的序号
        p=( ArcNode * )malloc(sizeof(ArcNode));//生成结点
        p->adjvex=j-1;
        p->nextArc=G->adjlist[i-1].firstArc; //头插
        G->adjlist[i-1].firstArc = p;
    }
}
```

显示图的邻接表函数如下。

```
void dispALGraph(ALGragh G)
{   int i,j;
    printf("邻接表如下\n");
    for(i=0; i<G.vexNum; i++)
    {   printf("%3d", i); printf(G.adjlist[i].vertex);     //显示表头结点
        if(G.adjlist[i].firstArc = =NULL)printf("∧\n"); //边链表为空
        else                                              //显示非空边链表
        {   p=G.adjlist[i].firstArc;                       //p 指向第一个边结点
            while(p){printf("%3d-->",p->adjvex); p=p->nextArc;}
            printf("∧\n");
        }
    }                                                      //end_for
}
```

思考：如果创建的是无向图、无向网和有向网，需要对算法 6.2 进行哪些修改？

4. 邻接表的性质

(1) 图的邻接表的表示不是唯一的，它与邻接点的读入顺序有关。

(2) 无向图邻接表中第 i 个单链表中的结点个数为第 i 个顶点的度。

(3) 有向图邻接表中第 i 个单链表中的结点个数为第 i 个顶点的出度；其逆邻接表中第 i 个单链表中的结点个数为第 i 个顶点的入度。

(4) 无向图的边数为邻接表中边结点个数的一半，有向图的弧数与邻接表中边链表的结点个数相同。

(5) 无向图的一条边分别存在两个边链表中；有向图的一条边只存在一个边链表中。

5. 邻接表的特点

存储特点是：邻接表是一种顺序(表头数组)＋链式(边链表)的存储结构，当图中顶点个数较多而边比较少时，可节省大量的存储空间。

较为适合的操作有：计算顶点 V_i 的出度；求一个顶点的所有邻接点；插入或删除一条边(弧)；求顶点的一个邻接点的下一个邻接点等。当在无向图(网)中插入一条边或删除一条边时，要在两个边链表中操作。

不太适合的操作有：顶点的插入和删除；计算顶点的入度等。

在图的应用中，有的应用适合在图的邻接矩阵上实现，有的应用适合在邻接表上实现。有时在一个程序中需要同时使用两种存储结构，所以需要将一种存储结构转换成另一种存储结构。请读者自行完成，并上机调试。

6.3.3　有向图的十字链表表示

有向图的邻接表便于求顶点的出度，其逆邻接表则便于求顶点的入度。在实际应用中，有时需要求有向图顶点的度，此时就很有必要将有向图的邻接表和逆邻接表结合起来，这就是十字链表。其结点结构如图 6-17 所示。

tailvex	headvex	hlink	tlink	info
边起点	边终点	下一入边指针	下一出边指针	[弧的权值]

链表结点

data	firstin	firstout
顶点信息	入边头指针	出边头指针

表头结点

图 6-17　结点结构示意图

十字链表的数据类型定义如下。

(1) 十字链表的结点类型

```
#define MAX_VERTEX_NUM 20
```

```
typedef struct ArcBox
{   int tailvex, headvex;              //该弧的尾和头结点的位置
    struct ArcBox * hlink, * tlink;    //分别指向下一个弧头和弧尾均相同的弧的指针域
    InfoType * info;                   //该弧相关信息的指针
} ArcBox;
```

（2）表头结点类型

```
typedef struct VexNode
{   VertexType data;
    ArcBox * firstin, * firstout;      //分别指向该顶点的第一条入弧和出弧
} VexNode;
```

（3）十字链表类型

```
typedef struct
{   VexNode xlist[MAX_VERTEX_NUM];     //表头数组
    int vexNum,  arcNum;               //有向图的当前顶点数和弧数
} OLGraph;
```

例 6-6：有向图的十字链表存储结构示意图如图 6-18 所示。

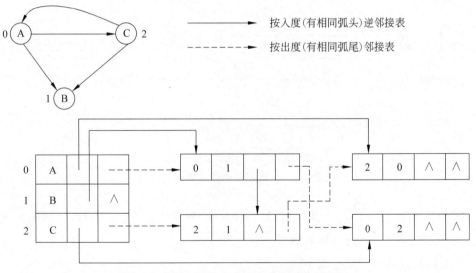

图 6-18　有向图的十字链表存储结构示意图

从图 6-18 中不难发现，求任意顶点的出度和入度是非常简单的，只要在一维结构体数组中找到顶点所在的数组元素，根据数组元素的两个指针成员，分别求它们指向链表的结点数即可。如顶点 A 的入度为顶点 A 的逆邻接表的结点数 1，A 的出度为顶点 A 的邻接表的结点数 2，A 的度为 3。

6.3.4　无向图的邻接多重表表示

在图的应用中，常常需要对图的边进行操作（修改边上的权值）。但是在无向图的邻

接表结构中，一条边依附的两个顶点在两个不同的边链表中，需要修改两次。如果将一条边的信息用一个边结点表示，会使得对边的操作更加方便，如图 6-19 所示。

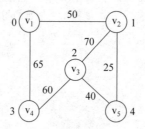

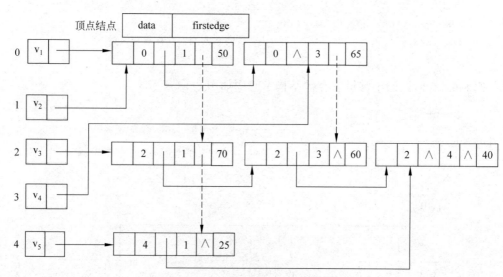

图 6-19　无向图的邻接多重表示意图

当需要修改边 (v_1, v_4) 上的权值时，先找到 v_1 所在的表头结点，再在边链表中找到顶点 v_4 所在的边结点，修改其权值即可。

其中边结点的各个信息如下。

- mark：标志域，用以标记该边是否被搜索过。
- ivex 和 jvex：：存储该边依附的两个顶点在图中的位置（如顶点的编号等）。
- ilink：指示下一条依附于顶点 ivex 的边。
- jlink：指示下一条依附于顶点 jvex 的边。
- info：存储指向和边相关的各种信息的指针域。

其中顶点结点的各个信息如下。

- data：存储和该顶点相关的信息。
- firstedge：指向第一条依附于该顶点的边。

无向图的邻接多重表数据类型定义如下。

```
#define MAX_VERTEX_NUM 20
```

（1）边结点类型描述

```
typedef struct Ebox
{   int mark;                           //访问标记
    int ivex, jvex;                     //该边依附的两个顶点的位置
    struct EBox * ilink, * jlink;       //分别指向依附这两个顶点的下一条边
    InfoType * info;                    //该边信息指针
} EBox;
```

（2）顶点结点类型描述

```
typedef struct VexBox
{  VertexType data;   EBox * firstedge; //指向第一条依附该顶点的边
} VexBox;
```

（3）多重邻接表的类型描述

```
typedef struct
{  VexBox adjmulist[MAX_VERTEX_NUM];
    int vexNum,  edgeNum;              //无向图的当前顶点数和边数
} AMLGraph;
```

6.4 图 的 遍 历

图的遍历指的是从图的某顶点出发,按一定的搜索路径进行遍历,并且不重复访问图中所有顶点。由于图的一个顶点可能邻接多个顶点,不论按照什么样的搜索路径,到达同一顶点的次数往往不止一次,必须解决顶点的重复访问问题。

通常采用对已访问过的顶点做标记。设置一个辅助数组: int visited[n],用来记录每个顶点是否被访问过。如果第 i 个顶点被访问过,则 visited[i]为 1,否则 visited[i]为 0。

6.4.1 连通图的深度优先搜索

算法思想: 从图中某个顶点 v_1 出发,访问此顶点,然后依次从 v_1 的各个未被访问的邻接点出发进行深度优先搜索(Depth-First Search)遍历图,直至图中所有与 v_1 有路径相通的顶点都被访问到为止。

算法描述如下。

（1）访问顶点 v。

（2）从 v 的未被访问的邻接点中选取一个顶点 w,从 w 出发进行深度优先遍历,如此深入下去,当某个顶点的所有邻接点都被访问过时,返回上一层,继续上一层中未被访问

过的顶点进行深度优先遍历,直至图中所有和 v 有路径相通的顶点都被访问到为止。

对于图 6-20,从 v_3 开始进行深度优先遍历的顶点访问次序是:$v_3 \rightarrow v_2 \rightarrow v_4 \rightarrow v_9 \rightarrow v_1 \rightarrow v_6 \rightarrow v_5 \rightarrow v_8 \rightarrow v_7$。

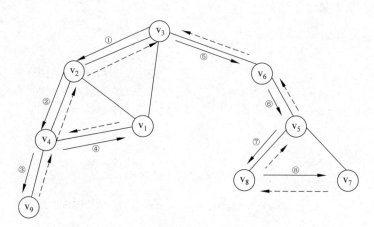

图 6-20 图的深度优先搜索示例

其中图 6-20 中的实线表示前进路线,虚线表示回退路线。从图 6-20 所示图的深度优先遍历示意图中不难看出,在图的深度优先搜索的路径中,到达每一个顶点时,只要存在未被访问过的邻接点,则要对该邻接点做相同的处理,并且对于先访问的顶点,其深度优先遍历后结束;而对于后访问的顶点,其深度优先遍历先结束。因此图的深度优先遍历是递归的,深度优先遍历过程可以用栈来描述。

可以用递归函数或非递归函数来实现图的深度优先遍历算法。

下面给出基于图的邻接矩阵和邻接表的深度优先遍历递归算法。

【算法 6.3】

```
/*基于邻接矩阵的连通图的深度优先遍历递归算法*/
void df_traver_MGraph (MGraph G, int v, int visited[])
{   //G 的存储结构为邻接矩阵,v 为出发点编号,标志数组已初始化为 0
    printf(G.vexs[v]);                     //访问出发点
    visited[v]=1;                          //做已访问标志
    for(w=0; w<G.vexNum; w++)              //查找与 v 有邻接关系的邻接点 w
    if(G.arcs[v][w]!=0 && visited[w]==0)df_traver_MGraph (G, w, visited);
}
```

【算法 6.4】

```
/*基于邻接表的连通图的深度优先遍历递归算法*/
void df_traver_ALGraph (ALGraph G, int v, int visited[])
{   //G 的存储结构为邻接表,v 为出发点编号,标志数组已初始化为 0
    printf(G.adjlist[v].vertex);           //访问出发点
    visited[v]=1;                          //做已访问标志
    p=G.adjlist[v].firstArc;               //得到边链表的头指针
```

```
    while(p)                          //查找与v有邻接关系的邻接点w
    {   w=p->adjvex;                  //w是v的邻接点
        if(visited[w]==0)df_traver_ALGraph(G, w, visited);  //递归调用
        p=p->nextArc;
    }
}
```

图的深度优先遍历类似于树的先序遍历。用栈保存图的深度优先搜索路径中遇到的顶点,用一维数组存放顶点是否被访问的标记,可以得到深度优先遍历的非递归算法。

在深度优先遍历的路径中,从顶点 v 出发,访问 v 并进栈,从与栈顶顶点 v 有邻接关系并且未被访问过的顶点中选取一个顶点 w,继续从 w 开始进行深度优先遍历,如此深入下去,当栈顶顶点的所有邻接点均被访问过时,栈顶顶点的深度优先遍历完成,栈顶顶点出栈。再从当前栈顶中选取有邻接关系但未被访问过的顶点 u,继续 u 的深度优先遍历,如此下去,一直到栈为空为止。后进栈的顶点先完成深度优先遍历,先进栈的顶点后完成深度优先遍历。

以图 6-20 为例,分析图的深度优先遍历过程中栈的变化,如表 6-1 所示。

表 6-1　图 6-20 所示树的深度优先遍历过程

搜 索 路 径	栈(底—顶)	标记数组 visited	深度优先遍历
从初始顶点 v_3 开始	☐☐☐☐	0 0 0 0 0 0 0 0 0 0	
visited[3]为 0,访问 v_3, v_3 进栈,置 visited[3]为 1	v_3 ☐☐☐	0 0 0 **1** 0 0 0 0 0 0	v_3
取与栈顶 v_3 有邻接关系的 v_2,visited[2]为 0,访问 v_2, v_2 进栈,置 visited[2]为 1	v_3 v_2 ☐☐	0 0 **1** 1 0 0 0 0 0 0	v_3 v_2
取与栈顶 v_2 有邻接关系的 v_4,visited[4]为 0,访问 v_4, v_4 进栈,置 visited[4]为 1	v_3 v_2 v_4 ☐	0 0 1 1 **1** 0 0 0 0 0	v_3 v_2 v_4
取与栈顶 v_4 有邻接关系的 v_9,visited[9]为 0,访问 v_9, v_9 进栈,置 visited[9]为 1	v_3 v_2 v_4 v_9	0 0 1 1 1 0 0 0 0 **1**	v_3 v_2 v_4 v_9
与 v_9 有邻接关系的顶点均被访问过, v_9 出栈	v_3 v_2 v_4 ☐	0 0 1 1 1 0 0 0 0 1	v_3 v_2 v_4 v_9
取与栈顶 v_4 有邻接关系的 v_1,visited[1]为 0,访问 v_1, v_1 进栈,置 visited[1]为 1	v_3 v_2 v_4 v_1	0 **1** 1 1 1 0 0 0 0 1	v_3 v_2 v_4 v_9 v_1
与 v_1 有邻接关系的顶点均被访问过, v_1 出栈	v_3 v_2 v_4 ☐	0 1 1 1 1 0 0 0 0 1	v_3 v_2 v_4 v_9 v_1
与 v_4 有邻接关系的顶点均被访问过, v_4 出栈	v_3 v_2 ☐☐	0 1 1 1 1 0 0 0 0 1	v_3 v_2 v_4 v_9 v_1
与 v_2 有邻接关系的顶点均被访问过, v_2 出栈	v_3 ☐☐☐	0 1 1 1 1 0 0 0 0 1	v_3 v_2 v_4 v_9 v_1

续表

搜索路径	栈(底—顶)	标记数组 visited	深度优先遍历
取与栈顶 v_3 有邻接关系的 v_6，visited[6]为 0，访问 v_6，v_6 进栈，置 visited[6]为 1	v_3 v_6	0 1 1 1 1 0 1 0 0 1	v_3 v_2 v_4 v_9 v_1 v_6
取与 v_6 有邻接关系的 v_5，visited[5]为 0，访问 v_5，v_5 进栈，置 visited[5]为 1	v_3 v_6 v_5	0 1 1 1 1 1 1 0 0 1	v_3 v_2 v_4 v_9 v_1 v_6 v_5
取与栈顶 v_5 有邻接关系的 v_8，visited[8]为 0，访问 v_8，v_8 进栈，置 visited[8]为 1	v_3 v_6 v_5 v_8	0 1 1 1 1 1 1 0 1 1	v_3 v_2 v_4 v_9 v_1 v_6 v_5 v_8
取与 v_8 有邻接关系的 v_7，visited[7]为 0，访问 v_7，v_7 进栈，置 visited[7]为 1	v_3 v_6 v_5 v_8 v_7	0 1 1 1 1 1 1 1 1 1	v_3 v_2 v_4 v_9 v_1 v_6 v_5 v_8 v_7
与 v_7 有邻接关系的顶点均被访问过，v_7 出栈	v_3 v_6 v_5 v_8		
与 v_8 有邻接关系的顶点均被访问过，v_8 出栈	v_3 v_6 v_5		
与 v_5 有邻接关系的顶点均被访问过，v_5 出栈	v_3 v_6		
与 v_6 有邻接关系的顶点均被访问过，v_6 出栈	v_3		
与 v_3 有邻接关系的顶点均被访问过，v_3 出栈。栈空，遍历结束			

图的深度优先遍历非递归算法如下。

【算法 6.5】

```
/*基于抽象数据类型的连通图的深度优先遍历的非递归算法*/
void df_traver_no(Gragh G, int v)
{   //Gragh 是图的抽象数据类型,从顶点 v 出发,深度优先遍历连通图 g
    STACK S;   initStack(&S);   int visited[100];
    for(i=0; i<G.vexNum; i++) visited[i]=0;
    printf(v);   visited[v]=1;   push(S, v);
    w=FirstAdjVex(G, v);                    //w 为 v 的第一个邻接点编号
    while(!emptyStack(S))
    {   if(w 存在 && visited[w]==0){   printf(w);   visited[w]=1;   push(S, w); }
        else pop(S);
        w=NextAdjVex(G, v, w);              //找 v 的下一个邻接点编号
    }
}
```

请读者将算法 6.5 中图的抽象数据类型 Graph 分别改为图的邻接矩阵 MGraph 和邻接表 ALGraph，其中需根据图的数据类型给出函数 FirstAdjVex(G，v)和 NextAdjVex(G，v，w)的具体描述，栈的数据类型和用到的有关栈的操作也需重新定义。上机调试

连通图的深度优先遍历的非递归算法,加深对图的深度优先遍历的理解与掌握。

6.4.2　连通图的广度优先搜索

算法思想:从图中的某个顶点 v 出发,访问此顶点之后,依次访问 v 的所有未被访问过的邻接点,之后按这些顶点被访问的先后次序依次访问它们的邻接点。

对于图 6-21,从 v_3 开始进行广度优先搜索(Breadth-First Search)的顶点访问次序是:$v_3 \to v_2 \to v_1 \to v_6 \to v_4 \to v_5 \to v_9 \to v_8 \to v_7$。

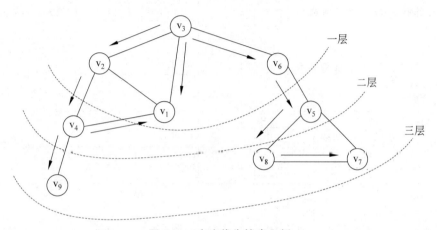

图 6-21　广度优先搜索示例

显然,对于先被访问的顶点,其邻接点也将先被访问。图的广度优先遍历类似于树的层次遍历,实现时需要设置一个队列,用于记住访问顶点的次序。

算法描述如下。

(1)访问初始顶点,并将其顶点编号入队。

(2)队列不空,则队头顶点编号出队;依次访问它的每一个未访问的邻接点,并将其顶点编号入队。

(3)重复(2),直到队列为空,遍历过程结束。

下面给出图 6-21 所示图的广度优先遍历过程,如表 6-2 所示。

表 6-2　图 6-21 的广度优先遍历过程

搜索路径	队列(头—尾)	标记数组 visited	广度优先遍历
从 v_3 开始,访问 v_3,v_3 进队列;置 visited[3]为 1	v_3 进 | v_3 | | |	访问 v_3 | 0 | 0 | 0 | **1** | 0 | 0 | 0 | 0 | 0 |	v_3
v_3 出队列 依次访问标记为 0 且与 v_3 有邻接关系的顶点 v_2、v_1、v_6,依序将 v_2、v_1、v_6 进队列 置 visited[2]为 1 置 visited[1]为 1 置 visited[6]为 1	v_3 出 | | | | v_2、v_1、v_6 进 | v_2 | v_1 | v_6 |	访问 v_2、v_1、v_6 | 0 | **1** | **1** | 1 | 0 | 0 | **1** | 0 | 0 | 0 |	$v_3\,v_2\,v_1\,v_6$

搜索路径	队列（头—尾）	标记数组 visited	广度优先遍历
v_2 出队列 访问标记为 0 且与 v_2 有邻接关系的顶点 v_4，v_4 进队列 置 visited[4] 为 1	v_2 出 $\boxed{v_1\ v_6\ \ }$ v_4 进 $\boxed{v_1\ v_6\ v_4}$	访问 v_4 $\boxed{0\ 1\ 1\ 1\ \mathbf{1}\ 0\ 1\ 0\ 0\ 0}$	$v_3\ v_2\ v_1\ v_6\ v_4$
v_1 出队列 与 v_1 有邻接关系的顶点均被访问过	v_1 出 $\boxed{v_6\ v_4\ \ }$	$\boxed{0\ 1\ 1\ 1\ 1\ 0\ 1\ 0\ 0\ 0}$	$v_3\ v_2\ v_1\ v_6\ v_4$
v_6 出队列 访问标记为 0 且与 v_6 有邻接关系的顶点 v_5，v_5 进队列 置 visited[5] 为 1	v_6 出 $\boxed{v_4\ \ \ }$ v_5 进 $\boxed{v_4\ v_5}$	访问 v_5 $\boxed{0\ 1\ 1\ 1\ 1\ \mathbf{1}\ 1\ 0\ 0\ 0}$	$v_3\ v_2\ v_1\ v_6\ v_4\ v_5$
v_4 出队列 访问标记为 0 且与 v_4 有邻接关系的顶点 v_9，v_9 进队列 置 visited[9] 为 1	v_4 出 $\boxed{v_5\ \ \ }$ v_9 进 $\boxed{v_5\ v_9}$	访问 v_9 $\boxed{0\ 1\ 1\ 1\ 1\ 1\ 1\ 0\ 0\ \mathbf{1}}$	$v_3\ v_2\ v_1\ v_6\ v_4\ v_5\ v_9$
v_5 出队列 依次访问标记为 0 且与 v_5 有邻接关系的顶点 v_8、v_7，依序将 v_8、v_7 进队列 置 visited[8] 为 1 置 visited[7] 为 1	v_5 出 $\boxed{v_9\ \ \ }$ v_8、v_7 进 $\boxed{v_9\ v_8\ v_7}$	访问 v_8、v_7 $\boxed{0\ 1\ 1\ 1\ 1\ 1\ 1\ \mathbf{1}\ \mathbf{1}\ 1}$	$v_3\ v_2\ v_1\ v_6\ v_4\ v_5\ v_9\ v_8\ v_7$
v_9 出队列 与 v_9 有邻接关系的顶点均被访问过	v_9 出 $\boxed{v_8\ v_7\ \ }$	$\boxed{0\ 1\ 1\ 1\ 1\ 1\ 1\ 1\ 1\ 1}$	
v_8 出队列 与 v_8 有邻接关系的顶点均被访问过	v_8 出 $\boxed{v_7\ \ \ }$	$\boxed{0\ 1\ 1\ 1\ 1\ 1\ 1\ 1\ 1\ 1}$	
v_7 出队列 与 v_7 有邻接关系的顶点均被访问过。队空，遍历结束	v_7 出 $\boxed{\ \ \ }$	$\boxed{0\ 1\ 1\ 1\ 1\ 1\ 1\ 1\ 1\ 1}$	

基于邻接矩阵和邻接表的连通图的广度优先遍历算法如下。

【算法 6.6】

```
/* 基于邻接矩阵的连通图的广度优先遍历算法 */
void bf_traver_MGraph (MGraph G, int v)
{   //队列 Q 存放已访问过的顶点编号，v 为出发点编号
    InitQueue(Q);   printf(G.vexs[v]);   visited[v]=1;   EnQueue(Q, v);
    while (!emptyQueue(Q) )
    {   u=DeQueue(Q);
        for(w=0;w<G.vexNum;w++)              //找出 u 的所有邻接点
        {   if (G.arcs[u][w]!=0 && visited[w]==0)
```

```
            { printf(G.vexs[w]);  visited[w]=1;  EnQueue(Q, w); }
        }
    }
}
```

【算法 6.7】

```
/* 基于邻接表的连通图的广度优先遍历算法 */
void bf_traver_ALGraph (ALGraph G, int v)
{   //队列 Q 存放已访问过的顶点编号,v 为出发点编号
    InitQueue(Q);   printf(G.adjlist[v].vextex);
    visited[v]=1;   EnQueue(Q, v);
    while (!emptyQueue(Q))
    {   u=DeQueue(Q);  p=G.adjlist[u].firstArc;
        while (p!=NULL)                    //找出 u 的所有邻接点
        {   w=p->adjvex;                   //取邻接点编号
            if (visited[w]==0)
            {   printf(G.adjlist[w].vextex);  visited[w]=1;
                EnQueue(Q, w);
            }
            p = p->nextArc;
        }
    }                                      //end_while(!emptyQueue(Q))
}
```

6.4.3 非连通图的深度(广度)优先遍历

如果图是非连通的,从图中的某个顶点 v 出发的深度(广度)优先遍历将只能遍历到包括 v 的连通分量。为此必须另选图中一个未曾被访问的顶点作为起始点,重复上述过程,直至图中所有顶点都被访问到为止。

非连通图的深度(广度)优先遍历算法如下。

【算法 6.8】

```
void  traver(Gragh G)                          //Gragh 是图的抽象数据类型
{   for(i=0; i<G.n; i++) visited[i]=0;
    for(i=0; i<G.n; i++)
        if (visited[i]==0) df_traver(G, i, visited);    //或 bf_travers(G, i);
}
```

思考:如何修改上述算法,求非连通图的连通分量个数?

6.4.4 图的遍历算法应用

在实际应用中,经常需要求一条包含图中所有顶点的简单路径,判断图中是否存在环,求顶点 v_i 到顶点 v_j 的简单路径,以及求顶点 v_i 到顶点 v_j 的最短路径等。这些问题都

可借助图的遍历算法来解决。

例 6-7：求一条包含无向图中所有顶点的简单路径问题，图 6-22 所示。

分析：该问题就是著名的哈密尔顿问题。对于任意的有向图或无向图 G，并不一定都能找到符合题意的简单路径。这样的简单路径要求包含 G.vexnum 个顶点，且互不相同。它的查找可以基于深度优先遍历。

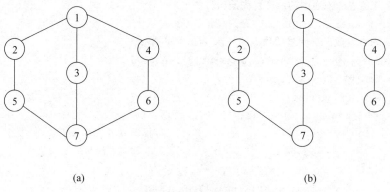

(a)   (b)

图 6-22   求简单路径问题

在一个存在包含全部顶点的简单路径的图中，以下因素会影响该简单路径是否能顺利地找到。

（1）起点的选择。如图 6-22(a)所示，其符合题意的一条简单路径如图 6-22(b)所示。若起点为 1，则不能找到符合题意的简单路径。

（2）顶点的邻接点次序。进一步考察图 6-22(a)，以 2 为起点，2 的邻接点如果选择的是 1，而不是 5，此时也不能找到符合题意的解。

在基于 DFS 的查找算法中，由于起点和邻接点的选取是与顶点和邻接点的存储次序以及算法的搜索次序有关，不可能依据特定的图给出特定的解决算法。因此，在整个搜索中应允许存在查找失败，此时可采取回溯到上一层的方法，继续查找其他路径。引入数组 path 保存当前已搜索的简单路径上的顶点，并引入计数器 n 记录当前该路径上的顶点数。

对 DFS 算法做如下修改。

（1）将计数器 n 的初始化放在 visited 数组的初始化之后。

（2）访问顶点时，将该顶点序号存入数组 path 中，计数器 n++。判断是否已获得所求路径，如果是，则输出结束，否则继续遍历邻接点。

（3）某顶点的全部邻接点都访问后，仍未得到简单路径，则回溯，并将该顶点置为未访问，计数器 n−−。

算法如下。

【算法 6.9】

```
void Hamilton(MGraph G)
{    for( i=0;  i<G.vexNum;  i++) visited[i] = 0;
```

```
    for( i=0,n = 0;  i<G.vexNum;  i++)
        if ( !visited[i] ) DFS (G, i, path, visited , &n);
}
void DFS(MGraph G, int i, int path[], int visited[], int * n)
{   visited[i] = 1;
    path[* n] = i;   (* n)++;
    if ((* n)==G.vexNum )print(path);                /*符合条件,输出该简单路径*/
    for( j=0;  j<G.vexNum;  j++)
        if ( G.arcs[i][j] && !visited[j]) DFS( G, j, path,visited , n);
    visited[i] = 0;
    (* n)--;
}
```

思考:

- 若图中存在多条符合条件的路径,本算法是输出一条路径,还是输出全部路径?
- 如何修改算法,变成判断是否有包含全部顶点的简单路径?
- 如何修改算法,输出包含全部顶点的简单路径的条数?

例 6-8: 判断有向图中是否存在环。

分析: 在有向图的深度优先遍历中,对于弧<v,w>,如果在遍历过程中出现了从弧尾 v 开始的深度优先遍历比从弧头 w 开始的深度优先遍历结束得早,则出现了回路。

对 DFS 算法做如下修改。

(1) 对顶点 vi 做深度优先遍历时,对顶点 vi 做状态标记,遍历未开始时 state 为-1,遍历开始 state 为 0,遍历结束后 state 为 1。

(2) 对图中的每一条弧<v,w>进行检查,如果弧头 w 未被访问,则做从 w 出发的深度优先遍历;如果 w 已被访问,从弧头 w 出发的深度优先遍历还没结束(statew=0),而从弧尾 v 出发的深度优先遍历已经结束(statev=1),则出现了环,如图 6-23 所示。

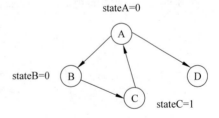

图 6-23 判断有向图的深度优先
遍历算法示意图

从图 6-23 可以看出,从 A 开始做深度遍历,stateA=0。从 A 的第一个未被访问过的 B 开始做深度优先遍历,stateB=0。从 B 的第一个未被访问过的 C 开始做深度优先遍历,stateC=0。C 仅有的一个弧头 A 已被访问过,C 的深度优先遍历结束,stateC=1。对于弧<C,A>,弧头 A 的深度遍历还没有结束,则表示出现了以 A 开始并以 A 结束的环。

算法如下。

【算法 6.10】

```
void dfs_cycle(MGraph G,int v,int state[],int * hasCycle)
{   if(* hasCycle==1)return;                //出现了环
```

```
        if( state[v]==-1)                      //-1 表示从 v 开始的深度遍历还没有开始
        {   state[v]=0;                         //0 表示从 v 开始的深度遍历已经开始
            for(int w=0; w<G.vexNum; w++)
            {   if(G.arc[v][w]==1)              //对从 v 出发的每一条弧<v,w>进行检查
                {   if(state[w]==-1)dfs_cycle(G,w,state,hasCycle);
                                                //从 w 开始进行深度遍历
                    else if(state[w]==0)  * hasCycle=1;
                                                //从 w 开始的深度遍历还没结束

                }
            }
            state[v]=1;                         //1 表示从 v 开始的深度优先遍历结束
        }
    }
    void Cycle(MGraph G)
    {   int hasCycle=0; int state[MaxSize];
        for(int i=0; i<G.vexNum; i++) state[i]=-1;
        for(int s=0;s<G.vexNum; s++)
        {   dfs_cycle(G,s, state, &hasCycle);
            if(hasCycle==1){printf("有回路\n");break;}
            else printf("无回路\n");
        }
    }
```

思考：如果需要求出有向图中所有的回路，并且给出简单回路的路径，如何修改上述算法？对于无向图如何判断是否有回路？

例 6-9：求无向图的顶点 a 到顶点 i 的简单路径，如图 6-24 所示。

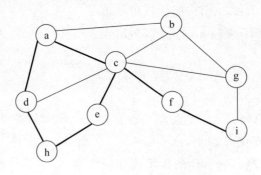

图 6-24　两个顶点之间的简单路径

分析：从顶点 a 出发进行深度优先遍历搜索。假设找到的第一个邻接点是 d，则可能得到的结点访问序列为：a-d-h-e-c-f-i-g-b，其中 a-d-h-e-c-f-i 是顶点 a 到 i 之间的一条简单路径。假设找到的第一个邻接点是 c，可能得到的结点访问序列为：a-c-e-h-d-f-i-g-b，其中 a-c-f-i 是顶点 a 到 i 之间的一条简单路径。

由此得出：

（1）从顶点 a 到顶点 i，若存在路径，则从顶点 a 出发进行深度优先遍历搜索，必能搜索到顶点 i。

（2）由顶点 a 出发进行的深度优先遍历已经完成的顶点（所有的邻接点都已经被访问过）一定不是顶点 a 到顶点 i 路径上的顶点。因此在遍历的过程中，如果该顶点的所有邻接点都被访问过，但是还没到达目的地 i，则必须删除该顶点。

求无向图的任意两点之间的简单路径算法如下。

【算法 6.11】

```
void DFSearchPath( MGraph G , int v, int s, char PATH[], int visited[],
                   int * found)
{   //从第 v 个顶点出发递归地深度优先遍历图 G
    //求得一条从 v 到 s 的简单路径，并记录在 PATH 中
    visited[v-1] = 1;                     //访问第 v 个顶点
    Append(PATH, G.vertex[v-1]);          //将第 v 个顶点加入路径中
    for (j=0;  j<G.vexNum && !(* found);  j++)
    {   if (G.arc[v-1][j]==1 )
        {   if(j+1==s)
            { * found=1;  Append(PATH, G.vexs[j]); }
            else if(visited[j]==0)
                DFSearchPath(G, j+1, s, PATH, visited, found);
        }
    }                                     //end_for
    if (!(* found)) Delete (PATH);        //从路径上删除顶点 v
}
```

其中：函数 Append( )和函数 Delete( )分别对应遍历过程中对路径顶点的插入和删除。

例 6-10：求无向图的顶点 v_i 到顶点 v_j 的最短路径（分支数最少），如图 6-25 所示。

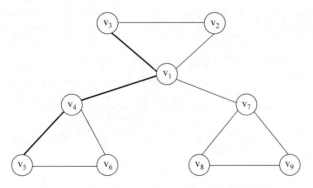

图 6-25 图中顶点 v_3 到 v_5 的最短路径示意图

分析：由于广度优先遍历搜索访问顶点的次序是按"路径长度"渐增的次序，所以求路径长度最短的路径可以基于广度优先遍历搜索进行。本问题的求解转变成：从 v_3 出

发进行 BFS，让进入队列的结点既能完成按层次遍历，又能记住从 v_3 出发到 v_5 的路径，因此进入队列的结点必须记住与它邻接的上一层的顶点，出队列时不做删除，而是让队头指针记住当前出队列的结点。当遍历到 v_5 时，从最后一个结点开始，依次取与结点邻接的上一层顶点，即前驱，得到的就是从 v_3 到 v_5 的一条最短路径。

队列进行如下改动：

（1）队列的结点类型为：

prior	data	next

其中 prior 记录进队列时的队头指针，next 记录后继结点指针，data 存放顶点值。

（2）进队列时，生成新结点的 prior 记录队头指针，next 记录下一个结点的指针。

（3）出队列时，结点并不真正从队列删除，而是让队头指针 Q.front 记录出队列的结点指针。

图 6-25 的广度优先遍历对应的进队列和出队列的顺序为：v_3 进、v_3 出、v_1 进、v_2 进、v_1 出、v_4 进、v_7 进、v_2 出、v_4 出、v_5 进。队列的变化如图 6-26 所示。

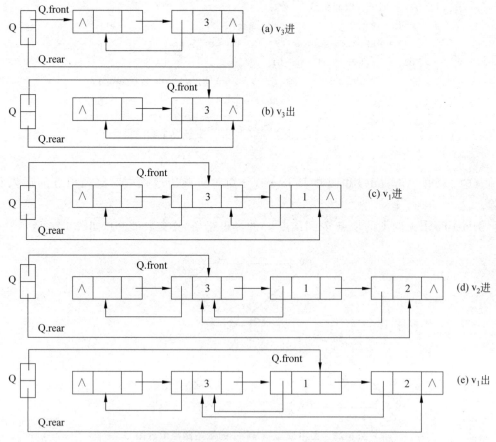

图 6-26 用队列保存从 v_3 到 v_5 的一条最短路径的示意图

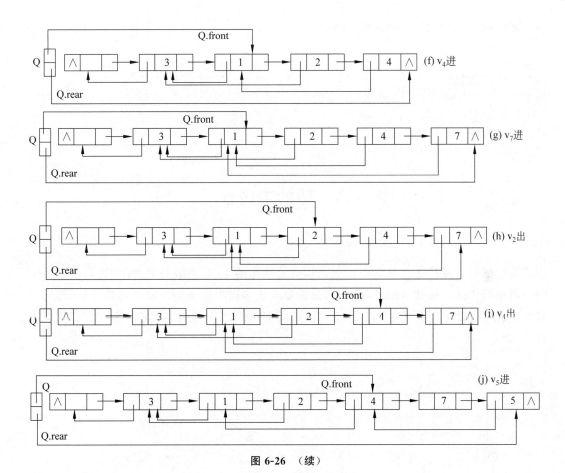

图 6-26 （续）

求无向图中任意两点之间的最短路径算法如下。

【算法 6.12】

```
int BFSearchPath (MGraph G, int vi, int vj, Queue * Q)
{   /* 初始化各顶点的访问标志,设置为未访问 */
    InitQueue(Q); EnQueue (Q, vi );
    for ( i=0;  i<G.vexNum;  i++) visited[i] = 0;   visited[vi] = 1;
    /* 不考虑其他的连通分量,因为所求的顶点必定与 vi 在同一个连通分量中 */
    while( !QueueEmpty(Q) )
    {  v=DeQueue(Q);
        for( w=0; w<G.vexNum; w++)
            if ( G.arcs[v][w] && !visited[w] )
            {  visited[w] = 1;  EnQueue(Q, w);
                if(w==vj) return 1;
            }
        return 0;
    }                                  //end_while
}
```

其中的进队列和出队列函数如下。

```
void EnQueue( Queue * Q, QElemType e )          //进队列
{   p = (QNode *)malloc(sizeof(QNode));   p->data = e;   p->next = NULL;
    p->prior = Q->front;   Q->rear->next = p;   Q->rear = p;
}
void DeQueue(Queue * Q)                          //出队列
{   Q->front = Q->front->next;   }
```

6.5　图的连通性

6.5.1　无向图的连通分量和生成树

生成树可以保证连通分量中的全部顶点是连通的,并且边数是最少的,因而在实际中应用得相当广泛。比如电网的调度中,常常要对比多棵生成树的经济性和稳定性,再选择某棵生成树保证电网的正常运行。无向连通图对应一棵生成树,无向非连通图对应生成森林,如图 6-27 所示。

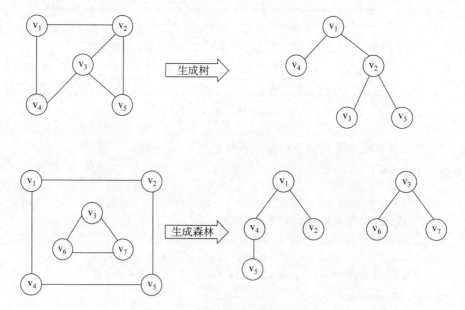

图 6-27　生成树与生成森林示意图

图的生成树不唯一,从不同的顶点出发可得到不同的生成树;用不同的搜索方法也可得到不同的生成树,如深度优先搜索生成树和广度优先搜索生成树。如图 6-28 中无向图的粗线边分别是深度优先搜索生成树和广度优先搜索生成树。

深度优先搜索生成树是由深度优先遍历中按深度方向走过的边组成。广度优先搜索生成树则是由广度优先遍历中按层从上到下、从左到右走过的边组成。

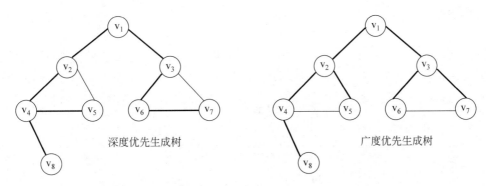

图 6-28 深度优先搜索生成树和广度优先生成树的示意图

6.5.2 求最小生成树的普里姆算法

对于连通网(无向带权),可能存在多棵不同的生成树,它们的共同特点是包含了图中所有的 n 个顶点和图中的 n−1 条边。在这些生成树中,必定存在一棵 n−1 条边的权值之和最小的生成树,称为最小生成树。

最小生成树在实际中应用得非常广泛。如问题 1 中的天然气管道的路线设计,其实质就是求出连通各个小区网图的最小生成树。只有按照最小生成树来设计管道的铺设方案,才能使造价最低。

一种经典的求解连通网的最小生成树算法是由普里姆提出的。该算法于 1930 年由捷克数学家沃伊捷赫·亚尔尼克(Vojtěch Jarník)发现,并在 1957 年由美国计算机科学家罗伯特·普里姆(Robert C. Prim)独立发现,1959 年艾兹格·迪科斯彻也发现了该算法。因此,在某些场合,普里姆算法又称为 DJP 算法、亚尔尼克算法或普里姆-亚尔尼克算法。该算法已经广泛应用于解决实际工程问题,备受人们的青睐。

普里姆算法的基本思想是:已知连通网 N = (V, E),其中集合 V 是连通网中 n 个顶点的集合,集合 E 是连通网的边集合。将连通网上的顶点分为两个集合,集合 U 是最小生成树上的顶点集合,集合 V-U 是连通网中剩余顶点的集合,集合 TE 是最小生成树的边集合。集合 U 的初值可以是连通网中的任一顶点。求解过程是寻找集合 U 中顶点与集合 V-U 中顶点有邻接关系的权值最小的边,将集合 V-U 中依附于最小边的邻接顶点加到集合 U 中,并将边加到集合 TE 中,直至集合 V-U 为空。此时集合 U 中包含连通网的全部顶点 n,集合 TE 则包含连通网的 n−1 条边。

1. 普里姆算法的设计

普里姆算法是最小生成树不断生长的过程,描述如下,其中用 w_{uv} 表示顶点 u 与顶点 v 边上的权值。

```
(1) U={u}, TE={};
(2) while (U≠V)
    {  (u,v)=min{w_uv;u∈U,v∈V-U }
       TE=TE+{(u,v)};   U=U+{v}
```

}
(3) 结束

以图 6-29 为例，给出以顶点 A 为树根的最小生成树的求解过程。约定虚线表示候选边，粗实线表示已选边。

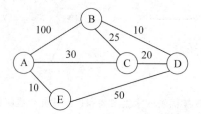

图 6-29　一个无向连通网示意图

图 6-29 所示连通网的最小生成树的求解过程如表 6-3 所示。

表 6-3　图 6-29 的最小生成树求解过程

最小生成树的构建过程	描　　述
最小生成树选 E 示意图(1)	(1) 找出一个顶点在集合 U={A}中，另一个顶点在集合 V−U={B,C,D,E}中的所有候选边，候选边依次为：AB(100)、AC(30)、AE(10)，权值最小的边是(A,E)，见左侧示意图(1)。将顶点 E 加入到集合 U 中，并将边(A,E)加入到集合 TE 中 则：U={A,E}，V−U={B,C,D}，TE={(A,E)}
最小生成树选 C 示意图(2)	(2) 找出一个顶点在集合 U={A,E}中，另一个顶点在集合 V−U={B,C,D}中的所有候选边，候选边依次为：AB(100)、AC(30)、ED(50)，权值最小的边是(A,C)，见左侧示意图(2)。将顶点 C 加入到集合 U 中，并将边(A,C)加入到集合 TE 中 则：U={A,E,C}，V−U={B,D}，TE={(A,E),(A,C)}
最小生成树选 D 示意图(3)	(3) 找出一个顶点在集合 U={A,E,C}中，另一个顶点在集合 V−U={B,D}中的所有候选边，候选边依次为：AB(100)、CB(25)、ED(50)、CD(20)，权值最小的边是(C,D)，见左侧示意图(3)。将顶点 D 加入到集合 U 中，并将边(C,D)加入到集合 TE 中 则：U={A,E,C,D}，V−U={B}，TE={(A,E),(A,C),(C,D)}
最小生成树选 B 示意图(4)	(4) 找出一个顶点在集合 U={A,E,C,D}中，另一个顶点在集合 V−U={B}中的所有候选边，候选边依次为：AB(100)、CB(25)、DB(10)，权值最小的边是(D,B)，见左侧示意图(4)。将顶点 B 加入到集合 U 中，并将边(D,B)加入到集合 TE 中 则：U={A,E,C,D,B}，V−U={}，TE={(A,E),(A,C),(C,D),(D,B)}

续表

最小生成树的构建过程	描 述
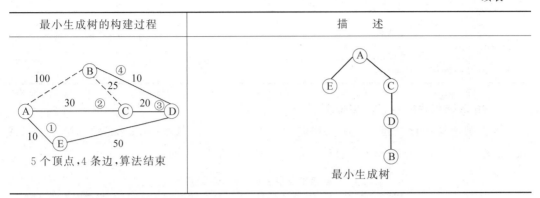 5个顶点,4条边,算法结束	最小生成树

2. 普里姆算法的存储结构分析

（1）设图的存储结构为邻接矩阵,对应图 6-29 的邻接矩阵如下。

	0（A）	1（B）	2（C）	3（D）	4（E）
A	∞	100	30	∞	10
B	100	∞	25	10	∞
C	30	25	∞	20	∞
D	∞	10	20	∞	50
E	10	∞	∞	50	∞

（2）分析集合 U、集合 V-U、集合 TE 以及用于表示集合 U 与集合 V-U 中顶点之间存在邻接关系的边（称为待选边）和待选边上权值的存储结构。

① 集合 U 和集合 V-U 的存储：由于集合 U 和集合 V-U 是对连通网中 n 个顶点的一个标识,简单起见,用 1 表示对应的顶点已经选上,0 表示待选。这样集合 U 和集合 V-U 可以用一个整型数组 flag 表示,数组的下标对应顶点的编号,如表 6-4 所示。

表 6-4 整型数组 flag

下标	0（A）	1（B）	2（C）	3（D）	4（E）
选上与否的标识					

② 已经选上的边和待选边以及边上权值的存储：每条边的两个邻接点编号与权值 $(v_i, weight, v_j)$ 是一个结构体类型的数据,与最小生成树有关的所有边用一个一维结构体类型数组存储,该数组称为最小代价数组。由于数组元素的下标可以表示一条边的一个邻接点编号 v_i,另一个邻接点的编号 v_j 和边上的权值 weight 用结构体数组元素的成员表示,即（下标,权值,顶点编号）等价于 $(v_i, weight, v_j)$。对应的最小代价数组 lowcost 如表 6-5 所示。

表 6-5　数组 lowcost

下标 i（邻接点编号）	0（A）	1（B）	2（C）	3（D）	4（E）
weight（权值）					
adjNodeNo（邻接点编号）					

3. 普里姆算法的主要实现步骤

（1）数组初始化。数组 flag 的初值均为 0，表示待选。数组 lowcost 的邻接点编号成员 adjNodeNo 均为 −1，表示没有确定的待选边，如表 6-6 所示。

表 6-6　数组 flag 和数组 lowcost 的初始化

标志数组 flag					
下标	0（A）	1（B）	2（C）	3（D）	4（E）
选上与否的标识	0	0	0	0	0
最小代价数组 lowcost					
下标（待选邻接点编号）	0（A）	1（B）	2（C）	3（D）	4（E）
weight（权值）					
adjNodeNo（邻接点编号）	−1	−1	−1	−1	−1

（2）假设树根是 A，置 flag[0]＝1，数组 lowcost 中的权值成员 weight 用邻接矩阵中对应顶点 A 的行依次赋值；如果数组 lowcost 中的邻接点编号成员 adjNodeNo 的权值为无穷大，则对应的邻接点编号成员 adjNodeNo 为 −1，其余的邻接点编号成员 adjNodeNo 用顶点 A 的编号赋值。数组 lowcost 如表 6-7 所示。

表 6-7　选取第一个顶点 E 的数组 flag 和数组 lowcost

标志数组 flag					
下标	0（A）	1（B）	2（C）	3（D）	4（E）
选上与否的标识	**1**	0	0	0	0
顶点 A 的对应邻接矩阵行	∞	**100**	**30**	∞	**10**
初始化后的最小代价数组 lowcost					
下标（待选邻接点编号）	0（A）	1（B）	2（C）	3（D）	**4（E）**
weight（权值）	∞	**100**	**30**	∞	**10**
adjNodeNo（邻接点编号）	−1	0（A）	0（A）	−1	**0（A）**

（3）对数组 lowcost 中待选边的权值成员 weight（已经选上的边和权值为无穷大的边不参加）求最小值，AE(10)最小，边（A，E）被选上，对数组 flag 和数组 lowcost 做如下改动：

① 对顶点 E 设置已被选取的标志，置 flag[4]＝1。

② 当前的待选顶点是 flag 数组中元素值为 0 的下标对应的顶点 B、C 和 D。为了选取下一个待选点，从邻接矩阵中找到刚入选的顶点 E 所在的行，访问 EB、EC 和 ED，将它们与数组 lowcost 中已经存在的 AB、AC 和 AD 对应比较权值，比较的结果是：EB(∞)＞AB(100)，EC(∞)＞AC(30)，ED(50)＜AD(∞)，数组 lowcost 更新如下：lowcost[3].weight＝50，lowcost[3].adjNodeNo＝4。数组 lowcost 修改后的结果如表 6-8 所示。

表 6-8　选取第二个顶点 D 的数组 flag 和数组 lowcost

标志数组 flag					
下标	0(A)	1(B)	2(C)	3(D)	4(E)
选上与否的标识	**1**	0	0	0	**1**
顶点 E 对应的邻接矩阵行	**10**	∞(EB)	∞(EC)	50(ED)	∞
更新后的最小代价数组 lowcost					
下标(待选邻接点编号)	0(A)	1(B)	2(C)	3(D)	4(E)
weight(权值)	∞	**100**	**30**	<u>50</u>	**10**①
adjNodeNo(邻接点编号)	−1	**0(A)**	**0(A)**	<u>4(E)</u>	**0(A)**

（4）对数组 lowcost 中待选边的权值成员 weight(已经选上的边和权值为无穷大的边不参加)求最小值，AC(30)最小，边(A，C)被选上，对数组 flag 和数组 lowcost 做如下改动：

① 对顶点 C 设置已被选取的标志，置 flag[2]＝1。

② 当前的待选顶点是 flag 数组中元素值为 0 的下标对应的顶点 B 和 D。为了选取下一个待选点，从邻接矩阵中找到刚入选的顶点 C 所在的行，访问 CB 和 CD，将它们与数组 lowcost 中已经存在的 AB 和 ED 对应比较权值，比较的结果是：CB(25)＜AB(100)，CD(20)＜ED(50)，数组 lowcost 更新如下：lowcost[1].weight＝25，lowcost[1].adjNodeNo＝2，lowcost[3].weight＝20，lowcost[3].adjNodeNo＝2。数组 lowcost 修改后的结果如表 6-9 所示。

表 6-9　选取第三个顶点 D 的数组 flag 和数组 lowcost

标志数组 flag					
下标	0(A)	1(B)	2(C)	3(D)	4(E)
选上与否的标识	**1**	0	1	0	1
顶点 C 对应邻接矩阵的行	**30**	**25(CB)**	∞	**20(CD)**	∞
更新后的最小代价数组 lowcost					
下标(待选顶点编号)	0(A)	1(B)	2(C)	3(D)	4(E)
weight(权值)	∞	<u>25</u>	30②	<u>20</u>	10①
adjNodeNo(邻接点编号)	−1	<u>2(C)</u>	0(A)	<u>2(C)</u>	0(A)

（5）对数组 lowcost 中待选边的权值成员 weight（已经选上的边和权值为无穷大的边不参加）求最小值，CD(20)最小，边（C，D）被选上，对数组 flag 和数组 lowcost 做如下改动：

① 对顶点 D 设置已被选取的标志，置 flag[3]＝1。

② 当前的待选顶点是 flag 数组中元素值为 0 的下标对应的顶点 B。为了选取下一个待选点，从邻接矩阵中找到刚入选的顶点 D 所在的行，访问 DB，将 DB 与数组 lowcost 中已经存在的边 CB 比较权值，比较的结果是：DB(10)＜CB(25)，数组 lowcost 更新如下：lowcost[1].weight＝10，lowcost[1].adjNodeNo＝3。数组 lowcost 修改后的结果如表 6-10 所示。

表 6-10　选取第四个顶点 B 的数组 flag 和数组 lowcost

标志数组 flag					
下标	0(A)	1(B)	2(C)	3(D)	4(E)
选上与否的标识	**1**	0	1	1	1
顶点 D 对应邻接矩阵的行	∞	**10(DB)**	**20**	∞	**50**
更新后的最小代价数组 lowcost					
下标（待选邻接点编号）	0(A)	1(B)	2(C)	3(D)	4(E)
weight（权值）	∞	**<u>10</u>**	30②	20③	10①
adjNodeNo（邻接点编号）	−1	**3(D)**	**0(A)**	**2(C)**	**0(A)**

（6）对数组 lowcost 中待选边的权值成员 weight（已经选上的边和权值为无穷大的边不参加）求最小值，DB(10)最小，边（D，B）被选上，对数组 flag 和数组 lowcost 做如下改动：

对顶点 B 设置已被选取的标志，置 flag[1]＝1。此时标志数组 flag 全为 1，算法结束。最终结果如表 6-11 所示。

表 6-11　最终的数组 flag 和数组 lowcost

下标	0(A)	1(B)	2(C)	3(D)	4(E)
选上与否的标识	**1**	1	1	1	1
更新后的最小代价数组 lowcost					
下标（待选邻接点编号）	0(A)	1(B)	2(C)	3(D)	4(E)
weight（权值）	∞	10④	30②	20③	10①
adjNodeNo（邻接点编号）	−1	3(D)	**0(A)**	2(C)	**0(A)**

（7）从最终的最小代价数组 lowcost 可以得到最小生成树的所有边。

数组 lowcost 的邻接点编号成员 adjNodeNo 保存的是一条边的父结点编号，对应的下标为孩子结点编号。当数组 lowcost 的邻接点编号成员 adjNodeNo 为−1 时，对应的下标是树根的编号,即 A,其余边依次为 AE、AC、CD 和 DB。

4. 实现普里姆算法的函数

【算法 6.13】

```
typedef struct
{   char vex[MaxSize];
    int arcs[MaxSize][ MaxSize];
    int vexNum,arcNum;
}MGraph;                              //图的邻接矩阵定义
typedef struct
{   int weight;                      //存放边的权值
    int adjNodeNo;                   //存放依附于边的一个邻接点编号
}LowCost;                            //最小代价数组的元素类型定义
void MSTGraph(MGraph G, int v, LowCost lowcost[])
{   //求从顶点 v 出发的连通网的最小生成树
    int flag[MaxSize]={0};
    flag[v]=1;
    for( i=0; i<G.vexNum; i++)       //初始化
    {   lowcost[i].weight=G.arcs[v][i];
        if( lowcost[i].weight ==MAXCONST) lowcost[i].adjNodeNo=-1;
        else lowcost[i].adjNodeNo =v;
    }
    n=0;
    while(++n < G.vexNum)            //对 n 个顶点的连通网只需循环 n-1 次
    {   //找非零和非无穷大权值分量的最小值
        minCost=MAXCONST;           //MAXCONST 是预定义的符号常量
        for(k=0; k<G.vexNum; k++)       //在候选边中选权值最小的边
            if(flag[k]==0 && lowcost[k].weight<minCost )
            {   //minPos 是被选上顶点的编号
                minCost=lowcost[k].weight; minPos=k;
            }
        flag[minPos]=1;             //对被选上的顶点做标记
        //对 lowcost 数组中非零的权值分量和邻接点编号更新
        for(k=0; k<G.vexNum; k++)
        if(flag[k]==0 && G.arcs[minPos][k]< lowcost[k].weight )
            {   lowcost[k].weight= G.arcs[minPos][k];
                lowcost[k].adjNodeNo=minPos;
            }
    }
}
```

思考:如果是非连通网,如何找出所有的最小生成树?

6.5.3 求最小生成树的克鲁斯卡尔算法

为使生成树上边的权值之和最小,显然,其中每一条边的权值应该尽可能地小。克鲁斯卡尔于 1956 年提出了基于边集构造的最小生成树算法。

克鲁斯卡尔算法的思想是：对图中的边按权重从小到大排序，遍历待选择的边，取其中权值最小的边。如果该边加入到当前的边集合中（边集合初始为空）不构成环，就将该边加入到边集合中来；若加入进来构成环，就跳过该边，直至边集合中边数为 n−1（n 为顶点数），遍历终止。最后得到的边集合就是最小生成树。

克鲁斯卡尔算法的求解过程是子树不断合并的过程，实现该算法的主要步骤如下。

初始：将图中的每个顶点视为一棵小树，对每棵树的树根赋予唯一的编号。

选择条件：依序扫描已排序的待选边集合，如果存在一条未被选上的权值最小的边，它的两个顶点分别属于两个树根编号不同的两棵子树，则将第一个顶点所在子树的子树根编号修改为第二个顶点所在子树的子树根编号，并将选上的这条边加入到最小生成树的边集合中，此时这两棵子树合并成另一棵子树，反之丢弃该边。

循环结束条件：直至得到一棵含有 n 个顶点并由 n−1 条边组成的最小生成树。

图 6-30 给出了无向网和用克鲁斯卡尔算法求解的最小生成树。

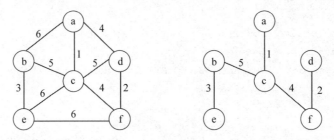

图 6-30　克鲁斯卡尔算法构造的最小生成树

克鲁斯卡尔算法的核心是子树合并，下面重点讨论子树合并中的关键算法。

1. 结点的子树根编号

为了区分不同的子树，初始时将图中的每个顶点看作是只有一个根结点的子树，给每个子树根赋予一个初始的编号，称为子树根编号。由于在子树的合并过程中，一些结点的子树隶属关系发生了改变，结点保存的子树编号不再是初始值，而是上一次被合并时父结点所在子树的子树根编号。每个被合并的结点都遵循孩子结点合并到父结点所在子树的规则，将孩子结点所在子树的子树根编号修改为父结点所在子树的子树根编号。

2. 计算结点的子树根编号

如果一个结点 v 保存的子树根编号不是初始值，表明结点 v 被合并过，根据上述的合并规则，结点 v 的子树根编号是合并时父结点所在子树的子树根编号，由于父结点可能也被合并过，那么结点 v 当前所属子树的子树根是哪个结点，子树根的编号又是多少？此时需要沿着结点 v 的父结点逆向回溯，即子树根的逆向查找路径为：v->v 的父结点->v 的父结点的父结点->…->w，直到结点 w 的子树编号是初始编号，结点 w 即是结点 v 所在子树的子树根。

3. 子树合并

从图中待选的边集合中取一条权值最小的边（x，y），y 是父结点，x 是孩子结点。利用上面介绍的方法求边依附的结点 x 和结点 y 所在子树的子树根编号。如果结点 x 和结点 y 的所属子树的子树根编号相同,则表明它们在同一棵子树上,构成回路,则丢弃边(x, y);否则保留边(x,y),将结点 x 所属子树的子树根编号改为父结点 y 所在子树的子树根编号。将上述过程重复 n−1 次,选取的 n−1 条边就是图的最小生成树上的 n−1 条边。

图 6-30 所示的克鲁斯卡尔算法的求解过程如表 6-12 所示。方框内的数字表示权值,非方框内的数字表示顶点所属子树的子树根编号。

表 6-12 图 6-30 的克鲁斯卡尔算法的求解过程

过　　程	描　　述
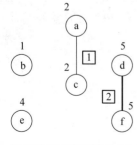 (1) 0~5为每棵子树根的编号	顶点(下标) a(0) b(1) c(2) d(3) e(4) f(5) 子树根编号(初值): 0 1 2 3 4 5 **顶点所在子树的子树根编号的初值**:初始时每个顶点是一棵子树,顶点所在的子树根编号的初始值是顶点对应的下标 **顶点所在子树的子树根编号的当前值**:如果当前值是顶点的初始值,则表明顶点未被合并过,该顶点是子树根;如果不是,则当前存放的是父结点所属子树的子树编号,通过逆向回溯,可找到顶点当前所属子树的子树根编号 **子树合并**:分别求一条边的两个顶点所属子树的子树根编号,如果不相同,即两个顶点属于不同的子树,就进行合并,将第 1 个顶点(孩子结点)所属子树的子树根编号改为第 2 个顶点(父结点)所属子树的子树根编号;否则放弃该边 F
(2) 顶点a的子树编号改为2	边(a,c)的权值为1,计算 a 和 c 的子树根编号 • 顶点 a 的子树编号 0 是初始值,a 是子树根 • 顶点 c 的子树编号 2 是初始值,c 是子树根 • 合并顶点 c 和顶点 a 所在的两棵子树,将顶点 a 所属子树的子树根编号置为父结点 c 所属子树的子树根编号 2 结果如下:
(3) 顶点d的子树根编号改为5	边(d,f)的权值为2,计算 d 和 f 的子树根编号 • 顶点 d 的子树编号 3 是初始值,d 是子树根 • 顶点 f 的子树编号 5 是初始值,f 是子树根 • 合并顶点 f 和顶点 d 所在的两棵子树,将顶点 d 所属子树的子树根编号置为父结点 f 所属子树的子树根编号 5 结果如下:

顶点	a	b	c	d	e	f
子树根编号(合并前)	0	1	2	3	4	5
子树根编号(合并后)	2	1	2	3	4	5

顶点	a	b	c	d	e	f
子树根编号(合并前)	2	1	2	3	4	5
子树根编号(合并后)	2	1	2	5	4	5

续表

过 　 程	描 　 述

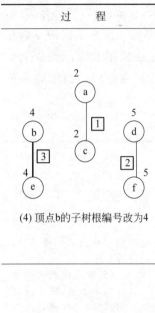

(4) 顶点b的子树根编号改为4

边(b,e)的权值为3,计算 b 和 e 的子树根编号
- 顶点 b 的子树编号 1 是初始值,b 是子树根
- 顶点 e 的子树编号 4 是初始值,e 是子树根
- 合并顶点 e 和顶点 b 所在的两棵子树,将顶点 b 所属子树的子树根编号置为父结点 e 所属子树的子树根编号 4

结果如下:

顶点	a	b	c	d	e	f
子树根编号（合并前）	2	1	2	5	4	5
子树根编号（合并后）	2	4	2	5	4	5

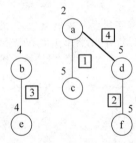

(5) 顶点a的子树根编号改为5

边(a,d)的权值为4,计算 a 和 d 的子树根编号
- 顶点 a 的子树根编号 2 不是初始值,表明 a 合并时的父结点是 c,c 的子树根编号是初始值 2,则 a 所属子树的子树根是 c,子树根编号是 2
- 顶点 d 的子树根编号 5 不是初始值,表明 d 合并时的父结点是 f,f 的子树根编号是初始值,则 d 所属子树的子树根是 f,子树根编号为 5
- 合并顶点 d 和顶点 a 所属的两棵子树,将顶点 a 所属子树的子树根 c 的编号置为父结点 d 所属子树的子树根编号 5

结果如下:

顶点	a	b	c	d	e	f
子树根编号（合并前）	2	4	2	5	4	5
子树根编号（合并后）	2	4	5	5	4	5

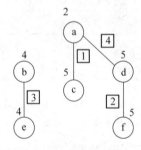

(6) (c,f)构成回路，放弃

边(c,f)的权值为4,计算 c 和 f 的子树根编号
- 顶点 c 的子树根编号 5 不是初始值,表明 c 合并时的父结点是 f,f 的子树根编号是初始值 5,则 c 所属子树的子树根是 f,子树根编号是 5
- 顶点 f 的子树根编号 5 是初始值,f 是子树根
- 顶点 f 和顶点 c 同属一棵树,构成回路,放弃

续表

过 程	描 述
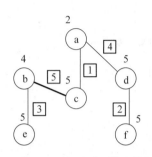 (7) 满足6个顶点5条边,算法结束	边(b,c)的权值为5,计算 b 和 c 的子树根编号 • 顶点 b 的子树编号 4 不是初始值,表明 b 合并时的父结点是 e,e 的子树根编号是初始值,则 b 所属的子树根是 e,子树根编号是 4 • 顶点 c 的子树编号 5 不是初始值,表明 c 合并时的父结点是 f,f 的子树根编号是初始值,则 c 所属的子树根是 f,子树根编号是 5 • 合并顶点 c 和顶点 b 所在的两棵子树,将顶点 b 所属子树的子树根 e 的子树根编号置为父结点 c 所属子树的子树根编号 5 结果如下:

顶点	a	b	c	d	e	f
子树根编号(合并前)	2	4	5	5	4	5
子树根编号(合并后)	2	4	5	5	5	5

4. 实现克鲁斯卡尔算法的主要函数

【算法 6.14】

```
typedef struct edge
{   int a, b, len;                      //a、b 表示边的两个顶点,len 表示长度
    int flag;                           //构成最小生成树的边标志
}Edge;                                  //边的信息
void init(MGraph G,Edge edge[],int Father[])
{   //初始化,Father[]存储 i 的父节点
    int i,j,k=0; Edge x;
    for(i=0;i<G.vexNum;i++)             //从邻接矩阵中获取边信息,存放到数组 edge 中
        for(j=0; j<i; j++)
            if(G.arcs[i][j]!=MAXCOST)
            {   edge[k].a=i; edge[k].b=j;
                edge[k].len=G.arc[i][j];
                edge[k].flag=0;
                k++;
            }                           //end_if
    for(i = 0; i<G.vexNum; ++i)Father[i] = i;    //初始化
    for(i=0;i<k-1;i++)                  //对边排序
        for(j=0; j<k-1-i; j++)
            if(edge[j].len>edge[j+1].len)
            {   x=edge[j]; edge[j]=edge[j+1]; edge[j+1]=x; }
}
int GetFather(int x,int Father[])
{   //求编号为 x 的顶点所在的最大子树的编号
    if (x !=Father[x]) Father[x] = GetFather(Father[x],Father);
    return Father[x];                   //返回 x 所在子树根的编号
}
void Kruskal(MGraph G,Edge edge[],int Father[])
```

```
{   int i,x, y, k, cnt, tot;   //k为当前边的编号,tot统计最小生成树的边权值总和
    cnt = 0; k = 0;   tot = 0; //Cnt统计进行了几次合并,进行n-1次合并就得到最小生
                               //成树
    while (cnt < G.vexNum -1)
    {   //n个顶点构成的生成树只有n-1条边
        //查询边(edge[k].a,edge[k].b)的两个顶点所在子树根的编号
        x = GetFather(edge[k].a,Father);
        y = GetFather(edge[k].b,Father);
        if (x !=y)
        {   Father[x] = y;     //合并到一棵生成树
            tot += edge[k].len;  edge[k].flag=1;  ++cnt;
        }
        k++;
    }
}
```

一般来讲,由于普里姆算法的时间复杂度为 $O(n^2)$,因此适用于稠密图;而克鲁斯卡尔算法需对 e 条边按权值进行排序,其时间复杂度为 $O(eloge)$,因此适用于稀疏图。

6.6 最 短 路 径

本节将讨论带权有向图,并称路径上的第一个顶点为源点,最后一个顶点为终点。常见的问题有：要求从 A 地到 B 地的中转站少、花费少、时间少、速度快并且路程短等。常见的地图 APP(例如百度地图和高德地图)只要给出起点和终点,很快就能得到几种出行路线,包括时间、交通工具和换乘信息等。这些问题涉及对一个任意的交通网,如何求解从一个源点到其他各个顶点的最短路径以及任意两个顶点之间的最短路径问题。

6.6.1   求图中从某个源点到其余各点的最短路径算法

问题：给定有向网或无向网 N=(V,E)和源点 v_0,N 中 E 上的权值为 W(e),求从 v_0到 V 中其余各顶点的最短路径。常见三种情形如下。

(1) 没有路径。

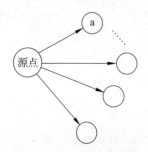

图 6-31   一个源点到其他顶点的最短路径

(2) 只有一条路经。

(3) 存在多条路径,必有一条最短。

设源点为 v_0,N 的存储结构为邻接矩阵。

解决方案如下。

- 直观的方法是：将两点之间的所有路径都求出来,然后求最短的一条,显然效率低。
- 迪杰斯特拉(Dijkstra)给出了一个按路径长度递增的次序求从源点到其余各点最短路径的算法,效率高。

以图 6-31 为例,分析按路径长度递增的次序得到最短路径

的过程。

（1）长度最短的路径。

从源点到其余各点的路径中，必然存在一条长度最短的路径。图 6-31 中所示的这条长度最短的弧就是从源点到其余一个顶点 a 的最短路径。

（2）长度次短的路径。从源点到某个顶点的路径可能有两种情况：

① 可能是从源点直接到该点的路径。

② 也可能是从源点到 a，再从 a 到该点。

取①与②的较小者作为源点到该点的路径长度。再对从源点到其余每个顶点的路径长度求最小值，即可得到长度次短的最短路径。

对其余长度次短的最短路径，依次类推。

1. 迪杰斯特拉算法的设计

以图 6-32 所示的带权有向网为例，求从 A 出发到其余各点的最短路径。

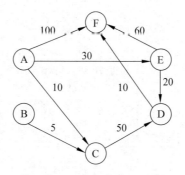

图 6-32 一个有向网示意图

图 6-32 中的有向网从 A 到各点最短路径的迪杰斯特拉的求解过程如表 6-13 所示。

表 6-13 图 6-32 中的有向网从 A 到各点最短路径的迪杰斯特拉算法求解过程

示 意 图	过 程
确定第一条从 A 出发到其余顶点的最短距离及路径示意图（1）	（1）确定第一条从 A 出发到其余顶点的最短距离及路径，见左侧示意图（1）。以 A 为弧尾的三条弧依次为 A->F(100)、A->C(10) 和 A->E(30)，最小值是 10，路径为 A->C。将顶点 C 加入集合 U 中，路径 A->C 只有一条弧，将弧<A,C>及路径长度 10 加入集合 path 中 则 U={A,C}，V-U={B,D,E,F}，path={(<A,C>,10)}

续表

示　意　图	过　程
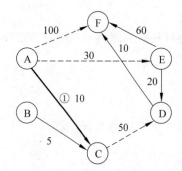 确定第二条从 A 出发到待求顶点的 次短距离及路径示意图(2)	(2) 确定第二条从 A 出发到待求顶点的次短距离及路径，见左侧示意图(2)。需要考虑经过第一条最短路径 A->C 再到剩余顶点{B,D,E,F}的路径长度是否比原来保存的从 A 出发到剩余顶点{B,D,E,F}的路径长度更短 ① 用(A->C)10+(C->B)∞ 与(A->B)∞ 的较小者更新 A->B ② 用(A->C)10+(C->D)50 与(A->D)∞ 的较小者更新 A->D ③ 用(A->C)10+(C->E)∞ 与(A->E)30 的较小者更新 A->E ④ 用(A->C)10+(C->F)∞ 与(A->F)100 的较小者更新 A->F 更新的结果是(A->B)∞、(A->C->D)60、(A->E)30 和 (A->F)100，最小值是 30，路径为 A->E。将顶点 E 加入集合 U 中，路径 A->E 只有一条弧，将弧<A,E>及路径长度 30 加入集合 path 中 则 U={A,C,E}，V-U={B,D,F}，path={(<A,C>,10),(<A,E>,30)}
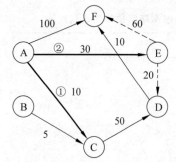 确定第三条从 A 出发到待求顶点的 次短距离及路径示意图(3)	(3) 确定第三条从 A 出发到待求顶点的次短距离及路径，见左侧示意图(3)。需要考虑经过第二条次短路径(A->E)再到剩余顶点{B,D,F}的路径长度是否比原来保存的从 A 出发到剩余顶点{B,D,F}的路径长度更短 ① 用(A->E)30+(E->B)∞ 与(A->B)∞ 的较小者更新 A->B ② 用(A->E)30+(E->D)20 与(A->C->D)60 的较小者更新 A->C->D ③ 用(A->E)30+(E->F)60 与(A->F)100 的较小者更新 A->F 更新的结果是(A->B)∞、(A->E->D)50 和(A->E->F)90，最小值是 50，路径为 A->E->D。将顶点 D 加入集合 U 中，由于路径 A->E->D 中的第一条弧<A,E>已在 path 中，只需将第二条弧<E,D>及路径长度 50 加入集合 path 中 则 U={A,C,E,D}，V-U={B,F}，path={(<A,C>,10),(<A,E>,30),(<E,D>,50)}

示 意 图	过 程
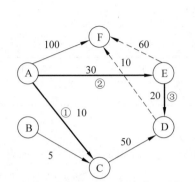 确定第四条从 A 出发到待求顶点的 次短距离及路径示意图(4)	(4) 确定第四条从 A 出发到待求顶点的次短距离及路径, 见左侧示意图(4)。需要考虑经过第三条次短路径(A->E->D)再到剩余顶点{B,F}的路径长度是否比原来保存的从 A 出发到剩余顶点{B,F}的路径长度更短 ① 用(A->E->D)50+(D->B)∞ 与(A->B)∞ 的较小者更新 A->B ② 用(A->E->D)50+(D->F)10 与(A->E->F)90 的较小者更新 A->E->F 更新的结果是(A->B)∞ 和(A->E->D->F)60,最小值是60,路径为 A->E->D->F。将顶点 F 加入集合 U 中,由于路径 A->E->D->F 的前两条弧已在 path 中,只需将第三条弧<D,F>及路径长度 60 加入集合 path 中 则 U={A,C,E,D,F},V-U={B}, path={(<A,C>,10),(<A,E>,30),(<E,D>,50),(<D,F>,60)}
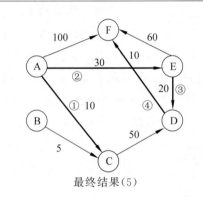 最终结果(5)	(5) 剩余顶点{B}。由于从 A 到 B 不存在路径,算法结束 第一条最短路径及长度:(A->C)10 第二条最短路径及长度:(A->E)30 第三条最短路径及长度:(A->E->D)50 第四条最短路径及长度:(A->E->D->F)60 A 到 B 的路径不存在

2. 迪杰斯特拉算法的存储结构分析

(1) 设有向网的存储结构为邻接矩阵。

图 6-32 对应的邻接矩阵如下。

	0 (A)	1 (B)	2 (C)	3 (D)	4 (E)	5 (F)
A	∞	∞	10	∞	30	100
B	∞	∞	5	∞	∞	∞
C	∞	∞	∞	50	∞	∞
D	∞	∞	∞	∞	∞	10
E	∞	∞	∞	20	∞	60
F	∞	∞	∞	∞	∞	∞

（2）集合 U 和集合 V-U 的存储。

由于集合 U 和集合 V-U 是对图中 n 个顶点的一个标识，为简单起见，用 1 表示该点路径已经得到，用 0 表示待求。这样集合 U 和集合 V-U 可以使用一个整型数组 flag，数组的下标对应顶点的编号，如表 6-14 所示。

表 6-14　整型数组 flag

下标	0(A)	1(B)	2(C)	3(D)	4(E)	5(F)
路径得到与否的标识						

（3）源点到其余各个顶点的距离以及与之对应的路径存储。

由于迪杰斯特拉算法是按照最短路径长度递增的顺序求解，因此对于任何一条从源点到某个顶点的最短路径，如果其所含弧的个数大于 1，则该路径序列一定是已经求出的某条从源点到某个顶点的最短路径再加上该路径上的最后一条弧。以此类推，如果与此相关的这条最短路径所含弧的个数也大于 1，那么它也一定是另一条已求出的从源点到某个顶点的最短路径再加上它的最后一条弧。所以对于任何一条从源点到其他顶点的最短路径，除最后一条弧之外，其余弧都是其他某条从源点到某个顶点的最短路径的最后一条弧。据此每条路径只需存储最后一条弧的弧头和弧尾以及路径的长度即可，路径上的其他弧只要按路径的逆序都可在其他路径上找到。图 6-32 的从 A 点出发到其余各个顶点的最短路径如图 6-33 所示，第一条从 A 到 C 的最短路径及长度只需存储（A，C，10）；第二条从 A 到 E 的最短路径及长度只需存储（A，E，30）；第三条从 A 到 D 的最短路径及长度只需存储（E，D，50）；第四条从 A 到 F 的最短路径及长度只需存储（D，F，60）。

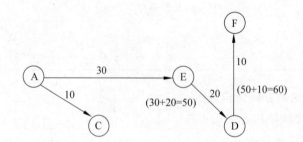

第一条最短路径从A到C，只有一条弧<A, C>，长度为10；
第二条最短路径从A到E，只有一条弧<A, E>，长度为30；
第三条最短路径从A到D，是第二条最短路径<A, E>+<E, D>，长度为30+20=50；
第四条最短路径从A到F，是第三条最短路径（<A, E>+<E, D>）+<D, F>，
即<A, E>+<E, D>+<F, D>，长度为50+10=60。

图 6-33　图 6-32 中从 A 出发到 C、E、D 和 F 的最短路径示意图

综上所述，从源点出发到某个顶点路径的最后一条弧以及路径的长度用一维结构体数组 dist 的下标和数组元素表示，其中数组元素的下标表示最后一条弧的弧头编号，数组元素的成员 path 存放最后一条弧的弧尾编号，数组元素的成员 distance 存放源点到某个顶点路径的长度，即（弧头编号（下标），弧尾编号，路径长度），对应的一维结构体数组 dist

如表 6-15 所示。

表 6-15 一维结构体数组 dist

下标(弧头编号)	0(A)	1(B)	2(C)	3(D)	4(E)	5(F)
path(弧尾编号)						
distance(路径长度)						

dist 数组的变化如下：

(1) 一维结构体数组 dist 的路径长度成员 distance 的初值是从源点出发到其余各个顶点的弧上的权值，弧尾编号成员 path 是源点的编号。

(2) 假设第一条最短路径为(v_i, v_j)，则 $dist[j].distance = min\{dist[k].distance \mid v_k \in V\text{-}U\}$，它是第一条最短路径的长度。

(3) 假设下一条次短路径的终点是 v_m，则这条路径要么是 (v_i, v_m)，长度是 $dist[m].distance = G.arcs[i][m]$；要么是 (v_i, v_j, v_m)，长度是 $dist[m].distance = dist[j].distance + G.arcs[j][m]$。为了得到第二条次短路径及长度，需要用第一条最短路径及长度更新 dist 数组中与集合 V-U 中的顶点对应的路径长度成员 distance 和弧尾编号成员 path。即：

$$dist[k].distance = min\{dist[k].distance, dist[j].distance + G.arcs[j][k] \mid v_j \in U,$$
$$v_k \in V\text{-}U\}$$

if$(dist[k].distance == dist[j].distance + G.arcs[j][k])dist[k].path = j; v_k \in V\text{-}U$

$dist[m].distance = min\{dist[k].distance \mid v_k \in V\text{-}U\}$

它是第二条次短路径的长度。

(4) 假设再下一条次短路径的终点是 v_p，则这条路径可能是 (v_i, v_p)，长度是 $dist[p].distance = G.arcs[i][p]$；或者是 (v_i, v_j, v_p)，长度是 $dist[p].distance = dist[j].distance + G.arcs[j][p]$；抑或是 (v_i, v_j, v_m, v_p)，长度是 $dist[p].distance = dist[m].distance + G.arcs[m][p]$。所以需要用第二条次短路径和长度更新 dist 数组中与集合 V-U 中的顶点对应的路径长度成员 distance 和弧尾编号成员 path。即：

$$dist[i].distance = min\{dist[i].distance, dist[m].distance + G.arcs[m][i] \mid v_m \in U,$$
$$v_i \in V\text{-}U\}$$

if$(dist[i].distance == dist[m].distance + G.arcs[m][i])dist[i].path = m; v_i \in V\text{-}U$

$dist[p].distance = min\{dist[i].distance \mid v_i \in V\text{-}U\}$

它是第三条次短路径的长度。

重复执行上述操作，如果有向网是连通的，直到集合 V-U 是空为止；如果有向网是非连通的，就直到集合 V-U 中对应的 dist 中的路径长度成员均是 ∞ 为止。

3. 迪杰斯特拉算法的主要实现步骤

(1) 设源点为 A，置 flag[0] = 1。数组 dist 的路径长度成员 distance 用邻接矩阵中对应顶点 A 的行依次赋值；数组 dist 的弧尾编号成员 path，除了对应顶点 A 和权值为无穷大的弧尾编号成员为−1外,其余用顶点 A 的编号赋值,结果如表 6-16 所示。

表 6-16　数组 flag 和数组 dist 的初始化

标志数组 flag						
下标	0(A)	1(B)	2(C)	3(D)	4(E)	5(F)
路径得到与否的标识	**1**	0	0	0	0	0
路径数组 dist						
下标(弧头)	0(A)	1(B)	2(C)	3(D)	4(E)	5(F)
path(弧尾)	−1	−1	0(A)	−1	0(A)	0(A)
distance(路径长度)	∞	∞	**10**	∞	**30**	**100**
顶点 A 对应邻接矩阵的行	∞	∞	10	∞	30	100

（2）对数组 dist 的路径长度成员 distance(0、∞以及求出的最短距离不参加)求最小值,10 最小,对应的候选点是 C。由弧头 C,找到弧尾 A,A 是源点,查找结束。A 到 C 的最短距离为 10,路径序列为 A->C。对数组 flag 和数组 dist 做如下修改:

① 对顶点 C 设置已完成标志,置 flag[2]=1。

② 对数组 dist 中的候选顶点{B,D,E,F}即标志数组 flag 中的零元素做如下变动:

- （A->C)10＋(C->B)∞不存在,则 dist[1]不变。
- （A->C)10＋(C->D)50＜dist[3].distance,则 dist[3].distance=60,dist[3].path=2。
- （A->C)10＋(C->E)∞不存在,则 dist[4]不变。
- （A->C)10＋(C->F)∞不存在,则 dist[5]不变。

结果如表 6-17 所示。

表 6-17　找到第一条最短路径后数组 flag 和数组 dist 的变化

标志数组 flag						
下标	0(A)	1(B)	2(C)	3(D)	4(E)	5(F)
路径得到与否的标识	**1**	0	**1**	0	0	0
用第一条最短路径及长度(A->C,10)更新后的路径数组 dist						
下标(弧头)	0(A)	1(B)	2(C)	3(D)	4(E)	5(F)
path(弧尾)	−1	−1	0(A)	**2(C)**	0(A)	0(A)
distance(路径长度)	∞	∞	10①	**60**	30	100
顶点 C 对应邻接矩阵的行	∞	∞	0	50	∞	∞

（3）对数组 dist 的路径长度成员 distance(0、∞以及求出的最短距离不参加)求最小值,30 最小,对应的候选点是 E。由弧头 E,找到弧尾 A,A 是源点,查找结束。A 到 E 的最短距离为 30,路径序列为 A->E。对数组 flag 和数组 dist 做如下修改:

① 对顶点 E 设置已完成标志,置 flag[4]=1。

② 对数组 dist 中的候选顶点{B,D,F}即标志数组 flag 中的零元素做如下变动：

- (A->E)30+(E->B)∞不存在,则 dist[1]不变。
- (A->E)30+(E->D)20<dist[3].distance,则 dist[3].distance=50,dist[3]. path=4。
- (A->E)30+(E->F)60<dist[5].distance,则 dist[5].distance=90,dist[5]. path=4。

结果如表 6-18 所示。

表 6-18　找到第二条最短路径后数组 flag 和数组 dist 的变化

标志数组 flag						
下标	0(A)	1(B)	2(C)	3(D)	4(E)	5(F)
路径得到与否的标识	**1**	0	**1**	0	**1**	0
用第二条最短路径及长度(A->E,30)更新后的路径数组 dist						
下标(弧头编号)	0(A)	1(B)	2(C)	3(D)	4(E)	5(F)
path(弧尾编号)	−1	−1	0(A)	**4(E)**	0(A)	**4(E)**
distance(路径长度)	∞	∞	**10①**	50	**30②**	90
顶点 E 对应邻接矩阵的行	∞	∞	∞	20	0	60

（4）对数组 dist 的路径长度成员 distance(0、∞以及求出的最短距离不参加)求最小值,50 最小,对应的候选点是 D。由弧头 D,找到弧尾 E;由弧头 E,找到弧尾 A,A 是源点,查找结束。A 到 D 的最短距离为 50,路径序列为 A->E->D。对数组 flag 和数组 dist 做如下修改：

① 对顶点 D 设置已完成标志,置 flag[3]=1。

② 对数组 dist 中的候选顶点{B,F}即标志数组 flag 中的零元素做如下变动：

- (A->E->D)50+(D->B)∞不存在,则 dist[1]不变。
- (A->E->D)50+(D->F)10<dist[5].distance,则 dist[5].distance=60, path[5]=3。

结果如表 6-19 所示。

表 6-19　找到第三条最短路径后数组 flag 和数组 dist 的变化

标志数组 flag						
下标	0(A)	1(B)	2(C)	3(D)	4(E)	5(F)
路径得到与否的标识	**1**	0	1	1	1	0
用第三条最短路径及长度(A->E->D,50)更新后的路径数组 dist						
下标(弧头编号)	0(A)	1(B)	2(C)	3(D)	4(E)	5(F)
path(弧尾编号)	−1	−1	0(A)	**4(E)**	0(A)	**3(D)**

续表

| distance（路径长度） | ∞ | ∞ | 10① | 50③ | 30② | 60 |
| 顶点 D 对应邻接矩阵的行 | ∞ | C | ∞ | 0 | ∞ | 10 |

（5）对数组 dist 的路径长度成员 distance(0、∞以及求出的最短距离不参加)求最小值，60 最小，对应的候选点是 F。由弧头 F，找到弧尾 D；由弧头 D，找到弧尾 E；由弧头 E，找到弧尾 A，A 是源点，查找结束。A 到 F 的最短距离为 60，路径序列为 A->E->D->F。对数组 flag 和数组 dist 做如下修改：

① 对顶点 F 设置已完成标志，置 flag[5]=1。

② 此时只剩下顶点 B，与 B 对应的 flag[1]=0,dist[1].distance=∞，说明顶点 A 到顶点 B 没有路径，算法结束。

最终结果如表 6-20 所示。

表 6-20　找到第四条最短路径后数组 flag 和数组 dist 的变化

标志数组 flag						
下标	0(A)	1(B)	2(C)	3(D)	4(E)	5(F)
选上与否的标识	1	0	1	1	1	1
路径数组 dist						
下标（弧头编号）	0(A)	1(B)	2(C)	3(D)	4(E)	5(F)
path（弧尾编号）	−1	−1	0(A)	4(E)	0(A)	3(D)
distance（路径长度）	∞	∞	10①	50③	30②	60④

从源点 A 到其余各个顶点的最短距离和对应的路径如表 6-21 所示。

表 6-21　最终结果

A 到 C	A 到 E	A 到 D	A 到 F	A 到 B
最短距离 10	最短距离 30	最短距离 50	最短距离 60	∞
路径序列 A,C	路径序列 A,E	路径序列 A,E,D	路径序列 A,E,D,F	路径不存在

4. 实现迪杰斯特拉算法的函数

【算法 6.15】

```
#define MAXSize 20
typedef struct
{    char vertex[MaxSize];           //存储顶点
     int arcs[MaxSize][MaxSize];     //存储顶点的关系
     int vexNum, arcNum;             //存储顶点数和边数
} MGraph;
typedef struct
```

```
{   int distance;                          //路径长度
    int path;                              //弧尾编号
}ShortDist;
void dijstra(MGraph G, int v, ShortDist dist[])
{   int minCost,minPos,i,j,flag[MaxSize]={0};
    flag[v]=1;                             //从序号为 v 的顶点出发
    //dist 数组初始化
    for(i=0;i<G.vexNum;i++)
    {   dist[i].distance=G.arc[v][i];
        if(G.arcs[v][i]!=MAXCOST)dist[i].path=v;
        else dist[i].path=-1;
    }                                      //end_for
    while(1)                 //按距离递增顺序找出从 v 出发到其余各个顶点的最短路径
    {   minPos=v; minCost=MAXCONST;        //求距离的最小值
        for(j=0; j<G.vexNum; j++)
            if (flag[j]==0 && dist[j].distance <minCost)
            {   minCost=dist[j].distance; minPos=j; }
        if(minCost==MAXCONST)break;        //算法结束
        flag[minPos]=1;                    //对已完成的顶点做标记
        for(j=0; j<G.vexNum; j++)          //更新 dist
            if(flag[j]==0 &&
                dist[minPos].distance + G.arcs[minPos][j]<dist[j].distance)
            {   dist[j].distance = dist[minPos].distance + G.arcs[minPos][j];
                dist[j].path=minPos;
            }
    }                                      //end_while(1)
}
```

思考：如何从 dist 数组中获取从源点到其余各个顶点的最短路径序列？请读者自行设计算法，并上机调试。迪杰斯特拉算法用于求单源点最短路径，如果需要求单目标最短路径，即图中其余顶点到某个目标顶点的最短距离，则如何设计算法？

从算法 6.15 中可以看到，其总的时间复杂度为 $T(n) = O(n^2)$。如果用带权的邻接表作为有向图的存储结构，那么虽然修改 dist 的时间可以减少，但由于在 dist 的路径长度成员中选择最小值的时间不变，所以总的时间复杂度仍为 $O(n^2)$。

请读者对比迪杰斯特拉算法和普里姆算法实现的函数有哪些相同，又有哪些不同。

6.6.2　求图中每一对顶点之间的最短路径算法

查找有向网或无向网上任意两点之间的最短路径有两种解决的办法。一个解决办法是：每次以一个顶点为源点，重复执行 Dijkstra 算法 n 次，$T(n) = O(n^3)$。另一个方法是由弗洛伊德(Floyd)提出的，虽然 $T(n) = O(n^3)$，但其形式比较简单。

罗伯特·弗洛伊德是 1978 年图灵奖获得者和斯坦福大学计算机科学系教授，毕业于芝加哥大学。他学的不是数学或电气工程等与计算机密切相关的专业，而是文学，是一位自学成才的计算机科学家。弗洛伊德通过勤奋学习和深入研究,在计算机科学的诸多领域(如算法、程序设计语言的逻辑和语义、自动程序综合、自动程序验证以及编译器的理论和实现等方面)都做出了创造性的贡献。特别是在算法方面,弗洛伊德和威廉姆斯(J.Williams)在1964年共同发明了著名的堆排序算法 HEAPSORT,这是与英国学者霍尔(C.A.R.Hoare,1980年图灵奖获得者)发明的快速排序算法 QUICKSORT 齐名的高效排序算法之一。此外还有直接以弗洛伊德命名的求最短路径的算法,是弗洛伊德利用动态规划(dynamic programming)的原理而设计的一个高效算法,在很多领域都得到了广泛应用,解决了很多的实际问题。

1. 弗洛伊德算法的存储结构

(1) 图的存储结构:带权的邻接矩阵。

(2) 引进两个辅助数组来记图中任意两点 v_i 到 v_j 的路径长度和路径。

- 二维数组 d: $d[i][j]$ 表示当前求出的 v_i 到 v_j 的路径长度。
- 二维数组 path: $path[i][j]$ 存放当前 v_i 到 v_j 的路径中最后一条弧的弧尾编号,最后一条弧的弧头编号是列下标 j。其他弧可逆向回推依序得到。

2. 弗洛伊德算法的思想

将开始的 d 记为 $d^{(-1)}$, 开始的 path 记为 $path^{(-1)}$。

$d^{(-1)}[i][j] = G.arcs[i][j]$; i, j = 0, ..., G.vexNum−1。

如果 $G.arcs[i][j]!=0$ && $G.arcs[i][j]!=\infty$ 则 $path^{(-1)}[i][j]=i$;

否则 $path^{(-1)}[i][j]=-1$; i, j = 0, ..., G.vexNum−1。

$d^{(-1)}$ 的值不一定是最短路径长度。要求得最短路径长度,需进行 n 次试探。

(1) 对每一条路径 $<v_i, v_j>$,首先考虑让路径经过顶点 v_0,比较路径 $<v_i, v_j>$ 和 $<v_i, v_0, v_j>$ 的长度,取其中较短者为当前求得的最短路径长度,记为 $d^{(0)}$。

(2) 在 $d^{(0)}$ 的基础上,对每一条路径,比较现有的路径长度和让路径经过顶点 v_1 的路径长度的大小,用较小者替换,可求得 $d^{(1)}$。

……

(n) 在 $d^{(n-2)}$ 的基础上,对每一条路径,比较现有的路径长度和让路径经过顶点 v_{n-1} 的路径长度的大小,用较小者替换,可求得 $d^{(n-1)}$。

如果从顶点 v_i 到顶点 v_j 的路径经过一个新顶点 v_k 能使路径长度缩短,则按下面的计算公式修改:

$d^{(k)}[i][j] = d^{(k-1)}[i][k] + d^{(k-1)}[k][j]$。

$path^{(k)}[i][j]=k$。

$d^{(-1)}, d^{(0)}, \cdots, d^{(k)}, \cdots, d^{(n-1)}$ 的递推关系是:

$d^{(-1)}[i][j] = G.arcs[i][j]$。

$d^{(k)}[i][j] = \min\{d^{(k-1)}[i][j], d^{(k-1)}[i][k] + d^{(k-1)}[k][j]\}, 0 \leqslant k \leqslant n-1$。

其中,$d^{(k)}[i][j]$ 是从 v_i 到 v_j 的中间顶点的序号不大于 k 的最短路径的长度。

3. 弗洛伊德算法实现的主要步骤

以图 6-34 所示的有向网为例,给出弗洛伊德算法的求解步骤。

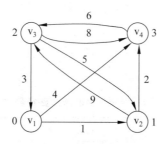

图 6-34 有向网示意图

（1）初始化数组 d 和数组 path，结果如表 6-22 所示。

表 6-22 数组 d 和数组 path 的初始化

$d^{(-1)}$	$0(v_1)$	$1(v_2)$	$2(v_3)$	$3(v_4)$	$path^{(-1)}$	$0(v_1)$	$1(v_2)$	$2(v_3)$	$3(v_4)$
$0(v_1)$	0	1	∞	4	$0(v_1)$	−1	0	−1	0
$1(v_2)$	∞	0	9	2	$1(v_2)$	−1	−1	1	1
$2(v_3)$	3	5	0	8	$2(v_3)$	2	2	−1	2
$3(v_4)$	∞	∞	6	0	$3(v_4)$	−1	−1	3	−1

（2）用经过 v_1 的路径和长度更新 $d^{(-1)}$ 和 $path^{(-1)}$，得到 $d^{(0)}$ 和 $path^{(0)}$。由于对角线上的距离不存在以及与 v_1 有关的行与列上的距离已经经过 v_1，所以这些位置上的距离和路径不更新，其他位置上的距离和路径更新如下。

d[1][2]＜d[1][0]＋d[0][2]＝∞，d[1][2]不变。

d[1][3]＜d[1][0]＋d[0][3]＝∞，d[1][3]不变。

d[2][1]＞d[1][0]＋d[0][1]＝3+1＝4，置 d[2][1]＝4，path[2][1]＝0。

d[2][3]＞d[2][0]＋d[0][3]＝3+4＝7，置 d[2][3]＝7，path[2][3]＝0。

结果如表 6-23 所示。

表 6-23 让 $d^{(-1)}$ 中的所有路径经过 v_1

$d^{(0)}$	$0(v_1)$	$1(v_2)$	$2(v_3)$	$3(v_4)$	$path^{(0)}$	$0(v_1)$	$1(v_2)$	$2(v_3)$	$3(v_4)$
$0(v_1)$	**0**	**1**	∞	**4**	$0(v_1)$	−1	0	−1	0
$1(v_2)$	∞	0	9	2	$1(v_2)$	−1	−1	1	1
$2(v_3)$	3	**4(5)**	0	**7(8)**	$2(v_3)$	2	**0**	−1	**0**
$3(v_4)$	∞	∞	6	**0**	$3(v_4)$	−1	−1	3	−1

（3）用经过 v_2 的路径和长度更新 $d^{(0)}$ 和 $path^{(0)}$，得到 $d^{(1)}$ 和 $path^{(1)}$。由于对角线上的距离不存在以及与 v_2 有关的行与列上的距离已经经过 v_2，所以这些位置上的距离和路径不更新，其他位置上的距离和路径更新如下。

d[0][2]＞d[0][1]＋d[1][2]＝1+9＝10，置 d[0][2]＝10，path[0][2]＝1。

d[0][3]＞d[0][1]＋d[1][3]＝1＋2＝3,置 d[0][3]＝3,path[0][3]＝1。

d[2][0]＜d[2][1]＋d[1][0]＝∞,d[2][0]不变。

d[2][3]＞d[2][1]＋d[1][3]＝4＋2＝6,置 d[2][3]＝6,path[2][3]＝1。

结果如表 6-24 所示。

表 6-24　让 $d^{(0)}$ 中的所有路径经过 v_2

$d^{(1)}$	$0(v_1)$	$1(v_2)$	$2(v_3)$	$3(v_4)$	$path^{(1)}$	$0(v_1)$	$1(v_2)$	$2(v_3)$	$3(v_4)$
$0(v_1)$	**0**	**1**	**10(∞)**	**3(4)**	$0(v_1)$	−1	**0**	**1**	**1**
$1(v_2)$	∞	**0**	9	2	$1(v_2)$	−1	−1	1	1
$2(v_3)$	3	**4**	0	**6(7)**	$2(v_3)$	2	0	−1	**1**
$3(v_4)$	∞	∞	6	0	$3(v_4)$	−1	−1	3	−1

（4）用经过 v_3 的路径和长度更新 $d^{(1)}$ 和 $path^{(1)}$,得到 $d^{(2)}$ 和 $path^{(2)}$。由于对角线上的距离不存在以及与 v_3 有关的行与列上的距离已经经过 v_3,所以这些位置上的距离和路径不更新,其他位置上的距离和路径更新如下。

d[0][1]＜d[0][2]＋d[2][1]＝10＋4＝14,d[0][1]＝不变。

d[0][3]＜d[0][2]＋d[2][3]＝10＋6＝16,d[0][3]不变。

d[1][0]＞d[1][2]＋d[2][0]＝9＋3＝12,置 d[1][0]＝12,path[1][0]＝2。

d[1][3]＜d[1][2]＋d[2][3]＝9＋6＝15,d[1][3]不变。

d[3][0]＞d[3][2]＋d[2][0]＝6＋3＝9,置 d[3][0]＝9,path[3][0]＝2。

d[3][1]＞d[3][2]＋d[2][1]＝6＋4＝10,置 d[3][1]＝10,path[3][1]＝2。

结果如表 6-25 所示。

表 6-25　让 $d^{(1)}$ 中的所有路径经过 v_3

$d^{(2)}$	$0(v_1)$	$1(v_2)$	$2(v_3)$	$3(v_4)$	$path^{(2)}$	$0(v_1)$	$1(v_2)$	$2(v_3)$	$3(v_4)$
$0(v_1)$	**0**	1	**10**	3	$0(v_1)$	−1	**0**	**1**	1
$1(v_2)$	**12(∞)**	0	9	2	$1(v_2)$	**2**	−1	1	1
$2(v_3)$	**3**	**4**	**0**	**6**	$2(v_3)$	2	0	−1	1
$3(v_4)$	**9(∞)**	**10(∞)**	6	0	$3(v_4)$	**2**	**2**	3	−1

（5）用经过 v_4 的路径和长度更新 $d^{(2)}$ 和 $path^{(2)}$,得到 $d^{(3)}$ 和 $path^{(3)}$。由于对角线上的距离不存在以及与 v_4 有关的行与列上的距离已经经过 v_4,所以这些位置上的距离和路径不更新,其他位置上的距离和路径更新如下。

d[0][1]＜d[0][3]＋d[3][1]＝3＋10＝13,d[0][1]不变。

d[0][2]＞d[0][3]＋d[3][2]＝3＋6＝9,置 d[0][2]＝9,path[0][2]＝3。

d[1][0]＞d[1][3]＋d[3][0]＝2＋9＝11,置 d[1][0]＝11,path[1][0]＝3。

d[1][2]＞d[1][3]＋d[3][2]＝2＋6＝8,置 d[1][2]＝8,path[1][2]＝3。

$d[2][0] < d[2][3] + d[3][0] = 6 + 9 = 15$，$d[2][0]$ 不变。

$d[2][1] < d[2][3] + d[3][1] = 6 + 10 = 16$，$d[2][1]$ 不变。

结果如表 6-26 所示。

表 6-26　让 $d^{(2)}$ 中的所有路径经过 v_4

$d^{(3)}$	$0(v_1)$	$1(v_2)$	$2(v_3)$	$3(v_4)$	$path^{(3)}$	$0(v_1)$	$1(v_2)$	$2(v_3)$	$3(v_4)$
$0(v_1)$	**0**	**1**	**9(10)**	**3**	$0(v_1)$	-1	**0**	**3**	**1**
$1(v_2)$	**11(12)**	**0**	**8(9)**	**2**	$1(v_2)$	**3**	-1	**3**	**1**
$2(v_3)$	**3**	**4**	**0**	**6**	$2(v_3)$	2	0	-1	**1**
$3(v_4)$	**9**	**10**	**6**	**0**	$3(v_4)$	**2**	**0**	3	-1

（6）最终结果如表 6-27 所示。

表 6-27　最终结果

最短距离	$0(v_1)$	$1(v_2)$	$2(v_3)$	$3(v_4)$	路径	$0(v_1)$	$1(v_2)$	$2(v_3)$	$3(v_4)$
$0(v_1)$	0	1	9	3	$0(v_1)$	不存在	v_1,v_2	v_1,v_2,v_4,v_3	v_1,v_2,v_4
$1(v_2)$	11	0	8	2	$1(v_2)$	v_2,v_4,v_1	不存在	v_2,v_4,v_3	v_2,v_4
$2(v_3)$	3	4	0	6	$2(v_3)$	v_3,v_1	v_3,v_1,v_2	不存在	v_3,v_1,v_2,v_4
$3(v_4)$	9	10	6	0	$3(v_4)$	v_4,v_3,v_1	v_4,v_3,v_1,v_2	v_4,v_3	不存在

4. 实现弗洛伊德算法的函数

弗洛伊德算法如下。

【算法 6.16】

```
#define  MaxSize  20                    //图中顶点的最大数目
void floyd(MGraph G,int dist[][MaxSize],int path[][MaxSize])
{   int i,j,k,m,n;
    for (i=0; i<G.vexNum; i++)          //初始化
        for (j=0; j<G.vexNum; j++)
        {   dist[i][j]=G.arcs[i][j]; path[i][j]=i;
            if(dist[i][j]==0 || dist[i][j]==MAXCONST)path[i][j]=-1;
        }
    for (k=0; k<G.vexNum; k++)           //对每个顶点做一次迭代
        for (i=0; i<G.vexNum; i++)
            for (j=0; j<G.vexNum; j++)
                if (dist[i][k]+dist[k][j]<dist[i][j])
                {   dist[i][j]=dist[i][k]+dist[k][j];
                    path[i][j]=k;
                }
}
```

6.7　有向无环图及其应用

一个无环的有向图称为有向无环图（Directed Acycline Graph，DAG）。有向无环图在实际中应用得非常广泛。

1. 有向无环图是描述含有公共子式的表达式的有效工具

表达式$((a+b)*(b*(c+d)+(c+d)*e)*((c+d)*e)$可以用前面讨论的表达式二叉树来表示，如图 6-35 所示。仔细观察该表达式，发现表达式中有一些相同的子表达式，如$(c+d)$和$(c+d)*e$等，它们在表达式二叉树中重复出现，从而会浪费存储空间。若用有向无环图存储，则可实现对相同子式的共享，从而节省存储空间。例如图 6-36 所示为表示同一表达式的有向无环图。

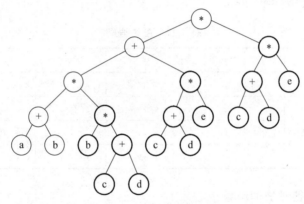

图 6-35　用二叉树描述表达式

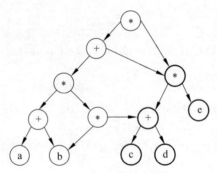

图 6-36　用有向无环图描述表达式

2. 有向无环图是描述一项工程或系统进行过程控制的有效工具

几乎所有工程（project）都可分为若干个称为活动（activity）的子工程，而这些子工程之间通常受一定条件的约束，如其中某些子工程必须在另一些子工程完成之后才能开始。对整个工程和系统，人们关心的是两个方面的问题：一是工程能否顺利进行；二是估算整个工程完成所必须的最短时间。这样的问题可以通过对有向图进行拓扑排序和求解关键路径来解决。

6.7.1 AOV 网络及拓扑排序

1. AOV 网络

所有的工程或者某种流程都应该可以分为若干个小的工程或阶段,这些小的工程或阶段就称为活动。若以图中的顶点表示活动,弧表示活动之间的优先关系,则这样用顶点表示活动的有向图就简称为 AOV 网络(Activity On Vertex Network)。在 AOV 网络中,若从顶点 v_i 到顶点 v_j 有一条有向路径,就称 v_i 是 v_j 的前驱,v_j 是 v_i 的后继。若$<v_i,v_j>$是 AOV 网络中一条弧,则 v_i 是 v_j 的直接前驱,v_j 是 v_i 的直接后继。

例如,计算机专业的学生必须完成一系列规定的基础课和专业课才能毕业。制定教学计划时按照怎样的顺序来安排这些课程呢?可以把这个问题看成是一个工程,其活动就是学习每一门课程。计算机专业的部分课程的关系如图 6-37 所示。

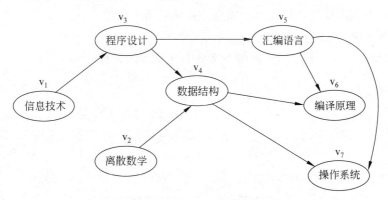

图 6-37　一个 AOV 网络的例子

从图 6-37 可以看出,信息技术和离散数学是独立于其他课程的基础课,而有的课程则需要有先行课程,比如,学完程序设计和离散数学后才能学数据结构,先行条件规定了课程之间的优先关系。若课程 v_i 为课程 v_j 的先行课程,则必然存在有向边$<v_i,v_j>$。在安排学习顺序时,必须保证在学习某门课之前,已经学习了其先行课程。

为了保证各个活动的安排顺序是合理的,对给定的 AOV 网络应首先判定网络中是否存在环。如果存在环,则表示活动之间的关系存在矛盾,活动安排不合理,需重新调整。检测的办法是对有向图构造其顶点的拓扑有序序列,若 AOV 网络中所有顶点都在它的拓扑有序序列中,则该 AOV 网络中不存在环。

2. 拓扑序列的定义

设图 G 是一个具有 n 个顶点的有向图,包含图 G 的所有 n 个顶点的一个序列是 v_1,v_2,…,v_n,当满足下面条件时该序列称为图 G 的一个拓扑序列。

(1) 在 AOV 网络中,若存在一条弧$<v_i,v_j>$,即顶点 v_i 优先于顶点 v_j,则在拓扑序列中顶点 v_i 一定排在顶点 v_j 的前面。

(2) 对于网中原来没有优先关系的顶点 v_i 与顶点 v_j,在拓扑序列中也建立一个先后关系，要么顶点 v_i 优先于顶点 v_j，要么顶点 v_j 优先于顶点 v_i。

如图 6-37 所示的两个拓扑序列为：$v_1 v_3 v_2 v_4 v_5 v_6 v_7$、$v_2 v_1 v_3 v_5 v_4 v_7 v_6$。

图 6-37 中的 v_1 与 v_2 之间没有优先关系，在第 1 个序列中，v_1 在 v_2 的前面；在第 2 个序列中，v_1 在 v_2 的后面。v_1 与 v_3 之间存在弧 $<v_1,v_3>$，则 v_1 在两个序列中均出现在 v_3 的前面。

构造拓扑序列的过程称为拓扑排序。显然，对于任何一项工程中各个活动的安排，必须按拓扑有序序列中的顺序进行才是可行的。

3. 拓扑序列的特点

（1）一个有向图的拓扑序列一般不唯一。

（2）有向无环图一定存在拓扑序列。

4. 拓扑排序的算法描述

（1）在有向图中选一个没有前驱的顶点（入度为 0）且输出。

（2）从图中删除该顶点以及以该顶点为弧尾的所有弧。

重复上述两步，直至全部顶点均已输出。

图 6-38 给出了一个在 AOV 网络上实施上述步骤的过程。

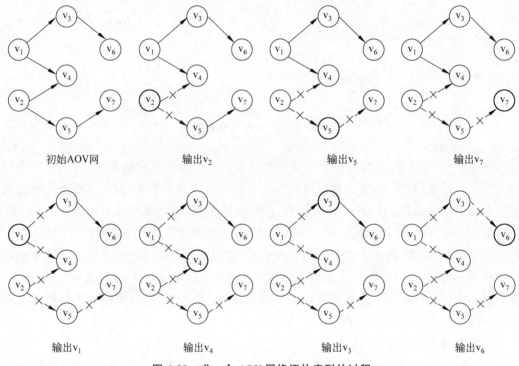

图 6-38 求一个 AOV 网络拓扑序列的过程

这样得到的一个拓扑序列为：$v_2 v_5 v_7 v_1 v_4 v_3 v_6$。

由于入度为零的顶点就是没有前驱的顶点，为了表示删除以该顶点为弧尾的弧，每输出一个入度为 0 的顶点，都必须将以该顶点为弧尾的弧头顶点的入度减 1。

为了实现上述算法,对 AOV 网络采用邻接表存储方式,并且在邻接表的顶点结点中增加一个记录顶点入度的数据域,即顶点结构设为:

count	vertex	firstedge

其中,vertex 和 firstedge 的含义如前所述;count 为记录顶点入度的数据域。边结点的结构如前所述。图 6-38 中的 AOV 网络的邻接表如图 6-39 所示。

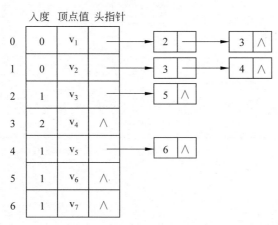

图 6-39　图 6-38 所示 AOV 网络的邻接表存储示意图

为了合理有效地处理入度为 0 的顶点,将入度为 0 的顶点依次进栈,每次将栈顶元素出栈并输出,同时将以栈顶元素为弧尾的弧头入度减 1,并将新的入度为 0 的顶点依次进栈,直至栈为空。求解图 6-38 所示 AOV 网络的拓扑序列时栈的变化如表 6-28 所示。

表 6-28　求解拓扑序列时栈的变化

栈	各个顶点的入度							拓扑序列
入度为 0 的顶点 v_1、v_2 进栈 v_1 v_2	v_1	v_2	v_3	v_4	v_5	v_6	v_7	
	0	0	1	2	1	1	1	
v_2 出栈,邻接点 v_4 和 v_5 的入度减 1,v_5 的入度为 0,v_5 进栈 v_1 v_5	v_1	v_2	v_3	v_4	v_5	v_6	v_7	v_2
	0	0	1	**1**	**0**	1	1	
v_5 出栈,邻接点 v_7 的入度减 1,v_7 的入度为 0,v_7 进栈 v_1 v_7	v_1	v_2	v_3	v_4	v_5	v_6	v_7	v_2 v_5
	0	0	1	1	0	1	**0**	
v_7 出栈 v_1	v_1	v_2	v_3	v_4	v_5	v_6	v_7	v_2 v_5 v_7
	0	0	1	1	0	1	**0**	

续表

<table>
<tr><th>栈</th><th>各个顶点的入度</th><th>拓扑序列</th></tr>
<tr><td>v_1 出栈，邻接点 v_3 和 v_4 的入度减 1 均为 0，v_3、v_4 进栈
<table><tr><td>v_3</td><td>v_4</td><td></td><td></td><td></td><td></td><td></td></tr></table></td><td><table><tr><td>v_1</td><td>v_2</td><td>v_3</td><td>v_4</td><td>v_5</td><td>v_6</td><td>v_7</td></tr><tr><td>0</td><td>0</td><td>0</td><td>0</td><td>0</td><td>1</td><td>0</td></tr></table></td><td>$v_2\ v_5\ v_7\ v_1$</td></tr>
<tr><td>v_4 出栈
<table><tr><td>v_3</td><td></td><td></td><td></td><td></td><td></td><td></td></tr></table></td><td><table><tr><td>v_1</td><td>v_2</td><td>v_3</td><td>v_4</td><td>v_5</td><td>v_6</td><td>v_7</td></tr><tr><td>0</td><td>0</td><td>0</td><td>0</td><td>0</td><td>1</td><td>0</td></tr></table></td><td>$v_2\ v_5\ v_7\ v_1\ v_4$</td></tr>
<tr><td>v_3 出栈，邻接点 v_6 的入度减 1，v_6 的入度为 0，v_6 进栈
<table><tr><td>v_6</td><td></td><td></td><td></td><td></td><td></td><td></td></tr></table></td><td><table><tr><td>v_1</td><td>v_2</td><td>v_3</td><td>v_4</td><td>v_5</td><td>v_6</td><td>v_7</td></tr><tr><td>0</td><td>0</td><td>0</td><td>0</td><td>0</td><td>0</td><td>0</td></tr></table></td><td>$v_2\ v_5\ v_7\ v_1\ v_4\ v_3$</td></tr>
<tr><td>v_6 出栈，栈为空，算法结束</td><td><table><tr><td>v_1</td><td>v_2</td><td>v_3</td><td>v_4</td><td>v_5</td><td>v_6</td><td>v_7</td></tr><tr><td>0</td><td>0</td><td>0</td><td>0</td><td>0</td><td>0</td><td>0</td></tr></table></td><td>$v_2\ v_5\ v_7\ v_1\ v_4\ v_3\ v_6$</td></tr>
</table>

拓扑排序算法如下。

【算法 6.17】

```
int top_sort(AdjGraph G)
{   InitStack(S);  m = 0;                  //初始化顺序栈 S
    for(i=0; i<G.vexNum; i++)
        if(G.adjlist[i].id==0) Push(S, i);
    while (! Empty(S))
    {   v=Pop(S);  printf(G.adjlist[v].vexdata);
        m=m+1;   p=G.adjlist[v].firstarc;
        while(p!=NULL)
        {  w = p->adjvex; G.adjlist[w].id--;
           if(G.adjlist[w].id ==0) Push(S,w);
           p = p->nextarc;
        }
    }
    if (m<G.vexNum) return 0;
    else  return  1;
}
```

6.7.2 AOE 网络及关键路径

1. AOE 网络

AOE(Activity On Edge)网络是一个带权的有向无环图，其中，顶点表示事件，弧表示活动，权表示活动持续的时间。在 AOE 网络中的一些活动可以并行地进行。AOE 网络中没有入度的顶点称为始点(或源点)，没有出度的顶点称为终点(或汇点)。源点可以有多个，表示可以同时开工的子工程，但是汇点只能有一个，即所有子工程都完成，才表示整个工程完成。

AOE 网络的性质如下。

（1）只有在某顶点所代表的事件发生后，从该顶点出发的各项活动才能开始。

（2）只有在进入某顶点的各项活动都结束之后，该顶点所代表的事件才能发生。

AOE 网络可以回答下列问题：

（1）完成整个工程至少需要多少时间？

（2）为缩短完成工程所需的时间，应当加快哪些活动？

2．关键活动与关键路径的概念

假设 AOE 网络表示一个施工流程图，弧上的权值表示完成该项子工程所需时间，因此：

- 该工程中的"关键活动"是影响整个工程完成期限的子工程项。
- 整个工程完成的最短时间是从 AOE 网络的源点到汇点的最长路径长度，即关键路径。
- 只有在"关键活动"按期完成的基础上，才能保证整个工程按期完成。

3．如何求关键活动

如图 6-40 所示，活动 ai 关联的顶点为 j 和 k，其中 ve(j) 和 ve(k) 分别为顶点 j 和 k 的最早发生时间；vl(j) 和 vl(k) 分别为顶点 j 和 k 的最迟发生时间；ee(i) 和 el(i) 分别为活动 ai 的最早开始和最迟结束时间，其含义和计算公式如下所述。

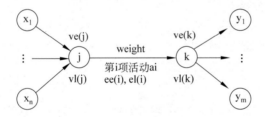

图 6-40　第 i 项活动示意图

- "事件（顶点）"的最早发生时间 ve(j) 是指从源点开始到顶点 j 的最大路径长度。这个长度决定了所有从顶点 j 发出的活动能够开工的最早时间。

$$ve(源点) = 0；ve(j) = \max\{ve(x_i) + weight(<x_i, j>)\}，i=1,2,\cdots,n。$$

- "事件（顶点）"的最迟发生时间 vl(j) 是指在不推迟整个工期的前提下，事件 j 允许的最晚发生时间。

$$vl(汇点) = ve(汇点)；vl(k) = \min\{vl(y_i) - weight(<k, y_i>)\}，i=1,2,\cdots,m。$$

- 假设第 i 条弧为 $<j, k>$，则第 i 项活动 ai（弧）的最早开始时间 ee(i) 应等于事件 vk 的最早发生时间。即：$ee(i) = ve(j)$。

- 假设第 i 条弧为 $<j, k>$，则第 i 项活动 ai（弧）的最晚开始时间 el(i) 是指在不推迟整个工期的前提下，a_i 必须开始的最晚时间。即：$el(i) = vl(k) - weight(<j, k>)$。

4. 求关键路径的算法描述

（1）输入顶点和弧信息，建立带入度的邻接表。

（2）从源点 v_1 出发，按拓扑有序求各顶点的最早发生时间 $ve[i]$（$0 \leqslant i \leqslant n-1$）。

在对顶点进行拓扑排序的同时，完成顶点 v_k 的 $ve[k]$ 计算。设两个栈，一个是用于拓扑排序的 s1 栈，另一个是用于存放拓扑逆序的 s2 栈。对拓扑排序的算法做如下修改：

① 在拓扑排序之前设初值，令 $ve[i]=0$（$0 \leqslant i \leqslant n-1$）。

② 所有入度为 0 的顶点进 s1 栈。

③ 当 s1 栈不为空

```
{   s1 栈的栈顶 vj 出 s1 栈，同时进 s2 栈；
    以 vj 为弧尾，与 vj 有邻接关系的所有弧头的入度减 1，如果入度为 0，进 s1 栈；
    对以 vj 为弧尾的所有弧<vj,vk>,已知弧尾的 ve[j]，求弧头的 ve[k]，
    计算过程为：若 ve[j]+weight(<vj, vk>) > ve[k]，则 ve[j]+weight(<vj, vk>)⇒
    ve[k];
}
```

（3）从汇点 v_n 出发，按拓扑逆序求各顶点的最迟发生时间 $vl[i]$（$0 \leqslant i \leqslant n-1$）。

① 为计算各顶点的 vl 值，vl 的初值为拓扑序列最后一个顶点的 ve，也就是 s2 栈的栈顶。令 $vl[i]=ve[s2.top]$（$0 \leqslant i \leqslant n-1$）。

② 当 s2 栈不为空时

```
{   s2 栈的栈顶 vj 出栈；
    对以 vj 为弧尾的所有弧<vj, vk>,已知弧头的 vl[k]，求弧尾的 vl[j];
    计算过程为：若 vl[k]-weight(<vj, vk>) < vl[j]，则 vl[k]-weight(<vj, vk>)⇒
    vl[j].
}
```

（4）根据各顶点的 ve 和 vl 值以及公式：$ee(i) = ve(j)$ 和 $el(i) = vl(k) - weight(<v_j, v_k>)$，求每条弧 a_i 的最早开始时间 $ee(i)$ 和最迟开始时间 $el(i)$。

（5）满足条件 $ee(i)=el(i)$ 的弧为关键活动。

例 6-11：求图 6-41 所示的 AOE 网络的关键路径。

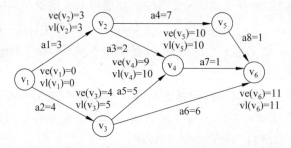

图 6-41　一个 AOE 网络的示意图

下面以图 6-41 中的 AOE 网络为例，给出求解各个顶点的 ve 和 vl 以及各条弧的 ee

和 el 的过程，分别如表 6-29、表 6-30 和表 6-31 所示。

表 6-29　拓扑序列和 ve 的求解过程

初始化

入度为 0 的顶点进 s1 栈，所有顶点 ve 的初值为 0

s1 栈	v_1				拓扑序列		s2 栈			
顶点	v_1	v_2		v_3		v_4		v_5		v_6
入度	0	1		1		2		1		3
ve 初值	0	0		0		0		0		0

(1)

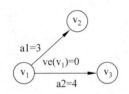

栈顶 v_1 出 s1 栈，进 s2 栈
以 v_1 为弧尾的弧是（$<v_1,v_2>$，权值 3）、（$<v_1,v_3>$，权值 4）
弧头 v_2 和 v_3 的入度减 1 为 0，v_2、v_3 进 s1 栈，依次求弧头的 ve
$ve(v_2)=\max\{ve(v_2),ve(v_1)+weight<v_1,v_2>\}=\max\{0,3\}=3$
$ve(v_3)=\max\{ve(v_3),ve(v_1)+weight<v_1,v_3>\}=\max\{0,4\}=4$

s1 栈	v_2	v_3			拓扑序列	v_1	s2 栈	v_1			
顶点	v_1		v_2		v_3		v_4		v_5		v_6
入度	0		**0**		**0**		2		1		3
ve	0		**3**		**4**		0		0		0

(2)

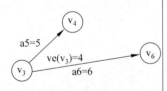

栈顶 v_3 出 s1 栈，进 s2 栈
以 v_3 为弧尾的弧是（$<v_3,v_4>$，权值 5）、（$<v_3,v_6>$，权值 6）
弧头 v_4 和 v_6 的入度减 1，依次求弧头的 ve
$ve(v_4)=\max\{ve(v_4),ve(v_3)+weight<v_3,v_4>\}=\max\{0,9\}=9$
$ve(v_6)=\max\{ve(v_6),ve(v_3)+weight<v_3,v_6>\}=\max\{0,10\}=10$

s1 栈	v_2				拓扑序列	$v_1 v_3$	s2 栈	v_1	v_3		
顶点	v_1		v_2		v_3		v_4		v_5		v_6
入度	0		0		0		**1**		1		**2**
ve	0		3		4		**9**		0		**10**

(3)

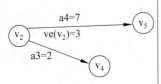

栈顶 v_2 出 s1 栈，进 s2 栈
以 v_2 为弧尾的弧是（$<v_2,v_4>$，权值 2）、（$<v_2,v_5>$，权值 7）
v_4 和 v_5 的入度减 1 为 0，v_4、v_5 进 s1 栈，依次求弧头的 ve
$ve(v_4)=\max\{ve(v_4),ve(v_2)+weight<v_2,v_4>\}=\max\{9,5\}=9$
$ve(v_5)=\max\{ve(v_5),ve(v_2)+weight<v_2,v_5>\}=\max\{0,10\}=10$

续表

s1 栈	v_4	v_5				拓扑序列	$v_1 v_3 v_2$	s2 栈	v_1	v_3	v_2		
顶点	v_1		v_2			v_3		v_4		v_5			v_6
入度	0		0			0		**0**		**0**			2
ve	0		3			4		9		**10**			10

（4）

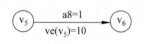

栈顶 v_5 出 s1 栈，进 s2 栈
以 v_5 为弧尾的弧有（$<v_5,v_6>$，权值 1），v_6 的入度减 1
$ve(v_6)=\max\{ve(v_6),ve(v_5)+weight<v_5,v_6>\}=\max\{10,11\}=11$

s1 栈	v_4					拓扑序列	$v_1 v_3 v_2 v_5$	s2 栈	v_1	v_3	v_2	v_5	
顶点	v_1		v_2			v_3		v_4		v_5			v_6
入度	0		0			0		0		0			**1**
ve	0		3			4		9		10			**11**

（5）

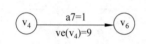

栈顶 v_4 出 s1 栈，进 s2 栈
以 v_4 为弧尾的弧有（$<v_4,v_6>$，权值 1）
v_6 的入度减 1 为 0，v_6 进 s1 栈，求弧头的 ve
$ve(v_6)=\max\{ve(v_6),ve(v_4)+weight<v_4,v_6>\}=\max\{11,10\}=11$

s1 栈	v_6					拓扑序列	$v_1 v_3 v_2 v_5 v_4$	s2 栈	v_1	v_3	v_2	v_5	v_4
顶点	v_1		v_2			v_3		v_4		v_5			v_6
入度	0		0			0		0		0			**0**
ve	0		3			4		9		10			11

（6）

	栈顶 v_6 出 s1 栈，进 s2 栈，v_6 是汇点，s1 栈空，ve 计算完成											
s1 栈						拓扑序列	$v_1 v_3 v_2 v_5 v_4 v_6$	s2 栈	v_1	v_3	v_2	v_5	v_4	v_6

表 6-30 vl 的求解过程

初始化

所有顶点 vl 的初值为 $ve(v_6)$，栈顶 v_6 出 s2 栈

s2 栈	v_1	v_3	v_2	v_5	v_4		
顶点	v_1	v_2	v_3	v_4	v_5	v_6
vl	11	11	11	11	11	11

（1）

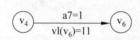

栈顶 v_4 出 s2 栈
以 v_4 为弧尾的弧有（$<v_4,v_6>$，权值 1），求弧尾的 vl
$vl(v_4)=\min\{vl(v_4),vl(v_6)-weight<v_4,v_6>\}=\min\{11,10\}=10$

s2 栈	v_1	v_3	v_2	v_5		
顶点	v_1	v_2	v_3	v_4	v_5	v_6
vl	11	11	11	**10**	11	11

（2）

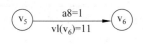

栈顶 v_5 出 s2 栈
以 v_5 为弧尾的弧有（$<v_5,v_6>$，权值 1），求弧尾的 vl
$vl(v_5)=min\{vl(v_5),vl(v_6)-weight<v_5,v_6>\}=min\{11,10\}=10$

s2 栈	v_1	v_3	v_2			
顶点	v_1	v_2	v_3	v_4	v_5	v_6
vl	11	11	11	10	**10**	11

（3）

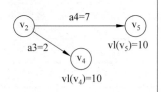

栈顶 v_2 出 s2 栈
以 v_2 为弧尾的弧是（$<v_2,v_4>$，权值 2）、（$<v_2,v_5>$，权值 7），求弧尾的 vl
$vl(v_2)=min\{vl(v_2),vl(v_4)-weight<v_2,v_4>\}=min\{11,8\}=8$
$vl(v_2)=min\{vl(v_2),vl(v_5)-weight<v_2,v_5>\}=min\{8,3\}=3$

s2 栈	v_1	v_3				
顶点	v_1	v_2	v_3	v_4	v_5	v_6
vl	11	**3**	11	10	10	11

（4）

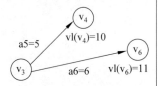

栈顶 v_3 出 s2 栈
以 v_3 为弧尾的弧是（$<v_3,v_4>$，权值 5）、（$<v_3,v_6>$，权值 6），求弧尾的 vl
$vl(v_3)=min\{vl(v_3),vl(v_4)-weight<v_3,v_4>\}=min\{11,5\}=5$
$vl(v_3)=min\{vl(v_3),vl(v_6)-weight<v_3,v_6>\}=min\{5,5\}=5$

s2 栈	v_1					
顶点	v_1	v_2	v_3	v_4	v_5	v_6
vl	11	3	**5**	10	10	11

（5）

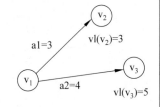

栈顶 v_1 出 s2 栈
以 v_1 为弧尾的弧是（$<v_1,v_2>$，权值 3）、（$<v_1,v_3>$，权值 4），求弧尾的 vl
$vl(v_1)=min\{vl(v_1),vl(v_2)-weight<v_1,v_2>\}=min\{11,0\}=0$
$vl(v_1)=min\{vl(v_1),vl(v_3)-weight<v_1,v_3>\}=min\{0,1\}=0$
s2 栈空，计算 vl 结束

续表

s2 栈						
顶点	v_1	v_2	v_3	v_4	v_5	v_6
vl	**0**	3	5	10	10	11

表 6-31　图 6-41 表示的 AOE 网络各条弧的 ee 和 el 的计算结果

ve 和 vl 的计算结果						
顶点	v_1	v_2	v_3	v_4	v_5	v_6
ve	0	3	4	9	10	11
vl	0	3	5	10	10	11

ee 和 el 的计算结果							
第 i 条弧$<$j,k$>$的 ee(i)＝ve(j),el(i)＝vl(k)-weight($<$j,k$>$)							
活动	a1$<v_1,v_2>$ weight＝3	a2$<v_1,v_3>$ weight＝4	a3$<v_2,v_4>$ weight＝2	a4$<v_2,v_5>$ weight＝7	a5$<v_3,v_4>$ weight＝5	a6$<v_3,v_6>$ weight＝6	a7$<v_4,v_6>$ weight＝1	a8$<v_5,v_6>$ weight＝1
ee	0	0	3	3	4	4	9	10
el	0	1	8	3	5	5	10	10

关键活动是：a1、a4 和 a8；关键路径为：v_1-$>v_2$-$>v_5$-$>v_6$。

5. 求关键路径的算法实现

【算法 6.18】 求关键路径的算法如下。

```
void critical_path(ALGraph g)
{   //为求 ve[i],用栈 s1 存放入度为 0 的顶点序号
    //为求 vl[i],用栈 s2 存放拓扑序列的顶点序号
    Stack s1,s2; int i,j,k,ve[20],vl[20],ee,el;
    ArcNode * p; char tag;
    initStack(s1); initStack(s2);
    findiInDegree(g);              //求各个顶点的入度
    for(i=0; i<g.vexNum; i++)      //入度为 0 的顶点序号入栈
        if(g.adjlist[i].in==0)push(s1, i);
    for(i=0; i<g.vexNum; i++)ve[i]=0;   //ve 初始化
    //按拓扑序列求各顶点的 ve 值,对每一条弧求弧头的 ve,弧头相同的取最大值
    while (!emptyStack(s1) )        //在拓扑排序的过程中求 ve
    {   pop(s1,j);                  //取拓扑序列顶点序号
        push(s2,j);                 //存拓扑序列顶点序号
        p=g.adjlist[j].firstedge;
        while (p!=NULL)             //处理弧<j,k>,求弧头 k 的 ve
        {   k=p->adjvex;  g.adjlist[k].in--;
            if(g.adjlist[k].in ==0)push(s1, k);
            if(ve[j]+p->weight>ve[k])ve[k]=ve[j]+p->weight ;
```

```
            p = p->next;
        }                              //end_while (p!=NULL)
    }                                  //end_while(!emptpStack(s1)),求 ve[j]完成。
//用 ve(汇点)对 vl 进行初始化
for(i=0; i<g.vexNum; i++)vl[i]=ve[s2.data[s2.top]];
//按逆拓扑序列求各顶点的 vl 值,对每一条弧求弧尾的 vl,弧尾相同的取最小值
while(! emptyStack(s2))
{   pop(s2,j);
    p=g.adjlist[j].firstedge;
    while( p!=NULL)                    //处理弧<j,k>,求弧尾的 vl
    {   k=p->adjvex;
        if(vl[k]-p->weight < vl[j]) vl[j]=vl[k]-p->weight;
        p = p->next;
    }                                  //end_while (p!=NULL)
}                                      //end_while(! emptyStack(s2)),求 vl[j]完成。
//已知 ve[i]、vl[i],求 ee 和 el
for(j=0; j<g.vexNum; j++)
{   p=g.adjlist[j].firstedge;
    while( p!=NULL)
    {   k=p->adjvex;
        ee=ve[j]; el=vl[k]-p->weight ;
        if(ee==el) tag='y';           //标记关键活动
        else tag='n';
        printf("活动:%c->%c  ee=%-4del=%-4d%c\n",g.adjlist[j].vertex,
            g.adjlist[k].vertex, ee, el, tag) ;
        p = p->next;
    }                                  //end_while
}                                      //end_for
}
```

本章开头提及的问题 2 的解决方案就是求有向无环图的关键路径。

6.8　本 章 小 结

　　图形结构是一种比树状结构更复杂的非线性结构。在树状结构中,结点间具有分支层次关系,每一层上的结点只能和上一层中的至多一个结点相关,但可能和下一层的多个结点相关。而在图形结构中,任意两个顶点都可能相关,即顶点之间的邻接关系可以是任意的。因此,图形结构可用于描述各种复杂的数据对象,在自然科学、社会科学和人文科学等许多领域有着非常广泛的应用。常见的有无向图、有向图、无向网和有向网。

　　图(网)的存储结构必须考虑顶点与顶点之间的关系,以及顶点数和边(弧)数的存储。最常用的存储结构是邻接矩阵和邻接表表示法。

　　图的遍历有深度优先遍历和广度优先遍历。基于深度优先遍历算法可以求图上任意两点的路径；基于广度优先遍历算法可以求图上任意两点的最短路径（边最少）。图的很多应用都是基于图的遍历算法。

　　连通图的最小生成树是图的极小连通分量，它包含图的所有顶点和连接它们的 n−1 条边，并且 n−1 条边的权值之和达到最小。求最小生成树的算法有普里姆和克鲁斯卡尔两种。它往往用于解决各种具有网络结构的部署问题，如交通网、通信网和生活设施网等。

　　有向网的最短路径求解在实际应用中十分广泛，如交通网的查询。常用算法有两种，一种是求图上任意一个顶点到其余各个顶点的最短路径的迪杰斯特拉（Dijkstra）算法；另一种是求图上所有顶点到其余各个顶点的最短路径的弗洛伊德（Floyd）算法。弗洛伊德算法相当于调用 n 次迪杰斯特拉算法。

　　拓扑排序常用于检查 AOV 网络或 AOE 网络的有效性，只要拓扑排序的序列不能包括图上的所有顶点，即可说明 AOV 网络或 AOE 网络存在安排上的不合理。对于 AOE 网络，根据拓扑排序的正序和逆序可以求出顶点的 ve 和 vl，从而求出活动的 ee 和 el，满足 ee 和 el 相等的活动就是关键活动，关键活动组成的路径是整个工期需要的最长时间。能否使工期提前，需对关键活动做进一步的分析。

6.9　习题与实验

一、单项选择题

1. 在一个无向图中，所有顶点的度数之和等于图的边数的(　　)倍。
   (A) 1/2　　　　　(B) 1　　　　　(C) 2　　　　　(D) 4

2. 在一个有向图中，所有顶点的入度之和等于所有顶点的出度之和的(　　)倍。
   (A) 1/2　　　　　(B) 1　　　　　(C) 2　　　　　(D) 4

3. 有 8 个结点的无向图最多有(　　)条边。
   (A) 14　　　　　(B) 28　　　　　(C) 56　　　　　(D) 112

4. 有 8 个结点的无向连通图最少有(　　)条边。
   (A) 5　　　　　(B) 6　　　　　(C) 7　　　　　(D) 8

5. 有 8 个结点的有向完全图有(　　)条边。
   (A) 14　　　　　(B) 28　　　　　(C) 56　　　　　(D) 112

6. 用邻接表表示图进行广度优先遍历时，通常是采用(　　)来实现算法的。
   (A) 栈　　　　　(B) 队列　　　　　(C) 树　　　　　(D) 图

7. 用邻接表表示图进行深度优先遍历时，通常是采用(　　)来实现算法的。
   (A) 栈　　　　　(B) 队列　　　　　(C) 树　　　　　(D) 图

8. 已知图的邻接矩阵如下，根据算法，从顶点 0 出发按深度优先遍历的结点序列是(　　)。

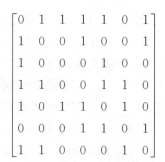

(A) 0 2 4 3 1 5 6   (B) 0 1 3 5 6 4 2

(C) 0 4 2 3 1 6 5   (D) 0 1 3 4 2 5 6

9. 已知图的邻接矩阵同上题8,根据算法,从顶点0出发,按广度优先遍历的结点序列是(　　)。

(A) 0 2 4 3 1 6 5   (B) 0 1 3 5 6 4 2

(C) 0 1 2 3 4 6 5   (D) 0 1 2 3 4 5 6

10. 已知图的邻接表如下所示,根据算法,从顶点0出发按深度优先遍历的结点序列是(　　)。

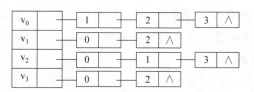

(A) 0 1 3 2   (B) 0 2 3 1   (C) 0 3 2 1   (D) 0 1 2 3

11. 已知图的邻接表如下所示,根据算法,从顶点0出发按广度优先遍历的结点序列是(　　)。

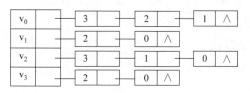

(A) 0 1 3 2   (B) 0 1 2 3   (C) 0 1 3 2   (D) 0 3 1 2

12. 深度优先遍历类似于二叉树的(　　)。

(A) 先序遍历   (B) 中序遍历   (C) 后序遍历   (D) 层次遍历

13. 广度优先遍历类似于二叉树的(　　)。

(A) 先序遍历   (B) 中序遍历   (C) 后序遍历   (D) 层次遍历

14. 任何一个无向连通图的最小生成树(　　)。

(A) 只有一棵   (B) 一棵或多棵   (C) 一定有多棵   (D) 可能不存在

二、填空题

1. 图有_____、_____等存储结构,遍历图有_____、_____等方法。

2. 有向图 G 用邻接表矩阵存储,其第 i 行的所有元素之和等于顶点 i 的_____。

3. 如果 n 个顶点的图是一个环,则它有_____棵生成树。

4. 对于 n 个顶点 e 条边的图,若采用邻接矩阵存储,则空间复杂度为_____。

5. 对于 n 个顶点 e 条边的图,若采用邻接表存储,则空间复杂度为_____。

6. 设有一稀疏图 G,则 G 采用_____存储较省空间。

7. 设有一稠密图 G,则 G 采用_____存储较省空间。

8. 图的逆邻接表存储结构只适用于_____图。

9. 图的深度优先遍历序列_____唯一的。

10. n 个顶点 e 条边的图采用邻接矩阵存储,其深度优先遍历算法的时间复杂度为_____;若采用邻接表存储,则该算法的时间复杂度为_____。

11. n 个顶点 e 条边的图采用邻接矩阵存储,其广度优先遍历算法的时间复杂度为_____;若采用邻接表存储,则该算法的时间复杂度为_____。

12. 图的 BFS 生成树的树高比 DFS 生成树的树高_____。

13. 用普里姆(Prim)算法求具有 n 个顶点 e 条边的图的最小生成树的时间复杂度为_____;用克鲁斯卡尔(Kruskal)算法的时间复杂度是_____。

14. 若要求一个稀疏图 G 的最小生成树,最好用_____算法来求解。

15. 若要求一个稠密图 G 的最小生成树,最好用_____算法来求解。

16. 用 Dijkstra 算法求某一顶点到其余各顶点间的最短路径是按路径长度_____的次序来得到最短路径的。

17. 拓扑排序算法是通过重复选择具有_____个前驱顶点的过程来完成的。

三、算法设计及应用题

1. 编写算法以实现将图的邻接矩阵转换为图的邻接表。

2. 编写算法以实现将图的邻接表转换为图的邻接矩阵。

3. 已知无向图采用邻接表存储方式,请编写以下算法。

（1）删除边(i,j)的算法。

（2）增加一个顶点的算法。

4. 下图是一个无向带权图:

（1）写出它的邻接表。

（2）写出它的邻接矩阵。

（3）分别用 Prim 和 Kruskal 算法逐步构造出最小生成树,要求给出过程示意图。

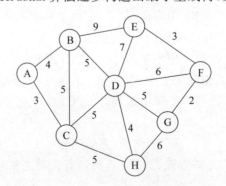

5.写出求从某个源点到其余各顶点最短路径的迪杰斯特拉算法。要求说明主要的数据结构及其作用,最后针对所给有向图,利用该算法求 V_0 到各顶点的最短距离和路线,即填写下表:

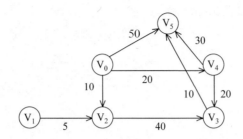

（1）迪杰斯特拉算法。

从 V_0 出发的第 1 条最短路径

dist					
path					
距离			路径序列		

从 V_0 出发的第 2 条最短路径

dist					
path					
距离			路径序列		

从 V_0 出发的第 3 条最短路径

dist					
path					
距离			路径序列		

从 V_0 出发的第 4 条最短路径

dist					
path					
距离			路径序列		

从 V_0 出发的第 5 条最短路径

dist					
path					
距离			路径序列		

（2）弗洛伊德算法，要求写出每一步的距离矩阵和路径矩阵。

6. 对下图实现图的拓扑排序。

（1）写出邻接表（包括入度）。

（2）写出栈的变化以及拓扑序列。

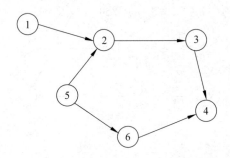

7. 假设以邻接矩阵作为图的存储结构，编写算法判别在给定的有向图中是否存在一个简单有向回路，若存在，则以顶点序列的方式输出该回路（找到一条即可）。（注：图中不存在顶点到自己的弧）

8. 对于以下 AOE 网络，计算各顶点的最早和最迟发生时间以及各条弧的最早和最迟发生时间，并列出关键路径的各条弧。

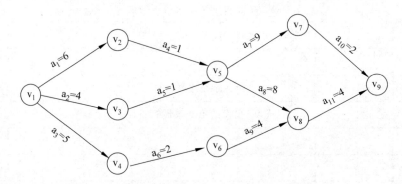

四、上机实验题

1. 一家石油公司在 6 个地点有储油罐（a、b、c、d、e、f），现要在这些储油罐之间建造若干输油管道，以便在这些储油罐之间调配石油，并顺带供给沿途的客户。因为建造输油管十分昂贵，所以公司希望建造尽可能少的输油管。另一方面，每条输油管在向客户提供油时都会产生一些利润，公司希望所产生的总利润最大。由于各种原因（如地形、距离等），并非在任意两个储油罐之间都可以建造输油管，6 个储油罐及它们之间可以建造的输油管如下图所示，顶点表示储油罐，边表示可能建造的输油管，边上的权表示相应输油管所产生的利润。假设每条输油管的建造费用都相同，编程实现为该公司设计最佳的建造输油管的方案（提示：将边上的利润值变成负数求最小生成树）。

要求用普里姆算法和克鲁斯卡尔算法分别实现。

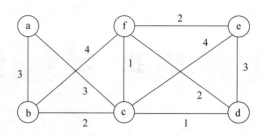

2. 编程实现算法设计及应用题的第 5 题(迪杰斯特拉算法、弗洛伊德算法)。

3. 编程实现算法设计及应用题的第 8 题(拓扑排序、关键路径)。

第 7 章

查 找 表

在数字化时代,我们几乎每天都会查找各种信息。比如,查找计算机硬盘里的文档、查找手机通讯录里的电话等,而互联网上的信息查询更是司空见惯。谷歌和百度作为两大搜索引擎,提供了方便快捷的网上信息查询手段。只要输入关键词,立刻会将含有此关键词的信息逐条列出,供用户选择。我们也发现,即使输入相同的关键词,但不同的搜索引擎搜索到的信息及其显示顺序也不尽相同,这是为什么呢?

事实上,即使对于同一个网站页面,我们每个人所看到和所理解的内容与各搜索引擎的理解也可能大相径庭。而搜索引擎只有正确理解用户的搜索意图,设计正确的搜索策略,才能满足用户行为背后的真实查询需求。此外,搜索引擎通常需要在数十亿的网页中进行关键词的匹配,然后再经过复杂的排序算法将查找结果按照与搜索关键词的相关度高低进行排列。当采用的搜索策略与排序策略不同时,查找到的结果及其排列次序自然各有差异。为此,各互联网公司一直致力于相关算法研究,以期突破搜索技术壁垒,通过不断优化搜索引擎,满足用户的真实需求。

随着大数据与人工智能的发展,未来搜索将不仅限于文字,用户还可以用语音、图像或者视频等进行搜索,而大量非结构化数据的表示和存储方式也将直接影响到搜索算法的效率。

在前面介绍线性表、树和二叉树以及图与网络的章节中,已经学习了对应的查找算法。本章则主要讨论基于集合结构的查找算法。由于集合结构包含的数据仅仅是数据类型相同且同属于一个集合,数据之间的关系是松散的,没有严格的相互约束,因此在实际算法设计时,需要考虑使用"哪种数据结构"表示"查找表"这种集合结构,即表中记录按何种方式进行组织? 通常,为了提高查找表上的查找效率,可以人为将其组织为一对一的线性关系或者是一对多的树型关系等。本章将围绕线性查找表、树形查找表以及哈希表等,详细阐述对应的查找算法,并对其算法性能进行分析。

7.1　问题的提出

查找(Searching)又称检索,就是从一个数据元素集合中找出符合某种条件的特定数据元素。在数字化时代,借助于计算机的自动查询方式已经成为信息查询和检索的主流方式。比如:在手机通讯录中查找某人的电话号码信息;在图书管理系统中查找某本书的馆藏信息;在中国知网上根据给定的主题词查找相关的文献信息;或者在互联网上根据输入的关键词查找各种图片、音乐以及新闻等。由于查找运算使用频率高且非常耗时,因此选择一种有效的查找算法对于提高工作效率是非常重要的。

借助计算机进行查找,首先需要将待查找数据集按照一定的组织和存储方式存入到计算机中,然后根据指定的条件查找满足条件的数据元素或记录。在本书第 2 章中,曾经介绍过学生信息表的查找算法。比如对于表 7-1 所示的学生信息表,可以采用顺序结构或者链表结构进行存储,然后按给定的学号在表中顺序查询,找到其对应的学生信息或者查找失败。

表 7-1　学生信息表

学号	姓名	性别	年龄	籍贯
120191080101	常　乐	男	18	北京市
120191080102	杜小亘	女	18	河南省
120191080103	申文慧	女	19	湖南省

事实上,也可以将学生信息组织为二叉树表结构,并在二叉树上进行相应数据元素的查找。对于相同数据元素的集合,由于选用的存储结构不同,设计出的查找算法也不相同,算法的性能当然也不尽相同。在实际应用中,可以根据具体问题的查找需求,选定不同的数据存储结构,设计合适有效的查找算法。

7.2　基本概念与描述

7.2.1　查找的基本概念

为了使查找算法的描述更具通用性,假设查找数据集中的数据元素(记录)由多个数据项组成,即数据元素是结构体类型。下面引入一些概念。

查找表(Search Table):由相同类型的数据元素(或记录)构成的集合。由于集合中的数据元素除了同属于一个集合外,元素之间不存在其他的制约关系,因此查找表是一种非常灵活的数据结构。

对查找表进行的操作通常有:

- 查询某个特定数据元素是否存在于查找表中。
- 查询某个特定数据元素的各种属性。
- 在查找表中删除某个已经存在的数据元素。
- 在查找表中插入一个新的数据元素。

静态查找表(Static Search Table):只需进行数据元素的查询操作,因此查找表的内容不会发生变化。

动态查找表(Dynamic Search Table):在查找的过程中需要对查找表进行修改操作,因此查找表的内容将会发生变化。

关键字(Key):是数据元素(或记录)中的某个数据项,用它来标识特定的数据元素。

比如学生信息表 1-1 中，每一条学生记录包含 5 个数据项，其中"姓名"数据项可以作为记录的关键字，用于标识某个或某几个学生记录。

主关键字（Primary Key）：是唯一标识某个数据元素（或记录）的关键字。如上述学生记录中，学号能够唯一标识一条记录，因此，它可以作为主关键字。而姓名、年龄、性别都不能够唯一标识一条记录，它们只是关键字而不是主关键字。

次关键字（Secondary Key）：能标识多个数据元素的关键字。如上述学生记录中的性别，可以标识所有的男同学或女同学记录。

查找（Searching）：根据某个给定值和给定的查找条件，在查找表中查找是否存在符合条件的数据元素（或记录）。若表中存在这样的记录，则**查找成功**，可以输出该记录的全部信息，或者指出记录在查找表中的位置；若表中不存在符合条件的记录，则称**查找不成功**，给出"查找失败"的提示信息或者用"空"指针表示。通常，可以按照关键字在查找表中进行查找。

内查找：所有记录都存储到计算机内存中，整个查找过程都在内存中进行。

外查找：如果查找表中的记录很多，而且每个记录都非常大，则有必要把这些记录存储到硬盘等外部存储器上，这种情况下的查找需要访问外存。在本书中，我们只考虑内查找，外查找算法超出了本书范围。

7.2.2 查找性能分析

按照关键字在查找表中进行查找，进行的基本操作是"将记录的关键字与给定值进行比较"。这是一项非常耗时的操作，表中数据元素的排列方式和所选择的查找算法都将影响算法的性能。可以通过估算查找过程中"给定值与关键字的比较次数"来衡量一个查找算法的优劣。为此，引入平均查找长度的概念。

平均查找长度（Average Search Length）：查找过程中将给定值和关键字进行比较的平均次数，或者说给定值与关键字比较次数的期望值。

对于含有 n 个记录的查找表，查找成功时的平均查找长度为：

$$ASL = \sum_{i=1}^{n} P_i C_i$$

其中，P_i 表示查找表中第 i 个记录的查找概率，且 $\sum_{i=1}^{n} P_i = 1$，一般情况下，均认为对每个记录的查找概率相等，即 $P_i = \dfrac{1}{n}$；C_i 表示找到查找表中第 i 个记录时，关键字与给定值比较的次数。具体的比较次数与查找方法以及查找表的存储结构有关。

7.2.3 数据类型描述

为了便于描述各种查找算法，我们建立一些适用于本章算法的约定。查找表中的数据记录（数据元素）可以定义为如下结构体类型。

```
typedef struct
```

```
{   KeyType   key;                         //关键字
    ...                                     //其他信息
}ElemType;
```

在查找过程中,经常需要将关键字与给定值进行比较,如果关键字是数值,则需要进行数值之间的比较,只要使用>、==或<这样的关系运算符即可。如果关键字是字符串,则需要使用 string.h 库中包含的函数 strcmp()进行字符串之间的比较。为了更灵活地实现各类数据之间的比较,可以进行如下宏定义。

关键字是数值类型时,宏的声明方式如下。

```
#define   EQ(a,b)   ((a)==(b))
#define   LT(a,b)   ((a)<(b))
#define   GT(a,b)   ((a)>(b))
```

关键字是字符串类型时,宏的声明方式如下。

```
#define   EQ(a,b)   (!strcmp((a),(b)))
#define   LT(a,b)   (strcmp((a),(b))<0)
#define   GT(a,b)   (strcmp((a),(b))>0)
```

7.3　线性表查找

如果将查找表中的数据元素人为地附加“一对一”的线性关系,便可将基于查找表的查找转换为基于线性表的查找。在线性表上进行查找,包括链表上的查找和顺序表上的查找。本节主要讨论顺序表上各种查找算法,包括:顺序查找、折半查找以及索引查找。在本节最后,给出了基于顺序存储的学生信息表查询系统的实现。

7.3.1　顺序查找

基于顺序存储的查找表类型定义如下。

```
typedef   struct
{   ElemType   * elem;                      //数组基址
    int   length;                           //表长度
    int   size;                             //表的容量
}SSTable;
```

SSTable 是定义的查找表类型,可以定义该类型的变量,如 SSTable st。变量 st 在初始化后,可以存放查找表中的数据记录。为了方便算法的描述,记录从 st.elem[1]开始存放,st.elem[0]不存储表中的数据记录,留作他用。

顺序查找是一种最基本的查找方法,其查找思路为:从表的一端开始,将给定值与表中各记录的关键字逐个进行比较,若找到关键字等于给定值的记录,则查找成功,并给出该记录在表中的位置;若整个表所有的关键字都进行比较之后,仍未找到关键字与给定值相等的记录,则查找失败,给出失败信息。

算法 7.1 给出了顺序存储结构上实现的顺序查找算法。

【算法 7.1】

```
typedef struct sqlist
{   ElemType * elem;
    int length;
    int size;
} SqList;
int SeqSearch(SSTable st, KeyType k)
{   //数据元素从 1 号单元开始存放,0 号单元留空
    for(int i=st.length; i>=1; i--)
        if(EQ(st.elem[i].key ,k)) break;
    return i;
}
```

在算法 7.1 的每次循环中,既要判断给定值 k 是否与记录 i 的关键字值 st.elem[i]. key 相等,还要进行 i 的越界检查(即循环条件 i>=1 是否为真)。如果能将循环条件中的越界条件去掉,将会使查找效率得到一定的提升。

对算法 7.1 的改进策略是:将给定的 k 值存放到 0 号单元,即设 st.elem[0].key=k,称为监视哨。查找时,从表中最后一个记录开始,每次循环只需要进行记录关键字与 k 值的比较,而不必再进行越界判断。这种改进的顺序查找通常称为"带岗哨的顺序查找",见算法 7.2。

【算法 7.2】

```
int SeqSearch(SSTable st, KeyType k)
{ /*在表 st 中查找关键字为 k 的记录,若找到,返回该记录在数组中的下标,否则返回 0 */
    st.elem[0].key = k;                              //存放监视哨
    for( i = st.length; !EQ(st.elem[i].key ,k); i--);  //从表尾端开始向前查找
    return  i;
}
```

算法 7.2 中,非 0 返回值表示查找成功时记录在表中的位置,0 返回值则表示查找失败。通过设置监视哨 st.elem[0].key,即使表中没有该关键字对应的记录,也能在监视哨位置比较相等性。由此,不必在循环中进行越界检查(即 i>=1 的判断)。

例 7-1:一组记录的关键字序列为(09,12,40,60,70,50),采用顺序表进行存储。分别给出关键字值为 60 和关键字值为 90 的记录的查找过程。

分析:查找过程如图 7-1 所示。为了简单清晰,在所有的示意图中只给出记录的关键字。比如,查找 60,则首先进行赋值 st.elem[0].key = 60,然后依次比较 50!=60,70!=60, 60==60,返回位置 4,查找成功。如果查找 90,则赋值 st.elem[0].key=90,然后依次比较 50!=90, 70!=90, 60!=90,40!=90, 12!=90, 09!=90,90==90,返回位置 0,查找不成功。

关键字	60	09	12	40	60	70	50
下标	0	1	2	3	4	5	6

50!=60, 70!=60, 60==60，返回位置 4，查找成功

关键字	90	09	12	40	60	70	50
下标	0	1	2	3	4	5	6

50!=90, 70!=90, 60!=90, 40!=90, 12!=90, 09!=90, 90!=90，返回位置 0，查找不成功

图 7-1　顺序表查找

【性能分析】

上述算法中,对于包含 n 个记录的表,若待查记录在 st.elem[n] 处,则查找成功时需要和给定值比较 1 次,即 $C_n=1$;若待查记录在表中 st.elem[i] 处,查找成功时需进行 $n-i+1$ 次比较,即 $C_i=n-i+1$。设对表中每个记录的查找概率相等,即 $P_i=\dfrac{1}{n}$,则在等概率查找的情况下,查找成功时的平均查找长度为:

$$ASL=\sum_{i=1}^{n}P_iC_i=\sum_{i=1}^{n}\frac{1}{n}(n-i+1)=\frac{n+1}{2}$$

可见,在查找成功时的平均比较次数约为表长的一半。

查找不成功时,在等概率的情况下,对任意 n 个待查找的数,比较次数都是 $n+1$ 次。因此,查找不成功时的平均查找长度为:

$$ASL=\frac{1}{n}\times n\times(n+1)=n+1$$

本算法中,基本操作就是关键字的比较。因此,查找长度的量级就是查找算法的时间复杂度,为 $O(n)$。

对于图 7-1 所示的顺序表,用带监视哨的查找算法,查找成功时的 ASL 和查找不成功时的 ASL 分别为:

$$ASL_{succ}=(1+2+3+4+5+6)/6=21/6$$
$$ASL_{unsucc}=7\times6/6=42/6=7$$

许多情况下,查找表中每条记录的查找概率是不相等的。为了提高查找效率,通常可以采用简单的优化方法:如果从表尾开始查找,则将查找概率较高的记录放在表尾部分,并将查找概率较低的记录放在表头部分。

顺序查找算法的优点是:对表中数据元素的存储结构没有要求,可以进行顺序存储,也可以进行链式存储。其缺点是:当表长 n 很大时,平均查找长度很大,查找效率降低。有关线性链表上顺序查找算法的实现,读者可以自己完成。

7.3.2　二分查找

二分查找(Binary Search)又称折半查找。它要求查找表顺序存储,且表中的数据元

素按关键字值有序排列。其基本思想是：设顺序表按关键字值从小到大有序,取中间元素作为比较对象,若给定值与表中间记录的关键字相等,则查找成功;若给定值小于中间记录的关键字值,则在表的左半区间查找;若给定值大于中间记录的关键字值,则在表的右半区间查找。重复上述过程,直到查找成功或失败(子表为空)为止。

在查找时,通常设 low 和 high 分别指示查找区间的下界和上界,用 mid 指示查找区间的中间位置,即 mid＝(low＋high)/2。若给定的初始查找区间为[1,n],则 low＝1,high＝n。

例 7-2：给定一组关键字序列(05,13,19,21,37,56,64,75,80,88,92),下面分别介绍查找关键字值为 64 和 55 所标识记录的具体过程。

分析：查找关键字 64 的过程如下。

(1) 表长 n＝11,在查找开始时,设 low＝1,high＝11,而 mid＝(1+11)/2＝6。

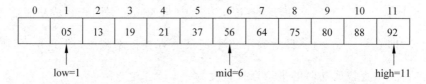

(2) 由于 st.elem[mid].key＝56＜64,所以在右半区间查找。此时 low ＝ mid+1 ＝ 7,high 值不变,新的查找区间为[7,11], mid＝(7+11)/2＝9。

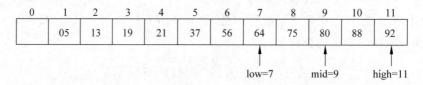

(3) 由于 st.elem[mid].key ＝ 80 ＞ 64,因此继续在左半区间查找。此时 high ＝ mid−1＝8,low 的值不变,新的查找区间为[7,8],mid ＝(7+8)/2＝7。

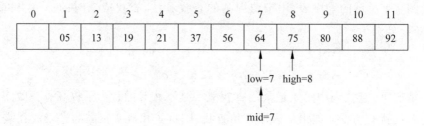

(4) 由于 st.elem[mid].key＝＝64,与给定值相同,则查找成功。

查找关键字 55 的过程如下。

(1) 查找开始时,设 low＝1,high＝11,mid＝(1+11)/2＝6。

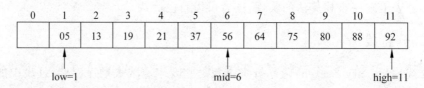

（2）由于 st.elem[mid].key=56＞55，所以在左半区间查找。此时 high=mid-1 = 5，low 的值不变，新的查找区间为[1,5]，mid=(1+5)/2=3。

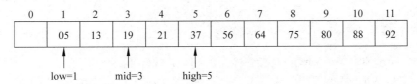

（3）由于 st.elem[mid].key = 19 ＜ 55，因此继续在右半区间查找。此时 low = mid+1=4，high 的值不变，新的查找区间为[4,5]，mid =(4+5)/2=4。

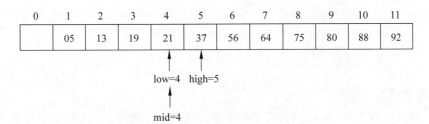

（4）由于 st.elem[mid].key = 21 ＜ 55，继续在右半区间查找。此时 low=mid+1 = 4+1=5，high 不变，新的查找区间为[5,5]，mid =(5+5)/2 = 5。

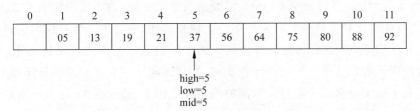

（5）由于 st.elem[mid].key =37＜55，继续在右半区间查找。此时 Low=mid+1，high 不变，出现 low＞high，因此查找失败。

上述二分查找算法可描述如下。

【算法 7.3】

```
int  BiSearch(SSTable st, KeyType k)
{ /*用二分法在查找表 st 中查找关键字值为 k 的记录,若找到,返回该记录在数组中的下标,否
    则返回 0*/
  low=1;  high = st.length;
  while(low<=high)
  { mid = (low+high)/2;
    if(EQ(st.elem[mid].key ,k))return mid;
    else if( LT((st.elem[mid].key ,k)) low = mid+1;        //右半区间
    else high = mid-1;                                     //左半区间
  }
  return 0;
}//BiSearch
```

从二分查找的过程可得知,在有序表上进行二分查找可以转换为在其左半区间或者右半区间对应子表上进行二分查找,因此可以用递归算法实现。算法 7.4 给出了该递归算法的描述。

【算法 7.4】

```
int BiSearch(SSTable st, KeyType k, int low, int  high)
{   if (low>high) return -0;
    else
    {   mid=(low + high) / 2;
        if(EQ(st.elem[mid].key ,k) return mid;
        else if( LT((st.elem[mid].key ,k)) return BiSearch(st, k, mid+1, high);
        else return BiSearch(st, k, low, mid-1);
    }
}                                                        //BiSearch
```

【性能分析】

从二分查找过程看,以查找表的中间位置记录为比较对象,并以中间点将表分割为两个子表,在相应的子表中继续这种操作。如前所述,在长度为 11 的有序表上进行二分查找,为了找到第 6 个元素需要进行 1 次比较;为了找到第 3 个或者第 9 个元素需要进行 2 次比较;为了找到第 1、4、7 或 10 个元素需要进行 3 次比较;为了找到第 2、5、8 或 11 个元素,需要进行 4 次比较。该查找过程可用二叉树来描述,称之为二分查找判定树。

判定树的构造方法是:将当前查找区间的中间位置序号作为判定树的根,并将左半区间所有数据元素在表中的位序作为左子树,右半区间所有数据元素的位序作为右子树,左子树和右子树又分别是子表对应区间的判定树。例如,长度为 11 的有序表对应的判定树形式如图 7-2 所示。

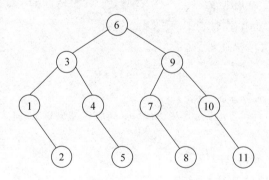

图 7-2　长度为 11 的有序表对应的查找判定树

对任意一棵包含 n 个结点的二叉判定树,它的空指针域的个数为 n+1,可以用方框表示。这些方框出现在判定树的最下两层,如图 7-3 所示。我们称方框表示的结点为外部结点,与之对应的圆形结点则称为内部结点。

从判定树可知,对有 n 个元素的有序表,查找成功有 n 种情况,对应图 7-3 中的圆形结点。此时,恰好走了一条从根结点到所找元素对应结点的路径,与表中关键字进行比较

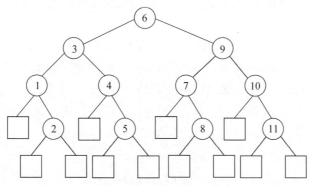

图 7-3　查找性能分析

的次数即为该结点在树中的层次。由于具有 n 个结点的判定树的高度为 $\lfloor \log_2 n \rfloor + 1$，因此，二分查找在查找成功时与给定值进行比较的关键字个数至多为 $\lfloor \log_2 n \rfloor + 1$。查找不成功有 n+1 种情况，对应图 7-3 中的方框，此时，走了一条从根结点到外部结点的路径，与给定值进行比较的次数等于该路径上的内部结点个数，最多也不会超过 $\lfloor \log_2 n \rfloor + 1$。

根据图 7-3 的判定树，很容易求出查找成功时的 ASL 和查找不成功时的 ASL，分别为：

$$\mathrm{ASL_{succ}} = (1 + 2 \times 2 + 4 \times 3 + 4 \times 4)/11 = 33/11$$

$$\mathrm{ASL_{unsucc}} = (4 \times 3 + 8 \times 4)/12 = 44/12$$

当 n 比较大时，可近似将判定树看成结点总数为 $n = 2^h - 1$，高度近似为 $h = \log_2(n+1)$ 的满二叉树。由于第 k 层上有 2^{k-1} 个结点，而查找第 k 层的某个结点需要比较 k 次，则在等概率情况下，查找成功时的平均查找长度为：

$$\mathrm{ASL_{bs}} = \frac{1}{n} \sum_{i=1}^{n} C_i = \frac{1}{n} \left[\sum_{j=1}^{h} j \times 2^{j-1} \right] = \frac{n+1}{n} \log_2(n+1) - 1$$

当 n 值较大时，查找成功时的平均查找长度约为 $\mathrm{ASL} \approx \log_2(n+1) - 1$。查找不成功共有 n+1 种情况，按照最坏的情况考虑，每次需要比较的次数均可近似为树的高度。因此，在等概率情况下，二分查找不成功的平均查找长度为：$\mathrm{ASL} \approx \log_2(n+1)$。由此可见，二分查找是一种效率较高的查找算法，其查找效率比顺序查找的效率要高。

如表长 n=127 时，顺序查找成功的 ASL=64，而二分查找成功的 ASL=6。由于二分查找要求查找表按关键字有序排列并且顺序存储，因此当在表中进行插入或删除操作时，需要移动大量的元素。此外，预排序处理需要较高的时间代价。由此可见，当有序表一旦建立又经常需要对其进行查找操作时，选用二分查找算法比较合适。

7.3.3　分块查找

当查找表中的数据量很大时，用前述的顺序查找算法效率是很低的。如果能将数据分块，并建立数据块的索引，那么在查找时就可以先根据索引找到数据块，再在数据块内进行查找。如此操作，将会大大提高查找效率。例如，书的目录就是一张索引表。当我们要找书中某部分内容时，首先在目录中找到该部分内容所对应的起始页码，然后从此页码开始逐页查找。显然,如果书没有目录,则只能从第 1 页开始进行查找,查找效率将会非常低。

上面所描述的查找方法,即为分块查找,又称为索引顺序查找,是顺序查找的一种改进方法。分块查找要求将查找表分成若干块,各块之内不要求有序,但各块之间按关键字值大小有序。所谓块间有序,即每一块中所有记录的关键字值均大于(升序)或小于(降序)与之相邻的前一块中记录的最大关键字的值。

为了实现分块查找,除查找表之外,还需建立一张索引表。查找表中的每个块在索引表中都有一个索引项。索引项包括两个字段:关键字字段(存放对应该块中的最大关键字值)和指针字段(存放指向对应块的指针)。

例 7-3:关键字集合为(22,5,13,8,9,20,33,42,44,38,24,48,60,58,74,65,86,53),建立该查找表的索引表。

将该查找表分为三块,各块最大关键字值依次为 22、48、86,各块中第一个记录在查找表中的位置依次为 1、7、13。需要注意的是,第二块中记录的最小关键字值 24 大于第一块中的最大关键字 22,第三块中记录的最小关键字值 53 大于第二块中的最大关键字48。对应于查找表的索引表如图 7-4 所示,块间关键字保持升序。

图 7-4　带索引的顺序表

分块查找过程分为两步:首先,根据给定值在索引表中查找索引项,确定其在查找表中所在的查找分块。由于索引项按关键字值有序,因此此步骤采用顺序查找或二分查找方法都可。其次,在查找到的分块内进行查找,确定给定值在查找表中的位置。此步骤只能采用顺序查找方法。

比如,要在表中找 k=38 的记录。先将 k 依次和索引表中的各个最大关键字进行比较,由于 22<k<48,所以记录若存在则必在第二块中;然后从第二块的起始地址开始顺序查找,直至找到 k==st.elem[10].key 时,查找成功。

如果查找 k=59 的记录,先在索引表中进行顺序查找或二分查找,由于 48<k<86,该记录若存在,则必在查找表的第三块中;然后在第三块中进行顺序查找,直到表尾,没有找到值等于 k 的关键字,则查找失败。

【性能分析】

分块查找的平均查找长度应该是索引表查找与块内查找的平均查找长度之和,即 $ASL=ASL_b+ASL_w$。其中,ASL_b 为索引表内查找的平均查找长度,ASL_w 为在块内查找时的平均查找长度。一般情况下,可将长度为 n 的表均匀地分成 b 块,每块含有 s 个数据元素,即 $b=\left\lceil\dfrac{n}{s}\right\rceil$。在等概率下,块内记录的查找概率为 $\dfrac{1}{s}$,每块查找的概率为 $\dfrac{1}{b}$。若采用顺序查找方法确定记录所在的块,则分块查找的平均查找长度为:

$$ASL = \frac{1}{b}\sum_{j=1}^{b}j + \frac{1}{s}\sum_{i=1}^{s}i = \frac{b+1}{2} + \frac{s+1}{2} = \frac{1}{2}\left(\frac{n}{s}+s\right)+1$$

可见,其平均查找长度不仅和表长有关,还和块内元素的个数有关。当 $s=\sqrt{n}$ 时,ASL 具有最小值 $\sqrt{n}+1$,这时的查找性能比顺序查找好很多,但仍然远低于二分查找。如果通过二分查找确定记录所在的块,则

$$ASL \approx \log_2\left(\frac{n}{s}+1\right)+\frac{s}{2}$$

需要说明的是,为了提高查找效率,应尽量使分块均匀划分。但在实际应用中,分块大小并不一定相同,但块间必须保持有序。

下面对本节中的 3 种查找方法进行性能比较。设查找表长度 $n=10000$,则:

- 顺序查找,等概率查找成功的 $ASL=\dfrac{n+1}{2}\approx5000$。

- 二分查找,等概率查找成功的 $ASL=\dfrac{n+1}{n}\log_2(n+1)-1\approx14$。

- 分块查找,等概率查找成功的 $ASL=\dfrac{1}{2}\left(\dfrac{n}{s}+s\right)+1\approx100$。

由上可知,有序表上的二分查找效率最高。但仍然存在以下两点不足:
- 查找表的预排序需要耗费较高的时间代价。
- 在表中进行插入或删除操作时,需要移动大量的元素。

7.3.4 案例实现:学生信息表查询

学生信息描述如表 7-1 所示,可以按姓名或学号对学生信息表进行查找。下面将以学生学号作为关键字,完整地描述学生信息表查询管理的实现。

源程序如下。

```
#include "string.h"
#include "malloc.h"
#include "stdlib.h"
#include "conio.h"
/*宏定义*/
#define  EQ(a,b)  (!strcmp((a),(b)))
#define  LT(a,b)  (strcmp((a),(b))<0)
#define MAXSIZE 100
/*查找表定义*/
typedef struct
{   char no[10];
    char name[10];
```

```
        char sex[2];
        int   age;
        char birthplace[10];
    }STU;
    typedef STU ElemType;
    typedef  struct
    {  ElemType   * elem;                          //数组基址
        int          length;                       //表长度
    }SSTable;
    /*关键字类型定义*/
    typedef char KeyType[10];
    /*各功能函数声明*/
    int CreateTable(SSTable * st);                 //创建查找表
    //初始条件：无
    //操作结果：st存在并且包含多个学生记录,学生记录按学号有序排列
    int OutTable(SSTable sl);                       //浏览查找表
    //初始条件：st存在
    //操作结果：输出学生记录,学生记录按学号有序排列
    void OutElem(SSTable st,int pos);               //浏览某条记录
    //初始条件：st存在
    //操作结果：输出第pos个学生记录
    int  SeqSearch(SSTable st, KeyType k);          //顺序查找
    //初始条件：st存在,k存在
    //操作结果：如果st中存在关键字为k的记录,返回k在st中的位置;否则,返回0
    int  BiSearch(SSTable st, KeyType k);           //二分查找
    //初始条件：st存在并且按学号有序排列,k存在
    //操作结果：如果st中存在关键字为k的记录,返回k在st中的位置;否则,返回0
    int menu();                                     //操作菜单
    void main()
    {   int flag,num;
        SSTable  st;
        st.elem = NULL;
        char no[10];
        while(1)
        {   num=menu();
            switch(num)
            {
                case 0:   if(!st.elem)
                          free(st.elem);            //释放空间
                          exit(0);
                case 1:   flag = CreateTable(&st);
                          if(flag) printf("创建成功!");
```

```
                else printf("创建失败!");
                printf("输入回车键继续...");
                getch ();
                break;
    case 2:     flag = OutTable(st);
                if(!flag) printf("表为空!");
                printf("输入回车键继续...");
                getch();
                break;
    case 3:     printf("输入学号:");
                scanf("%s",no);
                getchar();
                flag = SeqSearch(st,no);        //顺序查找
                if(flag)
                {   printf("查找成功!\n");
                    OutElem(st,flag);
                }
                else printf("查找失败!");
                printf("输入回车键继续...");
                getch();
                break;
    case 4:     printf("输入学号:");
                scanf("%s",no);
                getchar();
                flag = BiSearch(st,no);         //二分查找
                if(flag)
                {   printf("查找成功!\n");
                    OutElem(st,flag);
                }
                else printf("查找失败!");
                printf("输入回车键继续...");
                getch();
                break;
        }
    }
}
int menu()                                      //操作菜单
{   int n;
    while(1)
    {   system("cls");
        printf("\t/******学生信息管理系统***** * /\n");
        printf("\n\t/******本系统基本操作如下******/\n");
```

```
        printf("0:退出 \n1:创建 \n2:浏览 \n3:按学号进行顺序查找 \n4:按学号进行二分查
找 \n");
        printf("请输入操作提示:(0~4)");
        scanf("%d",&n); getchar();
        if(n>=0&&n<=4) return n;
        else {printf("输入编号有误,重新输入!\n"); getch();}
    }
}
int CreateTable(SSTable * st)              //创建有序查找表
{   st->elem = new ElemType[MAXSIZE];
    if(!(st->elem)) return 0;
    printf("输入表的长度:");
    scanf("%d",&st->length);
    if(st->length > MAXSIZE)
    {   printf("表需要空间太大,发生溢出!");
        return 0;
    }
    printf("请按照学号的升序输入学生信息\n");
    for(int i=1;i<st->length+1; i++)
    {   printf("输入学号 姓名 性别 年龄 籍贯\n");
        scanf ("%s%s%s%d%s",st->elem[i].no,st->elem[i].name,st->elem[i].
            sex,&st->elem[i].age,st->elem[i].birthplace);
    }
    return 1;
}
int OutTable(SSTable st)
{   if(!st.length) return 0;
    printf("表如下(包含%d个记录):",st.length);
    printf("\n学号\t 姓名\t 性别\t 年龄\t 籍贯\n ");
    for(int i=1;i<st.length+1;i++)
    {   printf("%s\t%s\t%s\t%d\t%s\n",st.elem[i].no,st.elem[i].name,
        st.elem[i].sex,st.elem[i].age,st.elem[i].birthplace);
    }
    return 1;
}
void OutElem(SSTable st,int pos)
{   int i=pos;
    printf("\n学号\t 姓名\t 性别\t 年龄\t 籍贯\n ");
    printf ("%s\t%s\t%s\t%d\t%s\n",st.elem[i].no,st.elem[i].name,st.elem[i].
        sex,st.elem[i].age,st.elem[i].birthplace);
}
int   SeqSearch(SSTable st, KeyType k)
```

```
{   //在表 st 中查找关键字为 k 的记录,若找到,返回该记录在数组中的下标;否则返回 0
    strcpy(st.elem[0].no,k);                              //存放岗哨
    int i;
    for(i = st.length; !EQ(st.elem[i].no ,k); i--);   //从表尾端开始向前查找
    return   i;
}
int   BiSearch(SSTable st, KeyType k)
{   /＊用二分法在查找表 tb 中查找关键字值为 k 的记录,若找到,返回该记录在数组中的下标,
    否则返回 0 ＊/
    int low=1,mid;
    int high = st.length;
    while(low<=high)
    {   mid = (low+high)/2;
        if(EQ(st.elem[mid].no ,k))return mid;
        else if( LT(st.elem[mid].no ,k))low = mid+1;
        else high = mid-1;
    }
    return 0;
}                                                       //BiSearch
```

如果学生信息表中的记录按学号分块有序排列,如同一个专业多个班级的学生记录表,则可以进行分块查找,其中将一个班的学生记录在一个块内,块与块之间按学号升序排列。读者可以自己完成学生信息表的分块查找算法。

7.4　树 表 查 找

无论是线性表上进行的顺序查找,还是顺序有序表上进行的二分查找或索引查找,通常都较为简单。然而,如果需要频繁对查找表中的数据元素进行插入或者删除等动态修改,那么采用线性表进行数据组织并不是一种很合适的方法。一种更为有效的数据组织方法是,将查找表的数据元素人为地附加一种一对多的树状结构关系,即树表。树表的操作特点:对于给定的关键字值,若在树中存在该关键字记录,则查找成功;否则,将该关键字记录插入到树中。由于基于树结构组织的查找表是在查找过程中动态生成的,因此也称之为**动态查找表**或**动态树表**。常见的动态树表包括二叉排序树、二叉平衡树以及 B 树等。本节将介绍基于动态树表的查找算法。

7.4.1　二叉排序树

1. 二叉排序树的定义

二叉排序树(Binary Sort Tree)又称二叉查找树,它或者是一棵空树,或者是具有下列性质的二叉树:若左子树不空,则左子树上所有结点的值均小于根结点的值;若右子树不空,则右子树上所有结点的值均大于根结点的值;左子树和右子树也分别是二叉排序树。图 7-5 所示的二叉树即是一棵二叉排序树。

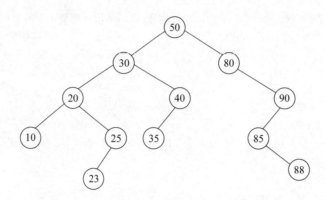

图 7-5　二叉排序树

二叉排序树的特点：对其进行中序遍历,可得到一个按关键字值有序的序列。由此可见,对于无序序列,可通过构造一棵二叉排序树使之成为有序序列。

通常,可选择二叉链表作为二叉排序树的存储结构,定义如下。

```
typedef  struct BSTNode
{ ElemType data;                    //ElemType 为记录类型
    struct BSTNode  * lchild;        //左孩子指针
    struct BSTNode  * rchild;        //右孩子指针
}BSTNode, * BSTree;
```

2. 二叉排序树的查找

二叉排序树的查找过程为：若查找树为空,则查找失败;若查找树为非空,将给定值 k 与查找树的根结点关键字值进行比较,若相等,则查找成功;否则,若 k 小于根结点关键字值,就在左子树上进行查找;若 k 大于根结点的关键字值,则在右子树上进行查找。

可以看出,该查找过程是一个递归过程,可用递归算法来实现。此外,为了得到正确的返回值,在查找成功时需记住关键字所在结点的地址,而查找不成功时则需记住查找路径上最后一个结点的地址。

查找过程如图 7-6 所示。

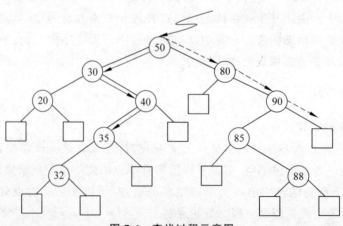

图 7-6　查找过程示意图

查找 35：查找过程中需比较的关键字依次为 50->30->40->35，此时查找成功，并记住了关键字 35 所在结点的地址。图 7-6 带箭头的实线标出了该查找路径。

查找 95：查找过程中需比较的关键字依次为 50->80->90，此时查找不成功，并记住了关键字 90 所在结点的地址。图 7-6 带箭头的虚线标出了该查找路径。

从图 7-6 所示的查找过程可见，二叉排序树的查找过程将会生成一条查找路径。查找成功的过程是：从根结点出发，沿着左分支或右分支逐层向下直至关键字等于给定值的结点；查找不成功的过程是：从根结点出发，沿着左分支或右分支逐层向下直至指针指向空树为止。

二叉排序树的删除操作必须以查找成功为前提，此时需记住被查找关键字所在结点的地址；而插入操作必须以查找不成功为前提，此时则需记住查找路径上的最后一个结点的地址。

对于图 7-6，查找成功时的 ASL＝$(1+2\times2+3\times3+2\times4+2\times5)/10=32/10$。在图中，将所有查找不成功时的外部结点补上，即考虑每个结点不存在的左右孩子，那么查找路径上所经过的内部结点数就是查找不成功的比较次数，则查找不成功时的 ASL＝$(1\times2+3\times4+2\times4+4\times5)/11=42/11$。

二叉排序树的查找算法如下。

【算法 7.5】

```
int  BSTSearch(BSTree bt,KeyType k,BSTree * p,BSTree * f)
{ /*在根指针 bt 所指二叉排序树中递归地查找其关键字等于 k 的数据元素,若查找成功,则指
   针 p 指向该数据元素的结点,函数值返回 1;否则表明查找不成功,指针 p 指向查找路径上
   访问的最后一个结点,函数值返回 0。指针 f 指向当前访问结点的双亲,其初始调用值为
   NULL * /
  if (!bt)
  {  * p = * f;  return 0;  }
  else if(EQ(bt->data.key , k))
  {   * p = bt;  return 1;  }
  else if(LT(bt->data.key , k)) return(BSTSearch (bt->rchild,k,p,&bt));
  else   return(BSTSearch (bt->lchild,k,p,&bt));
}//BSTSearch
```

3. 二叉排序树的插入与构造

根据动态查找表的定义，二叉排序树的插入操作的具体过程为：若二叉排序树为空，则插入结点作为新的根结点；否则，若二叉排序树非空，而插入结点关键字值小于根结点关键字值，则将其插入到左子树；否则，若插入结点关键字值大于或等于根结点关键字值，则将其插入到右子树。

新插入结点一定是作为叶子结点添加上去的，并成为查找路径上最后一个结点的左孩子或右孩子。插入操作是构造二叉排序树的基本操作。

对于给定的关键字序列，构造二叉排序树的方法是：每读入一个关键字，生成一个结点，并按关键字值的大小将其插入到当前二叉排序树中，直到所有关键字结点全部插入，二叉排序树就构造完毕。

例 7-4：给定关键字序列{45,24,53,12,14,90 }，试构造一棵二叉排序树（见图 7-7）。

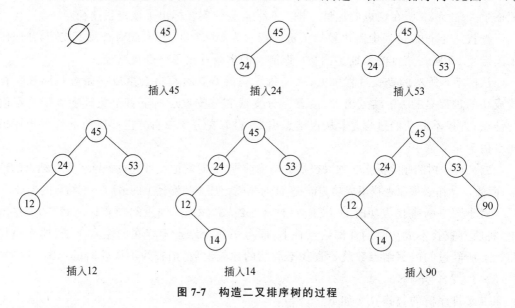

图 7-7　构造二叉排序树的过程

将一个数据元素 e 插入到二叉排序树中的方法见算法 7.6。

【算法 7.6】

```
void BSTInsert(BSTree * bt, ElemType e)
{ /* 当二叉排序树中不存在关键字值等于 e.key 的数据元素时,插入元素值为 e 的结点,并返回
  1; 否则,不进行插入,并返回 0 * /
    if (!( * bt))
    {  s =  (BSTree)malloc(sizeof(BSTNode));          //为新结点分配空间
       s->data = e;
       s->lchild = s->rchild = NULL;
        * bt = s;                                       //插入 s 为新的根结点
    }
    else if ( LT(e.key, ( * bt)->data.key) )
        BSTInsert(&(( * bt)->left), e);                 //将 s 插入到 * bt 的左子树
    else
        BSTInsert(&(( * bt)->right), e);                //将 s 插入到 * bt 的右子树
}                                                       //Insert BST
```

如果将待插入结点作为形参，也可以如下描述插入函数。

【算法 7.7】

```
void InsBstree(BSTree * bt,BSTree  s)
{  /* 将指针 s 所指的结点插入到根指针为 * bt 的二叉排序树中 * /
   if ( * bt ==NULL) * bt = s;                          //若 * bt 为空树,则 s 为根
   else if (LT(s->data.key,( * bt)->data.key)) InsBstree( &(( * bt)->lchild), s);
   else InsBstree( &(( * bt)->rchild), s);
}                                                       //InsBstree
```

基于算法 7.7 而构造的二叉排序树的算法描述如下。

【算法 7.8】

```
void CrtBstree(BSTree * root)
{ / * 输入一个关键字序列,生成一棵二叉排序树的二叉链表结构 * /
    * root=NULL;
    scanf("%d", &n);                        //读入关键字个数
    for(int i=0; i<n; i++)
    {   scanf(x);                           //读入待插入结点的值 x;
        s=(BSTree)malloc(sizeof(BSTNode));  //生成新结点
        s->data =x;   s->lchild = NULL;   s->rchild = NULL;
        InsBstree(root, s);
    }
}                                           //crt_bstree
```

4. 二叉排序树的删除

删除操作在查找成功之后进行。删除二叉排序树上某个结点之后,仍然需要保持二叉排序树的特性。设待删结点为 * p(p 为指向待删结点的指针),其双亲结点为 * f,则待删除的结点有三种情况,以下分别讨论。

(1) * p 结点为叶结点。

由于删除叶结点后不影响整棵树的特性,因此只需将被删结点的双亲结点的相应指针域置为空即可。操作如下:f->lchild = NULL 或 f->rchild = NULL。

(2) * p 结点只有左子树或右子树。

只需将其双亲结点的相应指针域置为被删除结点的左子树或右子树的根结点地址即可。如图 7-8(a)和(b)所示,被删除结点是 q 所指向的黑色结点,只有左子树,右子树为空,则只需重接它的左子树。同理,若左子树为空时,则只需重接它的右子树,如图 7-8(c)和(d)所示。图 7-8(a)和(c)中的 p 是被删除结点的双亲结点 q 的左孩子变量,图 7-8(b)和(d)中的 p 是被删除结点 q 的双亲结点的右孩子变量。

(3) * p 结点既有左子树又有右子树。

可先按中序遍历的有序性进行相应的调整,然后再进行删除。通常有如下 4 种方法。

方法 1:找到结点 * p 在中序遍历中的直接前趋结点 * s,把 * s 的值赋给 * p,然后删除 * s。由于 * s 是 * p 左子树中最右下的结点,因此, * s 必是叶子结点或只有左子树的结点,如图 7-9 所示。

方法 2:找到结点 * p 在中序遍历中的直接后继结点 * s,把 * s 的值赋给 * p,然后删除 * s。由于 * s 是 * p 右子树中最左下的结点,因此, * s 必是叶子结点或只有右子树的结点,如图 7-10 所示。

方法 3:将待删除结点 * p 的右子树链接到它的中序前趋结点(即左子树中最右下结点) * s 的右孩子指针域上,然后把它的左子树链接到其双亲结点的左(或右)孩子域上。由于 * s 是 * p 左子树中最右下的结点,因此, * s 必是叶子结点或只有左子树的结点,如图 7-11(a)和(b)所示。对应的图 7-11(c)和(d)分别为删除后的状态,其中虚线表示删除

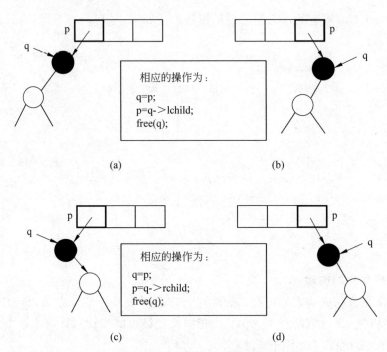

相应的操作为：

q=p;
p=q->lchild;
free(q);

(a)　　　　　　　　　　　　(b)

相应的操作为：

q=p;
p=q->rchild;
free(q);

(c)　　　　　　　　　　　　(d)

图 7-8　被删除结点只有左子树或右子树

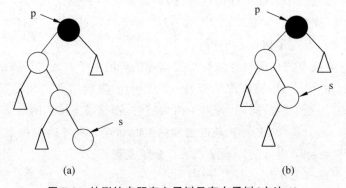

(a)　　　　　　　　　　　　(b)

图 7-9　被删结点既有左子树又有右子树（方法 1）

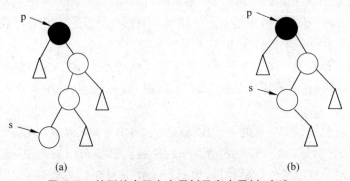

(a)　　　　　　　　　　　　(b)

图 7-10　被删结点既有左子树又有右子树（方法 2）

后的指针变化。

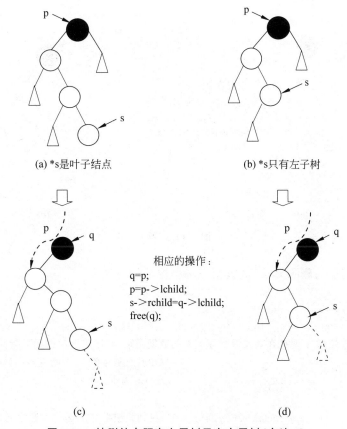

(a) *s是叶子结点　　　　　　　　　　(b) *s只有左子树

相应的操作：
q=p;
p=p->lchild;
s->rchild=q->lchild;
free(q);

(c)　　　　　　　　　　　　　　(d)

图 7-11　被删结点既有左子树又有右子树（方法 3）

　　方法 4：将待删除结点 *p 的左子树链接到它的中序后继结点（即右子树中最左下结点）*s 的左孩子指针域上，然后把它的右子树链接到其双亲结点的左（或右）孩子域上。由于 *s 是 *p 右子树中最左下的结点，因此，*s 必是叶子结点或只有右子树的结点，如图 7-12(a)和(b)所示。对应的图 7-12(c)和(d)分别为删除后的状态，其中虚线表示删除后的指针变化。

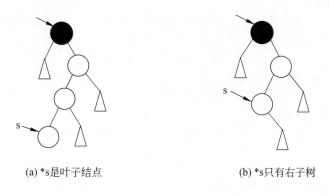

(a) *s是叶子结点　　　　　　　　　　(b) *s只有右子树

图 7-12　被删结点既有左子树又有右子树（方法 4）

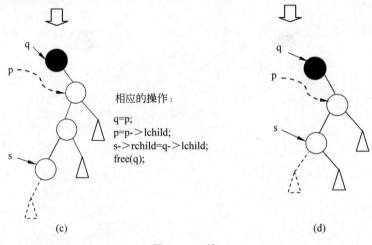

相应的操作:

q=p;
p=p->lchild;
s->rchild=q->lchild;
free(q);

(c)　　　　　　　　　　　　　　　(d)

图 7-12　（续）

下面给出完整的删除算法,此处第三种情况采用方法 1。

【算法 7.9】

```
int DelBstree(BSTree * bt,  KeyType k)
{ //若二叉排序树 T 中存在其关键字等于 k 的数据元素,则删除该数据元素结点
                                //并返回函数值 1,否则返回函数值 0
  if (!(* bt)) return 0;              //* bt 为空
  else
  {  if ( EQ ((* bt)->data.key,k))    //找到关键字等于 key 的数据元素
     {  Delete (bt);     return 1;  }
     else if ( LT(k, (* bt)->data.key)) return DelBstree ( &((* bt)->lchild), k);
     else  return DelBstree (&((* bt)->rchild),k);
  }
}                                     //DelBstree
```

其中,Delete 函数定义如下:

```
void Delete ( BSTree * p )
{ //从二叉排序树中删除结点 p,并重接它的左子树或右子树
  if (!(* p)->rchild)
  {  q = * p;  * p = (* p)->lchild;  free(q); }
  else if (!(* p)->lchild)
  {  q = * p;  * p = (* p)->rchild;  free(q); }
  else
  {  q = * p;  s = q->lchild;         //s 指向被删结点的中序前驱,q 指向 * s 的双亲
     while (s->rchild)
     {  q = s;  s = s->rchild; }
     (* p)->data = s->data;
     if (q !=* p) q->rchild = s->lchild;
```

```
        else  q->lchild = s->lchild;    //重接 * q 的左子树
        free(s);
    }
}                                       //Delete
```

【性能分析】

在二叉排序树中进行查找,实际上是走了一条从根结点到所找结点的路径,比较次数等于结点所在的层数。因此,与二分查找类似,无论查找是否成功,与给定值比较的次数都不会超过树的高度。但不同于二分查找的是,在长度为 n 的有序表上进行二分查找的判定树形态是唯一确定的,且左右子树结点数目基本均匀,但二叉排序树的形态与插入结点的顺序相关,不同的插入顺序可能导致形态差异很大,对应的查找性能也将具有较大的差异。

比如,给定关键字序列(45,24,53,12,37,90),按关键字次序构造的二叉排序树如图 7-13(a)所示。若给定的关键字序列为(12,24,37,45,53,90),则构造的二叉排序树形态如图 7-13(b)所示。可见,虽然两个关键字序列中的值相同,但因为这些值的排列顺序不同,就会得到完全不同形态的二叉排序树。

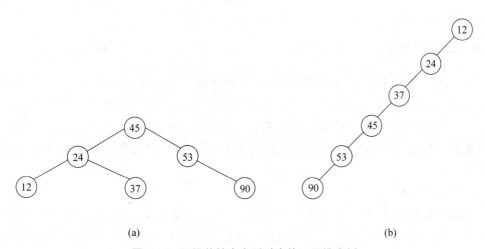

(a)　　　　　　　　　　　　(b)

图 7-13　不同关键字序列对应的二叉排序树

在两棵二叉树上查找成功的平均查找长度分别为:

$$ASL_a = (1 + 2 \times 2 + 3 \times 3)/6 = 14/6; ASL_b = (1 + 2 + 3 + 4 + 5 + 6)/6 = 21/6$$

由此可见,在具有 n 个结点的二叉排序树上进行查找的平均查找长度和二叉排序树的形态密切相关。当关键字值有序时,构造的二叉排序树是一棵单枝树,其时间复杂度与顺序查找相同,为 O(n),这是最差的情况。最好的情况是二叉排序树形态与二分查找的判定树形态相同,时间复杂度为 $O(\log_2 n)$。

下面讨论一般情况。不失一般性,假设长度为 n 的关键字序列中有 k 个关键字小于第一个关键字,则必有 n−k−1 个关键字大于第一个关键字,由此构造的二叉排序树的平均查找长度是 n 和 k 的函数。假设 n 个关键字出现的 n! 种排列的可能性相同,则含 n 个关键字的二叉排序树的平均查找长度 $ASL = P(n) = \dfrac{1}{n}\sum\limits_{k=0}^{n-1} P(n,k)$，在等概率情况下，

$$P(n,k) = \sum_{i=1}^{n} p_i c_i = \frac{1}{n}\sum_{i=1}^{n} c_i = \frac{1}{n}\left(C_{root} + \sum_{L} c_i + \sum_{R} c_i\right)$$

$$= \frac{1}{n}(1 + k(P(k) + 1) + (n-k-1)P((n-k-1)+1))$$

$$= 1 + \frac{1}{n}(k \times P(k) + (n-k-1) \times P(n-k-1))$$

由此

$$P(n) = \frac{1}{n}\sum_{k=0}^{n-1}\left(1 + \frac{1}{n}(k \times P(k) + (n-k-1) \times P(n-k-1))\right)$$

$$= 1 + \frac{2}{n^2}\sum_{k=1}^{n-1}(k \times P(k))$$

可类似于解差分方程，此递归方程有解：

$$P(n) = 2\frac{n+1}{n}\log n + C$$

其中 C 是一个常量。

7.4.2 平衡二叉树

对于同一组关键字，由于输入顺序不同，创建的二叉排序树形态不一，高度相差甚远，ASL 的值大小不同，使得查找性能存在很大的差异。如果在创建二叉排序树的过程中，不仅保持排序特性，而且使得任意结点的左右子树的高度之差不超过 1，即可保证对任意一组关键字构建的二叉排序树高度最低。这样的二叉排序树称为平衡二叉排序树。

1. 平衡二叉树的定义

平衡二叉排序树（AVL 树）简称为平衡二叉树。它要么是一棵空树，要么是具有下列性质的二叉排序树：左子树与右子树高度之差的绝对值不超过 1，且其左右子树都是平衡二叉树。如果将每个结点的左右子树的高度差定义为该结点的平衡因子，则平衡二叉树中每个结点的平衡因子只可能取 -1、0、1 三个值之一。

如图 7-14(a)、(b)、(c) 和 (d) 所示的是平衡二叉树，图 7-14(e)、(f) 和 (g) 不是平衡二叉树。

2. 平衡二叉树的四种调整

构建平衡二叉树的基本思想是：每当在二叉排序树中插入一个结点时，立即检查是否失去了平衡。若是，则找出最小不平衡子树，在保持二叉排序树特性的基础上，调整子树中结点之间的链接关系，使之成为新的平衡子树。**最小不平衡子树**即指在从插入结点到根的路径上，以离插入结点最近且平衡因子绝对值大于 1 的结点作为根的子树。如图 7-14(f) 中，51 是最后插入的结点，则最小不平衡子树是以 40 为根的子树，只需调整该子树使其变为平衡，则整棵二叉排序树即为平衡二叉树。

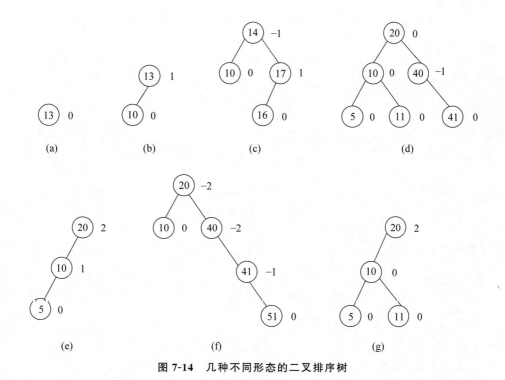

图 7-14　几种不同形态的二叉排序树

平衡二叉树的类型描述如下。

```
typedef struct AVLNode
{   ElemType data;
    int bf;                              //结点的平衡因子
    struct AVLNode   * lchild, * rchild;  //左、右孩子指针
}AVLNode, * AVLTree;
```

为了便于讨论,设由于插入导致的最小不平衡子树的根结点为 A,阴影表示插入的结点,则调整方式可归结为以下四种。

(1) **LL 型调整**。由于在 A 的左子树的左子树上插入了新结点,使得 A 的平衡因子由 1 增至 2,导致以 A 为根的子树失去平衡。如图 7-15 所示,图(a)是插入之前的平衡子树,A_R、B_L 和 B_R 子树高度均为 h(h≥0),结点 A 和结点 B 的平衡因子分别为 1 和 0。图(b)是插入结点之后的情况,阴影部分表示插入结点的位置,A 的平衡因子变为 2,以 A 为根的子树失衡。此时需进行调整,调整规则是:将 A 的左孩子 B 代替 A 成为根结点,将结点 A 作为 B 的右子树的根结点,并将 B 的右子树 B_R 链接为 A 的左子树,调整后如图(c)所示。

从图 7-15 可以看出,调整前后对应的中序序列相同,皆为 $B_L BB_R AA_R$,保持了二叉排序树的性质。

具体操作步骤为:①用指针 p1 记录根结点 A 的左子树。②将 B 结点的右子树 B_R 链接到结点 A 的左子树。③结点 A 链接到 B 结点的右子树。④将结点 A 和结点 B 的平衡因子修改为 0。⑤将原指向结点 A 的指针修改为指向新的根结点 B。见算法 7.10。

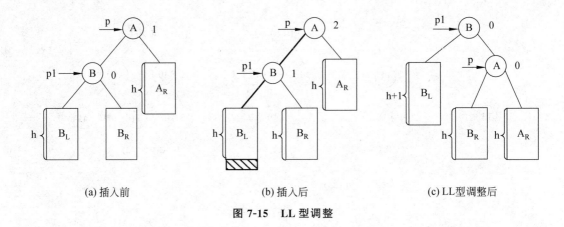

(a) 插入前　　　　　　　　(b) 插入后　　　　　　　(c) LL型调整后

图 7-15　LL 型调整

【算法 7.10】

```
void LL_Rotate(AVLTree * T)
{//对以 * T 为根的二叉树进行 LL 调整
    p1 = (* T)->lchild;              //①
    (* T)->lchild = p1->rchild;     //②
    p1->rchild = * T;               //③
    (* T)->bf=p1->bf=0;             //④
    * T=p1;                         //⑤
}                                   //LL_Rotate
```

（2）**RR 型调整**。由于在 A 的右子树的右子树上插入了新结点，使得 A 的平衡因子由 −1 增至 −2，导致以 A 为根的子树失去平衡。如图 7-16 所示，(a)是插入之前的平衡子树，A_L、B_L 和 B_R 子树高度均为 h(h≥0)。(b)是插入结点之后的情况，A 的平衡因子变为 −2，以 A 为根的子树失衡。此时需要调整，调整规则是：将 A 的右孩子 B 代替 A 成为根结点，将 A 结点作为 B 的左子树的根结点，并将 B 的左子树 B_L 链接为 A 的右子树，调整后的平衡树如(c)所示。

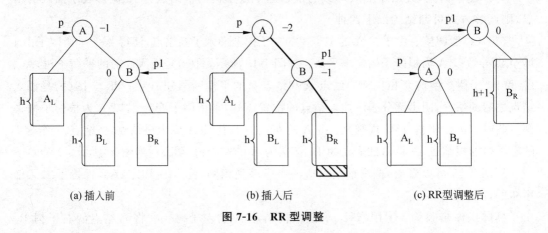

(a) 插入前　　　　　　　　(b) 插入后　　　　　　　(c) RR型调整后

图 7-16　RR 型调整

从图 7-16 可以看出，调整前后对应的中序序列相同，皆为 $A_L A B_L B B_R$，保持了二叉排序树的性质。

　　具体操作步骤为：①用指针 p1 记录根结点 A 的右子树。②将 B 结点的左子树 B_L 链接到结点 A 的右子树。③将结点 A 链接到 B 结点的左子树。④将结点 A 和结点 B 的平衡因子修改为 0。⑤将原指向结点 A 的指针修改为指向新的根结点 B。见算法 7.11。

【算法 7.11】

```
void RR_Rotate(AVLTree * T)
{//对以 * T 为根的二叉树进行 RR 调整
    p1 = (* T)->rchild;           //①
    (* T)->rchild = p1->lchild;   //②
    p1->lchild = * T;             //③
    (* T)->bf=p1->bf=0;           //④
    * T=p1;                       //⑤
}                                 //RR_Rotate
```

　　（3）**LR 型调整**。由于在 A 结点的左子树的右子树上插入结点，使得 A 的平衡因子由 1 增至 2，导致以 A 为根的子树失去了平衡。如图 7-17 所示，(a) 和 (d) 都表示插入之前的平衡子树，B_L 和 A_R 子树高度均为 $h+1$，C_L 和 C_R 子树高度为 $h(h \geqslant 0)$。有两种插入情况：第一种是在 C_L 上插入一个新结点，则插入之后的二叉树如图 7-17(b) 所示；第二种是在 C_R 上插入一个新结点，则插入之后的二叉树形态如图 7-17(e) 所示。对于这两种插入情况，A 的平衡因子都变为 2，以 A 为根的子树失衡。此时需进行调整，调整规则是：

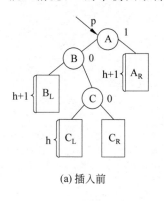

(a) 插入前

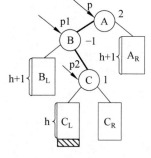

(b) 在 C 的左子树上插入一个结点

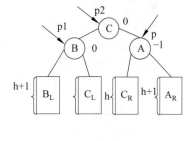

(c) 进行 LR 调整

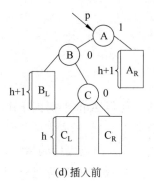

(d) 插入前

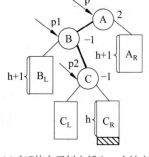

(e) 在 C 的右子树上插入一个结点

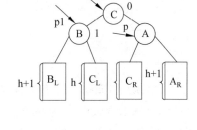

(f) 进行 LR 调整

图 7-17　LR 型调整

将 A 的左孩子的右子树的根结点 C 提升为根结点，A 作为 C 的右子树的根结点，B 作为 C 的左子树的根结点，而将 C 结点原来的左子树 C_L 作为 B 结点的右子树，C 结点原来的右子树 C_R 作为 A 结点的左子树。调整后的形态如图 7-17(c) 和 (f) 所示。

具体操作步骤为：①用 p1 记录结点 B 的地址，用 p2 记录结点 C 的地址。②将结点 C 的右子树链接到结点 A 的左子树。③将结点 C 的左子树链接到结点 B 的右子树。④将结点 B 链接到的结点 C 的左子树。⑤将结点 A 链接到的结点 C 的右子树。⑥修正平衡因子。⑦用指向子树根的指针记录新的树根结点 C 的地址。

结点 A、B 和 C 的平衡因子修正方法如下。

- 若调整前结点 C 的平衡因子为 1，即在结点 C 的左子树上插入，则调整后结点 A 的右子树没有变化，结点 A 的左子树是结点 C 的右子树，所以结点 A 的平衡因子为 −1。结点 B 的左子树没有变化，右子树是结点 C 原来的左子树，所以结点 B 的平衡因子为 0。结点 C 的左子树是以结点 B 为根的子树，右子树是以结点 A 为根的子树，所以结点 C 的平衡因子为 0。
- 若调整前结点 C 的平衡因子为 −1，即在结点 C 的右子树上插入，则调整后结点 A 的平衡因子为 0，结点 B 的平衡因子为 1，结点 C 的平衡因子为 0。
- 若调整前结点 C 的平衡因子为 0，即结点 C 本身是插入的结点，则不需要调整，结点 A、B 和 C 的平衡因子均为 0。

如算法 7.12 所示。

【算法 7.12】

```
void LR_Rotate(AVLTree * T)
{//对以 p 为根的二叉树进行 LR 调整
    AVLTree p1,p2;
    p1=(* T)->lchild; p2=p1->rchild;  //①
    (* T)->lchild =p2->rchild;    //②
    p1->rchild = p2->lchild;      //③
    p2->lchild = p1;              //④
    p2->rchild = * T;             //⑤
    //修正调整后的平衡因子⑥
    if(p2->bf==1){(* T)->bf=-1;p1->bf=0;}
    else if(p2->bf==0)(* T)->bf=p1->bf=0;
    else {(* T)->bf=0; p1->bf=1;}
    p2->bf=0;
    * T = p2;                      //⑦
}                                 //LR_Rotate
```

（4）**RL 型调整**。由于在 A 结点的右子树的左子树上插入结点，使得 A 的平衡因子由 −1 增至 −2，导致以 A 为根的子树失去了平衡。如图 7-18 所示，图 7-18(a) 是插入之前的平衡子树，各子树高度与第三种调整方式中的子树相同。图 7-18(b) 是插入结点之后的情况，插入位置可能是 C_L 或者 C_R。A 的平衡因子变为 −2，以 A 为根的子树失衡。此时需进行调整，调整规则是：将 A 的右孩子的左子树的根结点 C 提升为根结点，A 作为 C 的左子树的根结点,B 作为 C 的右子树的根结点,而将 C 结点原来的左子树 C_L 作为 A 结点的右子树,C 结点原来的右子树 CR 作为 B 结点的左子树。调整后的平衡状态如图 7-18(c)所示。

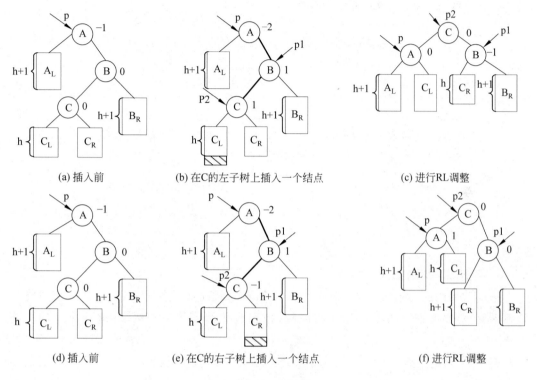

图 7-18　RL 型调整

RL 型的调整分析方法与 LR 型类似,调整过程如下:①用 p1 记录结点 B 的地址,用 p2 记录结点 C 的地址。②将结点 C 的左子树链接到结点 A 的右子树。③将结点 C 的右子树链接到结点 B 的左子树。④将结点 B 链接到的结点 C 的右子树。⑤将结点 A 链接到的结点 C 的左子树。⑥修正平衡因子。⑦用指向子树根的指针记录新的树根结点 C 的地址。

结点 A、B 和 C 的平衡因子修正方法如下。

- 若调整前结点 C 的平衡因子为 1,即在结点 C 的左子树上插入,则调整后结点 B 的右子树没有变化,结点 B 的左子树是结点 C 的右子树,所以结点 B 的平衡因子为 -1。结点 A 的左子树没有变化,右子树是结点 C 原来的左子树,所以结点 A 的平衡因子为 0。结点 C 的左子树是以结点 A 为根的子树,右子树是以结点 B 为根的子树,所以结点 C 的平衡因子为 0。
- 若调整前结点 C 的平衡因子为 -1,即在结点 C 的右子树上插入,则调整后结点 A 的平衡因子为 1,结点 B 的平衡因子为 0,结点 C 的平衡因子为 0。
- 若调整前结点 C 的平衡因子为 0,即结点 C 本身是插入的结点,则不需要调整,结点 A、B 和 C 的平衡因子均为 0。

如算法 7.13 所示。

【算法 7.13】

```
void RL_Rotate(AVLTree * T)
{    //对以 p 为根的二叉树进行 LR 调整
    AVLTree p1,p2;
    p1=( * T)->rchild; p2=p1->lchild;    //①
    ( * T)->rchild =p2->lchild;    //②
    p1->lchild = p2->rchild;       //③
    p2->rchild = p1;               //④
    p2->lchild = * T;              //⑤
    //修正调整后的平衡因子⑥
    if(p2->bf==-1){( * T)->bf=1; p1->bf=0;}
    else if(p2->bf==0)( * T)->bf=p1->bf=0;
    else {( * T)->bf=0; p1->bf=-1;}
    p2->bf=0;
    * T = p2;                      //⑦
}                                  //RL_Rotate
```

3. 平衡二叉树的插入与构造

平衡二叉树的插入与二叉排序树的插入相同,所不同的是插入新结点之后有可能导致不平衡,需要在查找的路径上逆向回溯,找到最小的不平衡子树,并进行相应的平衡调整。

例 7-5：给定关键字序列{37,24,13,30,35,28,98},试构造一棵平衡二叉树(见图 7-19)。

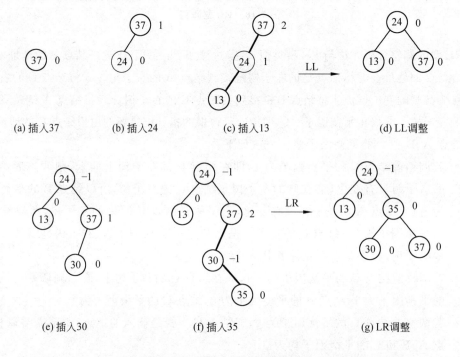

(a) 插入37　　　　(b) 插入24　　　　(c) 插入13　　　　　　(d) LL调整

(e) 插入30　　　　　　(f) 插入35　　　　　　(g) LR调整

图 7-19　平衡二叉树的构造过程

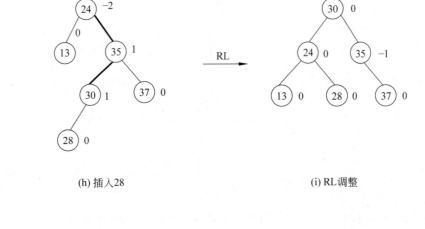

(h) 插入28　　　　　　　　　　　　(i) RL调整

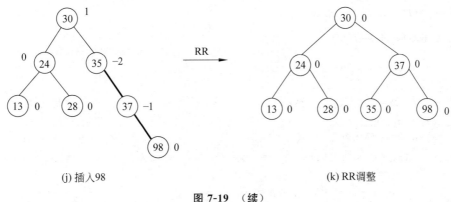

(j) 插入98　　　　　　　　　　　　(k) RR调整

图 7-19　（续）

由图 7-19 可以看出,平衡二叉树的构造过程是边插入、边调整。主要步骤如下。

① 按照二叉排序树的插入方法将新结点 *s 插入,结点 *s 一定是叶子结点。

② 沿着查找路径逐层回溯,新插入的结点 *s 会使某些子树增高,可能导致 *s 祖先的平衡因子发生变化。用整型变量 taller 的值表示插入结点后子树的高度变化。如果 taller＝1,表示子树高度增加了;如果 taller＝0,表示子树高度没有变化。

③ 回溯途中,一旦发现结点 *s 的某个祖先 *p 失衡,即 p->bf＝1 变为 p->bf＝2 或 p->bf＝−1 变为 p->bf＝−2,则对 *p 为根的最小不平衡子树进行调整。

由于插入结点的平衡化处理不会改变失衡点原来双亲结点的高度,因此插入时的调整只需一次。

平衡二叉树的插入算法如下。

【算法 7.14】

```
int insertAVL(AVLTree * T, AVLTree s,int * taller)
{   if((* T)==NULL)                              //空树
    {   s->lchild=s->rchild=NULL; s->bf=0; * T=s; * taller=1;   }
    else if(EQ(s->data.key,(* T)->data.key))     //不做插入
    {   * taller=0; return 0;   }
```

```
        else if(LT(s->data.key,(*T)->data.key))        //在左子树上插入
    {   if(insertAVL(&(*T)->lchild,s,taller)==0)return 0;
        if(*taller==1) insLeftProcess(T,taller);    //已插入到*T的左子树中且左
                                                     //子树长高
    }
        else                                         //在右子树上插入
    {   if(insertAVL(&(*T)->rchild,s,taller)==0)return 0;
        if(*taller==1) insRightProcess(T,taller);    //已插入到*T的右子树中且右
                                                     //子树长高
    }
        return 1;
    }
```

其中，函数 insLeftProcess()为左处理，包括 LL 和 LR 处理；函数 insRightProcess()
为右处理，包括 RR 和 RL 处理。

左处理对应的函数如下。

```
void insLeftProcess(AVLTree *T,int *taller)
{   AVLTree p1;
    if((*T)->bf==0){(*T)->bf=1;*taller=1;}        //平衡,子树增高
    else if((*T)->bf==-1){(*T)->bf=0;*taller=0;}  //平衡,子树未增高
    else                                          //(*T)->bf==1
    {   p1=(*T)->lchild;
        if(p1->bf==1)LL_Rotate(T);
        else if(p1->bf==-1)LR_Rotate(T);
        *taller=0;                                //子树未增高
    }
}
```

右处理对应的函数如下。

```
void insRightProcess (AVLTree *T,int *taller)
{   AVLTree p1;
    if((*T)->bf==0){(*T)->bf=-1;*taller=1;}       //平衡,子树增高
    else if((*T)->bf==1){(*T)->bf=0;*taller=0;}   //平衡,子树未增高
    else                                          //(*T)->bf==-1
    {   p1=(*T)->rchild;
        if(p1->bf==-1)RR_Rotate(T);
        else if(p1->bf==1)RL_Rotate(T);
        *taller=0;
    }
}
```

平衡二叉树的构造算法只需多次调用插入算法即可实现。

4. 平衡二叉树的删除

在平衡二叉树上删除一个结点与在二叉排序树上删除结点一样，首先需要根据给定

记录的关键字进行查找。如果找到,判断该结点属于哪种情况:叶子结点、度为 1 的结点或者度为 2 的结点,然后执行相应的删除操作。与二叉排序树不同的是,若删除某结点后导致平衡二叉树上的某子树失衡,则需要对失衡的子树进行调整,以保证平衡性不被破坏。为此,在平衡二叉树上每一次删除结点之后,都需要判断平衡二叉树是否失衡,若是,则寻找最小失衡子树,并进行相应调整。调整方式则与插入时的调整方式一致,一定是 RR、LL、RL 和 LR 这四种类型之一。

因此,在平衡二叉树上删除结点后,还需要执行两个关键步骤:一是从删除位置开始沿双亲逆向回溯直至根结点,若该路径上所有的结点都没有失衡,则无需调整;一旦检测到失衡结点,则停止回溯。二是确定以失衡结点为根的最小失衡子树的调整类型,并进行相应调整。如果调整后导致上一层根结点失衡,则继续调整。

首先看关键步骤一,即如何确定失衡结点。删除结点后,可能导致失衡,因此需要在被删除结点的查找路径上逆向(被删除结点→根结点)回溯,依次计算各个结点的平衡因子。一旦检测到某个结点的平衡因子为 -2 或 2 时,停止回溯。此时,已经找到了距离删除位置最近的失衡结点,则该结点必为失衡子树的根。如果失衡点的平衡因子为 -2,则最小不平衡子树在以失衡点为根的右子树上;如果失衡点的平衡因子为 2,则最小不平衡子树在以失衡点为根的左子树上。失衡结点以及删除结点的相对位置必为下述四种情形之一,见图 7-20。

图 7-20 中,阴影部分为删除结点的位置。其中,(a)和(b)是在 A 的左子树上删除一个结点,导致 A 的平衡因子从 -1 变成 -2,此时必将需要对以 A 为根的子树进行 RR 或者 RL 型调整。(c)和(d)是在 A 的右子树上删除一个结点,导致 A 的平衡因子从 1 变成 2,此时必将对以 A 为根的子树进行 LL 或者 LR 型调整。

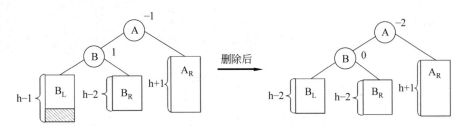

(a) 被删除结点在A的左子树上,删除后,失衡点是A,最小不平衡子树在以A为根的右子树上

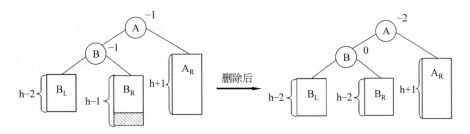

(b) 被删除结点在A的左子树上,删除后,失衡点是A,最小不平衡子树在以A为根的右子树上

图 7-20　删除结点示意图

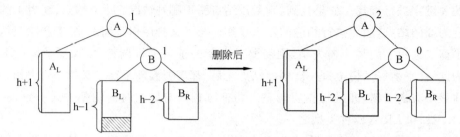

(c) 被删除结点在A的右子树上，删除后，失衡点是A，最小不平衡子树在以A为根的左子树上

图 7-20　（续）

下面分析第二个关键问题，即如何确定以失衡结点为根的最小不平衡子树的调整类型，并进行相应调整。下面仅以图 7-20(a)和(b)的情形为例进行阐述，对图 7-20(c)和(d)进行类似分析即可。

① 当 p1->bf=0 或 p1->bf=-1 时，对 A、B 和 B 的右子树根做 RR 调整。将 B 调为树根，A 为 B 的左子树根，B 原来的左子树 B_L 比 A 大且比 B 小，将 B_L 重置为 A 的右子树；B 原来的右子树 B_R 仍然是 B 的右子树，调整的结果见图 7-21。

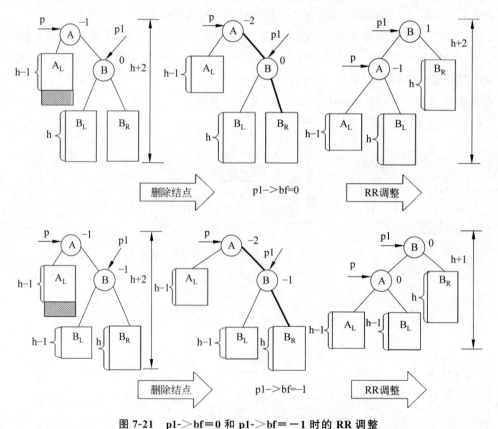

图 7-21　p1->bf=0 和 p1->bf=-1 时的 RR 调整

② 当 p1->bf=1 时，对 A、B 和 B 的左子树根 C 做 RL 调整。将 C 调为树根，A 为 C

的左子树根,B 为 C 的右子树根。C 原来的左子树 C_L 比 A 大且比 C 小,将 C_L 链接为 A 的左子树;C 原来的右子树 C_R 比 C 大且比 B 小,将 C_R 链接为 B 的左子树;B 原来的右子树 B_R 仍然是 B 的右子树,调整的结果见图 7-22。

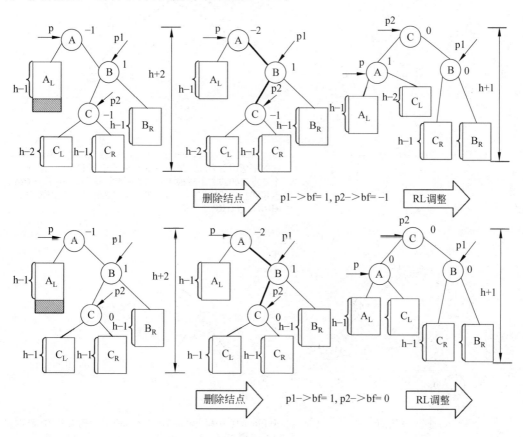

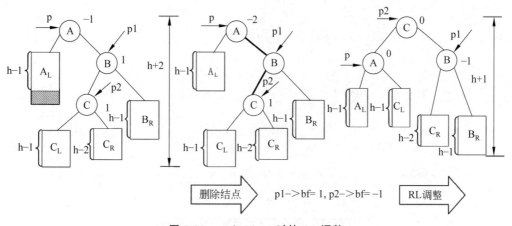

图 7-22　$p1->bf=1$ 时的 RL 调整

例 7-6：对图 7-23 所示的平衡二叉树执行删除结点的操作。

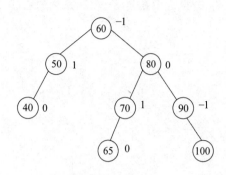

(a) 删除叶子结点40

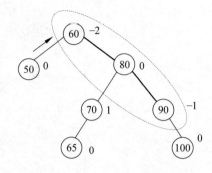

(b) 沿着40的查找路径向上逆向回溯，找到新的失衡结点60，它的平衡因子为-2，是最小不平衡子树的第1个结点，下一个结点是60的右子树根80，它的平衡因子是0，再下一个结点是80的右子树根90。60、80、90构成的最小不平衡子树为RR型，进行RR型调整

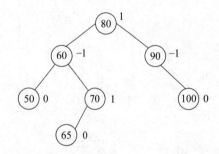

(c) 删除子树根60

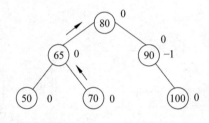

(d) 用60的右子树上的最小值65替换60，再删除原来的65。沿着被删除的65向上逆向查找失衡点，没有新的失衡点。

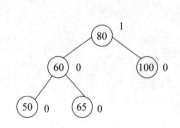

(e) 删除90后

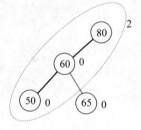

(f) 删除叶子结点100之后，找到新的失衡点80，80、60和50构成的最小不平衡子树为LL型，进行LL型调整。

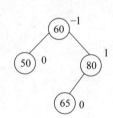

(g) 最终结果

图 7-23 平衡二叉树删除结点示意图

例 7-7：图 7-24 所示平衡二叉树删除结点 16 后，需做两次平衡化处理。

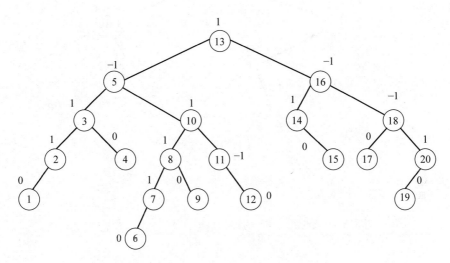

(a) 删除16，用中序前驱15更新16，再删除结点15

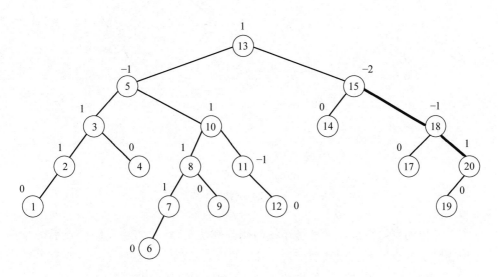

(b) 15、18和20构成RR型最小平衡子树，进行RR调整

图 7-24　删除结点 16 之后的两次调整

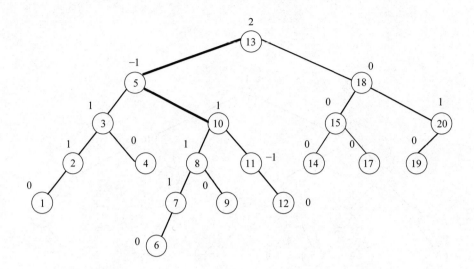

(c) 新的子树根结点18高度减1，求18的父结点13的平衡因子为2，结点13失衡，13、5和10构成LR型最小平衡子树，进行LR调整

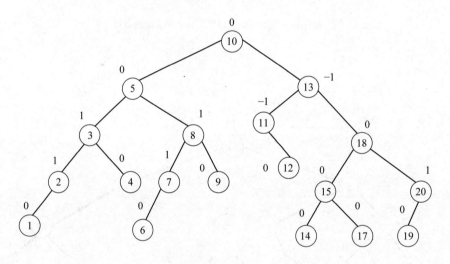

(d) 达到新的平衡

图 7-24　（续）

平衡二叉树的删除算法与二叉排序树的删除算法类似，只需将删除结点后的平衡处理加入到删除函数中即可。用整型变量 taller 的值表示删除结点后子树的高度变化。如果 taller＝1，表示子树高度降低；如果 taller＝0，表示子树高度没有变化。

平衡二叉树的删除算法如下。

【算法 7.15】

```
int DeletAVL(AVLTree * T, keyType x,int * taller)
{   int k;AVLTree q;
    if( * T==NULL)return 0;
```

```
    else if(LT(x,(*T)->data.key))
    {   k=DeletAVL(&(*T)->lchild,x,taller);
        if(*taller==1)delLeftProcess(T,taller);    //需要左处理
        return k;
    }
    else if(GT(x,(*T)->data.key))
    {   k=DeletAVL(&(*T)->rchild,x,taller);         //需要右处理
        if(*taller==1)delRightProcess(T,taller);
        return k;
    }
    else                                            //相等
    {   q=*T;                                       //用 q 记录要删除的结点
        if((*T)->rchild==NULL)
        {   (*T)=(*T)->lchild;                      //用 *T 的左子树根代替 *T
            delete q;   *taller=1;                  //树的高度降低
        }
        else if((*T)->lchild==NULL)
        {   (*T)=(*T)->rchild;                      //用 *T 的右子树根代替 *T
            delete q;   *taller=1;                  //树的高度降低
        }
        else                                        //*T 的左右子树均不为空
        {   Delete(q,&q->lchild,taller);            //在 *q 的左子树上进行删除
            if(*taller==1)delLeftProcess(&q,taller);
            *T=q;
        }
        return 1;
    }
}
```

其中,函数 delLeftProcess()为左处理函数,函数 delRightProcess()为右处理函数,函数 Delete()为删除结点的函数。

```
void Delete(AVLTree q, AVLTree *T, int *taller)
{   //*T 是 *q 的左子树根
    if((*T)->rchild==NULL)
    {   q->data.key=(*T)->data.key;   q=(*T);
        (*T)=(*T)->lchild;   delete q;   *taller=1;
    }
    else
    {   Delete(q,&(*T)->rchild,taller);
        if(*taller==1)delRightProcess(T,taller);
    }
}
void delLeftProcess(AVLTree *p,int *taller)
{   AVLTree p1,p2;
```

```
        if((*p)->bf==1)                         //对应删除的第 1 种情况
        {  (*p)->bf=0;  *taller=1;  }
        else if((*p)->bf==0)                    //对应删除的第 2 种情况
        {  (*p)->bf=-1; *taller=0;  }
        else                                    //对应删除的第 3 种情况
        {  p1=(*p)->rchild;
           if(p1->bf==0)                        //对应删除的第 3 种情况下的②
           {  (*p)->rchild=p1->lchild;  p1->lchild=*p;
              p1->bf=1; (*p)->bf=-1;  *p=p1;  *taller=0;
           }
           else if(p1->bf==-1)                  //对应删除的第 3 种情况下的①
           {  (*p)->rchild=p1->lchild; p1->lchild=*p;
              (*p)->bf=p1->bf=0; *p=p1;  *taller=1;
           }
           else                                 //对应删除的第 3 种情况下的③
           {  p2=p1->lchild;  p1->lchild=p2->rchild;
              p2->rchild=p1; (*p)->rchild=p2->lchild;
              p2->lchild=*p;
              if(p2->bf==0)
              {  (*p)->bf=0;  p1->bf=0;  }
              else if(p2->bf==-1)
              {  (*p)->bf=1;  p1->bf=0;  }
              else
              {  (*p)->bf=0;   p1->bf=-1;  }
              p2->bf=0;  *p=p2;  *taller=1;
           }
        }                                       //对应删除的第 3 种情况
}
void delRightProcess(AVLTree *p,int *taller)
{  AVLTree p1,p2;
   if((*p)->bf==-1)
   {    (*p)->bf=0;  *taller=-1;  }
   else if((*p)->bf==0)
   {    (*p)->bf=1;  *taller=0;  }
   else
   {  p1=(*p)->lchild;
      if(p1->bf==0)
      {  (*p)->lchild=p1->rchild;  p1->rchild=*p;
         p1->bf=-1; (*p)->bf=1;  *p=p1;  *taller=0;
      }
      else if(p1->bf==1)
      {  (*p)->lchild=p1->rchild;  p1->rchild=*p;
         (*p)->bf=p1->bf=0;  *p=p1;  *taller=1;
      }
```

```
        else
    {   p2=p1->rchild;   p1->rchild=p2->lchild;
        p2->lchild=p1;   (*p)->lchild=p2->rchild;   p2->rchild= * p;
        if(p2->bf==0) {   (*p)->bf=0;   p1->bf=0;   }
        else if(p2->bf==1) {   (*p)->bf=-1;   p1->bf=0;   }
        else {   (*p)->bf=0;   p1->bf=1;   }
        p2->bf=0;   *p=p2;   *taller=1;
    }
  }
}
```

5. 平衡二叉树的查找

在平衡树上进行查找的过程与二叉排序树相同,因此查找过程中与给定值进行比较的关键字的个数不超过平衡树的深度。假设 N_h 表示深度为 h 的二叉平衡树所含的最小结点数,显然,$N_0=0$,$N_1=1$,$N_2=2$,且 $N_h=N_{h-1}+N_{h-2}+1$。可以证明,当 $h \geqslant 0$ 时,N_h 约等于 $\dfrac{\phi^{h+2}}{\sqrt{5}}-1$,其中,$\phi=(1+\sqrt{5})/2$,由此可以推导出:含有 n 个结点的平衡二叉树的最大高度为 $\log_\phi(\sqrt{5}(n+1))-2$。因此,在平衡树上进行查找的时间复杂度为 $O(\log_2 n)$。

一棵具有 n 个结点的平衡二叉树的高度 h 为:$\log_2(n+1) \leqslant h \leqslant 1.4404\log_2(n+2)-0.328$。

由 h 的取值范围可知,最坏情况下,AVL 树的高度约为 $1.44\log_2 n$,而完全平衡的二叉树高度约为 $\log_2 n$,因此 AVL 树是接近最优的,其平均查找长度与 $\log_2 n$ 的数量级相同。

7.4.3 B-树和 B+ 树

1. B-树定义

定义:B-树(balanced tree)是一种平衡的多路查找树(又称为 B 树),多用于操作系统和数据库中文件的多级索引组织。一棵 m 阶的 B-树要么为空树,要么为满足下列特性的 m 叉树。

(1) 树中每个结点至多有 m 棵子树。

(2) 若根结点不是叶子结点,则至少有两棵子树。

(3) 除根结点之外的所有非终端结点至少有 $\lceil m/2 \rceil$ 棵子树。

(4) 所有的非终端结点都包含以下信息数据:$(n, A_0, K_1, A_1, K_2, \cdots, K_n, A_n)$,其中:$k_i(i=1,2,\cdots,n)$ 为关键字,且 $k_i < k_{i+1}$;$A_i(i=1,2,\cdots,n)$ 为指向子树根结点的指针,且指针 A_{i-1} 所指子树中所有结点的关键字均小于 $k_i(i=1,2,\cdots,n)$;A_n 所指子树中所有结点的关键字均大于 k_n,$\lceil m/2 \rceil-1 \leqslant n \leqslant m-1$,n 为关键字的个数。

(5) 所有的叶子结点都出现在同一层次上,并且不带信息。叶子结点可以看作是外部结点或查找失败的结点。实际上这些结点不存在,指向这些结点的指针为空。

如图 7-25 所示为一棵 4 阶的 B-树,其深度为 4。

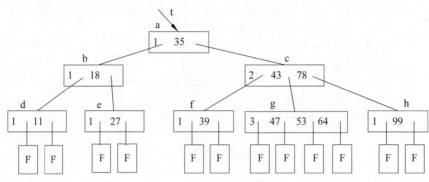

图 7-25　一棵 4 阶的 B-树

2. B-树的查找

B-树上的每个结点是多个关键字构成的有序表,其查找过程类似于二叉排序树的查找。从根结点出发,在关键字有序表中进行查找,若找到,则查找成功;否则,确定待查找关键字所在的子树并继续查找,直到查找成功或查找失败(到达叶子结点)。可见,B-树上的查找过程是一个顺指针查找结点和在结点中查找关键字交叉进行的过程。

例如,在图 7-25 所示的 B-树上查找关键字 53 的过程是:首先从根结点开始,由于 $53 > 35$,因此如果 53 存在,则必在指针 A_1 所指的子树内。顺指针找到子树根结点 c,该结点有两个关键字,又因为 $43 < 53 < 78$,则若 53 存在,那么它必在 c 结点中指针 A_1 所指的子树内。顺指针继续查找到结点 g,在该结点中找到关键字 53,查找成功。

B-树常用于当内存中不可能容纳所有数据记录时,在磁盘等直接存取设备上组织动态的查找表。具体如下。

(1) B-树的根结点可以始终置于内存中。

(2) 其余非叶结点放置在外存上,每一结点可作为一个读取单位(页/块),选取较大的阶次 m,降低树的高度,减少外存访问次数。

(3) B-树的信息组织方法通常有如下两种。

① 每个记录的其他信息与关键字一起存储,查到关键字即可获取记录的完整信息。

② 将记录的外存地址(页指针)与关键字一起存储。查到关键字时,还需根据该页指针访问外存。

B-树结构的 C 语言描述如下。

//B-树结点和 B-树的类型

```
typedef struct BTNode
{   int   keynum;                    //结点中关键字个数,结点大小
    struct BTNode   * parent;        //指向双亲结点的指针
    KeyType   key[m+1];              //存放关键字(0 号单元不用)
    struct BTNode   * ptr[m+1];      //子树指针向量,指向不同的子树
    Record   * recptr[m+1];          //记录指针向量,指向每个记录的起始位置
} BTNode, * BTree;
//查找返回的结果类型
```

```
typedef struct
{  BTree  pt;                         //指向找到的结点
   int    i;                          //结点中的关键字序号
   int    tag;                        //1:查找成功;0:查找失败
}Result;
```

例 7-8：图 7-26 给出了一棵 5 阶的 B-树,试分析查找关键字 51 和关键字 80 的过程。

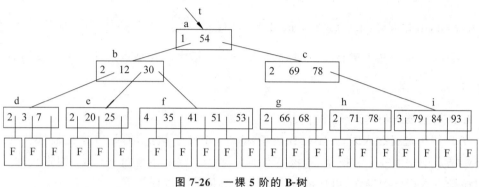

图 7-26　一棵 5 阶的 B-树

查找关键字 51 的过程如下：从根结点 a 出发,51<54,走到结点 a 的第 1 棵子树根 b,51>30,走到第 3 棵子树根 f,依次与结点 f 中的关键字 35、41 和 51 比较,找到。

查找关键字 80 的过程如下：从根结点 a 出发,80>54,走到结点 a 的第 2 棵子树根 c,80>78,走到结点 c 的第 3 棵子树根 i,依次与结点 i 中的关键字 79 和 84 比较,未找到。

实现 B-树查找操作的长法如下。

【算法 7.16】

```
Result SearchBTree(BTree T, KeyType K)
{//在 m 阶 B-树 T 上查找关键字 K,返回结果(pt,i,tag)。
    p=T; q=NULL; found=FALSE; i=0;      //初始化,p指向待查结点,q指向 * p的双亲
    while (p && !found)
    {//在 p->key[1..keynum]中查找 K,p->key[i]<=K<p->key[i+1]
        i=Search(p,K);
        if (i>0 && p->key[i]==K) found=TRUE;   //找到待查关键字
        else  { q=p; p=p->ptr[i]; }
    }
    if (found)  return (p,i,1);         //查找成功
    else  return (q,i,0);              //查找不成功,返回 K 的插入位置信息
}                                       //SearchBTree
```

【性能分析】

B-树的查找是由两个基本操作交叉进行的过程：即在 B-树上找结点和在结点中找关键字。由于 B-树通常存储在外存上,因此“在 B-树上找结点”是在磁盘上进行的,即在磁盘上找到当前结点(算法中 p 所指结点),然后将结点信息读入内存,再对结点中的关键字有序表进行顺序查找或折半查找。由于在磁盘上读取结点信息比在内存中进行关键字查

找耗时多，因此在磁盘上进行查找的次数（即 B-树的深度）是决定 B-树查找效率的首要因素。

类似于平衡二叉树的分析，讨论 m 阶 B-树各层的最少结点数。由 B-树定义可知：第一层至少有 1 个结点，第二层至少有 2 个结点。由于除根结点外的每个非终端结点至少有 $\lceil m/2 \rceil$ 棵子树，则第三层至少有 $2 \times \lceil m/2 \rceil$ 个结点，依此类推，第 k+1 层至少有 $2 \times \lceil m/2 \rceil^{k-1}$ 个结点，为叶子结点。若 m 阶 B-树有 n 个关键字，则叶子结点（即查找不成功的结点）为 n+1，由此可得：$n+1 \geqslant 2 \times \lceil m/2 \rceil^{k-1}$，即：$k \leqslant \log_{\lceil m/2 \rceil}\left(\dfrac{n+1}{2}\right)+1$。这就是说，在含有 n 个关键字的 B-树上进行查找时，从根结点到关键字所在结点的路径上涉及的结点数不超过 $\log_{\lceil m/2 \rceil}\left(\dfrac{n+1}{2}\right)+1$。

3. B-树的插入与构造

在 B-树中进行插入时，并不是在树中添加一个叶子结点，而是首先在最低层的某个非终端结点中添加一个关键字，若该结点的关键字个数 n 不超过 m−1，则直接插入；否则对该结点进行分裂操作，以保证 n≤m−1。具体分裂过程如下：

设插入关键字的结点为 X，若该结点中已有 m−1 个关键字，当再插入一个关键字后，X 结点中共有 m 个关键字，结点中含有的信息为：$((m, A_0, (k_1, A_1), (k_2, A_2), \cdots, (k_m, A_m))$。取中间关键字 $k_{\lceil m/2 \rceil}$ 上升到双亲结点，原结点分裂成两个结点 x' 结点和 x'' 结点。x' 结点中包含的信息有：$(\lceil m/2 \rceil - 1, A_0, (k_1, A_1), \cdots, (k_{\lceil m/2-1 \rceil}, A_{\lceil m/2-1 \rceil}))$，$x''$ 结点中包含的信息有：$(m - \lceil m/2 \rceil, A_{\lceil m/2 \rceil}, (k_{\lceil m/2+1 \rceil}, A_{\lceil m/2+1 \rceil}), \cdots, (k_m, A_m))$。将 $k_{\lceil m/2 \rceil}$ 给双亲结点，若双亲已满，用同样的方法继续分裂。分裂的过程可能会一直持续到树根，若根结点也需要分裂，则树高度加 1。可见，B-树是从底向上生长的。

构造一棵 B-树，即从空树起，逐个插入关键字而得到。

例 7-9：图 7-27 所示为 3 阶的 B-树，在其中依次插入关键字 28、25、78 和 7 的过程如下。

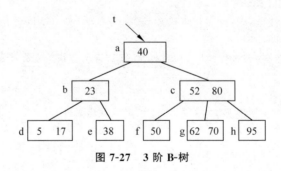

图 7-27　3 阶 B-树

此 B-树为 3 阶，即 m=3。

（1）插入 28。通过查找确定 28 应插入到结点 e 中，由于插入之后结点 e 中的关键字数目不超过 2（即 m−1），故插入完成。见图 7-28。

（2）插入 25。通过查找确定 25 应插入到结点 e 中。由于结点 e 的关键字个数超过

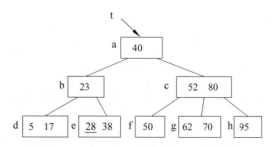

图 7-28　在 3 阶 B-树中插入 28 的过程

2,此时将结点 e 分裂为两个结点。关键字 28 上升到双亲结点 b 中,关键字 38 及其前后两个指针存储到新生成的结点 e′中,同时将指向 e′的指针插入到其双亲结点 b 中。由于 b 结点中关键字的个数没有超过 2,则插入完成。见图 7-29。

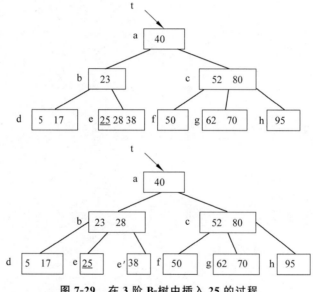

图 7-29　在 3 阶 B-树中插入 25 的过程

　　(3) 插入 78。将 78 插入到结点 g 中的 70 之后;然后进行结点分裂,生成新结点 g′, 70 上升到双亲结点 c 时,继续将 c 分裂为 c 和 c′。见图 7-30。

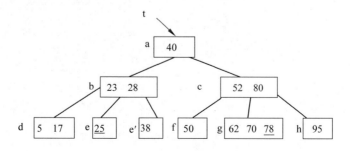

图 7-30　在 3 阶 B-树中插入 78 的过程

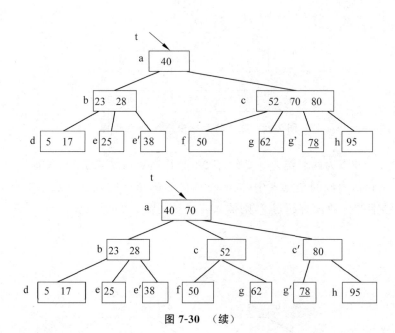

图 7-30 （续）

（4）插入关键字 7 时,分裂过程要持续到根结点,树高度增 1。整个插入和分裂过程见图 7-31。

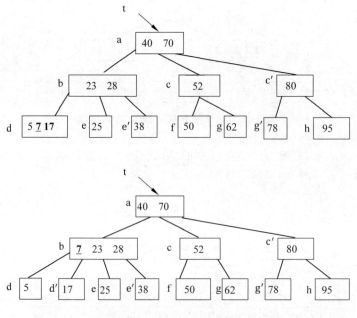

图 7-31 在 3 阶 B-树中插入 7 的过程

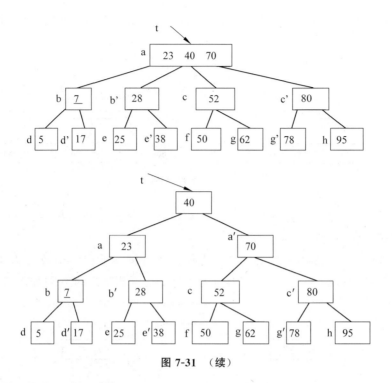

图 7-31　（续）

B-树的插入操作如算法 7.17 所示。

【算法 7.17】

```
int InserBTree(BTree * t,KeyType K,BTNode * q,int i)
{ /* 在 m 阶 B 树 * t 上的结点 * q 的 key[i] 和 key[i+1] 之间插入关键码 K
  若引起关键字个数超过 m,则沿双亲链进行必要的结点分裂调整,使 * t 仍为 m 阶 B 树 */
  x=K; ap=NULL; finished=FALSE;
  while(q&&!finished)
  {  Insert(q,i,x,ap);  //将 x 和 ap 插入到 q->key[i+1] 和 q->ptr[i+1] 之间
    if(q->keynum<m)  finished=TRUE;      //插入完成
    else
    { s=m/2; split(q,ap); x=q->key[s];  //分裂结点 * q
      //将 q->key[s+1…m]、q->ptr[s…m] 和 q->recptr[s+1…m] 移入新结点 * ap
      q=q->parent;
      if(q) i=Search(q,K);              //在双亲结点 * q 中查找 K 的插入位置
    }                    //else
  }                      //while
  if(!finished)          //( * t) 是空树或根结点已分裂为 * q 和 * ap
    NewRoot(t,q,x,ap);   //生成含信息 (t,x,ap) 的新的根结点 * t,原 * t 和 ap 为子树指针
}
```

4. B-树的删除

若在 B-树中删除一个关键字,则需首先查找到该关键字所在的结点,找到之后从中删除之。根据被删除关键字是否位于最下层的非终端结点,分为以下两种情况讨论。

第一种情况是：待删除关键字位于最下层的非终端结点中。此时，又分别有三种情况。为了清楚起见，以图7-32中的5阶B-树为例进行说明。

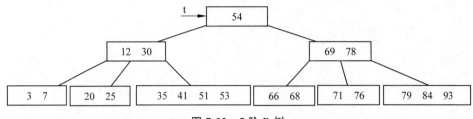

图 7-32　5 阶 B-树

（1）被删关键字所在结点 X 中的关键字数目 n 不少于⌈m/2⌉，即 n＞⌈m/2⌉－1，此时只需直接删除该关键字和相应的指针。

比如，要删除图 7-32 中的关键字 53，其所在结点包含关键字个数 n 为 4，由于 4＞⌈5/2⌉－1，则直接删除关键字 53 及其对应的指针即可。删除后的 B-树如图 7-33 所示。

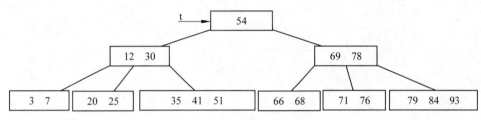

图 7-33　删除图 7-32 中的 53

（2）当被删关键字所在结点 X 中的关键字数目 n＝⌈m/2⌉－1 时，如果该结点的左兄弟或右兄弟结点中的关键字数目大于⌈m/2⌉－1，删除关键字后，将左兄弟中最大的或右兄弟中最小的关键字 K 移到双亲结点中，同时将双亲结点中大于或小于且紧临 K 的关键字下移到被删关键字所在的结点中。

如删除图 7-33 中的 76，由于 2＝⌈5/2⌉－1，右兄弟中的关键字个数大于 2，则将右兄弟结点中最小的关键字 79 移到双亲结点中，同时将双亲结点中小于且仅紧临 79 的关键字 78 下移到原 76 所在的结点中。删除后的 B-树见图 7-34。

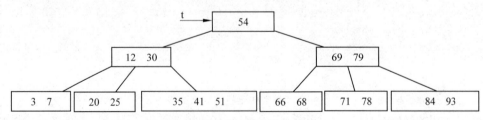

图 7-34　删除图 7-33 中的 76

（3）当被删关键字所在结点中的关键字数目 n＝⌈m/2⌉－1 时，如果该结点的左兄弟结点或右兄弟中的关键字个数等于⌈m/2⌉－1，删除关键字后，将被删关键字所在结点 X 中剩余的关键字和指针以及分割 X 与其左兄弟或右兄弟的双亲结点中相应的关键字 k

合并到 X 的左兄弟或右兄弟结点中。由于两个结点合并后将不能保持父结点中相关项，因此把相关项也并入合并项。若此时父结点被破坏，则继续调整，直到根为止。

如删除图 7-34 中的关键字 7，由于右兄弟中的关键字个数等于 2，2＝⌈5/2⌉−1，则将 7 所在结点的剩余关键字 3 和相应指针以及分割该结点与右兄弟结点的双亲关键字 12 一起合并到右兄弟结点。此时，双亲结点剩下一个关键字 30，结构被破坏，继续将 30 和对应指针及其双亲 54 和对应指针一起合并到 30 的右兄弟结点，最终删除后的 B-树如图 7-35 所示。

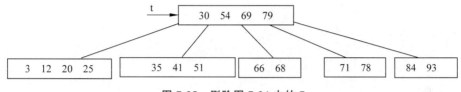

图 7-35　删除图 7-34 中的 7

第二种情况是，若待删除的关键字不在最下层的非终端结点中，则将该关键字用其在 B-树中的后继替代，然后再删除其后继元素。由于后继元素一定在最下层非终端结点，因此按第一种情况继续进行分析并删除。

例 7-10：图 7-36 所示的是一棵 3 阶的 B-树，要删除关键字 40，其直接后继为 50，用 50 替代 40，再删除 50。

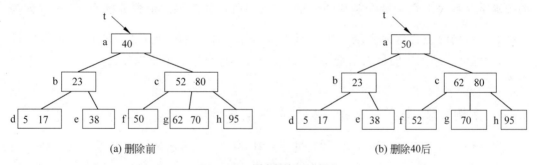

(a) 删除前　　　　　　　　　　　　　　　(b) 删除40后

图 7-36　B-树中的删除操作

B-树的删除函数，请读者自行完成。

5. B＋树

B＋树是 B-树的一种变形树。一棵 m 阶的 B＋树定义如下。

（1）树中每个结点至多有 m 棵子树。

（2）若根结点不是叶子结点，则至少有两棵子树。

（3）除根之外的所有非终端结点至少有 ⌈m/2⌉ 棵子树。

（4）有 n 棵子树的结点中含有 n 个关键字。

（5）所有叶子结点中包含了全部关键字的信息，及指向含有这些关键字记录的指针，且叶子结点本身按关键字从小到大的顺序链接。

（6）非终端结点可看作索引结点，其中的关键字是每个子结点中的最大关键字。

B+树和B-树的差异主要在于上述(4)、(5)和(6)条。图7-37所示为一棵3阶的B+树,在B+树上有两个指针,一个是指针t,指向根结点;另一个是指针p,指向关键字最小的叶子结点。相应地,可以对B+树进行两种查找运算:一种是从最小关键字起顺序查找,另一种是从根结点开始进行随机查找。

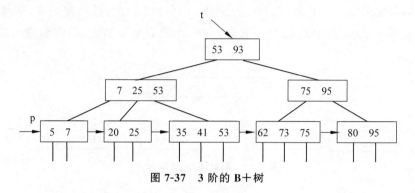

图 7-37　3 阶的 B+树

在B+树上进行随机查找、插入和删除的过程基本上与B-树类似。只是在查找时,若非终端结点上的关键字等于给定值,并不终止,而是继续向下直到叶子结点。因此,B+树上不管查找成功与否,每次查找都会走一条从根到叶子结点的路径。B+树还适合做区间查找。B+树查找的分析类似于B-树。B+树的插入仅在叶子结点上进行,当结点中的关键字个数大于m时要分裂成两个结点,它们所含关键字的个数分别为$\left\lceil \dfrac{m+1}{2} \right\rceil$,且双亲结点中应同时包含这两个结点中的最大关键字。B+树的删除也仅在叶子结点上进行,当删除叶子结点中的最大关键字时,其在非终端结点中的值可以作为一个分界关键字存在。

7.4.4　案例实现: 基于二叉排序树的学生信息管理

学生信息可以组织为线性表,对其进行管理,如7.2.4节所述。但如果经常需要增加或删除学生信息,则可以按学号有序将这些信息组织为二叉排序树表,以对其进行插入、删除和查询等基本操作。下面将以学生学号作为关键字,完整地描述学生信息二叉树表管理程序。

源程序如下。

```
#include "string.h"
#include "malloc.h"
#include "stdlib.h"
#include "conio.h"
//宏定义:
#define  EQ(a,b)  (!strcmp((a),(b)))
#define  LT(a,b)  (strcmp((a),(b))<0)
#define  MAXSIZE 100
```

```
//查找表定义:
typedef struct
{   char no[10];
    char name[10];
     char sex[2];
    int   age;
    char birthplace[10];
}STU;
typedef STU ElemType;
typedef  struct BiTNode
{   ElemType        data;
    struct BiTNode * lchild;
    struct BiTNode * rchild;
}BiTNode, * BiTree;
//关键字类型定义:
typedef char KeyType[10];
//各功能函数声明:
void CrtBstree(BiTree * bt);                        //创建二叉排序树表
//初始条件: 无
//操作结果: bt 存在
void  InsBstree(BiTree * bt,ElemType e);            //插入结点
//初始条件: bt 存在
//操作结果: 将数据 e 插入到 bt 所指的二叉排序树中
void OutBstree(BiTree bt);                          //浏览查找表
//初始条件: bt 存在
//操作结果: 中序遍历输出以 bt 为根指针的二叉排序树中所有学生记录
void OutElem(BiTree   p);                           //浏览 p 所指的某条记录
//初始条件: p 为非空
//操作结果: 输出 p 所指的某条记录
int DelBstree(BiTree * bt,   KeyType k);            //删除
//初始条件: bt 存在
//操作结果: 将关键字为 k 的结点删除
void Delete ( BiTree * p );
//初始条件: p 非空
//操作结果: 删除 p 所指结点
int   SrcBstree(BiTree bt,KeyType k,BiTree * p,BiTree * f);   //查找
//初始条件:   st 存在,k 存在
//操作结果: 在根指针 bt 所指二叉排序树中递归地查找其关键字等于 k 的数据元素,若查找
//成功,则指针 p 指向该数据元素的结点,并返回 1;否则表明查找不成功,指针 p 指向查找路
//径上访问的最后一个结点,并返回函数值为 0, 指针 f 指向 p 的双亲,其初始调用值为 NULL
int menu();                                         //操作菜单
int main()
{   char ch;
```

```
int   flag,num;
BiTree bt;
char   no[10];
while(1)
{   num = menu();
    switch(num)
    {   case 0:  exit(1);
        case 1:  CrtBstree(&b);
                 if(bt) printf("创建成功!");
                 else printf("创建失败!");
                 printf("输入回车键继续...");  getch ();
                 break;
        case 2:  if(!bt) printf("二叉排序树为空!");
                 OutBstree(bt);
                 printf("输入回车键继续...");
                 getch();
                 break;
        case 3:  printf("输入学号:");
                 scanf("%s",no);
                 BiTree p,f;
                 p=bt; f = NULL;
                 SrcBstree(bt,no,&p,&f);
                 if(p)
                 {   printf("查找成功!\n");   OutElem(p);
                     printf("输入回车键继续...");  getch();
                 }
                 else
                 {   printf("查找失败!");
                     printf("输入回车键继续...");  getch();
                 }
                 break;
        case 4:  ElemType elem;
                 printf("输入待增加的学生记录信息(学号 姓名 性别 年龄 籍贯):");
                 printf("输入\n");
                 scanf ("%s%s%s%d%s",elem.no,elem.name,elem.sex,
                        &elem.age,elem.birthplace);
                 InsBstree(&bt,elem);
                 printf("输入回车键继续...");  getch();
                 break;
        case 5:  printf("输入待删除的学生学号:");
                 scanf("%s",no);
                 DelBstree(&bt,no);
                 printf("输入回车键继续...");  getch();
```

```
                }                              //switch
            }                                  //while
        return 0;
}
int menu()
{   int n;
    while(1)
    { system("cls");
        printf("\t/******学生信息管理系统***** * /\n");
        printf("\n\t/******本系统基本操作如下**** * /\n");
        printf("0:退出 \n1:创建 \n2:浏览 \n3:按学号进行查找 \n4:增加记录 \n5:删除记录 \
n");
        printf("请输入操作提示:(0~5)");
        scanf("%d",&n); getchar();
        if(n>=0&&n<=5) return n;
        else { printf("输入编号有误,重新输入!\n"); getch(); }
    }
}
//函数定义
void  CrtBstree(BiTree * bt)               //创建二叉排序树
{   int n;
    ElemType elem;
    printf("输入结点的个数:");    scanf("%d", &n);
    * bt = NULL;
    for(int i=0;i<n; i++)
    {   printf("输入学号 姓名 性别 年龄 籍贯 \n");
        scanf("%s%s%s%d%s",elem.no,elem.name,elem.sex,
            &elem.age,elem.birthplace);
        InsBstree(bt,elem);
    }
}
void InsBstree(BiTree * bt, ElemType e )
{   if (!( * bt))
    {   BiTNode * s =  (BiTree)malloc(sizeof(BiTNode)) ; //为新结点分配空间
        s->data = e;   s->lchild = s->rchild = NULL;      //插入 * s 为新的根结点
        * bt = s;
    }
    else  if ( LT(e.no, ( * bt)->data.no) )
        InsBstree(&(( * bt)->lchild), e);     //将 * s 插入到 * bt 的左子树
    else  InsBstree(&(( * bt)->rchild), e);    //将 * s 插入到 * bt 的右子树
}
void OutBstree(BiTree bt)
{   if(bt)
```

```
    {   OutBstree(bt->lchild);
        printf ("%s %s %s %d %s\n",bt->data.no,bt->data.name,bt->data.sex,bt
            ->data.age,bt->data.birthplace);
        OutBstree(bt->rchild);
    }
}
void OutElem(BiTree p)
{   printf ("%s %s %s %d %s\n",p->data.no,p->data.name,p->data.sex,p->data.
        age,p->data.birthplace);
}
int  SrcBstree(BiTree bt,KeyType k,BiTree * p,BiTree * f)
{/* 在根指针 bt 所指二叉排序树中递归地查找其关键字等于 k 的数据元素,若查找成功,则返
    回指针 p 指向该数据元素的结点,并返回 1;否则表明查找不成功,指针 p 指向查找路径上访
    问的最后一个结点,并返回函数值为 0,指针 f 指向当前访问的结点的双亲,其初始调用值
    为 NULL * /
    if (!bt)
    {   * p = * f;  return 0;  }
    else if(EQ(bt->data.no ,k))
    {   * p = bt; return 1;   }
    else if(LT(bt->data.no ,k)) return(SrcBstree(bt->rchild,k,p,&bt));
    else  return(SrcBstree(bt->lchild,k,p,&bt));
}                                        //SrcBstree
int DelBstree(BiTree * bt,  KeyType k)
{ //若二叉排序树 T 中存在其关键字等于 k 的数据元素,则删除该数据元素结点,
    //并返回函数值 1,否则返回函数值 0
    if (!( * bt)) return 0;                    //不存在关键字等于 kval 的数据元素
    else
    {  if ( EQ (( * bt)->data.no,k))          //找到关键字等于 key 的数据元素
        {  Delete (bt);  return 1; }
        else if ( LT(k, ( * bt)->data.no))  return DelBstree( &(( * bt)->lchild), k);
        else  return DelBstree(&(( * bt)->rchild),k);
    }
}                                        //DeleteBST
void Delete ( BiTree * p )
{ //从二叉排序树中删除结点 * p,并重接它的左子树或右子树
    if (!( * p)->rchild)
    {   BiTree q = * p; * p = ( * p)->lchild; free(q);  }
    else if (!( * p)->lchild)
    {   BiTree q = * p; * p = ( * p)->rchild; free(q);  }
    else
    {   BiTree s,q;
        q = * p;  s = ( * p)->lchild;            //s 指向被删结点的前驱
        while (s->rchild)
```

```
    { q = s;   s = s->rchild;  }
    (*p)->data = s->data;
    if (q != *p) q->rchild = s->lchild;
    else  q->lchild = s->lchild;           //重接*q的左子树
    free(s);
  }
}                                          //Delete
```

如果构造的二叉排序树不是平衡二叉树,或者操作过程中导致原来平衡的二叉排序树失衡,则查找效率将会降低。为此,可以在二叉排序树失衡之后进行相应的调整,使学生信息表总是保持较高的查找效率。

建议读者将操作对象由上述的二叉排序树改为平衡二叉树,并自行完成此部分程序。

7.5　哈　希　表

7.5.1　哈希表的概念

前面讨论的查找算法有一个共同点:记录的存储位置与其关键字之间不存在一个确定的关系,因此查找时需要将给定值依次和关键字集合中的各个关键字进行比较,查找的效率取决于给定值与关键字进行比较的次数。因此,对于用这类方法表示的查找表,其平均查找长度都不为零。

试想,如果可以将记录的关键字与其在查找表中的存储位置之间建立一种确定的关系,那么当给定一个关键字值时,即可根据这种关系直接确定该关键字记录在表中的存储位置。显然,当查找时,无需进行比较即可根据这种对应关系直接查找到关键字对应的记录。

如图 7-38 所示,长度为 m(m≥n)的一段连续存储空间(一维数组)称为哈希表(Hash Table)或散列表,并称映射函数 H 为哈希函数,H(key)为关键字 key 的哈希地址。

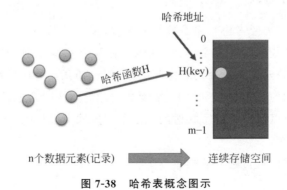

图 7-38　哈希表概念图示

例 7-11:设学生的编号在 0～999 范围之内,请为每年招收的新生(不超过 1000 名)建立一张学生信息查找表。

显然，可以用一个一维数组 C[0..999]来存放学生信息查找表，编号为 i 的学生信息存放在对应的数组元素 C[i]中。若要查看编号为 101 的学生信息，则直接访问 C[101]即可。其中，编号即为学生记录的关键字。记录关键字 key 与其在表中的位置具有的对应关系为：H(key)＝key。这里，对应关系 H 为哈希函数，一维数组 C[0..999]为哈希表，根据 key 确定的存储位置 H(key)为关键字 key 的哈希地址。

例 7-12：对于如下 9 个关键字：{Zhao，Qian，Sun，Li，Wu，Chen，Han，Yan，Dai}，可以设哈希函数为 H(key)＝⌊(关键字第一个字母－'A'＋1)/2⌋，构建的哈希表如表 7-2 所示。

表 7-2 例 7-12 构造的哈希表

地址	0	1	2	3	4	5	6	7	8	9	10	11	12	13
Key		Chen	Dei		Han		Li		Qian	Sun		Wu	Ye	Zhao

由上述两个例子可见，哈希函数是一个映射关系，即：将关键字的集合映射到某个地址集合上。它的设置很灵活，只要这个地址集合的大小不超出允许范围即可。

对于选定的某个哈希函数，不同的关键字可能得到同一个哈希地址，即：key1≠key2 但 H(key1)＝H(key2)，这种现象称为"冲突"，key1 和 key2 称为同义词。如：在例 7-11 所构造的哈希表中继续插入一个关键字 Zhou，显然 H(Zhou)＝H(Zhao)，Zhou 和 Zhao 为同义词，哈希地址相同，产生了冲突。此时，需要有处理冲突的办法，具体方法将在 7.4.3 节中阐述。

在一般情况下，冲突只能尽可能地少，而不能完全避免。因此，在设计哈希函数时，一方面要考虑选择一个"好"的哈希函数，使得对于集合中的任意一个关键字，经哈希函数"映射"到地址集合中任何一个地址的概率尽可能是相同的，以此降低冲突发生的概率；另一方面要选择一种方法来处理发生的冲突。

7.5.2 常用的哈希函数

设计哈希函数时，需要考虑哈希函数的复杂度、关键字长度与表长的关系、关键字分布情况以及元素的查找频率等多个因素，总体上有两个基本原则：①对于关键字集合中的任何一个关键字，映射到每一个地址空间的概率是相同的。换句话说，一组关键字的哈希地址应该尽可能均匀分布在表空间上，从而减少冲突。②哈希地址计算应该尽量简单。如果一个哈希函数可以保证关键字映射的地址不发生冲突，但计算异常复杂，则会耗费很多时间，降低查找效率。

下面介绍一些常用哈希函数的构造方法。

1. 直接定址法

取关键字或关键字的某个线性函数值作为哈希地址，即 H(key)＝key，或者 H(key)＝a×key＋b。这种方法仅限于地址集合与关键字集合大小相等的情况，不适用于关键字集合较大的情况。

例 7-13：中国改革开放以来的 GDP 同比增速如图 7-39 所示，对此构造哈希表。

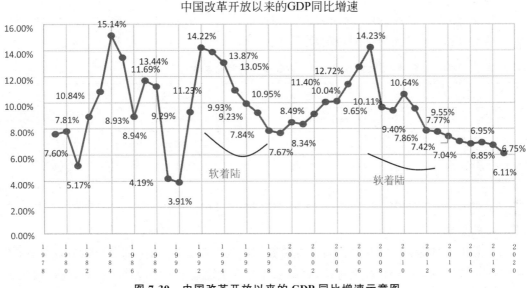

图 7-39　中国改革开放以来的 GDP 同比增速示意图

哈希函数可以定义为：H(key)＝key＋(－1979)，构造的哈希表如表 7-3。

表 7-3　对于例 7-13 构造的哈希表

地址	0	1	2	…	37	38	39	40
Key	1979	1980	1981	…	2016	2017	2018	2019
GDP 同比增速	7.6％	7.81％	5.71％	…	6.85％	6.95％	6.75％	6.11％

当需要查询 2015 年的 GDP 增速时，可直接根据哈希函数求得哈希地址 H(2018)＝39，查找到对应的数据值为 6.75％。

2. 数字分析法

假设关键字集合中的每个关键字都是由 s 位数字组成(k1，k2，…，kn)，分析关键字集合中的全体，并从中提取分布均匀的若干位或它们的组合作为地址。这种方法仅限于：能预先估计出全体关键字的每一位上各种数字的出现频度。

例如，有一组关键字：9815024、9801489、9806696、9815270、9802305、9808058 和 9013010，分析每个关键字的各位数字，可以明显看出后四位分布较为均匀，可作为哈希地址。

3. 平方取中法

平方取中法即计算关键字的平方值，然后取中间几位(通常取二进制比特位)作为哈希地址。因为通过平方运算可以扩大关键字之间的差别，同时平方值的中间几位会受到整个关键字中各个位的影响，所以，由此产生的哈希地址较为均匀。

比如，以时间作为记录的关键字，则 8：40：02 对应的哈希地址计算方法为：m＝

84002，(m)² ＝705633604，将 336 作为 m 的哈希地址。

再比如，关键字十是四位字母构成的标识符，哈希地址空间为 0～999。用两位数字 01～26 表示 26 个字母，则标识符 AABB 的内部代码为 01010202。表 7-4 给出了利用平方取中法得到的一组关键字对应的哈希地址。

表 7-4　平方取中法计算哈希地址

关键字	内部代码	（内部代码）²	H(key)
KEYA	11052501	122157**778**355001	778
KEYB	11052502	122157**800**460004	800
AKEY	01110525	001233**265**775625	265
BKEY	02110525	004454**315**775625	315

4. 折叠法

折叠法是指将关键字从左到右分成位数相等的几部分，最后一部分位数可以短些，然后将这几部分叠加求和并舍去进位，将结果作为哈希地址。如果关键字位数很多，而且关键字中每一位上的数字分布大致均匀时，可以采用此方法。

通常，有两种叠加方法。

（1）移位叠加法：将分割后各部分的最低位对齐后相加。

（2）间界叠加法：从一端向另一端沿各部分分界来回折叠后，再对齐相加。

例如：关键字＝25346358705，设哈希表长为三位数，则可对关键字每三位为一组进行分割，将关键字分割为四组：253、463、587 和 05。

进行移位叠加：253＋463＋587＋05＝1308，最后以 308 作为哈希地址。也可以采用间界叠加：253＋364＋587＋50 ＝ 1254，取 254 作为哈希地址。

5. 除留余数法

除留余数法是指将关键字除以某个不大于表长的数 p 后把所得的余数作为哈希地址。即：

$$H(key)＝key \ MOD \ p(p \leqslant m，m \ 为表长)$$

使用除留余数法时，p 值的选取非常重要。通常，p 应为不大于 m 的质数或是不含 20 以下质因子的合数。

例如：对于关键字序列{12，39，18，24，33，21}，使用除留余数法时，若取 p＝9，则使所有含质因子 3 的关键字均映射到地址 0、3、6 上，从而增加了冲突的可能性。

6. 随机数法

将关键字的随机函数值作为哈希地址，即 H(key)＝Random(key)。通常，此方法用于对长度不等的关键字构造哈希函数。

实际构造表时，不管采用何种方法构造哈希函数，总的原则是使哈希地址尽可能均匀分布，以使产生冲突的可能性尽可能地小。

7.5.3　处理冲突的方法

虽然我们希望尽可能寻找分布均匀的哈希函数,使得关键字映射后的哈希地址之间产生冲突的可能性尽可能低。但在实际情况中,冲突不可能完全避免,因此,如何解决冲突就是非常必要的工作。

在处理冲突的过程中,可能会得到一个地址序列。解决冲突实际上就是为产生冲突的关键字寻找另外一个"空"的哈希地址。

常用的处理冲突的方法有以下几种。

1. 开放定址法

开放定址法又称闭散列,即利用下面的公式求"下一个"地址。

$$H_i = (H(key) + d_i)\ MOD\ m$$

其中,H 为哈希函数,m 为哈希表表长,d_i 为增量序列($i=1,2,\cdots,k$,且 $k \leqslant m-1$),H_i 为依次求得的"下一个"地址。根据 d_i 的取值不同,开放地址法又可分为如下几种方法。

（1）线性探测法

增量序列 $d_i=1,2,3,\cdots,m-1$,当冲突发生时,按顺序探测下一个地址,直至找到"空"地址。

例如:已知长度为 13 的哈希表,哈希地址为 0～12,哈希函数为 H(key) = key mod 11,现已经填入 3 个记录,其关键字分别为 16、73 和 39,如表 7-5 所示。

表 7-5　已填入关键字 16、73 和 39

地址	0	1	2	3	4	5	6	7	8	9	10	11	12
key						16	39	73					

下一个待填入记录的关键字为 27,哈希地址为 H(27)=5,该地址的存储空间已经被 16 占用,因此产生冲突。若采用线性探测再散列的方法解决冲突,得到下一地址为 6,仍然冲突。再继续探测下一地址,直到探测到地址为 8 的位置为空时,处理冲突的过程结束,将记录填入,如表 7-6 所示。过程如下。

$$H_1(27) = (H(27)+1)\ mod\ 13 = 6\ 冲突$$

$$H_2(27) = (H(27)+2)\ mod\ 13 = 7\ 冲突$$

$$H_3(27) = (H(27)+3)\ mod\ 13 = 8\ 填入$$

表 7-6　线性探测解决冲突

地址	0	1	2	3	4	5	6	7	8	9	10	11	12
key						16	39	73	**27**				

从上述线性探测再散列的过程可以看出,只要哈希表未满,总能找到一个空地址。但这种解决冲突的方法也存在一个问题:当表中第 i、i+1 和 i+2 个位置上已填入记录时,下一个哈希地址为 i、i+1、i+2 和 i+3 的记录都将"争夺"第 i+3 个位置,这种现象称为

"二次聚集",即在处理"同义词"冲突的过程中,又增加了"非同义词"导致的冲突。如果很多元素在相邻的哈希地址上"堆积"起来,则将大大降低查找效率。为此,可采用二次探测法或双哈希函数探测法,以改善"堆积"问题。

（2）二次探测法

二次探测法即取增量序列 $d_i=1^2, -1^2, 2^2, -2^2, \cdots, k^2, -k^2 (k \leqslant m/2, m$ 为哈希表长度)。上例中如果采用二次探测法,如表7-7所示,则填入27时计算得到的地址序列依次为:

$$H_1(27)=5 \qquad\qquad\qquad\qquad 冲突$$
$$H_2(27)=(H(27)+1) \bmod 13 = 6 \quad 冲突$$
$$H_3(27)=(H(27)-1) \bmod 13 = 4 \quad 填入$$

表 7-7　利用二次探测解决冲突

地址	0	1	2	3	4	5	6	7	8	9	10	11	12
Key					**27**	16	39	73					

二次探测再散列可以改善"二次聚集"情况,但只有在表长 m 为 $4k+3$(k 是整数)的质数时,这才有可能。

（3）随机探测再散列

增量序列 d_i＝伪随机序列,处理冲突的效率取决于伪随机数列。

例 7-14: 关键字集合为 { 19, 01, 23, 14, 55, 68, 11, 82, 36 },哈希表表长为11,哈希函数 H(key)＝key mod 11。分别用线性探测法和二次探测法处理冲突,构造哈希表,并给出各自查找成功与查找不成功的 ASL。

分析: 查找成功的比较次数是针对每一个已经存在的数据记录,分析查找每一个记录的哈希地址过程中需要与哪些数据进行比较以及比较的次数。查找不成功的比较次数是:针对每一个哈希地址,考虑比较多少次才能得到查找不成功的结论。

采用线性探测法处理冲突,构造的哈希表及对应 ASL 如表7-8所示。

表 7-8　线性探测处理冲突构造的哈希表及 ASL

地址	0	1	2	3	4	5	6	7	8	9	10
Key	55	01	23②	14	68③	11⑥	82②	36⑤	19		
		23①									
			68①	68②							
	11①	11②	11③	11④	11⑤						
						82①					
			36①	36②	36③	36④					
查找成功的比较次数											
	1	1	2	1	3	6	2	5	1		

续表

查找成功的 ASL=(4×1+2×2+3+5+6)/9=22/9

查找不成功的比较次数

	10	9	8	7	6	5	4	3	2	1	1

查找不成功的 ASL=(9+8+7+6+5+4+3+2+1)/11=45/11

若采用二次探测法处理冲突,构造的哈希表及对应 ASL 如表 7-9 所示。

表 7-9　二次探测处理冲突构造的哈希表及 ASL

地址	0	1	2	3	4	5	6	7	8	9	10
Key	55	01	23②	14	36②	82	68④		19		11③
		23①									
	68③	68①	68②								
	11①	11②									
			36①								

查找成功的比较次数

	1	1	2	1	2	1	4		1		3

查找成功的 ASL=(5×1+2×2+3+4)/9=16/9

查找不成功的比较次数

	4	8	4	3	7	3	1	0	1	0	2

查找不成功的 ASL=(2×4+2×3+2×1+2+7+8)/11=33/11

2. 双哈希函数探测法

双哈希函数探测法是指先用第一个函数 Hash(key)对关键字计算哈希地址,一旦产生地址冲突,再用第二个函数 ReHash(key)确定移动的步长,最后通过步长序列由探测函数寻找空的哈希地址。哈希地址计算如下。

$$H_i=(Hash(key)+i*ReHash(key))MODm(i=1,2,\cdots,m-1)$$

其中:Hash(key)和 ReHash(key)是两个哈希函数,m 为哈希表长度。

比如,Hash(key)=a 时产生地址冲突,就计算 ReHash(key)=b,则探测的地址序列为:

$H_1=(a+b)MOD\ m,H_2=(a+2b)MOD\ m,\cdots\cdots,H_{m-1}=(a+(m-1)b)MOD\ m$
直到找到一个空的地址为止。

3. 链地址法

用链地址法解决冲突的哈希表,是指在哈希表的每一个单元中存放一个指针,又称开散列。假设哈希地址在区间[0..m-1]上,则哈希表为一个指针数组。所有的同义词连成一个链表,链表头指针保存在哈希表的对应单元中。链表中的插入位置可以是表头或表尾,也可以通过有序插入将链表构造成一个有序表。

例 7-15：关键字集合为 { 19，01，23，14，55，68，11，82，36 }，哈希表表长为 7，哈希函数为 H(key)＝key MOD 7，采用链地址法处理冲突，构造哈希表，构造结果见图 7-40。

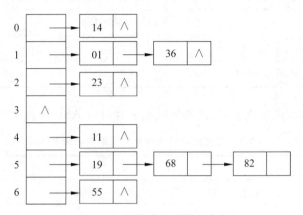

图 7-40　用链地址法处理冲突

分析：查找成功的比较次数是针对每一个已经存在的数据记录。查找 14、01、23、11、19 和 55 时，都仅需要比较一次即可查找到；查找 36 和 68 时，比较两次就可以查找到；查找 82 时，比较三次就可以找到。因此，查找成功的 $ASL＝(6×1＋2×2＋3×1)/9＝13/9$。

查找不成功的比较次数是针对每一个哈希地址，考虑比较多少次才能得到查找不成功的结论。对于哈希地址为 0、2、4 和 6 的记录，都仅需进行一次比较，就可以确定查找失败；对于哈希地址为 1 的记录，查找失败时需要进行两次比较；对于哈希地址为 5 的记录，查找失败时需要进行三次比较。因此，查找不成功的 $ASL＝(1＋2＋1＋1＋3＋1)/7＝9/7$。

4. 建立一个公共溢出区

设哈希函数产生的哈希地址集为 [0..m−1]，则分配两个表：一个基本表为 hashtable[m]，每个单元只能存放一个元素；一个溢出表为 overtable[V]，所有与基本表中关键字为同义词的记录都填入溢出表中。

例 7-16：关键字表 (a,d,e,f,d1,d2,f1,g)，表长 m＝11，哈希函数 $H(key)＝i_1\%11$，i_1 为首字母在字母表中的位置。

分析：首先计算关键字 a 的哈希地址，$H(a)＝1\%11＝1$，填入基本表中下标为 1 的存储单元中。依次计算 d、e 和 f 的哈希地址，并填入基本表中下标为 4、5 和 6 的存储单元中。再计算 d1、d2 和 f1 的哈希地址，都发生冲突，则依次填入溢出表中。最后计算 g 的哈希地址，填入基本表中下标为 7 的存储单元中。

构建的基本表和溢出表分别如下。

基本表：

0	1	2	3	4	5	6	7	8	9	10
	a			d	e	f	g			

溢出表：

	0	1	2	3	4	5	6	7	8	9	10
	d1	d2	f1								

7.5.4 哈希表的查找及其性能分析

哈希表查找过程和建立哈希表的过程基本一致。基本思想为：首先根据给定的哈希函数计算哈希地址。如果相应地址上没有记录，则查找不成功。如果相应地址上有记录，则将记录的关键字与给定值进行比较，若比较相等，则查找成功，若比较不相等，则根据造表时设定的冲突解决方法找到下一个地址，直到哈希表中某个位置为空或者表中的记录关键字与给定值相同为止。

算法 7.18 给出了利用线性探测再散列方法处理冲突时的哈希表的查找过程。

【算法 7.18】

```
typedef  ElemType  hashtable[m];          //哈希表的存储结构
int hashsrch(hashtable shtable,KeyType k)
//已知 hash 函数为 hash(key)，散列表的表长为 m,
//地址序列 Hi=(hash(key)+di)%m, di=1,2,…,m-1
{   j=hash(k);
    if(shtable[j]==NULL)   return 0;
    else if(shtable[j].key ==k)  return j;
    else
    {   do
        {
            j=(j+1) %m;                   //线性探测再散列
        }while(shtable[j].key !=k && shtable[j] !=NULL);
    if (shtable[j]==NULL)   return 0;
    else return j;
    }                                     //else
}                                         //hashsrch
```

由查找过程可知，虽然哈希表在关键字和记录的存储位置之间建立了直接映射，但由于冲突的产生，使得该查找过程仍然是给定值与关键字进行比较的过程。因此，仍需使用平均查找长度来度量哈希表的查找效率。

查找过程中，给定值与关键字进行比较的次数取决于产生冲突的次数。产生的冲突少，查找效率就高；产生的冲突多，查找效率就低。

冲突的产生与下列三个因素有关。

（1）哈希函数是否均匀。

（2）处理冲突的方法。

（3）哈希表的装填因子。

尽管哈希函数的好坏直接影响冲突产生的频度，但一般情况下，我们总认为所选的哈希函数是"均匀的"，因此可以不考虑哈希函数对平均查找长度的影响。

对于相同的关键字集合和同样的哈希函数，在数据元素等概率查找情况下，选择不同的冲突解决方法，它们的平均查找长度不同。

哈希表的装填因子定义为 $\alpha = \dfrac{填入表中的元素个数}{哈希表的长度}$，$\alpha$ 是哈希表装满程度的标志因子。一般情况下，对于冲突处理方法相同的哈希表，其平均查找长度依赖于哈希表的装填因子。由于表长是定值，α 与填入表中的元素个数成正比。α 越大，填入表中的元素较多，产生冲突的可能性就越大；α 越小，填入表中的元素较少，产生冲突的可能性就越小，但空间的利用率会降低。为兼顾两者，α 在 $[0.6, 0.9]$ 范围内为宜。当 $\alpha < 0.5$ 时，大部分情况下平均查找长度小于 2。装填因子超过 0.5 后，哈希表的操作性能会急剧下降。实际上，哈希表的平均查找长度是装填因子 α 的函数，不同的冲突处理方法对应的平均查找长度的函数形式不同。以下给出几种不同的冲突处理方法查找成功时的平均查找长度以及对比的结果（见表 7-10）。

表 7-10　平均查找长度以及对比的结果

处理冲突的方法	平均查找长度	
	查找成功	查找不成功
线性探测法	$S_{nl} \approx \dfrac{1}{2}\left(1 + \dfrac{1}{1-\alpha}\right)$	$U_{nl} \approx \dfrac{1}{2}\left(1 + \dfrac{1}{(1-\alpha)^2}\right)$
二次探测法与双哈希法	$S_{nr} \approx -\dfrac{1}{\alpha}\ln(1-\alpha)$	$U_{nr} \approx \dfrac{1}{1-\alpha}$
拉链法	$S_{nc} \approx 1 + \dfrac{\alpha}{2}$	$U_{nc} \approx \alpha + e^{-\alpha}$

例 7-17：已知一个含有 100 个记录的表，关键字为中国人姓氏的拼音，请给出此表的一个哈希表设计方案，要求它在等概率情况下查找成功的平均查找长度不超过 3。

分析：用线性探测再散列处理冲突来建立哈希表。$ASL = \dfrac{1}{2}\left(1 + \dfrac{1}{1-\alpha}\right)$，由于 ASL $\leqslant 3$，可求出 $\alpha \leqslant 4/5$。由 $\alpha = $ 记录个数 $n/$ 表长 m，可求得表长 $m = n/\alpha \geqslant (100 \times 5)/4 = 125$，取表长 $m = 133$。根据关键字分析，选择哈希函数 $H(\text{key}) = 5 * (i-1) + L$。其中，$i$ 为第一个字母在字母表中的序号，L 为关键字的长度。

哈希法是应用较为广泛的高效查找方法。例如，互联网搜索引擎中的关键词字典、域名服务器 DNS 中域名与 IP 地址的对应以及操作系统中的可执行文件名表等都采用哈希技术来提高查找效率。

7.6　本章小结

本章介绍了几种常用的查找技术，并给出了 C 语言算法描述。既有适合于无序表的顺序查找技术和适合于有序表的折半查找技术，还有动态树表查找技术以及根据记录的关键字值直接进行地址计算的哈希查找技术。各种查找技术都有不同的适用情况,应根据具体情况选择使用。选择查找算法时,不仅要考虑查找表的存储结构(顺序存储还是链式存储),还要考虑查找表中数据元素的逻辑组织方式(有序还是无序)等诸多因素。

顺序查找是一种最简单的查找技术,对查找表的存储结构没有限制,也不要求查找表有序,因此当查找表长度较小且查找操作不是很频繁时,多采用此方法。折半(二分)查找是适用于有序表的一种查找技术,它要求查找表顺序存储。查找时,用给定值和有序表查找区间的中间记录的关键字进行比较,如果相等,则查找成功;否则,缩小查找区间为原表的一半,并继续进行查找;迭代进行,直到查找成功或失败。在有序表上进行折半查找具有较高的效率。

二叉排序树和平衡二叉树上的查找都是基于二叉树的查找技术。二叉排序树的高度与关键字的插入顺序直接相关,当关键字序列本身就是有序序列时,构造的二叉排序树就退化为一棵单支树,查找效率达到最低,与顺序查找相同。平衡二叉树(AVL)是一棵平衡的二叉排序树,其左右子树高度之差的绝对值不超过 1,它具有较好的查找效率。向 AVL 树中插入一个关键字时,可能引起 AVL 失去平衡,此时要根据不同的情形进行相应的调整。

B-树和 B$^+$ 树是 ISAM 中的两种索引技术,均适合于在磁盘等直接存取设备上组织动态的查找表,是一种外查找算法。

哈希查找技术用事先构造好的哈希函数和解决冲突的方法确定记录的存储位置。查找过程中,给定值与关键字进行比较的次数取决于产生冲突的多少。产生的冲突少,查找效率就高;产生的冲突多,查找效率就低。而产生冲突的多少取决于三个因素:哈希函数是否均匀、处理冲突的方法以及哈希表的装填因子。

7.7　习题与实验

一、填空题

1. 在数据存放无规律的线性表中进行检索的最佳方法是_____。

2. 有序表($a_1, a_2, a_3, \cdots, a_{256}$)是从小到大排列的,对一个给定的值 k,用二分法检索表中与 k 相等的元素。在查找不成功的情况下,最多需要检索_____次。设有 100 个结点,用二分法查找时,最大比较次数是_____。

3. 假设在有序表上进行折半查找,则比较一次查找成功的结点数为 1;比较两次查找成功的结点数为_____;比较四次查找成功的结点数为_____;平均查找长度为_____。

4. 在有序表(4,6,12,20,28,38,50,70,88,100)上进行折半查找,若查找表中元素 20,它将依次与表中元素_____比较大小。

5. 哈希表的基本思想是由_____决定数据的存储地址。

6. 有一个表长为 m 的哈希表,初始状态为空,现将 n(n<m)个不同的关键字插入到哈希表中,解决冲突的方法是用线性探测法。如果这 n 个关键字的散列地址都相同,则探

测的总次数是_____。

二、单项选择题

1. 在表长为 n 的链表中进行顺序查找,它的平均查找长度为(   )。

    (A) ASL＝n;   (B) ASL＝(n＋1)/2;

    (C) ASL＝$\sqrt{n}$＋1;   (D) ASL≈log(n＋1)－1

2. 在表(4,6,10,12,20,30,50,70,88,100)上进行折半查找。若查找表中元素58,则它将依次与表中(   )比较大小,查找结果是失败。

    (A) 20,70,30 和 50   (B) 30,88,70 和 50

    (C) 20 和 50   (D) 30,88 和 50

3. 对 22 个记录的有序表做折半查找,当查找失败时,至少需要比较(   )次关键字。

    (A) 3   (B) 4   (C) 5   (D) 6

4. 链表适用于(   )查找。

    (A) 顺序   (B) 二分法   (C) 顺序或二分法   (D) 随机

5. 折半查找与二叉排序树查找的时间性能(   )。

    (A) 相同   (B) 完全不同

    (C) 有时不相同   (D) 数量级都是 O($\log_2 n$)

三、简答题

1. 二分查找是否适合链表结构的序列,为什么? 用二分查找的查找速度必然比线性查找的速度快,这种说法对吗?

2. 假定对有序表(3,4,5,7,24,30,42,54,63,72,87,95)进行折半查找,试回答下列问题。

(1) 画出描述折半查找过程的判定树。

(2) 若查找元素 54,需依次与哪些元素进行比较?

(3) 若查找元素 90,需依次与哪些元素进行比较?

(4) 假定每个元素的查找概率相等,求查找成功时的平均查找长度。

3. 已知长度为 12 的表为(元素的大小按字符串比较):

{Jan, Feb, Mar, Apr, May, June, July, Aug, Sep, Oct, Nov, Dec}

(1) 试按表中元素的顺序把它们插入一棵初始为空的 BST(二叉排序树)树中,画出完整的 BST 树,并在等概率情况下求 ASL 成功值。

(2) 若对表中元素按顺序构造一棵 AVL 树,并求其在等概率情况下查找成功时的 ASL 成功值。

(3) 若对表中元素先进行排序而构成递增有序表,求其在等概率状况下对它进行折半查找时的 ASL 成功值。

4. 用比较两个元素大小的方法在一个给定的序列中查找某个元素的时间复杂度的下限是什么? 如果要求时间复杂度更小,可采用什么方法? 此方法的时间复杂度是多少?

5. 设哈希(Hash)表的地址范围为 0～17,哈希函数为：H(K)＝K MOD 17。K 为关键字,用线性探测再散列法处理冲突,输入关键字序列：

(10,24,32,17,31,30,46,47,40,63,49)

构造哈希表,试回答下列问题。

（1）画出哈希表的示意图。

（2）若查找关键字 63,需要依次与哪些关键字进行比较？

（3）若查找关键字 60,需要依次与哪些关键字进行比较？

（4）假定每个关键字的查找概率相等,求查找成功时的平均查找长度。

参考解答

各关键字的哈希地址计算如下：

- H(10)=10 mod 17 = 10
- H(24)=24 mod 17 = 7
- H(32)=32 mod 17 = 15
- H(17)=17 mod 17 = 0
- H(31)=31 mod 17 = 14
- H(30)=30 mod 17 = 13
- H(46)=46 mod 17 = 12
- H(47)=47 mod 17 = 13（冲突→16）
- H(40)=40 mod 17 = 6
- H(63)=63 mod 17 = 12（冲突→17）
- H(49)=49 mod 17 = 15（冲突→1）

（1）哈希表示意图：

地址	0	1	2	3	4	5	6	7	8	9	10	11	12	13	14	15	16	17
关键字	17	49					40	24			10		46	30	31	32	47	63
比较次数	1	5					1	1			1		1	1	1	1	4	6

（2）查找 63：H(63)=12，依次与地址 12、13、14、15、16、17 上的关键字比较，即 46、30、31、32、47、63，共 6 次比较。

（3）查找 60：H(60)=60 mod 17 = 9，地址 9 为空，查找失败，无须与任何关键字比较。

（4）查找成功的平均查找长度：

$$ASL = \frac{1+5+1+1+1+1+1+1+1+4+6}{11} = \frac{23}{11} \approx 2.09$$

第8章

排　序

　　排序是按一定的顺序或规则将数据元素进行重新排列,以便于从中发现数据规律和特征,进而找到解决问题的线索。排序在数据处理中是使用率极高的一种操作,无论是在社会生活中还是在科学研究中,几乎随处可见。

　　由于实际问题中参加排序的数据通常是多元的,因此科学且权威的排序方法需要综合考虑多个因素和指标。又由于研究的问题具有一定的差异性,因此同一个数据对象上也可以选择不同的指标,得到不同的排序结果。比如,世界500强企业的排名是将收入作为主要依据,但各大排名又各有差异。《财富》的500强以销售收入为主要依据,并将利润、资产、股东权益、雇佣人数等作为参考指标;而《商业周刊》则是把市值作为主要依据;《福布斯》则综合考虑年销售额、利润、总资产和市值。

　　根据排序结果,便很容易发现某些信息。比如,通过分析2020年7月发布的《财富》中国500强榜单,可以获取最具有盈利能力的企业、净资产收益率最高的企业以及各行业的分类排名等多种信息。基于排序结果,也利于进一步的数据分析和引导解决问题的思路。比如,从榜单看,老基建依然是国民经济的重要支撑,以5G、人工智能和工业互联网等创新型技术为代表的新基建为国民经济发展注入新动能。在工业4.0的大背景下,"新老基建"将同时登场,共同支撑中国经济的高质量发展。新基建也将推动中国制造业的转型升级,实现《中国制造2025》中提出的从制造大国迈向制造强国的目标。

　　大多数情况下,涉及的待排序数据集是庞大的,因而设计高效率的排序算法一直是程序设计追求的目标之一。此外,根据第7章中介绍的有序表的查找可知,利用排序算法构造一个有序序列之后再进行折半查找,可以将查找效率从$O(n)$提高到$O(\log_2 n)$。

　　本章将以最熟悉的学生信息的排序问题为引入,详细阐述各种常用的基本排序算法,并对其性能进行分析。

8.1　问题的提出

　　排序(Sorting)是经常进行的一种操作,其目的是将一组"无序"的记录序列调整为"有序"的记录序列。比如,表8-1所示的是一个学生成绩表。默认情况下是按学号有序进行的排列,如果想要分析学生的成绩,则可以按照成绩进行排序并显示结果。

表 8-1　学生成绩表

班级	学号	姓名	过程评分	期末	总评	备注
计算类 2001	120191080101	常乐	35	40	75	
计算类 2001	120191080102	杜小亘	46	50	96	
计算类 2001	120191080103	申文慧	40	38	78	
计算类 2001	120191080104	智煜辉	44	45	89	
计算类 2001	120191080105	张通源	42	45	87	
计算类 2001	120191080106	卓越	40	50	90	

如表 8-2 所示,通过观察结果,可以方便地查询最高分和最低分,分析成绩分布的规律,也可以对不同分数段的学生进行统计分析,并反馈到教与学的过程中,促进教学效果的提升和育人模式的改进。

表 8-2　按成绩有序排列之后的学生成绩表

班级	学号	姓名	过程评分	期末	总评	备注
计算类 2001	120191080102	杜小亘	46	50	96	
计算类 2001	120191080106	卓越	40	50	90	
计算类 2001	120191080104	智煜辉	44	45	89	
计算类 2001	120191080105	张通源	42	45	87	
计算类 2001	120191080103	申文慧	40	38	78	
计算类 2001	120191080101	常乐	35	40	75	

对于同一个数据集,往往可以选择不同的排序算法。由于数据集本身的特点以及各种排序算法自身的特性各有不同,因此需要考虑实际应用问题的具体需求,选择一种能满足问题约束以及需求的排序算法,并且使其具有较高的时空效率。

8.2　基　本　概　念

所谓排序,就是将一个无序的数据元素序列重新排列,使之成为按某个数据元素(或者数据项)递增或递减的有序序列。为了叙述方便,本章所讲排序均假定为按记录关键字的非递减有序,其形式化的定义如下。

给定 n 个记录的序列为 $\{R_1, R_2, \cdots, R_n\}$,其相应的关键字为 $\{K_1, K_2, \cdots, K_n\}$,排序过程就是确定 $1, 2, \cdots, n$ 的一个排列 $P_1, P_2, \cdots, P_n$,使得 $K_{P_1} \leqslant K_{P_2} \leqslant \cdots \leqslant K_{P_n}$,则序列 R_{P_1}, $R_{P_2}, \cdots, R_{P_N}$ 就是按关键字有序的序列,这个过程称为**排序**。

对于序列中的任意两个记录,若其关键字 $K_x = K_y$;如果在排序之前 R_x 在 R_y 之前,而排序之后 R_x 仍在 R_y 之前,则它们的相对位置保持不变,这种排序方法是**稳定的**;否则排序方法是**不稳定的**。

在排序过程中,若所有记录都是放在内存中处理的,不涉及数据的内存和外存之间的交换,则称之为**内部排序**;反之,若排序过程中要进行数据的内存和外存之间的交换,则称之为**外部排序**。内部排序适用于记录个数不很多的情况;外部排序则适用于记录个数很多且不能一次将其全部放入内存中的大文件。

本章将重点讲述内部排序。内部排序方法很多,根据排序的特点,可将其分为:插入排序、选择排序、交换排序、归并排序和基数排序五大类。除基数排序之外,其他排序方法具有的共同特点是:将一组记录视为有序序列和无序序列两部分,初始时有序序列为空或只有一个记录,通过若干趟排序之后,逐步缩小无序序列,扩大有序序列,直至无序序列为空。

每一种排序方法都有各自的优缺点,适用于不同的问题。从无序序列变成有序序列,都需要经过若干趟排序完成。每一趟排序都会将一个或多个记录移到符合升序或降序的相应位置上。本章在没有特殊声明的情况下,默认为按关键字升序进行排序。

内部排序算法的时间性能通过排序过程中关键字的比较次数或记录移动的次数进行衡量;而空间性能则通过排序过程中所需要的辅助存储空间大小进行衡量。

外部排序算法不在本书讲解范畴,这里将不做介绍。

为了讨论方便,设待排序记录的关键字均为整数,数据类型定义如下。

```
#define MAXSIZE   100        //用作示例的顺序表的最大长度
typedef int KeyType;         //定义关键字类型为整型
typedef struct              //记录定义
{  KeyType  key;            //记录的关键字项
    [infoType  otherinfo];   //记录的其他数据项
}RecType;                   //记录类型
typedef  struct             //顺序表定义
{  RecType   * r;           //待分配 MAXSIZE+1 个记录空间,r[1]~r[n]表示 n 个记
                            //录,r[0]闲置或用作哨兵单元
    int      length;        //顺序表长度
} SqList;                   //顺序表类型
```

定义 SqList 类型的变量 L,即 SqList L。本章后续将针对顺序表 L 存储的记录序列进行各种排序算法的阐述。

8.3　插　入　排　序

插入排序(Insertion Sort)的基本思想是:首先将第一个记录看作有序序列,其余记录看作无序序列。将无序序列中的一个记录按其关键字大小插入到已经有序的序列中。重复插入,直到有序序列包含所有的记录,无序序列为空,即全部记录插入为止,如图 8-1 所示。

本节介绍三种插入排序方法:直接插入排序、折半插入排序和希尔排序。

图 8-1　有序区和无序区示意图

8.3.1　直接插入排序

直接插入排序（Straight Insertion Sort）的基本思想是：若记录序列 {L.r[1]，L.r[2]，…，L.r[i−1]} 已按关键字有序，则将记录 L.r[i] 插入其中，并使得插入之后的序列仍然有序。具体插入过程为：将记录 L.r[i] 的关键字 L.r[i].key 依次与记录 L.r[i−1]，L.r[i−2]，…，L.r[2]，L.r[1] 的关键字进行比较，直到某个记录 L.r[j]（1≤j≤i−1）的关键字 L.r[j].key 不比 L.r[i].key 大为止，则将记录 L.r[i] 直接插入到记录 L.r[j] 之后。

对 n 个记录进行直接插入排序，整个排序过程需进行 n−1 趟插入，即：先将序列中的第 1 个记录看成是一个有序的子序列，然后插入第 2 个记录、第 3 个记录，依此类推，直到插入第 n 个记录，使得整个序列按关键字有序。

例 8-1：设顺序表 L 中的前 4 个记录 L.r[1] ～ L.r[4] 已经按关键字有序，现将 L.r[5] 进行插入，使得 L.r[1] ～ L.r[5] 有序。

插入的具体过程如图 8-2 所示。

基本操作	岗哨 L.r[0]	L.r[1]	L.r[2]	L.r[3]	L.r[4]	L.r[5]
初始时：j=5; L.r[0]= L.r[j]; i=j−1;	9	2	10	18	25	9
i=4 时，L.r[0].key<L.r[i].key; 执行 L.r[i+1]=L.r[i]; i−−;	9	2	10	18	25	25
i=3 时，L.r[0].key<L.r[i].key; 执行 L.r[i+1]=L.r[i]; i−−;	9	2	10	18	18	25
i=2 时，L.r[0].key<L.r[i].key; 执行 L.r[i+1]=L.r[i]; i−−;	9	2	10	10	18	25
i=1 时，L.r[0].key>L.r[i].key; 执行 L.r[i+1]=L.r[0];	9	2	9	10	18	25

图 8-2　一次直接插入过程

在图 8-2 所示的操作过程中，为了避免在查找插入位置时数组下标越界的检查，首先执行 L.r[0]＝L.r[j]，将待插入记录 L.r[j] 复制到 L.r[0]，即在 L.r[0] 处设置岗哨。然后，从 i＝4 开始向岗哨的方向查找插入位置。如果 L.r[0].key<L.r[i].key，则执行 i−−，之后继续查找；否则 L.r[0].key＞＝ L.r[i].key，则找到插入位置为 i＋1，执行 L.r[i＋1]＝L.r[0]。

例 8-2：设关键字序列为 {26,18,20,18 * ,38,30,20,23,31,29}，则直接插入排序的执行步骤如图 8-3 所示。其中，第 2 个"18"后面的 * 以示与第 1 个"18"的区别，表示不同记录的关键字。

图 8-3 所示的整个排序过程，需要进行 n−1 趟插入。首先将第一个记录看作是一个有序序列，第一趟插入从 i＝2 开始。在第 i 趟插入中，若第 i 个记录的关键字不小于第 i

初始关键字	岗哨	[26]	18	20	18*	38	30	20*	23	31	29
第 1 趟排序后	**18**	[18	26]	20	18*	38	30	20*	23	31	29
第 2 趟排序后	**20**	[18	20	26]	18*	38	30	20*	23	31	29
第 3 趟排序后	**18***	[18	18*	20	26]	38	30	20*	23	31	29
第 4 趟排序后	**38**	[18	18*	20	26	38]	30	20*	23	31	29
第 5 趟排序后	**30**	[18	18*	20	26	30	38]	20*	23	31	29
第 6 趟排序后	**20***	[18	18*	20	20*	26	30	38]	23	31	29
第 7 趟排序后	**23**	[18	18*	20	20*	23	26	30	38]	31	29
第 8 趟排序后	**31**	[18	18*	20	20*	23	26	30	31	38]	29
第 9 趟排序后	**29**	[18	18*	20	20*	23	26	29	30	31	38]

图 8-3　完整的直接插入排序过程

－1 个记录的关键字，则待插入记录所在位置 i 即为插入位置，因此无须再进行插入位置的查找。在算法中，为了避免在查找插入位置时数组下标越界，每一趟插入都需要重新设置岗哨。

直接插入排序的算法描述如算法 8.1 所示。其中，n－1 趟插入通过外层循环实现。每一趟插入时，则通过内层循环寻找插入位置。

【算法 8.1】

```
void StraightSort(SqList L)
{   //设立监视哨:r[0]=r[i],在查找的过程中同时后移记录
    for(int i=2;i<=L.length;i++)
    {   L.r[0]=L.r[i];                //设置岗哨
        int j=i-1;
        while(L.r[0].key<L.r[j].key)
        {    L.r[j+1]=L.r[j]; j--; }
        L.r[j+1]=L.r[0];              //把岗哨的值放入到已经找到的插入位置
    }
}//StraightSort
```

【算法分析】

从时间性能来看，该算法的基本操作为比较两个关键字的大小与移动记录，而比较和移动记录的次数取决于待排序列的初始状态。

具体可分为如下三种情况。

（1）最好情况：初始关键字序列按非递减有序排列。每趟排序只需进行一次比较（L.r[0].key<=L.r[j].key）和两次移动（L.r[0]＝L.r[i] 与 L.r[j+1]＝ L.r[0]）即可完成。整个排序总的比较次数和移动次数分别如下：

$$总比较次数=n-1$$

$$总移动次数=2(n-1)$$

（2）最坏情况：初始关键字序列为非递增有序排列。对第 j 趟排序（即插入第 j+1 个记录到前面的有序表中），插入记录需要同前面的 j-1 个记录以及岗哨记录进行 j+1 次关键字的比较，移动记录的次数为 j+2 次。整个排序总的比较次数和移动次数分别如下：

$$总的比较次数 = \sum_{j=1}^{n-1}(j+1) = \frac{(n-1)(n+2)}{2}$$

$$总的移动次数 = \sum_{j=1}^{n-1}(j+2) = \frac{(n-1)(n+4)}{2}$$

（3）随机情况：初始关键字序列出现各种排列的概率相同，所需进行的关键字间的比较次数和移动记录的次数约为 $\frac{n^2}{4}$。综上所述，直接插入排序的时间复杂度为 $O(n^2)$。

从空间性能来看，直接插入排序算法只需一个记录的辅助空间，空间复杂度为 $O(1)$。

直接插入排序是一种稳定的排序方法，算法的优点是：简洁、稳定且易于实现。当待排序记录的数量很小时，直接插入排序是一种很好的排序方法。但是当 n 很大时，显然不宜采用直接插入排序算法。

思考：直接插入排序中每趟产生的有序区序列与最终排序结果的位置一致吗？

8.3.2　折半插入排序

折半插入排序（Binary Insertion Sort）的基本思想是：利用折半查找寻找待插入记录在有序序列中的插入位置，并进行插入。

例如，有序序列为 {12,17,19,20,23,25,29,32}，设待插入关键字为 22。若采用直接插入排序，关键字需要依次与 32、29、25、23 和 20 进行比较，比较次数为 5 次。若采用折半插入排序，则需依次与关键字 20、25 和 23 进行比较，比较次数仅为 3 次。当已排序的关键字数量很大时，折半插入排序的性能提升更加明显。

折半插入排序算法如下。

【算法 8.2】

```
void BinsertSort( SqList L)
{   int i,j,m,low,high;
    for( i = 2; i <=L.length; ++i)
    {   L.r[0] = L.r[i];                //将 L.r[i]暂存到 L.r[0]
        low = 1; high = i-1;
        while( low <=high )             //在区间[low..high]中折半查找插入位置
        {   m = (low+high)/2;           //折半
            if(L.r[0].key < L.r[m].key)
                high = m -1;            //插入点在左半区间
            else low = m + 1;           //插入点在右半区间
        }
        //插入的位置是 high+1,将区间[high+1..i-1]内的记录后移
```

```
        for(j=i-1; j>=high+1;--j)
            L.r[j+1] = L.r[j];
        L.r[high+1] = L.r[0];              //在插入点处插入待插的记录
    }
}                                          //BinsertSort
```

【算法分析】

从时间性能来看,折半插入并没有减少记录间的移动次数,仅仅减少了关键字间的比较次数,因此其时间复杂度仍为 $O(n^2)$。

从空间性能看,折半插入排序所需的附加存储空间与直接插入排序相同。

折半插入排序是不稳定的。

8.3.3 希尔排序

希尔排序(Shell Sort)是 D. L. Shell 在 1959 年提出的,又称缩小增量排序,是对直接插入排序的一种改进。它的基本思想是:首先将整个待排序记录序列按给定的增量分成若干个子序列,然后分别对各个子序列进行直接插入排序。当整个序列中的记录基本有序时,再对全体记录进行一次直接插入排序。

具体操作如下。

(1)取一个整数 $d_1 = \lfloor n/2 \rfloor$ 作为增量,将所有间隔为 d_1 的记录放在同一组中,在各组内分别进行直接插入排序。

(2)在上一趟排序完成后,再取一个增量 $d_2 = \lfloor d_1/2 \rfloor$,将所有间隔为 d_2 的记录放在同一组中,在各组内分别进行直接插入排序。

重复上述分组和排序工作,直至取 $d_k = 1$,即将所有记录放在同一组内进行直接插入排序。

另外一种可用的步长选择方法是,只要保证步长之间不是互为倍数即可。

例 8-3：初始关键字序列为{39,80,76,41,13,29,50,78,30,11,100,7,41,86}。增量序列分别取 5、3 和 1,则希尔排序的过程如图 8-4 所示。

原始序列	39	80	76	41	13	29	50	78	30	11	100	7	41*	86
d=5	39					29					100			
		80					50					7		
			76					78					41*	
				41					30					86
					13					11				
第1趟排序后	29	7	41*	30	11	39	50	76	41	13	100	80	78	86
d=3	29			30			50			13			78	
		7			11			76			100			86
			41*			39			41			80		
第2趟排序后	13	7	39	29	11	41*	30	76	41	50	86	80	78	100
d=1	13	7	39	29	11	41*	30	76	41	50	86	80	78	100
第3趟排序后	7	11	13	29	30	39	41*	41	50	76	78	80	86	100

图 8-4 希尔排序的过程

一趟希尔排序的算法如下所示。

【算法 8.3】

```
void shellpass(SqList L,int step)
{   //将 L.r[1..n]按间距 step 分组,对 step 个子序列分别进行直接插入排序
    for(int i=step+1; i<=L.length; i++)         //从每组的第二个记录起处理
    {   RecType temp=L.r[i];
        int j=i-step;
        while(j>=1 && temp.key<L.r[j].key)
        {   L.r[j+step]=L.r[j];                  //元素右移
            j=j-step;                            //考虑前一个位置
        }
        L.r[j+step]=temp;                        //将 r[i]放在合适的位置
    }
}
```

完整的希尔排序算法如下所示。

【算法 8.4】

```
void shellsort (SqList L,int d[],int t)
{
    for(int k=0; k<t; k++) shellpass(L,d[k]);
} //shellsort
```

在函数 shellsort()中,用数组 d[1 .. t]存储增量序列,且 n>d[1]>d[2]> … >d[t]=1。每一趟希尔排序用函数 shellpass()实现,共需要 t 趟希尔排序,其中第 i 趟的增量为 d[i]。

【算法分析】

直接插入排序算法在 n 值较小时,效率比较高;在 n 值很大时,若序列按关键字基本有序,效率依然较高。因此,希尔排序从这两点考虑进行了改进。

希尔排序的分析是一个复杂的问题,它的时间花费依赖于选取的增量序列。到目前为止,确定一种最好的增量序列仍然没有定论。一般来说,应该尽量避免序列中的值(尤其是相邻的值)互为倍数的情况。不管如何选取增量序列,必须保证最后一个增量的值为 1。有人通过大量的实验,给出了较好的结果:当 n 较大时,比较和移动的次数约在 $n^{1.25}$ ～ $(1.6n)^{1.25}$ 之间。

希尔排序方法是不稳定的。

思考:假设有 10 个数据元素要排序,从时间效率分析,为什么希尔排序比直接插入排序效率高?

8.4　交　换　排　序

交换排序(Swaping Sort)的基本思想是:初始状态时,将有序序列看作空序列,并将所有记录作为无序序列。比较无序序列的两个待排序记录的关键字,若为逆序则相互交

换位置，否则保持原来的位置不变。

本节主要讨论两种交换排序法：冒泡排序和快速排序。

8.4.1　冒泡排序

冒泡排序（Bubble Sort）是最简单的一种交换排序方法，其基本思想是：首先将第1个记录的关键字与第2个记录的关键字进行比较，若为逆序则交换这两个记录；再将第2个记录与第3个记录的关键字进行比较，若为逆序则交换这两个记录；依此类推，直至将第 $n-1$ 个记录和第 n 个记录进行比较为止。上述过程称为第1趟冒泡排序，其结果是将关键字最大的记录存放到最后的位置。然后进行第2趟冒泡排序，即对前 $n-1$ 个记录进行同样操作，使关键字次大的记录存放在倒数第2个位置上，即第 $n-1$ 个记录的位置。依次进行第 $3、4、\cdots、n-1$ 趟冒泡排序。一般地，第 i 趟冒泡排序将把该趟中最大关键字的记录安置在第 $n-i+1$ 个位置上。显然，当一趟排序过程中没有任何交换发生时，算法结束。整个排序过程最多需要 $n-1$ 趟冒泡排序。

在冒泡排序中，每一趟排序中参与排序的序列区间取决于上一趟排序被交换的最后一个记录。

例 8-4：初始关键字序列为 $\{23,14,18,25,3,27,19,25*\}$，其冒泡排序过程如图 8-5 所示。

冒泡排序的算法如下所示。

【算法 8.5】

```
void BubbleSort(SqList L)
{   int exchange=L.length;
    while (exchange)                                    //控制趟数
    {   int bound=exchange;    exchange=0;
        for (int j=1; j<bound; j++)                     //一趟冒泡
            if (L.r[j].key > L.r[j+1].key)
            {   L.r[0]=L.r[j];L.r[j]=L.r[j+1];L.r[j+1]=L.r[0];   //交换
                exchange=j;
            }
    }
}
```

【算法分析】

从时间性能来看，在最好情况下，当待排序记录为正序时，实际上只需进行 $n-1$ 次关键字比较，不需要移动记录，进行一趟排序即可，时间复杂度为 $O(n)$。在最坏情况下，即当待排序记录为逆序时，需要进行 $n-1$ 趟冒泡排序，且需进行 $\sum\limits_{i=1}^{n-1}(n-i)=n(n-1)/2$ 次关键字比较和 $3\times n\times(n-1)/2$ 次记录移动，因此总的时间复杂度为 $O(n^2)$。

从空间性能看，冒泡排序只需一个记录的辅助存储单元，空间复杂度为 $O(1)$。

冒泡排序是稳定的排序算法，适用于记录基本有序的情况。

关键字序列	23	14	18	25	3	27	19	25*
第 1 趟排序：L.r[1]~L.r[8]	[14]	[23]	18	25	3	27	19	25*
最后交换的是 L.r[7]和 L.r[8]	14	[18]	[23]	25	3	27	19	25*
	14	18	[23]	[25]	3	27	19	25*
	14	18	23	[3]	[25]	27	19	25*
	14	18	23	3	[25]	[27]	19	25*
	14	18	23	3	25	[19]	[27]	25*
	14	18	23	3	25	19	[27]	[25*]
	14	18	23	3	25	19	25*	27
第 2 趟排序：L.r[1]~L.r[7]	[14]	[18]	23	3	25	19	25*	27
最后交换的是 L.r[5]和 L.r[6]	14	[18]	[23]	3	25	19	25*	27
	14	18	[23]	[3]	25	19	25*	27
	14	18	3	[23]	[25]	19	25*	27
	14	18	3	23	[25]	[19]	25*	27
	14	18	3	23	19	[25]	[25*]	27
第 3 趟排序：L.r[1]~L.r[5]	[14]	[18]	3	23	19	25	25*	27
最后交换的是 L.r[4]和 L.r[5]	14	[18]	[3]	23	19	25	25*	27
	14	3	[18]	[23]	19	25	25*	27
	14	3	18	[23]	[19]	25	25*	27
	14	3	18	19	23	25	25*	27
第 4 趟排序：L.r[1]~L.r[4]	[14]	[3]	18	19	23	25	25*	27
最后交换的是 L.r[1]和 L.r[2]	3	[14]	[18]	19	23	25	25*	27
算法结束	3	14	[18]	[19]	23	25	25*	27

图 8-5 冒泡排序过程

8.4.2 快速排序

快速排序(Quick Sort)由 C.A.R.Hoare 于 1962 年提出,是对冒泡排序的一种改进。快速排序的基本思想是:首先选取某个记录的关键字 K 作为基准,通过一趟排序将待排序的记录分割成左、右两部分,左边各记录的关键字都小于或等于关键字 K,右边各记录的关键字都大于或等于关键字 K。之后再对左右两部分分别进行快速排序。快速排序是目前内部排序中速度较快的一种方法。

一趟快速排序的具体操作如下。

(1) 假设待排序序列为{L.r[s],L.r[s+1],…,L.r[t]},首先选取一个记录(通常选取第 1 个记录)L.r[s]作为基准记录,又称枢轴记录。为了减少记录的交换次数,将枢轴记录 L.r[s]复制到 L.r[0]中，即 L.r[0]= L.r[s]。

（2）附设两个指针 low 和 high,它们的初值分别为 s 和 t。

（3）从 high 所指位置开始向前（low 所在的方向）搜索，找到第一个关键字小于 L.r[0].key 的记录，将 L.r[high]赋给 L.r[low]，即 L.r[low]= L.r[high]。

（4）从 low 所指位置起向后（high 所在的方向）搜索，找到第一个关键字大于 L.r[0].key 的记录，将 L.r[low]赋给 L.r[high]，即 L.r[high]= L.r[low]。

重复步骤（3）和（4），直至 high==low，算法结束。

例 8-5：设初始关键字序列为{70,73,70 * ,23,93,18,11,68}，一趟快排序过程示例如图 8-6 所示。

主要操作	L.r[0]	L.r[1]							L.r[8]
L.r[0]=L.r[low], low=1，high=8	70	70	73	70*	23	93	18	11	68
		↑low							↑high
low<high, L.r[0].key>L.r[high].key, L.r[low]= L.r[high]	70	68	73	70*	23	93	18	11	68
		↑low							↑high
low<high, L.r[0].key > L.r[low].key, low++	70	68	73	70*	23	93	18	11	68
			↑low						↑high
low<high, L.r[0].key<L.r[low].key, L.r[high]= L.r[low]	70	68	73	70*	23	93	18	11	73
			↑low						↑high
low<high, L.r[0].key < L.r[high].key, high--	70	68	73	70*	23	93	18	11	73
			↑low					↑high	
low<high, L.r[0].key > L.r[high].key, L.r[low]= L.r[high]	70	68	11	70*	23	93	18	11	73
			↑low					↑high	
low<high, L.r[0].key > L.r[low].key, low++	70	68	11	70*	23	93	18	11	73
				↑low				↑high	
low<high, L.r[0].key == L.r[low].key, low++	70	68	11	70*	23	93	18	11	73
					↑low			↑high	
low<high, L.r[0].key > L.r[low].key, low++	70	68	11	70*	23	93	18	11	73
						↑low		↑high	
low<high, L.r[0].key < L.r[low].key, L.r[high]= L.r[low]	70	68	11	70*	23	93	18	93	73
						↑low		↑high	
low<high, L.r[0].key == L.r[high].key, high--	70	68	11	70*	23	93	18	93	73
						↑low	↑high		
low<high, L.r[0].key > L.r[high].key, L.r[low]= L.r[high]	70	68	11	70*	23	18	18	93	73
						↑low	↑high		
low<high, L.r[0].key > L.r[low].key, low++	70	68	11	70*	23	18	18	93	73
						↑high			
						↑low			
low==high, L.r[low]= L.r[0]	70	68	11	70*	23	18	[70]	93	73
						↑high			
						↑low			

图 8-6　一趟快速排序

一趟快速排序的算法如下所示。

【算法 8.6】

```
int partition( SqList L, int low, int high )
{   L.r[0]=L.r[low];                                //选取第 1 个记录作为基准记录
    while(low<high)
    {   while(low<high && L.r[0].key <=L.r[high].key ) high--;
        L.r[low]=L.r[high];                         //将比基准记录小的记录移到低端
        while(low<high && L.r[0].key>=L.r[low].key) low++;
        L.r[high]=L.r[low];                         //将比基准记录大的记录移到高端
    }
    L.r[low]=L.r[0];                                //基准记录落到最终位置上
    return low;                                     //返回基准记录的位置
}
```

在算法 8.6 中,由于循环结束时,low 与 high 相等,因此,也可以通过 L.r[high]＝L.r[0] 将基准记录落到最终位置上。

如待排序列中只有一个记录,则显然有序。否则,一趟快速排序可以将初始序列分割为两个子序列,对子序列继续进行快速排序。整个快速排序过程可以递归进行。

算法 8.7 和算法 8.8 给出了顺序表上的快速排序。

【算法 8.7】

```
void QSort ( SqList L, int low, int high )
{ //对顺序表 L 中的子序列 L.r[low..high]做快速排序, pivotloc 是基准记录位置
    int pivotloc;
    if(low<high)                                    //待排序表长度大于 1
    {//将 L.r[low..high] 分割成两个子序列
        pivotloc = partition( L, low, high );
        QSort(L,low,pivotloc-1);                    //对低端子表递归排序
        QSort(L,pivotloc+1,high);                   //对高端子表递归排序
    }
}
```

【算法 8.8】

```
void QuickSort (SqList L)
{ //对顺序表 L 做快速排序
    QSort(L, 1, L.length);
}
```

【算法分析】

从时间性能上看,每次划分若能使左右两个子序列长度相等,这就是最佳的情况。此时划分的次数为 $\log_2 n$,总的比较次数为 $n\log_2 n$,其时间复杂度为 $O(n\log_2 n)$。若初始记录序列按关键字有序或基本有序时,快速排序将蜕化为冒泡排序,其时间复杂度为

$O(n^2)$。针对这种情况,通常依"三者取中"的法则来选取基准记录,即比较 $L.r[s].key$、$L.r\left[\dfrac{s+t}{2}\right].key$ 和 $L.[t].key$,取关键字居于中间的记录为基准记录。经验证明,这种方法可大大改善快速排序在最坏情况下的性能。

从空间性能上看,快速排序是递归的,每层递归调用时的指针和参数都需要用栈来存放,递归调用次数决定了存储开销。理想情况下,即每次都分割为长度相同的两个子序列,空间复杂度为 $O(\log_2 n)$;在最坏情况下,即初始为一个有序序列,空间复杂度为 $O(n)$。

快速排序通常被认为是在同数量级 $O(n\log_2 n)$ 的排序方法中平均性能最好的方法,它是不稳定的。

8.5 选 择 排 序

选择排序(Selection Sort)的基本思想是:初始状态的有序序列为空,所有记录都被看作是无序序列。首先在无序序列中找到关键字值最小的记录,将其放在有序序列的表尾。然后再从剩余无序序列中继续寻找最小元素,再放到有序序列的表尾。依此类推,直到所有元素均排序完毕。每一趟排序都需要查找无序序列中关键字值最小的记录,第 i 趟排序将在 $n-i+1(i=1,2,\cdots,n-1)$ 个记录构成的无序序列中,选取关键字值最小的记录作为有序序列中第 i 个记录。

选择排序主要包括简单选择排序和堆排序。

8.5.1 简单选择排序

简单选择排序(Simple Selection Sort)是一种最简单的选择排序方法,其基本思想是:对 n 个待排序记录进行 $n-1$ 趟扫描,第 i 趟扫描将从无序序列中选出最小关键字值的记录并将共与第 i 个记录交换($1\leqslant i\leqslant n-1$)。

具体操作如下:第一趟扫描选出 n 个记录中关键字值最小的记录,并与 $L.r[1]$ 记录交换。第二趟扫描选出余下的 $n-1$ 个记录中关键字值最小的记录,并与 $L.r[2]$ 记录交换。依此类推,第 i 趟扫描选出余下的 $n-i+1$ 个记录中关键字值最小的记录,并与 $L.r[i]$ 记录交换。直至第 $n-1$ 趟扫描结束,此时整个序列即为有序序列。

例 8-6:初始关键字序列为 $\{37,18,64,14,96,48,42\}$,简单选择排序的示例过程如图 8-7 所示。

简单选择排序的算法如下所示。

【算法 8.9】

```
void SimpleSelectSort (SqList L)
{   int i, k, j;   RecType temp;
    for(i=1;i<L.length;++i)                //进行 n-1 趟扫描和选择
    {   k=i;                                //记住当前最小记录的位置
        for(j=i+1;j<=L.length;++j)          //在 L.r[i..length]中选择最小记录
            if(L.r[j].key<L.r[k].key) k=j;
```

```
            if(i!=k)                          //把第 k 个记录与第 i 个记录交换
            {   temp=L.r[i];
                L.r[i]=L.r[k];
                L.r[k]=temp;
            }
        }
    }
```

	1	2	3	4	5	6	7
第一趟:	37	18	64	14	96	48	42
在 L.r[1]~L.r[7]找到最小值 L.r[4]，将 L.r[1]与 L.r[4]交换	↑			↑			
第二趟:	14	18	64	37	96	48	42
在 L.r[2]~L.r[7]找到最小值 L.r[2]，不交换							
第三趟:	14	18	64	37	96	48	42
在 L.r[3]~L.r[7]找到最小值 L.r[4]，将 L.r[3]与 L.r[4]交换			↑	↑			
第四趟:	14	18	37	64	96	48	42
在 L.r[4]~L.r[7]找到最小值 L.r[7]，将 L.r[4]与 L.r[7]交换				↑			↑
第五趟:	14	18	37	42	96	48	64
在 L.r[5]~L.r[7]找到最小值 L.r[6]，将 L.r[5]与 L.r[6]交换					↑	↑	
第六趟:	14	18	37	42	48	96	64
在 L.r[6]~L.r[7]找到最小值 L.r[7]，将 L.r[6]与 L.r[7]交换						↑	↑
算法结束	14	18	37	42	48	64	96

图 8-7 简单选择排序过程

【算法分析】

从时间性能看,在简单选择排序过程中,所需进行的记录移动次数较少。当初始序列是正序时,移动记录次数达到最小,为 0 次;当初始序列是逆序时,移动记录次数最大,为 $3(n-1)$ 次。无论初始序列如何排列,所需进行关键字间的比较次数相同,均为 $n(n-1)/2$ 次,故总的时间复杂度为 $O(n^2)$。

从空间性能看,简单选择排序的空间复杂度为 $O(1)$。

简单选择排序算法是不稳定的。

8.5.2 堆排序

首先给出堆(Heap)的定义:设有 n 个记录的关键字构成的序列 $\{K_1, K_2, \cdots, K_n\}$,当且仅当满足下述关系时,称之为堆。

当 $K_i \leqslant K_{2i}$ 且 $K_i \leqslant K_{2i+1}$,$\left(i=1,2,\cdots,\left\lfloor\dfrac{n}{2}\right\rfloor\right)$,称之为小根堆或小顶堆。

或者,当 $K_i \geqslant K_{2i}$ 且 $K_i \geqslant K_{2i+1}$,$\left(i=1,2,\cdots,\left\lfloor\dfrac{n}{2}\right\rfloor\right)$ 时,称之为大根堆或大顶堆。

若以一维数组作堆的存储结构,可将其看成一棵完全二叉树,则该完全二叉树具有以下特性。

（1）在小根堆对应的完全二叉树中,所有非叶子结点的关键字值均不大于其左右孩子结点的关键字值。

（2）在大根堆对应的完全二叉树中,所有非叶子结点的关键字值均不小于其左右孩子结点的关键字值。

根据上述堆的定义,若序列$\{K_1,K_2,\cdots,K_n\}$是小根堆,则堆顶元素的关键字K_1（即完全二叉树的根）必为n个记录构成序列中的关键字最小值;若序列$\{K_1,K_2,\cdots,K_n\}$是大根堆,则堆顶元素的关键字K_1（即完全二叉树的根）必为n个记录构成序列中的最大值。

例 8-7：关键字序列$\{96,83,27,38,11,09\}$和关键字序列$\{12,36,24,85,47,30,53,91\}$对应的完全二叉树分别如图 8-8(a)和(b)所示。其中,(a)为大根堆,(b)为小根堆。

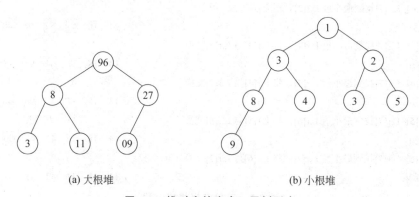

(a) 大根堆　　　　　　　　　　　　　(b) 小根堆

图 8-8　堆对应的完全二叉树形态

堆排序（Heap Sort）是利用堆对 n 个元素进行排序的方法。其基本思想是：首先将 n 个元素按关键字建成堆,将堆顶元素输出,得到 n 个元素中关键字最小（或最大）的元素。然后,再对剩下的 n−1 个元素建成堆,输出新的堆顶元素,得到 n 个元素中关键字值次小（或次大）的元素。如此反复,直到所有元素输出,即得到一个按关键字有序的序列。

堆排序需要解决以下两个关键问题。

（1）如何将 n 个元素按关键字建成堆?

（2）输出堆顶元素后,怎样调整剩余的 n−1 个元素,使其成为一个新堆?

首先讨论问题（2）,即输出堆顶元素后,如何将剩余的元素重新调整为堆?

设一个由 n 个元素构成的小根堆,输出堆顶元素之后,将堆顶元素与堆中最后一个元素进行交换。此时,n−1 个元素构成的序列不再是一个堆,但根结点的左右子树均为堆。此时可从根结点开始,自上而下进行调整。首先,将堆顶元素和左、右子树中较小值子树根结点进行比较,若小于该子树根结点的值,则与该子树根结点交换。这就使得左子树或右子树不再满足堆的特性,因此需要继续对左子树或右子树进行调整。重复上述调整过程,直至调整到叶子结点。这个自根结点到叶子结点的调整过程称为"筛选"。

调整堆的过程示例如图 8-9 所示。

下面讨论问题（1）,给定一个包含 n 个元素的初始序列,如何构建堆?

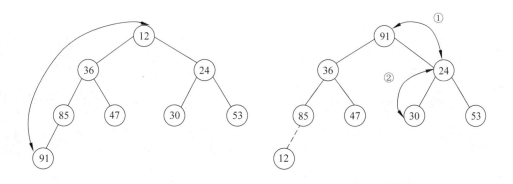

(a) 小根堆，输出12，交换12和91

(b) 从根结点开始调整，先交换91与24，再交换91和30，直至满足小根堆

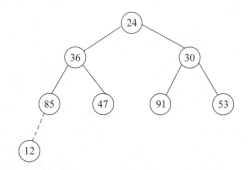

(c) 从根结点开始调整，先交换91与24，再交换91和30，直至满足小根堆

图 8-9 调整堆的过程

从一个无序序列构造初始堆的过程是一个反复筛选的过程。若将 n 个待排序记录的关键字序列看成是一棵完全二叉树，则最后一个非叶子结点是第 $\left\lfloor \dfrac{n}{2} \right\rfloor$ 个结点。由此，筛选只需从第 $\left\lfloor \dfrac{n}{2} \right\rfloor$ 个结点开始。然后，再依次筛选第 $\left\lfloor \dfrac{n}{2} \right\rfloor - 1$、$\left\lfloor \dfrac{n}{2} \right\rfloor - 2$、…、$\left\lfloor \dfrac{n}{2} \right\rfloor - i$ 个结点，直到筛选到第 1 个结点为止。此时，得到的最终完全二叉树所对应的序列就是一个堆。

例 8-8：初始关键字序列为 $\{49,38,65,97,76,13,27,49\}$，则构造初始小根堆的示例过程如图 8-10 所示。

根据前面的分析，在实现堆排序时，需要两个函数来共同完成。一个是实现筛选的函数，另一个是通过反复调用筛选函数来实现堆排序的函数。

为使排序结果按关键字值非递减有序，在堆排序算法中，首先需要建一个大根堆，并将堆顶元素与序列中最后一个记录（第 n 个记录）交换。其次对序列中前 n−1 个记录进行筛选，重新调整为一个大根堆，并将新的堆顶元素与第 n−1 个记录交换，如此反复直至排序结束。因此，筛选应沿着关键字较大的孩子结点向下进行。

堆排序实现如算法 8.10 和算法 8.11 所示。

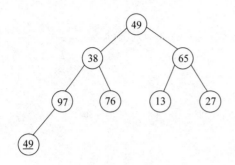

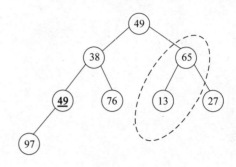

(a) 初始序列对应的完全二叉树，
筛选第1个非叶子结点97

(b) 交换97和49后，筛选第2个
非叶子结点65

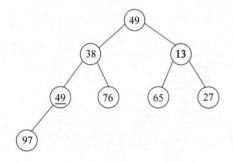

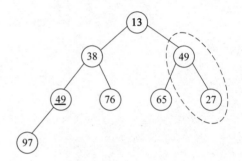

(c) 交换65和13后，第3个非叶子结
点38满足条件，继续筛选第4个
非叶子结点49

(d) 交换49和13后，继续交换49与27

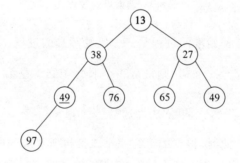

(e) 最终构成的小根堆

图 8-10　构造堆的过程

【算法 8.10】

```
void HeapAdjust( SqList L, int s, int m )
{ /* 已知 L.r[s..m]中的记录的关键字除 L.r[s].key 之外均满足堆的定义,本函数调整
    L.r[s]的关键字,使 L.r[s..m]成为一个大根堆 */
    int j;
    RecType temp = L.r[s];
```

```
    for( j = 2 * s; j <=m; j *=2 )                    //沿着较大的孩子结点向下筛选

    {   if(j<m && L.r[j].key < L.r[j+1].key) ++j;
        if( temp.key >=L.r[j].key ) break;   //temp 应插入到位置 s 上
        L.r[s] = L.r[j];
        s = j;
    }
    L.r[s]=temp;                              //插入
}
```

算法 8.10 中，已知 L.r[s..m]中的记录关键字除 L.r[s].key 之外均满足堆的定义。函数 HeapAdjust( )调整 L.r[s]的关键字，使 L.r[s..m]成为一个大根堆。

【算法 8.11】

```
void HeapSort( SqList L )
{ /* 对顺序表 *L 进行堆排序 */
    RecType temp;    int i;
    for(i = L.length/2;i>0;--i)                    //将 L.r[1...L.length]建成大根堆
        HeapAdjust( L, i, L.length );
    for(i = L.length; i > 1; --i )
    { /* 将堆顶记录和当前尚未排序的子序列 L.r[1..i]中的最后一个记录进行交换 */
        temp = L.r[i]; L.r[i] = L.r[1]; L.r[1] = temp;
        HeapAdjust(L,1,i-1);                      //将 L->r[1..i-1]重新调整为大根堆
    }
}
```

【算法分析】

从时间性能看，堆排序的主要时间耗费在构建初始堆和反复筛选以构建新堆上面。对深度为 k 的堆，HeapAdjust 算法中进行的关键字比较次数不超过 $2(k-1)$ 次。对于 n 个结点的完全二叉树，其深度为 $\lfloor \log_2 n \rfloor + 1$。因此，调整建新堆时需要调用 HeapAdjust 函数 $n-1$ 次，进行的比较次数不超过 $2(\lfloor \log_2(n-1) \rfloor + \lfloor \log_2(n-2) \rfloor + \cdots + \lfloor \log_2 2 \rfloor)$ 次。由此可见，在最坏的情况下，堆排序的时间复杂度也为 $O(n\log_2 n)$，相对于快速排序来说，这是堆排序最大的优点。

此外，对于具有 n 个记录的一个序列，通过建堆可得到最大值或最小值。由于建堆的时间复杂度为 $O(\log_2 n)$，而逐个比较记录求最大值或最小值的时间复杂度为 $O(n)$，显然前者效率更高。

从空间上看，堆排序过程中仅需一个记录大小的辅助存储空间，供交换元素使用，因此空间复杂度为 $O(1)$。

堆排序对 n 较大的序列比较有效，记录数 n 较少时不提倡使用。堆排序是不稳定的排序算法。

利用建堆的算法可求一组无序数据的最大值或最小值，与传统的逐个比较求最大值或最小值相比，前者的时间复杂度为 $O(\log_2 n)$，后者为 $O(n)$。

8.6 归并排序

归并排序（Merge Sort）是将两个或两个以上的有序序列归并成一个新的有序序列的过程。最简单的归并排序为 2-路归并排序，基本思想是：设包含 n 个记录的初始序列，首先将每个记录看成一个长度为 1 的原始子序列。然后将相邻子序列按关键字大小进行两两归并，得到 $\lceil \frac{n}{2} \rceil$ 个长度为 2 或 1 的子序列。继续将前面得到的子序列进行两两归并，直至得到一个长度为 n 的序列为止。

例 8-9：设初始关键字列为 $\{46,55,13,42,94,05,17,70,60\}$，则 2-路归并排序的过程如图 8-11 所示。

初始关键字序列：	[46	[55]	[13]	[42]	[94]	[05]	[17]	[70]	[60]
一趟归并之后：	[46	55]	[13	42]	[05	94]	[17	70]	[60]
两趟归并之后：	[13	42	46	55]	[05	17	70	94]	[60]
三趟归并之后：	[05	13	17	42	46	55	70	94]	[60]
四趟归并之后：	05	13	17	42	46	55	60	70	94

图 8-11　2-路归并排序过程

2-路归并排序最核心的操作是：将一维数组中前后相邻的两个有序序列合并成一个有序序列。对应该合并操作的算法描述如下所示。

【算法 8.12】

```
void Merge (RecType SR[], RecType TR[], int s, int m, int t)
{ /* 将有序的 SR[s…m]和 SR[m+1…t]归并为有序的 TR[i…n] */
    int i, j, k; i = s, j = m + 1, k = s;
    while( i <=m && j <=t )                    //当两个有序子表均未完时
    {   if( SR[i].key < SR[j].key ) TR[k++] = SR[i++];
        else TR[k++] = SR[j++];
    }
    while( i <=m ) TR[k++]=SR[i++];            //当第 1 个子序列未完时
    while( j <=t ) TR[k++]=SR[j++];            //当第 2 个子序列未完时
}
```

函数 Merge() 是将两个相邻有序段 SR[s…m] 和 SR[m+1…t] 归并为一个有序段 TR[i…n] 的算法实现。其中，第一个有序段由起始位置 s 和终止位置 m 指定，第二个有序段则由起始位置 m+1 和终止位置 t 指定。

一趟完整的归并操作是将 SR[1…n] 中前后相邻的多个有序段依次进行两两合并,并将归并结果存放到 TR[1…n] 中。设变量 first 记录第一个归并段的起始位置,则 first + len 为第二个归并段的起始位置。归并操作具体可分为三种情况。

(1) 两段等长序列的归并。如果 first + len * 2 - 1 < n,则是等长的两段序列归并。

(2) 两段不等长序列的归并。如果 first + len < n ≤ first + len * 2 - 1,则是两段不等长序列进行归并;

(3) 如果 first + len ≤ n,则只剩下一段序列。

一趟归并排序需要调用 $\left\lceil \dfrac{n}{2*len} \right\rceil$ 次 Merge() 函数,将 SR 中前后相邻且长度为 len 的有序段进行两两归并,其实现过程如算法 8.13 所示。

【算法 8.13】

```
void MergPass ( RecType SR[], RecType TR[], int n, int len )
{ /* 将 SR[1…n] 中长度为 len 的相邻两个子序列归并到 TR[1..n] 中, n 为数组总长度 */
  int first=1, last;                        //设两个归并段的起始位置
  while( first + len <=n )                   //至少有两个有序段
  {  last = first + 2 * len -1;
    if( last > n )   last = n;              //最后一段可能不足 len 个结点
    Merge( SR,TR,first,first+len-1,last );  //相邻有序段归并
    first = last + 1;                       //下一对有序段中左段的开始下标
  }
  if(first <=n)                             //当还剩下一个有序段时,将其从 SR 复制到 TR
    for( ; first <=n; first++)TR[ first ] = SR[ first ];
}
```

对顺序表进行完整的归并排序,需要把函数 MergPass() 调用 $\lceil n\log_2 n \rceil$ 次,每一次调用都需要把归并的有序段长度修改为上一次的 2 倍,具体实现如算法 8.14 所示。

【算法 8.14】

```
void MergeSort(SqList L )
{//对数组 L.r 中的记录进行 2-路归并排序,temp 为辅助数组
  RecType temp[100]; int m = 1;             //子序列长度初始化
  while (m < L.length)
  {  MergPass(L.r,temp,L.length,m);         //将 L.r 按长度 m 归并到 temp 数组中
    for(int i=1; i<=L.length; i++)
      L.r[i]=temp[i];                       //将一趟排序结果回送到 r 中
    m = 2 * m;                              //改变子列长度
  }
}                                           //MergSort
```

【算法分析】

从时间性能看,对长度为 n 的序列进行归并排序,将这 n 个元素看作叶子结点,若将两两归并生成的子表看作它们的父结点,则归并过程对应于由叶向根生成一棵二叉树的

过程。所以归并趟数约等于二叉树的高度减 1，即 $\log_2 n$。每趟归并需移动记录 n 次，故时间复杂度为 $O(n\log_2 n)$。

从空间性能看，实现归并排序需要与待排序列长度相等的辅助空间，故其空间复杂度为 $O(n)$。

归并排序是一种稳定的排序方法。

8.7 基 数 排 序

基数排序（Radix Sort）与前面讨论的各种排序方法完全不相同，它不需要进行关键字比较、记录移动以及记录交换。它是一种基于多关键字排序的思想对单关键字进行排序的内部排序方法，属于桶排序。

8.7.1 多关键字排序

首先，我们通过一个例子来理解多关键字排序。例如，一副扑克中有 52 张牌以及四种花色，花色的大小关系为：梅花＜方块＜红心＜黑桃，面值的大小关系为：2＜3＜4＜5＜6＜7＜8＜9＜10＜J＜Q＜K＜A。若对扑克牌按花色和面值进行升序排序，得到的序列为：梅花 2，3，…，A，方块 2，3，…，A，红心 2，3，…，A 和黑桃 2，3，…，A。也就是说，对于任意两张牌，若花色不同，不论面值怎样，花色低的那张牌都小于花色高的。只有在同花色的情况下，大小关系才由面值的大小确定。这就是多关键字排序的思想。

对于上面的例子，可以通过以下两种排序方法得到最终的有序序列。

方法 1：先对花色排序，将其分为 4 个组，即梅花组、方块组、红心组和黑桃组，再分别对每个组按面值进行排序。最后，将 4 个组连接起来即可。

方法 2：先按 13 个面值给出 13 个编号组（2 号，3 号，…，A 号），将牌按面值依次放入对应的编号组，分成 13 堆。再按花色给出 4 个编号组（梅花、方块、红心和黑桃），将 2 号组中的牌取出并分别放入对应的花色组，再将 3 号组中的牌取出并分别放入对应花色组，以此类推，4 个花色组中均按面值有序。最后，将 4 个花色组依次连接起来即可。

一般情况下，设有 n 个记录的序列，每个记录包含 d 个关键字 $\{k^1, k^2, \cdots, k^d\}$，则序列对关键字 $\{k^1, k^2, \cdots, k^d\}$ 有序是指，对于序列中任意两个记录 L.r[i] 和 L.r[j]（$1 \leqslant i \leqslant j \leqslant n$），都满足下列有序关系：

$$k_i^1, k_i^2, \cdots, k_i^d < k_j^1, k_j^2, \cdots, k_j^d$$

其中 k^1 称为最主位关键字，k^d 称为最次位关键字。

多关键字排序有两种方法：一种是按照从最主位到最次位关键字的顺序逐次排序，称为最高位优先法；另一种是从最次位到最主位关键字的顺序逐次排序，称为最低位优先法。两者的基本思想分别如下。

（1）最高位优先法（Most Significant Digit first，MSD 法）：先按 k^1 排序，将序列分成若干组，同一组中的记录与关键字 k^1 相等。再将每组按 k^2 排序，分成子组。之后，对后面的关键字继续这样的排序分组，直到按最次位关键字 k^d 对各子组排序。最后将各组连接起来,便得到一个有序序列。上述对扑克牌排序的方法一即是 MSD 法。

（2）最低位优先法（Least Significant Digit first,LSD 法）：先从 k^d 开始排序,再对 k^{d-1} 进行排序,依次重复,直到对 k^1 排序后便得到一个有序序列。上述扑克牌排序的方法二即是 LSD 法。

MSD 和 LSD 只约定按什么样的关键字次序来进行排序,而未规定对每个关键字进行排序时所用的方法。若按 MSD 进行排序,必须将序列逐层分割成若干子序列,然后对各子序列分别进行排序。若按 LSD 进行排序,则不必将序列分成若干个子序列,对每个关键字都是将整个序列参加排序,通过若干次"分配"和"收集"来实现排序。

8.7.2　链式基数排序

基数排序的发明可以追溯到 1887 年赫尔曼·何乐礼在打孔卡片制表机（Tabulation Machine）上的贡献。具体方法是将所有待比较数值（正整数）统一为同样的数位长度,并在数位较短的数前面补零,然后,从最低位开始,依次进行一次排序。这样从最低位排序一直到最高位排序完成以后,数列就变成一个有序序列。

有些单关键字可以看成由若干个关键字复合而成。比如,关键字是由 4 个字母组成的单词,则可将其看成由 4 个关键字（k^1、k^2、k^3、k^4）组成,其中 k^1 是第 4 位（最高位）上的字母,k^2 是第 3 位（次高位）上的字母,依此类推。假定只能是大写字母,则每个关键字的取值范围相同,为'A'$\leqslant k^1$、k^2、k^3、$k^4\leqslant$'Z'。再比如,关键字是数值,且其值在 0～999 之间,那么可以将其看成由三个关键字（k^1、k^2、k^3）组成,其中 k^1 是百位数,k^2 是十位数,k^3 是个位数,每个关键字的取值范围相同,为 $0\leqslant k^1$、k^2、$k^3\leqslant 9$。

链式基数排序用链表作为存储结构,并按照 LSD 思想进行排序。具体如下：从最低位关键字起,按关键字的不同值将待排序列中每个记录分配到 rd 个队列中去,然后再收集回到序列中,如此反复进行 d 次。其中,rd 是关键字的取值范围,又称为基数;比如前述字母组成的关键字的 rd=26,十进制数值关键字的 rd=10。d 是关键字分成的单关键字数目,比如前述字母关键字中 d=4,数值关键字中 d=3。

例 8-10：初始关键字序列为{027,114,253,809,916,357,483,009},则基数排序的全过程示例如图 8-12 所示。

上述链式基数排序中,第一趟分配是从最低位关键字（个位数）开始,将链表中存储的 8 个待排序记录分配至 10 个链队列中,每个队列中记录关键字的个位数值相等,如图 8-12(b)所示。其中 f[i] 和 r[i] 分别为第 i 个队列的头指针和尾指针。第一趟收集将改变所有非空队列的队尾记录的指针域,令其指向下一个非空队列的队头记录,重新将 10 个队列中的记录链成一个链表,如图 8-12(c)所示。第二趟及第三趟的分配和收集分别是对十位数和百位数进行的,其处理过程和方法与个位数上的处理完全相同,至此排序完成。

设记录用带头结点的单链表存储,则存储链表类型定义如下。

```
#define MAXSIZE 100              //待比较记录的最大个数
#define MAXR    10              //关键字基数,此时是十进制基数
#define MAXD    3               //关键字位数的最大值
```

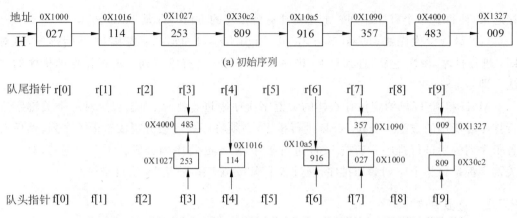

(a) 初始序列

(b) 第一次分配：从链表中依次取记录关键字的个位数，将所在结点分配到相应的队列中

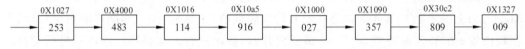

(c) 第一次收集：按队列先后顺序，依次出队列，重新链接成新链表

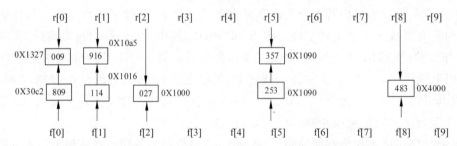

(d) 第二次分配：从链表中依次取记录关键字的十位数，将所在结点分配到相应的队列中

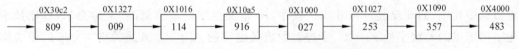

(e) 第二次收集：按队列先后顺序依次出队列，重新链接成新链表

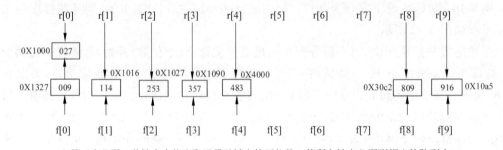

(f) 第三次分配：从链表中依次取记录关键字的百位数，将所在结点分配到相应的队列中

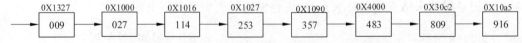

(g) 第三次收集：按队列先后顺序依次出队列，重新链接成新链表

图 8-12　基数排序的过程，链表中存放的是待排序的记录，队列中的结点是链表中的结点

```
typedef struct node                              //链表的结点定义
{   char   key[MAXD+1];                           //关键字
    struct node   * next;                         //下一个关键字
}RecType, * RecList;
```

分配操作如算法 8.15 所示。

【算法 8.15】

```
void Distribute(RecList L,int j, RecList f[], RecList r[])
{//第 MAXD-j 趟分配
    RecList p = L->next;
    while(p)                                      //遍历单链表
    {   char keyj = p->key[j];                    //求当前位
        int  k = keyj-'0';                        //将当前位字符转换为整数
        if(f[k]==NULL)                            //将当前位进行分配
        {   f[k]=r[k]=p; }
        else
        {   r[k]->next=p;   r[k]=p;  }
        p = p->next;
    }
}
```

收集操作如算法 8.16 所示。

【算法 8.16】

```
void Collect(RecList L,RecList f[], RecList r[])
{   RecList p=L;
    for(int j=0;j<MAXR; j++)                      //收集每一个队列的关键字记录
    {   if(!f[j])continue;
        while(f[j]!=r[j])                         //从队头开始遍历并收集
        { p->next = f[j]; p = f[j];   f[j] = f[j]->next; }
        if(f[j])
        { p->next=f[j];   p = f[j];}
    }
    p->next = NULL;
}
```

基数排序需要多次调用分配和收集算法,具体实现过程如算法 8.17 所示。

【算法 8.17】

```
void RadixSort(RecList L )
{/* 待排序记录序列采用链表 L 存储,对 L 进行基数排序,使得 L 成为按关键字自小到大的有序
    链表,L 为头指针 */
    RecList f[MAXR], r[MAXR];
    for( int j = MAXD-1; j >=0; j--)    //按最低位优先依次对链表进行分配和收集
    {   for(int i=0;i<MAXR; i++)      //每一次分配前对队列的头指针和尾指针进行初始化
```

```
        {   f[i] = NULL;   r[i] = NULL;   }
        Distribute(L, j, f, r);           //第 MAXD-j 趟分配
        Collect(L,f,r);                   //第 MAXD-j 趟收集
    }
}
```

【算法分析】

从时间性能看,对于 n 个待排序记录,每个记录含 d 个关键字,每个关键字取值范围为 O～r－1。每一趟分配的时间复杂度为 O(n),每一趟收集的时间复杂度为 O(r),又因整个排序需要进行 d 趟分配和收集,所以,链式基数排序的时间复杂度为 O(d(n＋r))。从空间性能看,在排序的时候,需要 r 个队列的头指针和尾指针,以及用于链表的 n 个指针,故算法所需要的辅助空间为 2r＋n 个。

基数排序适用于字符串和整数这类有明显结构特征的关键字,且适用于 n 较大、d 较小的场合,它是稳定的排序算法。

8.8　案例实现：学生成绩排序系统

学生成绩信息如表 8-1 所示,可以按学号或成绩对其进行排序。本节将以学号和成绩作为待排序字段,对学生成绩排序系统的实现进行简要描述。在按学号对其进行排序时,采用基数排序,只考虑学号的后 4 位,因此符号常量 MAXD 设为 4。

```
#include "string.h"
#include "malloc.h"
#include "stdlib.h"
#include "conio.h"
//宏定义:
#define  EQ(a,b)   (!strcmp((a),(b)))
#define  LT(a,b)   (strcmp((a),(b))<0)
#define MAXSIZE 100
//查找表定义:
typedef struct
{   char gradcla[20];                          //班级
    char numb[12];                             //学号
    char name[20];                             //姓名
    int  proc_score;                           //过程评分
    int last_score;                            //期末
    int fina_score;                            //总评
}STU;
typedef STU RecType;
typedef struct
{   RecType * r;
    int length;
}SqList;
```

```
typedef struct node                                    //链表的结点定义
{   STU data ;                                          //学生信息
    struct node * next;                                //下一个关键字
}RecTypeNode, * RecList;
//函数声明
int ImportScoreTable(FILE * pf,SqList * L);            //导入成绩文件
int PrintScoreTable(const SqList * L);                 //输出成绩表
void RadixSort(RecList L );                            //基数排序
void ConvSqListToList(const SqList * L,RecList * SL);  //顺序存储转换为链式存储
void ConvListToSqList(RecList SL,SqList * L);          //链式存储转换为顺序存储
void StraightSort(SqList L);                           //直接插入排序
void BubbleSort(SqList L);                             //冒泡排序
int menu();                                            //操作菜单
//主函数
int main()
{   SqList L;                                          //定义顺序表变量 L
    L.r=NULL;                                          //顺序表成员 r 赋初值
    RecList SL=NULL;  int  num;
    while(1)
    {   num = menu();
        switch(num)
        {   case 0:  exit(1);
            case 1: FILE * pf;
                    if(ImportScoreTable(pf,&L))printf("导入成功!");
                    else printf("导入失败!");
                    printf("按回车键继续...");  getch ();
                    break;
            case 2: PrintScoreTable(&L);
                    printf("按回车键继续...");  getch();
                    break;
            case 3: printf("按学号进行排序\n:");
                    ConvSqListToList(&L,&SL);
                    RadixSort(SL);
                    ConvListToSqList(SL,&L);
                    printf("按回车键继续...");  getch();
                    break;
            case 4: printf("按过评排序:\n");
                    StraightSort(L);
                    printf("按回车键继续...");  getch();
                    break;
            case 5: printf("按总评排序:\n");
                    BubbleSort(L);
                    printf("按回车键继续...");  getch();
                    break;
```

```
        }                                        //switch
    }                                            //while
    return 0;
}
//菜单函数
int menu()
{ int n;
  while(1)
  {   system("cls");
      printf("\t/******学生成绩排序系统***** * /\n");
      printf("\n\t/**** * 本系统基本操作如下**** * /\n");
      printf("0:退出\n1:导入学生信息和成绩\n2:浏览\n3: 按学号排序\n4:
                   按过评排序\n5: 按总评排序\n ");
      printf("请输入操作提示:(0~5)"); scanf("%d",&n);
      if(n>=0&&n<=5) return n;
      else {printf("输入编号有误,重新输入!\n"); getch();}
  }
}
void ConvListToSqList(RecList SL,SqList * L)
{   //将单链表 SL 转存为顺序表 * L
    RecList p; int i=1;
    p = SL->next;
    while(p){ L->r[i++]=p->data; p = p->next;}
}
void ConvSqListToList(const SqList * L,RecList * SL)
{    //将顺序表 * L 转存为单链表 * SL
    RecList p,s;
     * SL=(RecList)malloc(sizeof(RecTypeNode));
    ( * SL)->next = NULL;
    p= * SL;
    for(int i=1;i<=L->length;i++)
    {   s=(RecList)malloc(sizeof(RecTypeNode));
        s->data = L->r[i];
        p->next = s;
        p = s;
    }
    p->next = NULL;
}
int ImportScoreTable(FILE * pf,SqList * L)   //导入成绩文件信息到表 * L 中
{   int i=1;
    if((pf=fopen("test.txt","r"))==NULL)
    { printf("打开文件失败!"); return 0;}
    L->r = (RecType * )malloc(sizeof(RecType) * MAXSIZE);
    if(!L->r)return 0;
```

```
    L->length = 0;
    rewind(pf);
    printf("导入文件中的数据...\n");
    while(!feof(pf))
    {   if(fscanf(pf,"%s%s%s%d%d%d",L->r[i].gradcla,L->r[i].numb,
            L->r[i].name, &L->r[i].proc_score,&L->r[i].last_score,
            &L->r[i].fina_score)==6)
        i++;
    }
    L->length = i-1;
    fclose(pf);
    return 1;
}
int PrintScoreTable(const SqList * L)
{   if(!L->r)   { printf("学生表不存在!\n"); return 0;}
    if(L->length==0){ printf("没有学生成绩信息!\n"); return 1;}
    printf("班级\t 学号\t 姓名\t 过评\t 期终\t 总评\n");
    for(int i=1; i<=L->length; i++)
    {   printf("%s\t%s\t%s\t%d\t%d\t%d\n",L->r[i].gradcla,
            L->r[i].numb,L->r[i].name,L->r[i].proc_score,
            L->r[i].last_score,L->r[i].fina_score);
    }
    return 1;
}
//基数排序
#define MAXSIZE 100                    //待比较记录的最大个数
#define MAXR    10                     //关键字基数,此时是十进制基数
#define MAXD    4                      //关键字位数的最大值
void Distribute(RecList L,int i, RecList f[], RecList r[])   //第 i 趟分配
{   RecList p = L->next;
    int j=i;
    while(p)                           //遍历单链表
    {   char keyj = p->data.numb[j];   //求当前位
        int   k = keyj-'0';            //将当前位字符转换为整数
        if(f[k]==NULL)                 //将当前位进行分配
        { f[k]=r[k]=p; }
        else
        { r[k]->next=p; r[k]=p; }
        p = p->next;
    }
}
void Collect(RecList L,RecList f[], RecList r[])
{   RecList p=L;
```

```
        for(int j=0;j<MAXR; j++)                        //收集每一个队列的关键字记录
        {   if(!f[j])  continue;
            while(f[j]!=r[j])
            { p->next = f[j]; p = f[j];f[j] = f[j]->next; }
            if(f[j]) {   p->next=f[j]; p = f[j]; }
        }
        p->next = NULL;
    }
    void RadixSort(RecList L)
    {   RecList f[MAXR], r[MAXR];
        for( int j = MAXD-1; j >=0; j--)
        {   //按最低位优先依次对链表进行分配和收集
            for(int i=0;i<MAXR; i++)
            {   f[i] = NULL; r[i] = NULL; }
            Distribute(L, j, f, r);                      //第 j 趟分配
            Collect(L,f,r);                              //第 j 趟收集
        }
    }
    void StraightSort(SqList L)
    {   //设立监视哨:r[0]=r[i],在查找的过程中同时后移记录
        for(int i=2;i<=L.length;i++)
        {   L.r[0]=L.r[i];                               //设置岗哨
            int j=i-1;
            while(L.r[0].proc_score<L.r[j].proc_score)
            {   L.r[j+1]=L.r[j];
                j--;
            }
            L.r[j+1]=L.r[0];                             //把岗哨的值放入到已经找到的插入位置
        }
    }                                                    //StraightSort
    void BubbleSort(SqList L)
    {   i nt exchange=L.length-1;
        while (exchange)                                 //控制趟数
        {   int bound=exchange;    exchange=0;
            for (int j=1; j<bound; j++)                  //一趟冒泡
            if (L.r[j].fina_score > L.r[j+1].fina_score)
            {   L.r[0]=L.r[j];L.r[j]=L.r[j+1];L.r[j+1]=L.r[0];    //交换
                exchange=j;
            }
        }
    }
```

需要说明的是，程序实现时，首先从文件中导入学生信息并保存到顺序表 L 中，然后可以对 L 按成绩进行排序。当按学号排序时采用基数排序，此时首先需要将顺序表 L 转存为单链表 SL，对 SL 进行基数排序之后，再转存为顺序表 L。对过程评分和总评的排序

分别采用的是直接插入排序和冒泡排序,读者可以根据数据集的特点替换为其他更有效的排序方法。此外,也可以通过运行程序,求得在不同数据集下各种排序算法的实际耗时,并对结果进行对比分析。

8.9 各种内部排序方法的性能比较

本章介绍了 5 种内部排序算法:插入排序、交换排序、选择排序、归并排序和基数排序。各种算法的效率和稳定性不同,表 8-3 列出了各算法的性能。

表 8-3 各种排序方法的性能

排序方法	最好情况	平均时间	最坏情况	辅助存储	稳定性
直接插入排序	$O(n)$	$O(n^2)$	$O(n^2)$	$O(1)$	稳定
简单选择排序	$O(n^2)$	$O(n^2)$	$O(n^2)$	$O(1)$	不稳定
冒泡排序	$O(n)$	$O(n^2)$	$O(n^2)$	$O(1)$	稳定
希尔排序		$O(n^{1.25})$		$O(1)$	不稳定
快速排序	$O(n\log n)$	$O(n\log n)$	$O(n^2)$	$O(\log n)$	不稳定
堆排序	$O(n\log n)$	$O(n\log n)$	$O(n\log n)$	$O(1)$	不稳定
归并排序	$O(n\log n)$	$O(n\log n)$	$O(n\log n)$	$O(n)$	稳定
基数排序	$O(d(n+r))$	$O(d(n+r))$	$O(d(n+r))$	$O(rd+n)$	稳定

从表中可以看出:

(1)从平均性能而言,快速排序最佳,时间效率最高。但在最坏情况下快速排序会退化成冒泡排序,其性能不如堆排序和归并排序稳定。后两者相比较,当待排序记录个数较多时,归并排序所需时间比堆排序更少,但所需辅助存储量最多。

(2)基数排序适用于待排序记录个数 n 很大而关键字较小的序列。

(3)从稳定性来看,除了直接插入排序、冒泡排序、归并排序和基数排序是稳定的以外,几乎所有性能较好的内部排序方法都是不稳定的。

(4)当序列中的记录基本有序或待排序记录个数较少时,直接插入排序是最佳的排序方法。因此常将它与其他的排序方法(如快速排序、归并排序等)结合在一起使用。

对于实际应用问题,选择排序方法时需要综合考虑以下几方面因素:①时间复杂度;②空间复杂度;③稳定性;④简单性。通常,当待排序记录数 n 较小时,采用直接插入排序或简单选择排序为宜;当待排序记录已经按关键字基本有序时,则选择直接插入排序或冒泡排序为宜;当待排序记录数 n 较大、关键字分布较随机且对稳定性不做要求时,采用快速排序为宜;当待排序记录数 n 较大、内存空间允许且要求排序稳定时,采用归并排序为宜;当待排序记录数 n 较大、关键字分布可能会出现正序或逆序的情况且对稳定性不做要求时,采用堆排序(或归并排序)为宜。

8.10　本章小结

排序就是重排一组记录使其按关键字的值递增或递减有序。本章介绍了5种内部排序：插入排序、交换排序、选择排序、归并排序和基数排序。各种内部排序算法的效率和稳定性不同，适用于不同的实际应用问题。

插入排序包括直接插入排序和希尔排序。当待排序记录个数较少或序列已基本有序时，直接插入排序效率较高。希尔排序是直接插入排序的一种改进方法。由于直接插入排序算法在n值较小时，效率比较高；在n值很大时，若序列按关键字基本有序，效率依然较高。希尔排序即从这两点考虑，进行了改进。直接插入排序是稳定的，希尔排序是不稳定的。

交换排序包括冒泡排序和快速排序。冒泡排序是基于相邻两记录关键字值的比较与交换来实现排序，因此是一种稳定的排序方法。快速排序是基于不相邻记录间关键字值的比较与交换，它是一种不稳定的排序方法。就平均性能而言，快速排序是最好的内部排序方法之一。

选择排序主要包括简单选择排序和堆排序，两者都是不稳定的。

归并排序通过不断地将两个有序表合并成一个有序表的归并过程来进行排序。归并排序的运行时间并不依赖于待排序记录的原始顺序，它避免了快速排序的最差情况。归并排序是一种稳定的排序方法。

基数排序是利用多次分配和收集过程进行的排序，是一种稳定的排序方法。

8.11　习题与实验

一、填空题

1. 在对一组记录(54,38,96,23,15,72,60,45,83)进行直接插入排序时，当把第7个记录60插入到有序表时，为寻找插入位置至少需比较_____次。

2. 在插入排序和选择排序中，若初始数据基本正序，则选用_____；若初始数据基本反序，则选用_____。

3. 在堆排序和快速排序中，若初始记录接近正序或反序，则选用_____；若初始记录基本无序，则最好选用_____。

4. 对于n个记录进行冒泡排序，在最坏的情况下所需要的时间是_____。若对其进行快速排序，在最坏的情况下所需要的时间是_____。

5. 对于n个记录进行归并排序，时间复杂度是_____，空间复杂度是_____。

6. 对于n个记录进行2-路归并排序，整个归并排序需进行_____趟。

7. 设要将序列(Q, H, C, Y, P, A, M, S, R, D, F, X)中的关键字按字母的升序重新排列，则：

（1）冒泡排序进行一趟排序的结果是_____；

（2）初始步长为 4 的希尔排序进行一趟排序的结果是_____；

（3）2-路归并排序进行一趟排序的结果是_____；

（4）快速排序进行一趟排序的结果是_____；

（5）堆排序初始建堆的结果是_____。

二、单项选择题

1. 将 5 个不同的数据进行排序，至多需要比较（　　）次。

　　（A）8　　　　　　（B）9　　　　　　（C）10　　　　　　（D）25

2. 有一种排序方法从未排序序列中依次取出元素与已排序序列（初始时为空）中的元素进行比较，并将其放入已排序序列的正确位置上，这种排序方法称为（　　）。

　　（A）希尔排序　　　（B）冒泡排序　　　（C）插入排序　　　（D）选择排序

3. 有一种排序方法从未排序序列中挑选元素，并将其依次插入已排序序列（初始时为空）的一端，这种排序方法称为（　　）。

　　（A）希尔排序　　　（B）归并排序　　　（C）插入排序　　　（D）选择排序

4. 对 n 个不同的关键字进行冒泡排序，在下列情况下比较次数最多的是（　　）。

　　（A）从小到大排列好的　　　　　　　　（B）从大到小排列好的

　　（C）记录无序　　　　　　　　　　　　（D）记录基本有序

5. 快速排序最易发挥其长处的情况是（　　）。

　　（A）被排序的数据中含有多个相同关键字

　　（B）被排序的数据已基本有序

　　（C）被排序的数据完全无序

　　（D）被排序的数据中的最大值和最小值相差悬殊

6. 若一组记录的关键字为（46，79，56，38，40，84），则利用快速排序的方法，以第一个记录为基准得到的一次划分结果为（　　）。

　　（A）38,40,46,56,79,84　　　　　　　　（B）40,38,46,79,56,84

　　（C）40,　38,46,56,79,84　　　　　　　（C）40,38,46,84,56,79

7. 下列关键字序列中，（　　）是堆。

　　（A）16，72，31，23，94，53　　　　　　（B）94，23，31，72，16，53

　　（C）16，53，23，94，31，72　　　　　　（D）16，23，53，31，94，72

8. 堆是一种（　　）排序。

　　（A）插入　　　　（B）选择　　　　（C）交换　　　　（D）归并

9. 若一组记录的关键字为（46，79，56，38，40，84），则利用堆排序的方法建立的初始堆为（　　）。

　　（A）79，46，56，38，40，84　　　　　　（B）84，79，56，38，40，46

　　（C）84，79，56，46，40，38　　　　　　（D）84，56，79，40，46，38

10. 下述几种排序方法中，要求内存最大的是（　　）。

　　（A）插入排序　　　（B）快速排序　　　（C）归并排序　　　（D）选择排序

扩 展 思 维

A.1　人体网格模型的表示

在动画和游戏中使用的静态三维数字人体主要通过 3D 网格模型（mesh 模型）并贴上材质贴图来实现。所谓网格模型，即由若干三角形面构成。考虑到图形求交等计算的问题，通常选择三角形面。如图 A-1 所示，图 A-1(a)所示为一个人体表面模型的示意图，其网格面表示如图 A-1(b)所示。整个网格模型包括头、躯干、左上肢、右上肢、左下肢以及右下肢 6 个子部分，其中每一部分又包括很多三角形面，每个三角形面包括三个顶点、对应顶点的法线以及纹理坐标。其中，顶点坐标确定三角形面的相对位置，法线坐标确定三角形面的朝向，而纹理坐标是为了把一张二维的图片映射到三维空间的顶点坐标。那应当如何设计数据结构来表示人体网格模型呢？

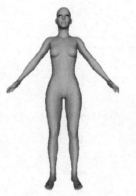

(a) 人体表面模型　　　　　(b) 人体网格模型

图 A-1　人体模型示意图

以下进行简要分析。

设整个人体网格模型表示为 BodyMesh（如图 A-1(b)所示），人体的每一部分模型表示为 surface，三角形面表示为 face，顶点、法线与纹理分别表示为：vertex（简记为 v）、normal（简记为 vn）和 texture（简记为 vt），如图 A-2 和图 A-3 所示。

人体模型数据可表示如图 A-4 所示。

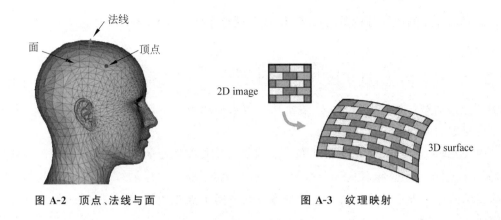

图 A-2　顶点、法线与面　　　　　图 A-3　纹理映射

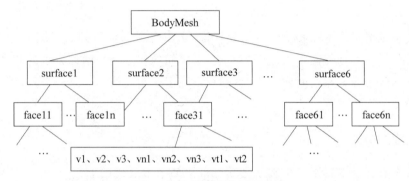

图 A-4　人体模型数据示意图

A.2　图　像　分　割

图像分割是指将图像分成若干具有相似性质的区域,这是计算机视觉领域的重要研究问题。为了对图像进行分割,首先需要进行图像表示,然后再采用不同的算法进行分割。基于最小生成树的图像分割方法是一种常用的图像分割方法。

A.2.1　图像的表示

将图像映射为带权无向图,把像素点视作节点,每两个相邻节点之间有一条带权的边,如图 A-5 所示。

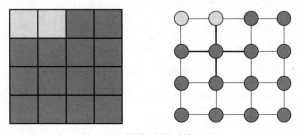

图 A-5　图像的图形表示法

需要对上述的边进行权重的计算，用两个顶点之间的相似度来表示边的权重。计算公式如下：

$$W(i,j) = \exp\left(-\frac{(F_i - F_j)^2}{\sigma^2}\right) \tag{A-1}$$

其中，F_i 表示像素点 i 的灰度值，σ^2 表示所有像素点灰度值的方差，根据 exp 函数的特性，所以该权重的值处于[0,1]区间。

由公式（A-1）可以看出，当相邻两个点的灰度值相差较小时，其边对应的权重也就较大，而灰度值相差小意味着这两个点的相似度高，属于同一块区域。相反地，边的权重小意味着两个点属于不同的区域。而要具体地划分两个点是否属于同一区域，就要确定一个阈值，若权重大于该阈值，则两点属于同一区域；若权重小于该阈值，则两点不属于同一区域。

边的权重是衡量像素点相似性的重要标准，选用合适的计算公式是影响分类效果的重要因素。如果只在相邻像素点之间加了边，边之间的权重就由两像素点的灰度值决定。也可以在任意两个像素点之间增加边，边的权重除了受灰度值影响之外，还可以与两像素点的坐标位置等多个因素相关。

A.2.2　区域划分原理

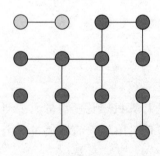

图 A-6　采用最小生成树的
区域分割示意图

每个像素点初始都属于一个独立区域。根据最小生成树的原理，在每次选择一条权重大于阈值的边之后，将使得两个顶点所在的两个区域连通。在遍历完所有边之后，图中就会形成若干棵最小生成树，每一棵最小生成树连通的顶点都属于同一个区域，如图 A-6 所示。

最后可能还有若干个点或者较小的区域存在。这些区域往往是噪声点，需要将这些区域合并到相邻的大区域，或者在最开始的时候对图像进行去噪处理。

算法步骤如下。

（1）输入原始图像，将图像处理成灰度图。

（2）根据灰度图，记录所有像素点的坐标及其灰度值。

（3）计算相邻像素点之间边的权重，并将边按照权重进行降序排序。

（4）遍历每一条边，若该条边的权重大于阈值，且两个顶点处于不同的区域，则将两个顶点所在的区域合并为一个区域。

（5）将不同区域中的点赋予不同的灰度值，并输出图像。

需要注意的是，如果阈值过大，会导致划分得太细；如果阈值过小，会导致图像不能很好地区分。如图 A-7 所示，左图为阈值过高，右图为阈值过低。

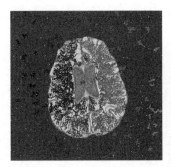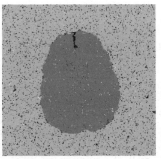

图 A-7　不同阈值的图像划分结果

A.3　仿真路网建模

交通路网数据是智能交通仿真的基础。道路网络本质上是一个空间网络,道路交织在一起以形成整体道路网络几何形状。一个通用的仿真路网模型不仅能够反映出真实路网的几何形态,而且应该充分表达路网拓扑规则。几何形态主要体现在路网中路段的光滑度和所含车道数等信息的细致表达;拓扑规则包括路段和车道之间的连接转向关系。

A.3.1　路网定义及建模

路网定义用来描述道路单元间的关系,包括路网几何定义和路网拓扑定义。道路单元在空间上的延伸和连通关系称为路网几何;道路单元在交通规则限定下的连通关系称为路网拓扑。本书以单向道路几何中心线对物理路网进行抽象,采用 Node-Link-Arc-Road 数据模型来描述交通仿真路网,Node 包含路网中所有的路口节点和路段上的几何坐标点;Arc 代表两个几何坐标点之间的几何弧线,Arc 的数量增加可以使仿真路网更加光滑,利于仿真车辆运动;Link 代表两个路口点之间的路段,Link 与 Arc 是一种包含关系;Road 代表单向整条道路,Road 与 Link 是一种包含关系。

路网几何信息用有向图 $G=(N,P,L,R)$ 来表示,其中:

$$N = \{n_i = <\text{Latitude}, \text{Logitude}>\}$$

N 是 G 中所有的路段节点坐标集合。路段节点表示路段的交通组织中断处,节点上附着红绿灯(Lflag)属性,其中:

$$P = \{p_i = <\text{Latitude}, \text{Logitude}>\}$$

P 是 G 中几何坐标点集合,几何坐标点是路段上的形状点,其上可以附着路况信息。N 和 P 共同组成了路网中所有的坐标点信息。

$$L = \{l_i = <n_p, n_q> \mid i=1,\cdots,z; n_p, n_q \in N\}$$

L 是 G 的路段集,路段上承载的交通属性包含路段上车辆允许的最大车速(Spd)、路段长度(Len)、路段所含车道数和路段限行等。

$$R = \{r_m = < l_i, l_j, \ldots l_k > \mid l_i, l_j, \ldots l_k \in L\}$$

R 表示路网道路集，包含路网中所有的道路。

路网拓扑用 $G_l = (C)$ 来表示。

$$C = \{c_i = (l_k, l_j) \mid l_k, l_j \in L\}$$

C 表示路段之间的转向关系，当 $c_i = 0$ 时代表禁止转向，当 $\{c_i = x \mid x \in N^+\}$ 时，代表允许转向，且 x 的取值即为当前连接的转向代价。路段中所含的车道上的转向关系默认与当前路段的转向关系一致。图 A-8 表示路网的拓扑结构以及道路单元属性。图中可见仿真路网的架构是由物理拓扑 Node 和 Link 构成。

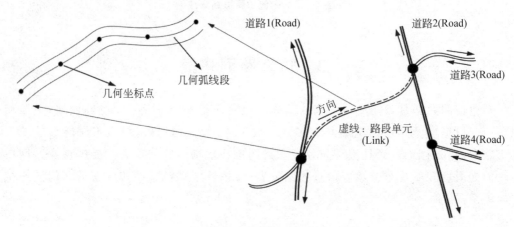

图 A-8　路网模型几何层次

定义的仿真路网模型中，几何层次共有三层，最高层次为道路（Road）模块，整个路网由错杂交纵的道路组成；第二层由路口点（Node）和路段（Link）组成，一条道路由若干首尾相连的路口点和路段连接而成，同时路口点也是路段的分界点；最底层是由几何弧线段（Arc）组成的，若干条几何弧线段首尾相连构成了一条路段。

路网的拓扑信息是指同一路口点上连接的相邻路段之间的通达关系（Connection），一个路口点上可以有多个转向信息。假设某个局部路网的简易模型如图 A-9 所示，其中虚线表示禁止转向的路段，首尾相连的两条实线表示允许转向的路段。对于禁止转向的路段而言，默认联通权值为 0；对于允许转向的路段，可以设置其转向代价，通常在路口点处左转耗时要远大于右转，相应地可以给左转以较大的转向代价，这样进行交通仿真时可以更加精确地计算最短路径问题。

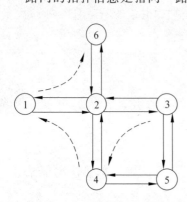

图 A-9　局部路网的拓扑信息

路网模型不仅包含几何和拓扑数据，交通属性信息同样是路网的重要组成部分。交通属性数据按照层次附着在不同的路网元素上，其结构如图 A-10 所示。

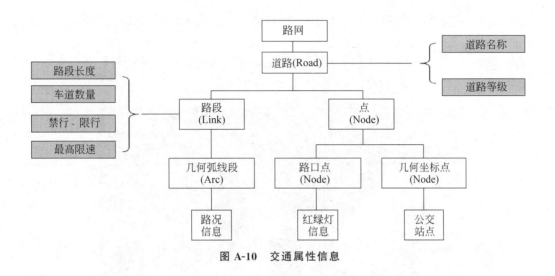

图 A-10 交通属性信息

A.3.2 路网建模结果

图 A-11～图 A-14 为基于以上路网建模方法对大亚湾核电站进行建模的结果。

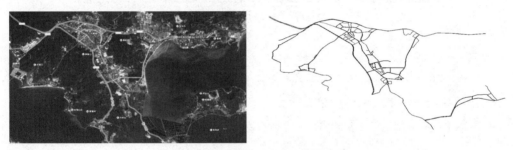

图 A-11 大鹏新区 10km 范围路网

图 A-12 环岛部分区域仿真　　图 A-13 立交桥部分区域仿真　　图 A-14 特殊路口仿真

A.4 路 径 规 划

在建立海上风电场输电系统时,需要在海上升压站(起点)与陆上集控中心(终点)之间铺设海底电缆传输电能。海底不同区域的地质条件导致施工难度存在差异,难度系数取值范围为$[0.5,1]$，系数越大施工难度越大，取值为 1 则表示该区域无法铺设电缆，应该绕过该区域。由于高压海底电缆的造价高昂，现需要在一块 10000×10000（单位：米^2）的平面海域范围内寻找一条尽量短的铺设路径来缩短高压海底电缆的铺设代价。图 A-15 是施工区域示意图，不同颜色代表不同的施工难度。

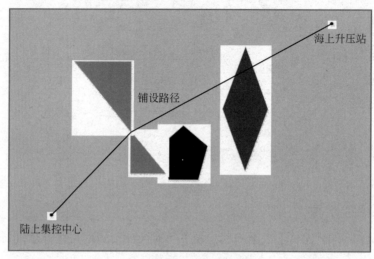

图 A-15　路径规划示意图

提示：

（1）由于施工区域面积不大，可以将其视为平面区域，施工区域的起点、终点以及各个不同难度区域采用平面坐标系定义。

（2）整个区域的施工难度系数默认为 0.5，可以自行添加多边形封闭区域并定义难度系数。

A.5　购 物 推 荐

网上购物系统常常使用数据挖掘算法分析用户经常一块购买的商品来分析其购买习惯，进而向其推荐商品。FP-Growth（Frequent-Pattern Growth）算法是数据挖掘中常用的、高效的频繁项挖掘算法，其中频繁项指所有购买记录中购买次数高于指定阈值的商品。表 A-1 以包含 5 条购买记录的数据库为例，其中 C1 列代表一条购物记录的标识号，C2 列代表购买的商品。当指定阈值 3 时，$f(4)$、$c(4)$、$a(3)$、$b(3)$、$m(3)$ 和 $p(3)$ 为频繁项，括号内的数值表示该商品在购物记录中出现的次数。C3 列表示的是频繁项集，即将 C2 列中不是频繁项的商品删除，并且频繁项按照各自出现的次数从高到低排序。

表 A-1　购买商品记录

记录 ID(C1)	购买商品集合(C2)	频繁项集(C3)
1	{f, a, c, d, g, i, m, p}	{f, c, a, m, p}
2	{a, b, c, f, l, m, o}	{f, c, a, b, m}

续表

记录 ID(C1)	购买商品集合(C2)	频繁项集(C3)
3	{b, f, h, j, o, w}	{f, b}
4	{b, c, k, s, p}	{c, b, p}
5	{a, f, c, e, l, p, m, n}	{f, c, a, m, p}

为了进行后续的挖掘算法,需要采用图 A-16 所示的树形结构将所有的频繁项集存储起来得到频繁模式树,请完成以下功能。

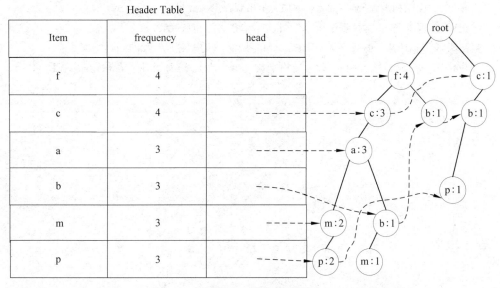

图 A-16 频繁模式树

（1）输入购物记录,根据给定的阈值统计求出频繁项,并根据每条购物记录中的商品求出频繁项集。

（2）定义图中相关的存储结构,把每一个频繁项集逐次输入并存储到频繁模式树中。其中 root 为根节点,不存储实际数据。

（3）给出频繁模式树的意义。

参 考 文 献

[1]　严蔚敏. 数据结构[M]. 2 版. 北京：清华大学出版社，2007.

[2]　耿国华. 数据结构（C 语言版）[M]. 北京：高等教育出版社，2011.

[3]　Preiss B R. 数据结构与算法[M]. 北京：电子工业出版社，2019.

[4]　殷人昆. 数据结构（C 语言描述）[M]. 北京：机械工业出版社，2017.

[5]　冯志权. 数据结构与算法设计[M]. 北京：中国电力出版社，2008.

[6]　闫玉宝，徐守坤. 数据结构[M]. 北京：清华大学出版社，2014.

[7]　李春葆. 数据结构教程[M]. 北京：清华大学出版社，2017.

[8]　宁正元，王秀丽. 算法与数据结构[M]. 北京：清华大学出版社，2017.

[9]　周伟明，等. 多任务下的数据结构与算法[M]. 武汉：华中科技大学出版社，2006.

[10]　Ellis Horowitz，Sartaj Sahni. 数据结构基础（C 语言版）. 2 版. 北京：清华大学出版社，2009.

图书资源支持

感谢您一直以来对清华版图书的支持和爱护。为了配合本书的使用，本书提供配套的资源，有需求的读者请扫描下方的"书圈"微信公众号二维码，在图书专区下载，也可以拨打电话或发送电子邮件咨询。

如果您在使用本书的过程中遇到了什么问题，或者有相关图书出版计划，也请您发邮件告诉我们，以便我们更好地为您服务。

我们的联系方式：

地　　址：北京市海淀区双清路学研大厦 A 座 714

邮　　编：100084

电　　话：010-83470236　010-83470237

客服邮箱：2301891038@qq.com

QQ：2301891038（请写明您的单位和姓名）

资源下载：关注公众号"书圈"下载配套资源。

资源下载、样书申请

书　圈

图书案例

清华计算机学堂

观看课程直播